大学数学科学丛书27

常微分方程简明教程

王玉文　史峻平
侍述军　刘　萍　编著

科学出版社
北　京

内 容 简 介

本书是一本常微分方程本科生教材，传统意义的微分方程是讲解求解微分方程解析解的特殊技巧，本书的特别之处在于首先将数学建模贯穿全书，然后以不同的方法进行解的表达，在解的表达中，不仅仅限于解析解，主要以定性为主，通过斜率场、解的图像、相平面上的向量场及轨线等工具，到达对解的渐近行为的最好理解，最后以数值方法与计算机模拟为工具加深对解的行为的直觉理解. 全书的图形演示课件可登陆本书指明的课程网站下载.

全书分 5 章，主要包括一阶微分方程、一阶二维微分方程组、二阶线性常系数微分方程、一阶二维非线性方程组和一阶 n 维线性微分方程组.

本书适合高等院校数学专业的本科生作为教材，也适合其他相关的人员参考.

图书在版编目(CIP)数据

常微分方程简明教程/王玉文等编著. —北京：科学出版社，2010
（大学数学科学丛书；27）
ISBN 978-7-03-028962-9

Ⅰ. 常… Ⅱ. 王… Ⅲ. 常微分方程-高等学校-教材 Ⅳ. O175.1
中国版本图书馆 CIP 数据核字(2010) 第 177537 号

责任编辑：陈玉琢／责任校对：陈玉凤
责任印制：赵 博／封面设计：王 浩

科学出版社 出版
北京东黄城根北街 16 号
邮政编码：100717
http://www.sciencep.com
三河市骏杰印刷有限公司印刷
科学出版社发行 各地新华书店经销
*
2010 年 9 月第 一 版 开本：720 × 1000 1/16
2025 年 8 月第八次印刷 印张：16 1/2
字数：310 000

定价：48.00 元
（如有印装质量问题，我社负责调换）

《大学数学科学丛书》序

按照恩格斯的说法，数学是研究现实世界中数量关系和空间形式的科学．从恩格斯那时到现在，尽管数学的内涵已经大大拓展了，人们对现实世界中的数量关系和空间形式的认识和理解已今非昔比，数学科学已构成包括纯粹数学及应用数学内含的众多分支学科和许多新兴交叉学科的庞大的科学体系，但恩格斯的这一说法仍然是对数学的一个中肯而又相对来说易于为公众了解和接受的概括，科学地反映了数学这一学科的内涵．正由于忽略了物质的具体形态和属性、纯粹从数量关系和空间形式的角度来研究现实世界，数学表现出高度抽象性和应用广泛性的特点，具有特殊的公共基础地位，其重要性得到普遍的认同．

整个数学的发展史是和人类物质文明和精神文明的发展史交融在一起的．作为一种先进的文化，数学不仅在人类文明的进程中一直起着积极的推动作用，而且是人类文明的一个重要的支柱．数学教育对于启迪心智、增进素质、提高全人类文明程度的必要性和重要性已得到空前普遍的重视．数学教育本质是一种素质教育；学习数学，不仅要学到许多重要的数学概念、方法和结论，更要着重领会数学的精神实质和思想方法．在大学学习高等数学的阶段，更应该自觉地去意识并努力体现这一点．

作为面向大学本科生和研究生以及有关教师的教材，教学参考书或课外读物的系列，本丛书将努力贯彻加强基础、面向前沿、突出思想、关注应用和方便阅读的原则，力求为各专业的大学本科生或研究生(包括硕士生及博士生)走近数学科学、理解数学科学以及应用数学科学提供必要的指引和有力的帮助，并欢迎其中相当一些能被广大学校选用为教材，相信并希望在各方面的支持及帮助下，本丛书将会愈出愈好．

李大潜

2003 年 12 月 27 日

前　　言

数学分析中微积分的思想方法在日常生活中具有许多重要的应用, 其中最漂亮的应用往往导致对微分方程的研究. 在物理学、化学、生态学等应用科学中, 大量基本原理的数学表述经常使用微分方程的语言. 例如, 当某个质量为 m 的质点在外力 $f(t)$ 的作用下, 同时受到和速度成正比的阻力的影响, 其位置随时刻 t 在变化, 一般用 $y=y(t)$ 来表示, 牛顿第二定律的数学表述就是如下的等式:

$$m\frac{\mathrm{d}^2y}{\mathrm{d}t^2}=f(t)-b\frac{\mathrm{d}y}{\mathrm{d}t},$$

其中 $b>0$ 为阻力系数, 这就是一个微分方程. 直观地说, 微分方程就是联系着自变量、未知函数及其导数的关系式. 例如,

$$\frac{\mathrm{d}^2y}{\mathrm{d}t^2}+b\frac{\mathrm{d}y}{\mathrm{d}t}+cy=f(t), \tag{1}$$

$$\frac{\mathrm{d}y}{\mathrm{d}t}=ky\left(1-\frac{y}{N}\right)\left(\frac{y}{M}-1\right) \tag{2}$$

及

$$\frac{\partial^2u}{\partial x^2}+\frac{\partial^2u}{\partial y^2}=f(x,y), \tag{3}$$

$$\frac{\partial^2T}{\partial t^2}=4\frac{\partial^2T}{\partial x^2}+\frac{\partial^2T}{\partial y^2}. \tag{4}$$

如果在微分方程中, 自变量的个数只有一个, 则称之为常微分方程. 方程 (1) 及 (2) 就是常微分方程, 其中 t 为自变量, y 为未知函数, b 与 c 为参数. 自变量个数为两个或两个以上的微分方程, 如方程 (3) 与 (4), 称为偏微分方程.

本门课程主要学习常微分方程, 一般简称为“微分方程”或“方程”. 常微分方程的一般形式为

$$F(t,y,y',\cdots,y^{(n)})=0, \tag{5}$$

这里 F 为联系着自变量 t, 未知函数 y 及其各阶导数的函数关系, 其中未知函数最高阶导数的阶数称为微分方程的阶数. 如果 F 为 $y,y',\cdots,y^{(n)}$ 的线性函数, 则称之为 n 阶线性微分方程. 例如, 方程 (1) 是二阶线性微分方程. 不是线性的微分方程称为非线性微分方程. 例如, 方程 (2) 为一阶非线性微分方程.

如果函数 $y=y(t)$ 具有直到 n 阶的导数, 并且代入 (5), 使它成为恒等式, 则称 $y=y(t)$ 为方程 (5) 的解. 如果方程 (5) 的解 $y=y(t;c_1,c_2,\cdots,c_n)$ 是具有 n 个相互独立的任意常数为参数的函数, 即满足在 $(t,c_1,c_2,\cdots,c_n)$ 的某一个邻域内有

$$\begin{vmatrix} \dfrac{\partial y}{\partial c_1} & \dfrac{\partial y}{\partial c_2} & \cdots & \dfrac{\partial y}{\partial c_n} \\ \dfrac{\partial y'}{\partial c_1} & \dfrac{\partial y'}{\partial c_2} & \cdots & \dfrac{\partial y'}{\partial c_n} \\ \vdots & \vdots & & \vdots \\ \dfrac{\partial y^{(n-1)}}{\partial c_1} & \dfrac{\partial y^{(n-1)}}{\partial c_2} & \cdots & \dfrac{\partial y^{(n-1)}}{\partial c_n} \end{vmatrix} \neq 0,$$

则称 $y=y(t;c_1,c_2,\cdots,c_n)$ 为方程 (5) 的通解. 而 n 阶线性方程的通解 $y=y(t;c_1,c_2,\cdots,c_n)$ 等价于对任一个确定的解 $y=y(t)$ 都存在唯一一组确定的常数 $c_1,c_2,\cdots,c_n$, 满足

$$y(t)=y(t;c_1,c_2,\cdots,c_n).$$

为了确定方程 (5) 的一个特定的解, 往往需附加一定条件. 例如, 当 $t=t_0$ 时, $y=y_0$, $y'=y_0^{(1)}$, $\cdots$, $y^{(n-1)}=y_0^{(n-1)}$ 称为初始条件, 其中 $y_0,y_0^{(1)},\cdots,y_0^{(n-1)}$ 为 n 个已知常数. 方程 (5) 连同初始条件称为初值问题. 在应用中, 初始条件都有明确的实际意义.

在传统的常微分方程课程中, 主要寻找一些特殊的技巧和方法，去发现这些方程的通解或初值问题的特解, 然而可以找到解析方法进行求解的微分方程是很少的, 因而很难在一本大学本科初等传统微分方程课程中展现微分方程在数学应用中的全部价值美.

在现代微分方程研究及应用中, 寻求具体微分方程的解析解的特殊技巧已经不再是主流课题, 而应用中提出的各种微分方程又往往是非线性方程, 寻找这些方程的解析解绝大部分是不可能的, 其有效的方法是定性方法与数值方法.

在大学本科数学基础课程中, 常微分方程是少数几个可以展示数学研究本质的课程之一. 在传统初等微分方程中往往强调求微分方程解析解的特殊技巧, 即使介绍定性分析方法, 也往往放在教材的后面章节, 一般由于时间的限制只能介绍一部分内容, 难以展示数学研究的本质.

为了在一门大学本科初等微分方程课程中展示数学直觉与数学研究的本质, 我们做了如下努力: 首先, 将数学建模贯穿本书前 4 章. 各种类型微分方程的研究都是以实际问题的数学建模开始的, 然后以不同的方法进行解的表达, 以达到解决问

题的目标; 其次, 在微分方程解的表达方法中, 不再仅限于解析解, 而是以定性分析为主, 通过斜率场、解的图像、相平面上的向量场及轨线等工具, 达到对解的渐近行为的最好的理解; 再次，以数值方法与计算机模拟为工具加深对解的行为的直觉理解, 全书的图形演示课件可登陆本书后指明的课程网站下载; 最后, 本书在研究方法上注意直觉，由具体到抽象, 重探究实质, 轻表达形式的一般性, 重猜想与归纳以期待达到培养学生对数学进行探索研究的能力.

本书的第 1 章为一阶微分方程. 从开始就引进斜率场、解图像及相线等形象分析工具, 以计算机课件进行辅助图形演示, 重点介绍定性分析, 特别是分歧现象的分析. 对于解析方法, 仅限于应用广泛的“分离变量法”及线性微分方程的“常数变易法”与“积分因子方法”，同时将解析方法与定性方法相结合. 为加深对演示图形的计算机模拟的理解, 本章介绍了数值方法–欧拉方法. 第 2 章为一阶二维微分方程组. 首先, 引入相平面上的向量场、方向场及轨线的概念. 对一阶二维线性方程组, 将定性方法与解析方法相结合, 并将二阶线性微分方程化为一阶二维线性方程组进行分析. 对一阶二维齐次线性微分方程组，根据其特征值的符号进行定性分析. 最后以迹–行列式平面给出各种类型平衡点及相图的分类. 第 3 章为二阶线性常系数微分方程. 与传统教材相比, 突出了“思想方法”的表述, 以猜测–检验方法为核心, 探究各种问题的解法. 最后, 归纳出一般问题的解法, 并给出证明. 以此增强学生的研究能力. 第 4 章为一阶二维非线性微分方程. 以第 2 章引进的相平面、轨线及相图为基础，进一步引入线性化, x 零水平线与 y 零水平线及分离曲线的概念，通过定性分析研究解的渐近行为及分歧现象的规律, 同时给出具体问题中的应用. 前 4 章的教学内容及表述方式有别于国内流行教材. 第 5 章为一阶 n 维线性微分方程组. 介绍非自治条件下的一般理论, 重点在于理论分析及基解矩阵的求法. 对于一阶 n 维常系数线性微分方程组, 利用矩阵指数函数给出基解矩阵的统一解法, 同时利用特征值方法给出基解矩阵的简便求法. 对于可化为一阶 n 维常系数线性微分方程组的 n 阶常系数微分方程, 除上述方法外, 介绍了拉普拉斯变换方法. 这一章与国内流行的微分方程教材类似.

本书编写框架是在本教学组多年的教学实践基础上由王玉文、史峻平所确定的. 第 1 章由侍述军执笔; 第 2 章和第 3 章由王玉文执笔; 第 4 章由史峻平、刘萍共同执笔; 第 5 章由刘萍执笔. 崔仁浩和王金凤为本书配备了习题. 本书的学习指导及演示课件由刘萍、崔仁浩、王金凤和侍述军共同编写 (见本课程网站), 随后另行出版.

本书在编写过程中参阅了国内、国外最新的、流行的微分方程教材, 特别是美国波士顿大学的精品微分方程教材*Differential Equations*[12] 及国内精品常微分方程教材 [3,14].

由于作者水平有限, 对于书中的不足和疏漏之处, 敬请读者指正.

编 者

2010 年元月

目　　录

第 1 章　一阶微分方程

本章从客观世界中的一阶常微分方程模型入手, 逐步介绍研究微分方程的三种主要方法: 解析方法、定性方法、数值方法. 解析方法主要包括了分离变量法及线性微分方程的猜测–检验法、常数变易法与积分因子方法. 定性方法主要涉及一阶微分方程的斜率场、解图像及一阶自治方程的相线. 数值方法主要介绍应用广泛的欧拉方法. 本章还给出一阶微分方程解的存在唯一性定理和单参数微分方程族的分歧现象等内容. 所有这些都是常微分方程研究的基础, 值得好好地学习与体会.

1.1　一阶微分方程模型

在反映客观世界发展过程的量与量之间的关系中, 大量存在着满足常微分方程关系式的数学模型. 而利用数学研究现实生活应用的重要一步就是建立与之相应的数学模型. 本节在不同的假设条件下建立了两种常微分方程的人口模型, 目标是从假设条件出发得到数学模型, 并通过引入解析方法、定性方法对这些模型进行研究, 对其发展作出预测.

1.1.1　Malthus 人口模型

英国人口统计学家马尔萨斯 (Malthus) 在担任牧师期间, 查看了当地教堂 100 多年来的人口出生统计资料, 发现了如下现象：人口出生率是一个常数. 在 1798 年, 他发表了《人口原理》一书, 其中提出了著名的 Malthus 人口模型.

他的基本假定条件如下: 在人口自然增长的过程中, 人口增长率与人口总数成正比. 现在对此进行分析, 该假定条件比较简单, 因而期望该数学模型也较简单. 此模型涉及如下数量:

t 表示时间 (变量), P 表示人口数 (依赖于时间), k 表示人口增长率与人口数之间的比例常数 (参数), 参数 k 称为单位增长率. 人口数关于时间的增长率是人口数 P 关于时间变量 t 的导数 $\dfrac{\mathrm{d}P}{\mathrm{d}t}$, 与人口数成正比描述为 kP, 因而得如下微分方程:

$$\frac{\mathrm{d}P}{\mathrm{d}t} = kP,$$

这是本课程得出的第一个微分方程的实例, 其为一阶常微分方程.

1. 定性方法

因为 $\dfrac{\mathrm{d}P}{\mathrm{d}t}=kP$, 若 $P=0$, 则 $\dfrac{\mathrm{d}P}{\mathrm{d}t}=0$, 所以常值函数 $P(t)=0$ 是方程的一个解. 因为该解永远是常数, 所以称之为**平衡解**. 其现实意义如下, 若人口基数为 0, 则人口增长率为 0, 表明人口不存在.

如果 $k\neq 0$, 并且在某一时刻 $t=t_0$, 人口数 $P(t_0)\neq 0$, 那么在时刻 $t=t_0$,

$$\frac{\mathrm{d}P}{\mathrm{d}t}=kP(t_0)\neq 0.$$

因此, 人口不是常数. 如果 $k>0, P(t_0)>0$, 那么在时刻 $t=t_0$,

$$\frac{\mathrm{d}P}{\mathrm{d}t}=kP(t_0)>0.$$

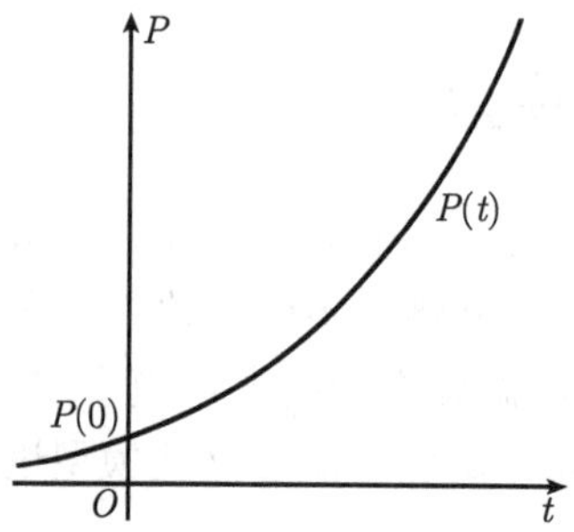

图 1.1　满足 $\dfrac{\mathrm{d}P}{\mathrm{d}t}=kP$ 的函数图像

因此, 人口是增长的. 当随着时间的推移, 人口数 $P(t)$ 越来越大, 进而 $\dfrac{\mathrm{d}P}{\mathrm{d}t}$ 越来越大, 这样人口数 $P(t)$ 增长得更快. 也就是说, 随着人口的增长, 人口增长率也在增长, 则人口数 $P(t)$ 作为时间变量 t 的函数, 其图像可能如图 1.1 所示.

在 $t=0$ 时, $P(t)$ 的值 $P(0)$ 称为初始条件. 给定不同的初始条件, 可以得到不同的函数 $P(t)$.

上述通过 $P(t)$ 随 t 的增长进行的分析方法称为该方程的**定性分析**(qualitative analysis). 当关注该模型是否能预示人口爆炸时, 只要参数 $k>0$, 初始条件 $P(0)>0$, 则回答是肯定的.

2. 解析方法

当知道了 $P(0)$ 的确切值 P_0, 想去预测 $P(5), P(50)$ 或更多的值时, 需要更确切的关于 $P(t)$ 的信息. 方程 $\dfrac{\mathrm{d}P}{\mathrm{d}t}=kP$连同初始条件 $P(0)=P_0$, 称为初值问题. 初值问题的解 $P(t)$ 首先满足方程本身, 即对任意的 t, $\dfrac{\mathrm{d}P(t)}{\mathrm{d}t}=kP(t)$. 其次, 满足初始条件 $P(0)=P_0$. 由于知道指数函数的导数与自身的关系, 通过猜测与尝试看到, 指数函数 e^{kt} 的导数 $k\mathrm{e}^{kt}$ 是 k 与 e^{kt} 的乘积, 因而方程有解 $P=\mathrm{e}^{kt}$. 但是方程也有其他解, 因为对于 $P(t)=C\mathrm{e}^{kt}$(C 是常数), $\dfrac{\mathrm{d}P}{\mathrm{d}t}=C(k\mathrm{e}^{kt})=k(C\mathrm{e}^{kt})=kP(t)$. 因此, 对任意常数 C, $P(t)=C\mathrm{e}^{kt}$ 是方程 $\dfrac{\mathrm{d}P(t)}{\mathrm{d}t}=kP(t)$ 的解. 这样对不同的 C, 方程有不同的解, 但这些解中哪一个才是给出的初值问题的解呢? 由初始条件 $P(0)=P_0$,

若 $P(t)=Ce^{kt}$ 想成为解, 则必有 $P_0=P(0)=Ce^{kt}\mid_{t=0}=C$, 因而 $P(t)=P_0e^{kt}$ 是初值问题

$$\begin{cases}\dfrac{\mathrm{d}P}{\mathrm{d}t}=kP,\\ P(0)=P_0\end{cases}$$

的解, 它是方程 $\dfrac{\mathrm{d}P(t)}{\mathrm{d}t}=kP(t)$ 的一个特解. 函数 $P(t)=Ce^{kt}$(C 为任意常数) 称为方程的通解. 通过它和初始条件可得出任意初值问题的解.

Malthus 人口模型告诉我们, 当 $k>0$ 时, 人口是按指数增长的. 当人口总数不大, 生存空间和资源极其充裕的情况下, 这是可能与合理的. 但随着时间的增加, 人口将无限制地增长, 这在现实世界中是不可能的. 因此, 当人口基数较大时, Malthus 人口模型不能正确地描述人口增长状况, 这时必须考虑空间与资源对人口增长的限制因素.

1.1.2 Logistic 人口模型

因为资源是有限的, 人口不能无限制地增长, 为了改进 Malthus 人口模型, 作如下假定:

(1) 当人口数很小时, 增长率与人口数成正比;

(2) 当人口数很大, 达到资源和环境不能承受时, 人口数开始减少, 即增长率为负的.

沿用 Malthus 模型中的量, t 表示时间 (变量), P 表示人口数 (依赖于时间), k 表示人口增长率与人口数之间的比例常数 (当人口数很小时).

此外, 由资源与环境所限, 引入另外的参量 N, 称为最大承载量 (carrying capacity), 用以表示自然资源和环境条件所能容纳的最大人口数. 因此, 在假定条件下, 当 $P(t)<N$ 时, 人口是增加的; 当 $P(t)>N$ 时, 人口是减少的, 即当 P 较小时, $\dfrac{\mathrm{d}P}{\mathrm{d}t}\approx kP$; 当 $P(t)>N$ 时, $\dfrac{\mathrm{d}P}{\mathrm{d}t}<0$.

为了使模型尽可能的简单, 要在 Malthus 模型的基础上添加一定的量 X, 使得

$$\frac{\mathrm{d}P}{\mathrm{d}t}=k\cdot X\cdot P$$

满足假定条件. 当 P 较小时, X 接近 1; 但当 $P(t)>N$ 时, $X<0$. 取 $X=1-\dfrac{P}{N}$, 则满足条件. 此时模型变为

$$\frac{\mathrm{d}P}{\mathrm{d}t}=k\left(1-\frac{P}{N}\right)P,$$

称为具有增长率 k 和最大承载量 N 的 **Logistic 人口模型**, 该模型由荷兰生物学家 Verhulst 在 1838 年提出.

因为 Logistic 人口模型的微分方程是 $\dfrac{\mathrm{d}P}{\mathrm{d}t}=f(P)=k\left(1-\dfrac{P}{N}\right)P$. 当 $P=0$ 或 $P=N$ 时, $\dfrac{\mathrm{d}P}{\mathrm{d}t}=0$. 这样 $P(t)=0$ 和 $P(t)=N$ 两个常值函数是方程的两个平衡解, 它不随时间 t 而变化, 表明一种稳定状态, 即一开始无人口, 则人口数就一直保持为 0; 如果一开始人口就达到最大承载量 N, 则人口始终保持这个数 (图 1.2). 当初始条件不是 0 与 N 时将不会发生这种情况.

如果初始人数 $P(0)$ 介于 0 与 N 之间时, 则有 $f(P)>0$, 增长率 $\dfrac{\mathrm{d}P}{\mathrm{d}t}=f(P)>0$, 因而人口数严格递增, 而且只要 $P(t)$ 介于 0 和 N 之间, 人口就会继续增加, 不会停下来. 但当 $P(t)$ 接近 N 时, $\dfrac{\mathrm{d}P}{\mathrm{d}t}=f(P)$ 接近于 0, 表明增长开始缓慢, 渐渐停下来 (图 1.3).

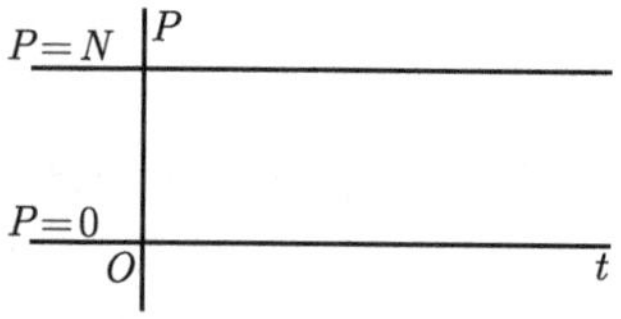

图 1.2　Logistic 方程 $\dfrac{\mathrm{d}P}{\mathrm{d}t}=k\left(1-\dfrac{P}{N}\right)P$ 的两个平衡解

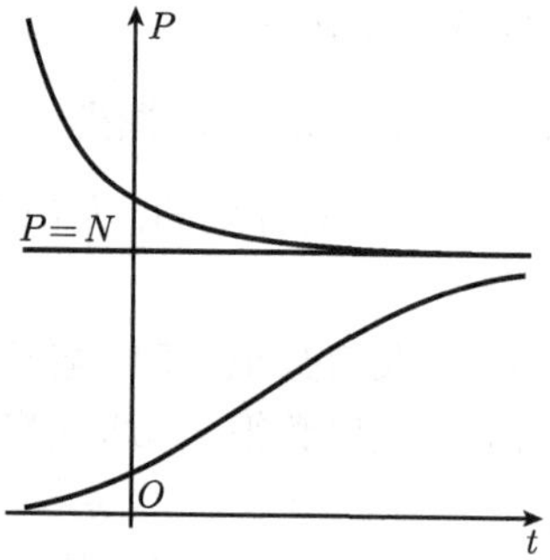

图 1.3　Logistic 方程 $\dfrac{\mathrm{d}P}{\mathrm{d}t}=k\left(1-\dfrac{P}{N}\right)P$ 趋于平衡解 $P=N$ 的解

如果初始人数 $P(0)$ 大于 N, 则有增长率 $\dfrac{\mathrm{d}P}{\mathrm{d}t}=f(P)<0$, 因而人口数严格递减, 而且只要 $P(t)$ 大于 N, 人口就会继续递减, 不会停下来. 但当 $P(t)$ 接近 N 时, $\dfrac{\mathrm{d}P}{\mathrm{d}t}=f(P)$ 接近于 0, 表明递减开始放慢, 渐渐停下来.

当 $P(0)<0$(当然无现实意义) 时, 则 $\dfrac{\mathrm{d}P}{\mathrm{d}t}=f(P)<0$, $P(t)$ 递减, 并且递减变得越来越快而不会停下来.

因此, 通过 $f(P)$ 能够了解微分方程具有不同初值的解, 能够知道的是 $P=0, P=N$ 是两个平衡解; 当 $0<P<N$ 时, $P(t)$ 增; 当 $P>N$ 或 $P<0$ 时, $P(t)$ 减. 而任何时刻 $P(t)$ 的值依赖于 $P(0), k$ 和 N. 通过以上的分析, 部分解大致如图 1.4 所示. 对于 Logistic 模型解的一般表达式将在 1.2 节给出.

至此, 已经讨论了两种人口模型, 这两种模型也是自然界中反映一般生物物种增长的典型模型. 在处理这两种模型时, 解析方法是通过寻找微分方程解的一般表达式来研究解的性质与行为. 已经看到指数函数给出了 Malthus 模型解的显式表达, 因而 Malthus 模型也称为**指数增长模型**. 有了方程解的表达式, 对解的很多性质当然就一目了然了. 但是, 大量的微分方程是不能用解析方法来处理的, 没有办法找到这些微分方程的精确解来研究它们. 这样必须寻求其他方法来研究.

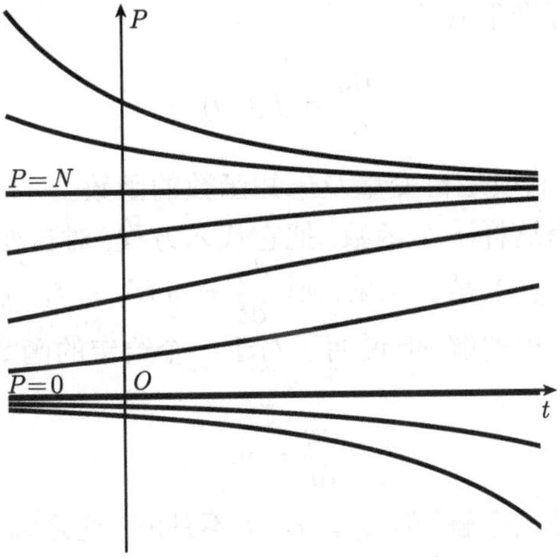

图 1.4 Logistic 方程 $\dfrac{\mathrm{d}P}{\mathrm{d}t}=k\left(1-\dfrac{P}{N}\right)P$ 趋于平衡解 $P=N$ 及远离平衡解 $P=0$ 的解

重要的替换途径之一就是定性分析的方法, 利用几何来给出微分方程模型解的一个大致信息, 正如在处理 Logistic 模型中分析的一样. 虽然没有在特定的时间给出方程的精确解, 但是能够利用方程本身的一些信息来决定解的渐近行为. 在通常情况下, 这往往就是对现实生活中的模型所需要的.

处理微分方程的第三种途径是利用数值逼近的数值方法. 随着计算机的普及和功能的逐渐强大, 这一方法已经成为当今处理微分方程的最重要手段之一, 将会在以后的章节中看到它的强大威力.

1.2 解析方法：变量分离

正如对一般的 5 次及其以上代数方程不能用统一公式求解一样, 对于一般的微分方程也没有通用的初等解法, 而能有初等解法的微分方程是很有限的. 本节将介绍最简单的几类可求解的微分方程.

1.2.1 变量分离方程

1. 微分方程基本概念

微分方程是联系着自变量、未知函数及其导数的关系式. 在前面讨论的微分方程模型中含有三种量: 自变量 (一般是时间 t)、未知的因变量 (自变量的函数) 及参数. 微分方程的阶数就是所含有的未知函数导数的最高阶数, 前面讨论的 Malthus 人口模型及 Logistic 人口模型的未知函数导数都是一阶的, 因而它们都是一阶微分方程.

一阶微分方程的标准形式为

$$\frac{\mathrm{d}y}{\mathrm{d}t} = f(t, y).$$

一般情况下, 方程的右端项是自变量及未知函数的函数.

微分方程的解是指这样一个函数, 把它代入方程, 对自变量的任意取值都成为等式, 即一个函数 $y = y(t)$ 是一个解, 则 $\dfrac{\mathrm{d}y}{\mathrm{d}t} = y'(t) = f(t, y(t))$. 这个定义虽然没有说明怎样去找微分方程的解, 但说明了对于一个给定的函数, 它是不是方程的解. 例如, 考虑方程

$$\frac{\mathrm{d}y}{\mathrm{d}t} = y.$$

很容易验证 $y_1 = 2\mathrm{e}^t$ 是一个解, 但 $y_2 = \cos t$ 不是解. 这是因为

$$\frac{\mathrm{d}y_1}{\mathrm{d}t} = \frac{\mathrm{d}(2\mathrm{e}^t)}{\mathrm{d}t} = 2\mathrm{e}^t = y_1,$$

但

$$\frac{\mathrm{d}y_2}{\mathrm{d}t} = \frac{\mathrm{d}(\cos t)}{\mathrm{d}t} = -\sin t \neq y_2.$$

2. *初值问题与通解*

实际中遇到的微分方程经常带有初始条件, 一个微分方程带有初始条件被称为初值问题. 初值问题的一般形式为

$$\frac{\mathrm{d}y}{\mathrm{d}t} = f(t, y), \quad y(t_0) = y_0.$$

例如,

$$\frac{\mathrm{d}y}{\mathrm{d}t} = 3t^2 + 2\cos t, \quad y(0) = 1$$

是一个初值问题. 为了求解这个问题, 首先观察到方程的右端仅仅是自变量 t 的函数. 寻找一个函数, 它的导数是 $3t^2 + 2\cos t$. 这是一个普通的不定积分问题. $3t^2 + 2\cos t$ 的不定积分为 $\displaystyle\int (3t^2 + 2\cos t)\mathrm{d}t = t^3 + 2\sin t + C$, C 为任意常数. 因此, 方程的解 $y(t)$ 必须具有形式

$$y(t) = \int (3t^2 + 2\cos t)\mathrm{d}t = t^3 + 2\sin t + C.$$

利用初始条件 $y(0)=1$ 决定常数 C, 可得 $C=1$, 从而初值问题的解为

$$y(t)=t^3+2\sin t+1.$$

解的表达式为

$$y(t)=\int(3t^2+2\cos t)\mathrm{d}t=t^3+2\sin t+C,$$

称为方程的通解, 可以利用它求解任一初值问题. 例如, 对初始条件 $y(0)=\pi$, 可以选取 $C=\pi$, 则 $y(t)=t^3+2\sin t+\pi$ 是初值问题 $\dfrac{\mathrm{d}y}{\mathrm{d}t}=3t^2+2\cos t,\ y(0)=\pi$ 的解.

3. 变量分离方程

形如

$$\frac{\mathrm{d}y}{\mathrm{d}t}=g(t)f(y) \tag{1.1}$$

的方程, 称为**变量分离方程**, 其中 $g(t),f(y)$ 分别为 t,y 的连续函数.

例如, 方程

$$\frac{\mathrm{d}y}{\mathrm{d}t}=ty$$

是变量分离方程, 但方程

$$\frac{\mathrm{d}y}{\mathrm{d}t}=2t+y$$

不是变量分离的. 下面通过具体实例来求解变量分离方程.

例 1.1 求解方程 $\dfrac{\mathrm{d}y}{\mathrm{d}t}=-\dfrac{t}{y^2}$.

分析 直接对方程两端积分看会怎样. 两端关于 t 积分有

$$\int\frac{\mathrm{d}y}{\mathrm{d}t}\mathrm{d}t=\int-\frac{t}{y^2}\mathrm{d}t,$$

于是

$$y(t)=-\int\frac{t}{y^2}\mathrm{d}t,$$

但右端积分中的 $y(t)$ 是未知的, 无法得到积分. 实际上, 这样做仅仅是把一个微分方程化为一个积分方程. 换个角度, 把含有 y 的项移到左边, 把含有 t 的项移到右端, 把变量“分离”开, 这样原方程变为

$$y^2\mathrm{d}y=-t\mathrm{d}t,$$

两端积分有

$$\int y^2\mathrm{d}y=\int-t\mathrm{d}t.$$

这样左端看成关于 y 的积分, 右端看成关于 t 的积分可求解.

解　将变量分离得到

$$y^2 \mathrm{d}y = -t\mathrm{d}t,$$

两端积分即得

$$\frac{y^3}{3} = -\frac{t^2}{2} + \frac{c}{6},$$

因而通解为

$$2y^3 + 3t^2 = c,$$

其中 c 是任意常数. 或者解出 y, 写出显函数形式的解为

$$y = \left(\frac{c - 3t^2}{2}\right)^{\frac{1}{3}}.$$

例 1.2　求解方程 $\dfrac{\mathrm{d}y}{\mathrm{d}t} = \dfrac{y(-c + ft)}{t(a - by)}, t > 0, y \geqslant 0$.

解　方程可变量分离为

$$\left(\frac{c}{t} - f\right)\mathrm{d}t = \left(-\frac{a}{y} + b\right)\mathrm{d}y,$$

积分得

$$c\ln|t| - ft = -a\ln|y| + by + \bar{k},$$

其中 $\bar{k}$ 为任意常数. 上式可化为

$$t^c \mathrm{e}^{-ft} y^a \mathrm{e}^{-by} = \pm k,$$

其中, $k = \mathrm{e}^{\bar{k}}$. 因为方程还有特解 $y = 0$, 并考虑到条件 $t > 0, y \geqslant 0$, 于是方程的通解为

$$t^c \mathrm{e}^{-ft} y^a \mathrm{e}^{-by} = k,$$

其中 k 为任意非负常数.

例 1.3　求解人口增长的Logistic模型

$$\begin{cases} \dfrac{\mathrm{d}P}{\mathrm{d}t} = kP\left(1 - \dfrac{P}{N}\right), \\ P(t_0) = P_0, P(t) \geqslant 0. \end{cases}$$

解　应用变量分离方法并对分式分解化为

$$k\mathrm{d}t = \frac{N\mathrm{d}P}{(N - P)P} = \frac{\mathrm{d}P}{P} + \frac{\mathrm{d}P}{N - P},$$

两边积分得

$$kt + \bar{c} = \ln P - \ln|N - P|,$$

其中, $\bar{c}$ 为任意常数. 化简得

$$\mathrm{e}^{-(kt+\bar{c})} = \left|\frac{N}{P} - 1\right|,$$

解得

$$P = \frac{N}{1 + c\mathrm{e}^{-kt}},$$

其中, $c = \pm\mathrm{e}^{-\bar{c}}$. 由于取 $c = 0$ 时, $P = N$ 是方程的解, 因而这里 c 可取为任意常数. 将初始条件 $t = t_0$ 时, $P = P_0$ 代入得

$$c\mathrm{e}^{-kt_0} = \frac{N}{P_0} - 1,$$

最后得解为

$$P = \frac{N}{1 + \left(\frac{N}{P_0} - 1\right)\mathrm{e}^{-k(t-t_0)}}.$$

此外, 当 $P_0 = 0$ 时, 初值问题的解为 $P(t) = 0$.

综上, 变量分离方程 (1.1) 求解如下: 如果 $f(y) \neq 0$, 先改写为

$$\frac{\mathrm{d}y}{f(y)} = g(t)\mathrm{d}t,$$

这样把变量进行分离, 两边积分得到

$$\int \frac{\mathrm{d}y}{f(y)} = \int g(t)\mathrm{d}t + c, \tag{1.2}$$

这里把积分常数 c 写出, 而把 $\int \frac{\mathrm{d}y}{f(y)}, \int g(t)\mathrm{d}t$ 理解为 $\frac{1}{f(y)}, g(t)$的一个原函数. 常数 c 的取值必须保证 (1.2) 有意义.

关于丢解问题的注记 因为式 (1.2) 不适合 $f(y) = 0$ 的情形, 但如果存在 y_0, 使得 $f(y_0) = 0$, 那么直接验证 $y = y_0$ 也是 (1.1) 的解. 因此, 需要寻求使 $f(y) = 0$ 的解 y_0. 当 $y = y_0$ 不包括在所求得的方程 (1.1) 的通解表达式中时, 必须补上特解 $y = y_0$. 例如, 考虑方程

$$\frac{\mathrm{d}y}{\mathrm{d}t} = y^2,$$

如果分离变量, 则进行积分有

$$\int \frac{\mathrm{d}y}{y^2} = \int \mathrm{d}t,$$

$$-\frac{1}{y}=t+c,$$

$$y(t)=-\frac{1}{t+c}.$$

这是方程的通解, 然而用这个解并不能求所有的初值问题. 事实上, 由 $y(0)=-\frac{1}{c}$, 不能用此求解初值 $y(0)=0$ 的情形. 问题在于在分离变量求解方程时已经忽略了某些解, 因为 $f(y)=y^2=0$, 所以 $y=0$ 也是方程的解, 但它不包含在 $y(t)=-\frac{1}{t+c}$ 中, 即 c 取任一常数时, $y(t)=-\frac{1}{t+c}$ 都不为 0, 因而在用分离变量求解后, 必须把 $y=0$ 这个解补上, 它恰是满足初始条件 $y(0)=0$ 的解, 也是在求解中唯一丢失的解.

关于无显式解问题的注记 在例 1.1 中, 可以把通解写成

$$2y^3+3t^2=c$$

的隐式形式, 也可写成

$$y=\left(\frac{c-3t^2}{2}\right)^{\frac{1}{3}}$$

的显式形式, 但对一般的方程并不一定能表示出 y 的显式表达式, 这时只需给出 $\Phi(t,y,c)=0$ 的隐式通解即可. 例如, 考虑方程

$$\frac{\mathrm{d}y}{\mathrm{d}t}=\frac{y}{1+y^2},$$

分离变量有

$$\left(\frac{1+y^2}{y}\right)\mathrm{d}y=\mathrm{d}t,$$

积分得

$$\ln|y|+\frac{y^2}{2}=t+c,$$

但无法从中解出 y.

尽管不能从隐式解中得到显式解, 但有一个解不包含在

$$\ln|y|+\frac{y^2}{2}=t+c$$

中, 那就是计算中丢掉的解 $y=0$.

另一个可能出现的问题是某些积分是很难求出的. 例如, 方程

$$\frac{\mathrm{d}y}{\mathrm{d}t}=\sec(y^2),$$

分离变量积分有

$$\int \cos y^2 \mathrm{d}y = \int \mathrm{d}t.$$

左端是很难求积分的, 事实上, 经常就把这个积分看成一个一般函数对待了. 这就告诉我们像变量分离方程这样简单的微分方程, 也不可能依赖解析工具给出显式解来研究微分方程.

1.2.2 可化为变量分离方程的方程: 齐次方程

形如

$$\frac{\mathrm{d}y}{\mathrm{d}t} = g\left(\frac{y}{t}\right) \tag{1.3}$$

的方程称为齐次方程, 其中 $g(u)$ 是 u 的连续函数. 齐次方程通过变量替换可化为变量分离方程.

作变量替换

$$u = \frac{y}{t},$$

即 $y = ut$, 于是

$$\frac{\mathrm{d}y}{\mathrm{d}t} = t\frac{\mathrm{d}u}{\mathrm{d}t} + u,$$

从而原方程可化为

$$t\frac{\mathrm{d}u}{\mathrm{d}t} + u = g(u),$$

整理得

$$\frac{\mathrm{d}u}{\mathrm{d}t} = \frac{g(u) - u}{t}.$$

这是一个变量分离方程, 可按前面的方法求解, 然后代回原来的变量, 便得到齐次方程 (1.3) 的解.

例 1.4 求解方程 $\frac{\mathrm{d}y}{\mathrm{d}t} = \frac{y}{t} + \tan\frac{y}{t}$.

解 这是齐次方程, 以 $u = \frac{y}{t}, \frac{\mathrm{d}y}{\mathrm{d}t} = t\frac{\mathrm{d}u}{\mathrm{d}t} + u$ 代入, 则原方程变为

$$t\frac{\mathrm{d}u}{\mathrm{d}t} + u = u + \tan u,$$

即

$$\frac{\mathrm{d}u}{\mathrm{d}t} = \frac{\tan u}{t}.$$

分离变量有

$$\cot u\mathrm{d}u = \frac{\mathrm{d}t}{t},$$

两边积分得到

$$\ln|\sin u| = \ln|t| + \bar{c},$$

其中 $\bar{c}$ 为任意常数. 整理得

$$\sin u = \pm \mathrm{e}^{\bar{c}} \cdot t,$$

令 $\pm \mathrm{e}^{\bar{c}} = c$ 得到

$$\sin u = ct.$$

此外, 由 $\tan u = 0$ 得特解 $\sin u = 0$. 如果在 $\sin u = ct$ 中令 $c = 0$, 那么就得到 $\sin u = 0$ 这个解. 代回原来的变量, 则得到原方程的通解为

$$\sin \frac{y}{t} = ct,$$

其中, c 为任意常数.

例 1.5　*求解方程* $t\dfrac{\mathrm{d}y}{\mathrm{d}t} + 2\sqrt{ty} = y\ (t < 0)$.

解　将方程改写为

$$\frac{\mathrm{d}y}{\mathrm{d}t} = 2\sqrt{\frac{y}{t}} + \frac{y}{t}, \quad t < 0.$$

这是齐次微分方程, 将 $u = \dfrac{y}{t}, \dfrac{\mathrm{d}y}{\mathrm{d}t} = t\dfrac{\mathrm{d}u}{\mathrm{d}t} + u$ 代入, 则原方程变为

$$t\frac{\mathrm{d}u}{\mathrm{d}t} = 2\sqrt{u},$$

进而

$$\frac{\mathrm{d}u}{2\sqrt{u}} = \frac{\mathrm{d}t}{t},$$

$$\sqrt{u} = \ln(-t) + c,$$

即当 $\ln(-t) + c \geqslant 0$ 时,

$$u = [\ln(-t) + c]^2,$$

其中 c 是任意常数. 此外, 方程还有解 $u = 0$.

代回原来的变量, 则得原方程的通解为

$$y = t[\ln(-t) + c]^2, \quad \ln(-t) + c \geqslant 0,$$

其中, c 为任意常数. 此外, $y = 0$ 也是原方程的解.

1.3　一阶线性微分方程

在 1.2 节中, 利用解析方法求解了变量分离方程和齐次方程. 本节将继续利用解析方法, 给出另一类可完全求解的方程 —— 线性方程.

1.3.1 基本概念

一阶微分方程如果具有

$$\frac{\mathrm{d}y}{\mathrm{d}t}=a(t)y+b(t)$$

的形式, 其中 $a(t),b(t)$ 是 t 的连续函数, 则称为一阶线性微分方程. 若 $b(t)\equiv 0$, 则称为一阶齐次线性微分方程; 否则, 称为一阶非齐次线性微分方程. 例如,

$$\frac{\mathrm{d}y}{\mathrm{d}t}=t^2y+\cos t,$$

$$\frac{\mathrm{d}y}{\mathrm{d}t}=\mathrm{e}^{4\sin t}y+20t^2-t+4$$

都是一阶线性微分方程. 当 $a(t)$ 为常数时, 称之为一阶常系数线性微分方程.

说一阶微分方程是线性的, 则它必有形式

$$\frac{\mathrm{d}y}{\mathrm{d}t}=a(t)y+b(t),$$

即在微分方程中未知函数 y 及其一阶导数 $\frac{\mathrm{d}y}{\mathrm{d}t}$ 是一次的. 例如, $\frac{\mathrm{d}y}{\mathrm{d}t}=y^2$不是线性的, 无论怎样选取 $a(t),b(t)$ 都不能有 y^2 表示成 $a(t)y+b(t)$ 的形式. 方程的线性与自变量的选取无关. 例如, $\frac{\mathrm{d}P}{\mathrm{d}t}=\mathrm{e}^tP-\cos t$ 是线性的, 其中 $a(t)=\mathrm{e}^t,b(t)=-\cos t$. 又如, $\frac{\mathrm{d}w}{\mathrm{d}t}=(\tan t)w$ 是线性的 $(a(t)=\tan t,b(t)=0)$, 但 $\frac{\mathrm{d}x}{\mathrm{d}t}=t\sin x$ 不是线性的.

1.3.2 线性原理

由导数的线性性质, 易知如下的线性原理:

定理 1.1 (线性原理) *若 $y_h(t)$ 是齐次方程 $\frac{\mathrm{d}y}{\mathrm{d}t}=a(t)y$ 的一个解, 则对任意常数 k, $ky_h(t)$ 也是方程的解.*

实际上, 齐次方程 $\frac{\mathrm{d}y}{\mathrm{d}t}=a(t)y$ 也是变量分离方程, 它的通解为 $y(t)=c\mathrm{e}^{\int a(t)\mathrm{d}t}$, 其中, c 为任意常数.

例 1.6 *求解方程 $\frac{\mathrm{d}y}{\mathrm{d}t}=(\cos t)y$.*

解 此为齐次线性方程, 其通解为 $y(t)=c\mathrm{e}^{\int\cos t\mathrm{d}t}=c\mathrm{e}^{\sin t}$, 其中 c 为任意常数.

注记 定理 1.1 仅适用于齐次线性方程, 对非线性方程不适用, 如 $\frac{\mathrm{d}y}{\mathrm{d}t}=y^2$ 有解 $y_1(t)=\frac{1}{1-t}$, 但是 $y_2(t)=2y(t)=\frac{2}{1-t}$ 不是方程的解. 但对于非齐次线性方程有下述线性原理, 称为**拓广的线性原理**:

定理 1.2 (拓广的线性原理) *考虑非齐次方程 $\frac{\mathrm{d}y}{\mathrm{d}t}=a(t)y+b(t)$ 和它相应的齐次方程 $\frac{\mathrm{d}y}{\mathrm{d}t}=a(t)y$,*

(1) 若 $y_h(t)$ 是齐次方程的解, 而 $y_p(t)$ 是非齐次方程的任一解, 则它们的和 $y_h(t)+y_p(t)$ 是非齐次方程的解;

(2) 若 $y_p(t), y_q(t)$ 是非齐次方程的两个解, 则它们的差 $y_p(t)-y_q(t)$ 是齐次方程的解.

因此, 若 $y_h(t)$ 非零, 则 $ky_h(t)+y_p(t)$ 是非齐次方程的通解, 其中 k 为任意常数.

证明　(1) 因为 $y_h(t)$ 是齐次方程 $\dfrac{\mathrm{d}y}{\mathrm{d}t}=a(t)y$ 的解, 所以 $\dfrac{\mathrm{d}y_h(t)}{\mathrm{d}t}=a(t)y_h(t)$. 又因为 $y_p(t)$ 是非齐次方程 $\dfrac{\mathrm{d}y}{\mathrm{d}t}=a(t)y+b(t)$ 的解, 则有 $\dfrac{\mathrm{d}y_p(t)}{\mathrm{d}t}=a(t)y_p(t)+b(t)$, 因而

$$\begin{aligned}\frac{\mathrm{d}(y_h(t)+y_p(t))}{\mathrm{d}t}=&\frac{\mathrm{d}y_h(t)}{\mathrm{d}t}+\frac{\mathrm{d}y_p(t)}{\mathrm{d}t}\\=&a(t)y_h(t)+a(t)y_p(t)+b(t)\\=&a(t)(y_h(t)+y_p(t))+b(t),\end{aligned}$$

故 $y_h(t)+y_p(t)$ 是非齐次方程的解.

(2) 直接代入齐次方程即可得证.

1.3.3　一阶线性微分方程的求解

对齐次方程$\dfrac{\mathrm{d}y}{\mathrm{d}t}=a(t)y$, 已经知道它的通解为 $y(t)=c\mathrm{e}^{\int a(t)\mathrm{d}t}$, 其中 c 为任意常数. 对于非齐次方程, 由拓广的线性原理知它的求解可分为三步:

(1) 先求与之相应的齐次方程的通解;

(2) 再求非齐次方程的一个特解;

(3) 齐次方程的通解加上非齐次方程的特解得到非齐次方程的通解.

由于齐次方程通解可求, 求非齐次方程的一个特解就成为求解非齐次方程的关键.

考虑常系数非齐次方程

$$\frac{\mathrm{d}y}{\mathrm{d}t}=-3y+\mathrm{e}^t,$$

与之相应的齐次方程为$\dfrac{\mathrm{d}y}{\mathrm{d}t}=-3y$, 它的通解是 $y(t)=c\mathrm{e}^{-3t}$, 其中 c 为任意常数. 下面想办法找非齐次方程的特解, 把方程变形为

$$\frac{\mathrm{d}y}{\mathrm{d}t}+3y=\mathrm{e}^t.$$

什么样的函数代入左端能得到右端的函数 e^t, 可以猜测诸如三角函数的 $\cos t, \sin t$ 是不行的, 因为代入左端后得到的是三角函数的组合, 不可能出现右端的 e^t. 但是已经知道 e^t 的导数是它本身, 代入左端后会出现 e^t 项. 猜测它会不会是非齐次方

程的解呢, 不幸的是代入右端后得 $4e^t$, 不是想要的 e^t, 但它们仅仅差了常数倍. 这告诉我们, e^t 的某个常数倍可能会是一个特解. 令 $y_p(t)=Ae^t$, 代入 $\frac{dy}{dt}+3y$ 得

$$\frac{dy_p(t)}{dt}+3Ae^t=Ae^t+3Ae^t=4Ae^t.$$

为了 $y_p(t)$ 是一个解, $4Ae^t$ 必须等于 e^t, 即 $A=\frac{1}{4}$. 这样就得到方程 $\frac{dy}{dt}=-3y+e^t$的一个特解 $y_p(t)=\frac{1}{4}e^t$, 进而得到它的通解为

$$y(t)=ce^{-3t}+\frac{1}{4}e^t,$$

其中, c 为任意常数.

在上面的特解猜测中, 猜测特解 $y_p(t)=Ae^t$ 是因为方程

$$\frac{dy}{dt}+3y=e^t$$

的非齐次项为指数函数 e^t. 下面来考虑一个非齐次项是三角函数的例子.

$$\frac{dy}{dt}+3y=\cos t,$$

相应的齐次方程仍为$\frac{dy}{dt}=-3y$, 它的通解是 $y(t)=ce^{-3t}$. 尝试非齐次方程形如

$$y_p(t)=A\cos t+B\sin t$$

的特解, 也许首先想的是形如 $A\cos t$ 或 $A\sin t$ 的特解, 但代入不能满足要求.

为了决定常数 A,B, 把 $y_p(t)$ 代入

$$\frac{dy}{dt}+3y=\cos t$$

后可得

$$-A\sin t+B\cos t+3A\cos t+3B\sin t=\cos t,$$

即

$$(-A+3B)\sin t+(3A+B)\cos t=\cos t,$$

则 A,B 需满足

$$\begin{cases}-A+3B=0,\\ 3A+B=1,\end{cases}$$

解得 $A=\frac{3}{10},B=\frac{1}{10}$, 因而

$$y_p(t)=\frac{3}{10}\cos t+\frac{1}{10}\sin t$$

是非齐次方程的解, 所以方程 $\frac{\mathrm{d}y}{\mathrm{d}t}+3y=\cos t$ 的通解为

$$y(t)=c\mathrm{e}^{-3t}+\frac{3}{10}\cos t+\frac{1}{10}\sin t,$$

其中, c 是任意常数. 具有不同初始条件的一些解如图 1.5 所示.

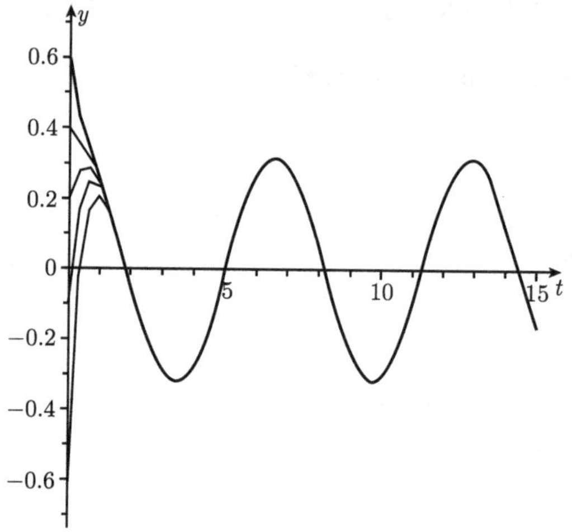

图 1.5 $\frac{\mathrm{d}y}{\mathrm{d}t}+3y=\cos t$ 的部分解图像

上述求特解的方法一般称为**猜测–检验法**, 但它限于非齐次项有诸如 $\cos t, \sin t$, e^t 等 "好的" 函数, 猜测特解具有与之相似的形式. 只有猜测的待定形式最终可确定其中的常数时, 才可以找到特解. 当待定的形式不对时, 不能找到待定常数而得到特解. 像在第二个例子中, 如果猜测的待定特解形式为 $A\cos t$ 或 $A\sin t$, 就不能确定常数 A 而得到方程的特解. 当猜测得不对时, 就要尝试别的待定特解形式.

考虑非齐次方程

$$\frac{\mathrm{d}y}{\mathrm{d}t}=-3y+2\mathrm{e}^{-3t},$$

与之相应的齐次方程为 $\frac{\mathrm{d}y}{\mathrm{d}t}=-3y$, 它的通解为 $y(t)=c\mathrm{e}^{-3t}$. 仍把方程变形为

$$\frac{\mathrm{d}y}{\mathrm{d}t}+3y=\mathrm{e}^{-3t},$$

猜测形如 $y_p(t)=A\mathrm{e}^{-3t}$ 的特解, 代入 $\frac{\mathrm{d}y}{\mathrm{d}t}+3y$ 得

$$\frac{\mathrm{d}y_p(t)}{\mathrm{d}t}+3A\mathrm{e}^{t}=-3A\mathrm{e}^{t}+3A\mathrm{e}^{t}=0.$$

无论选取怎样的常数 A, 代入 $\frac{\mathrm{d}y}{\mathrm{d}t}+3y$ 中都得 0. 由此可知非齐次方程没有形如

$y_p(t) = Ae^{-3t}$ 的特解, 实际上它是相应齐次方程的解, 当然就不可能是非齐次方程的解了. 必须猜测其他的特解形式, 它应该包含 e^{-3t} 项, 但不是齐次方程的解, 诸如 $Ae^{-3t}\cos t$ 或 Ae^{Bt} 也是不行的. 希望的这个待定特解在求导时, 一方面出现本身项, 另一方面也要出现 e^{-3t} 项. 函数乘积的求导链式法则告诉我们, te^{-3t} 满足这样的要求, 因而尝试形如 $y_p(t) = Ate^{-3t}$ 的待定特解, 其中 A 为待定常数. 把这个 $y_p(t)$ 代入 $\frac{dy}{dt} + 3y$ 有

$$\frac{dy_p(t)}{dt} + 3y_p(t) = Ae^{-3t} - 3Ate^{-3t} + 3Ate^{-3t} = Ae^{-3t}.$$

为了 $y_p(t)$ 是特解, 则 $A = 2$. 这样就得到了原方程的通解为

$$y(t) = ce^{-3t} + 2te^{-3t},$$

其中, c 是任意常数.

最后的例子说明虽然非齐次项是指数函数 e^{-3t}, 但没有 Ae^{-3t} 的解, 而不像第一个例子有非齐次项倍数形式的特解. 这说明猜测的技巧在一定条件下要靠经验来完成, 当求解的微分方程恰好具有所知道的形式时, 如前面的几个例子那样, 可以猜出待定特解形式. 当求解的方程是新的形式时, 就要尝试其他方法或途径了.

对方程

$$\frac{dy}{dt} + 3y = \cos t$$

而言, 由前面的讲述知其通解为$y(t) = ce^{-3t} + \frac{3}{10}\cos t + \frac{1}{10}\sin t$, 故当 $t \to \infty$ 时, $e^{-3t} \to 0$. 这时所有的解 $y(t)$ 与 $y_p(t) = \frac{3}{10}\cos t + \frac{1}{10}\sin t$ 之差的绝对值 $|y(t) -_p(t)|$ 趋于 0, 这个解 $y_p(t)$ 称为稳态解.

通过方程的通解 $y(t) = ce^{-3t} + \frac{3}{10}\cos t + \frac{1}{10}\sin t$ 可以看到, 所有解的渐近行为是以 2π 为周期来回震荡, 如图 1.5 所示. 这个周期与 $\cos t, \sin t$ 的周期一样, 但振幅与位相不同.

对于一般的非齐次方程 $\frac{dy}{dt} = \lambda y + b(t)$, 只要 $\lambda < 0$, 则相应齐次方程的通解 $ke^{\lambda t}$ 当 $t \to \infty$ 时趋于 0. 若非齐次方程的一个特解是 $y_p(t)$, 则通解为 $y(t) = ke^{\lambda t} + y_p(t)$, 从而当 t 充分大时, 所有的解接近于 $y_p(t)$, 所有解的渐近行为由 $y_p(t)$ 决定. 但当 $\lambda > 0$ 时, 上述情况不会发生.

1.3.4 一阶线性微分方程求解的常数变易法

前面求解一阶线性方程的猜测–检验法只适用于一定的常系数方程, 对于一般的方程是无能为力的. 下面给出一种一般的解法, 称为**常数变易法**, 其思想方法如下:

对非齐次方程

$$\frac{\mathrm{d}y}{\mathrm{d}t}=a(t)y+b(t)$$

而言, 已经知道 $y(t)=c\mathrm{e}^{\int a(t)\mathrm{d}t}$ 是相应齐次方程的解, 其中 c 是常数. 把常数 c 变易为 t 的待定函数 $c(t)$, 令

$$y(t)=c(t)\mathrm{e}^{\int a(t)\mathrm{d}t},$$

微分得到

$$\frac{\mathrm{d}y}{\mathrm{d}t}=\frac{\mathrm{d}c(t)}{\mathrm{d}t}\mathrm{e}^{\int a(t)\mathrm{d}t}+c(t)a(t)\mathrm{e}^{\int a(t)\mathrm{d}t}.$$

若 $y(t)$ 是方程的解, 则有

$$\frac{\mathrm{d}c(t)}{\mathrm{d}t}\mathrm{e}^{\int a(t)\mathrm{d}t}+c(t)a(t)\mathrm{e}^{\int a(t)\mathrm{d}t}=a(t)c(t)\mathrm{e}^{\int a(t)\mathrm{d}t}+b(t),$$

即

$$\frac{\mathrm{d}c(t)}{\mathrm{d}t}=b(t)\mathrm{e}^{-\int a(t)\mathrm{d}t},$$

积分后得到

$$c(t)=\int b(t)\mathrm{e}^{-\int a(t)\mathrm{d}t}\mathrm{d}t+\bar{c},$$

其中, $\bar{c}$ 为任意常数, 从而可以得到方程

$$\frac{\mathrm{d}y}{\mathrm{d}t}=a(t)y+b(t)$$

的通解为

$$y(t)=\mathrm{e}^{\int a(t)\mathrm{d}t}\left(\int b(t)\mathrm{e}^{-\int a(t)\mathrm{d}t}\mathrm{d}t+\bar{c}\right).$$

例 1.7　求方程 $(t+1)\frac{\mathrm{d}y}{\mathrm{d}t}-y=\mathrm{e}^t(t+1)^2$ 的通解.

分析　把原方程变形为

$$\frac{\mathrm{d}y}{\mathrm{d}t}=\frac{y}{t+1}+\mathrm{e}^t(t+1),$$

它是一阶线性微分方程, 可用常数变易法求解.

解　方程化为

$$\frac{\mathrm{d}y}{\mathrm{d}t}=\frac{y}{t+1}+\mathrm{e}^t(t+1).$$

首先, 求齐次方程 $\frac{\mathrm{d}y}{\mathrm{d}t}=\frac{y}{t+1}$ 的通解为

$$y(t)=c\mathrm{e}^{\int\frac{1}{t+1}\mathrm{d}t}=c(t+1).$$

其次, 利用常数变易法, 令

$$y = c(t)(t+1),$$

则

$$\frac{\mathrm{d}y}{\mathrm{d}t} = \frac{\mathrm{d}c(t)}{\mathrm{d}t}(t+1) + c(t).$$

代入原方程得

$$\frac{\mathrm{d}c(t)}{\mathrm{d}t} = \mathrm{e}^t,$$

积分之求得

$$c(t) = \mathrm{e}^t + \bar{c},$$

因而原方程的通解为

$$y(t) = (t+1)(\mathrm{e}^t + \bar{c}),$$

其中 $\bar{c}$ 为任意常数.

1.3.5 一阶线性微分方程求解的积分因子法

前面给出了一阶非齐次线性微分方程的常数变易法, 在这里给出另外一种不同的处理方法, 称之为积分因子法.

考虑一阶非齐次线性微分方程

$$\frac{\mathrm{d}y}{\mathrm{d}t} = a(t)y + b(t).$$

把含有未知函数 y 的项移到方程的左端有

$$\frac{\mathrm{d}y}{\mathrm{d}t} - a(t)y = b(t).$$

令

$$g(t) = -a(t),$$

则方程变为

$$\frac{\mathrm{d}y}{\mathrm{d}t} + g(t)y = b(t).$$

根据函数乘积的求导链式法则, 这样做的目的是使左端像某两个函数乘积的导数. 未知函数 $y(t)$ 和某个函数 $\mu(t)$ 乘积的导数为

$$\frac{\mathrm{d}\mu(t)y(t)}{\mathrm{d}t} = \mu(t)\frac{\mathrm{d}y(t)}{\mathrm{d}t} + y(t)\frac{\mathrm{d}\mu(t)}{\mathrm{d}t}.$$

为了使方程的左端更像两个函数乘积的导数, 用 $\mu(t)$ 乘方程的两端有

$$\mu(t)\frac{\mathrm{d}y}{\mathrm{d}t} + \mu(t)g(t)y = \mu(t)b(t).$$

假定已经存在一个函数 $\mu(t)$, 使得左端项恰好是 $\mu(t)y(t)$ 的导数, 则 $\mu(t)$ 满足

$$\frac{\mathrm{d}\mu(t)y(t)}{\mathrm{d}t}=\mu(t)\frac{\mathrm{d}y}{\mathrm{d}t}+\mu(t)g(t)y,$$

从而得到关于 $\mu(t)$ 的新微分方程

$$\frac{\mathrm{d}\mu(t)y(t)}{\mathrm{d}t}=\mu(t)b(t),$$

两边积分得到

$$\mu(t)y(t)=\int\mu(t)b(t)\mathrm{d}t,$$

因而

$$y(t)=\frac{1}{\mu(t)}\int\mu(t)b(t)\mathrm{d}t.$$

这样在假定 $\mu(t)$ 存在的情况下, 得到了想要的解 $y(t)$. 这样的 $\mu(t)$ 称为方程 $\frac{\mathrm{d}y}{\mathrm{d}t}+g(t)y=b(t)$ 的**积分因子**.

怎么找到方程的积分因子呢? 由前面知, 要想 $\mu(t)$ 是方程的积分因子, 则 $\mu(t)$ 满足

$$\frac{\mathrm{d}\mu(t)y(t)}{\mathrm{d}t}=\mu(t)\frac{\mathrm{d}y(t)}{\mathrm{d}t}+\mu(t)g(t)y(t),$$

而由链式法则,

$$\frac{\mathrm{d}\mu(t)y(t)}{\mathrm{d}t}=\mu(t)\frac{\mathrm{d}y(t)}{\mathrm{d}t}+y(t)\frac{\mathrm{d}\mu(t)}{\mathrm{d}t}.$$

比较上面两式得

$$\frac{\mathrm{d}\mu(t)}{\mathrm{d}t}=\mu(t)g(t).$$

因此, 只要 $\mu(t)$ 满足上面的微分方程, 那它就是需要的积分因子. 然而 $\frac{\mathrm{d}\mu(t)}{\mathrm{d}t}=\mu(t)g(t)$ 是关于 $\mu(t)$ 的齐次方程, $\mu(t)=\mathrm{e}^{\int g(t)\mathrm{d}t}$ 是解.

有了积分因子的公式, 就可以求解方程

$$\frac{\mathrm{d}y}{\mathrm{d}t}+g(t)y=b(t).$$

它的一个解为

$$y(t)=\frac{1}{\mu(t)}\int\mu(t)b(t)\mathrm{d}t=\mathrm{e}^{-\int g(t)\mathrm{d}t}\int b(t)\mathrm{e}^{\int g(t)\mathrm{d}t}\mathrm{d}t,$$

而相应齐次方程的通解为 $c\mathrm{e}^{-\int g(t)\mathrm{d}t}$, 从而原方程的通解为

$$y(t)=\mathrm{e}^{-\int g(t)\mathrm{d}t}\left(\int b(t)\mathrm{e}^{\int g(t)\mathrm{d}t}\mathrm{d}t+c\right),$$

其中, c 为任意常数. 这与用常数变易法得到的表达式是一样的, 注意到这里的 $g(t)=-a(t)$.

例 1.8 求解方程 $\frac{\mathrm{d}y}{\mathrm{d}t}+\frac{2}{t}y=t-1$.

解 首先, 计算积分因子

$$\mu(t)=\mathrm{e}^{\int\frac{2}{t}\mathrm{d}t}=\mathrm{e}^{2\ln t}=t^2.$$

其次, 用积分因子 $\mu(t)=t^2$ 乘方程的两端得

$$t^2\frac{\mathrm{d}y}{\mathrm{d}t}+2ty=t^2(t-1),$$

即

$$\frac{\mathrm{d}t^2y}{\mathrm{d}t}=t^2(t-1).$$

两边积分得

$$t^2y=\frac{t^4}{4}-\frac{t^3}{3}+c,$$

其中, c 是任意常数, 因而通解为

$$y=\frac{t^2}{4}-\frac{t}{3}+\frac{c}{t^2}.$$

例 1.9 求解方程 $y\mathrm{d}t+(y-t)\mathrm{d}y=0$.

解 解法一 方程改写为

$$\frac{\mathrm{d}t}{\mathrm{d}y}-\frac{t}{y}=-1,$$

这是线性方程, 其中把 t 看成未知函数, 而把 y 看成自变量. 积分因子 $\mu(y)=\mathrm{e}^{\int-\frac{1}{y}\mathrm{d}y}=\frac{1}{y}$. 乘方程两端得到

$$\frac{1}{y}\frac{\mathrm{d}t}{\mathrm{d}y}-\frac{t}{y^2}=-\frac{1}{y},$$

即

$$\frac{\mathrm{d}\left(\frac{t}{y}\right)}{\mathrm{d}y}=-\frac{1}{y},$$

两边积分整理得通解

$$\frac{t}{y}+\ln|y|=c,$$

其中, c 是任意常数. 此外, $y=0$ 也是原方程的解.

解法二 把方程改写为

$$\frac{\mathrm{d}y}{\mathrm{d}t}=\frac{y}{t-y}=\frac{\frac{y}{t}}{1-\frac{y}{t}},$$

这是 1.2.2 小节中可化为变量分离的齐次微分方程. 令 $u=\dfrac{y}{t}$, 代入得到

$$t\frac{\mathrm{d}u}{\mathrm{d}t}+u=\frac{u}{1-u},$$

即

$$\frac{1-u}{u^2}\mathrm{d}u=\frac{\mathrm{d}t}{t}.$$

因此, 通解为

$$-\frac{1}{u}-\ln|u|=\ln|t|-c,$$

代回原来的变量即有

$$\frac{t}{y}+\ln|y|=c,$$

其中, c 是任意常数. 此外, $y=0$ 也是原方程的解.

1.4　定性方法与数值方法

在 1.2 节和 1.3 节中对几类方程给出了求解的一般方法, 找到解的解析表达式后, 当然就容易知道微分方程解的很多性质. 然而, 也能够用其他方法来描述方程的解. 有时, 这些方法在某种程度上更容易理解与使用. 在本节中, 首先是在几何直观上通过对微分方程

$$\frac{\mathrm{d}y}{\mathrm{d}t}=f(t,y)$$

的斜率场和解的图像的大致描述来研究它. 其次, 给出最常用的一种数值方法 —— 欧拉方法.

1.4.1　一阶微分方程的几何意义

一阶微分方程 $\dfrac{\mathrm{d}y}{\mathrm{d}t}=f(t,y)$ 的解 $y(t)$ 表示 ty 平面上的一条曲线, 称为微分方程的积分曲线. 如果积分曲线 $y=y(t)$ 经过点 (t_1,y_1), 即 $y_1=y(t_1)$, 则 $y=y(t)$ 在 $t=t_1$ 处的导数 $\dfrac{\mathrm{d}y}{\mathrm{d}t}=f(t_1,y_1)$. 这告诉我们在 (t_1,y_1) 处积分曲线 $y=y(t)$ 的切线斜率为 $f(t_1,y_1)$, 如图 1.6 所示. 其实, 方程 $\dfrac{\mathrm{d}y}{\mathrm{d}t}=f(t,y)$ 的积分曲线 $y=y(t)$ 在其上任一点 (t,y) 处的斜率必为 $f(t,y)$. 换句话说, 方程 $\dfrac{\mathrm{d}y}{\mathrm{d}t}=f(t,y)$ 右边 $f(t,y)$ 的值给出了积分曲线 $y=y(t)$ 上所有点的切线斜率, 如图 1.7 所示. 反之, 如果一条曲线上每一点的切线斜率为 $f(t,y)$, 则此曲线必为方程 $\dfrac{\mathrm{d}y}{\mathrm{d}t}=f(t,y)$ 的积分曲线.

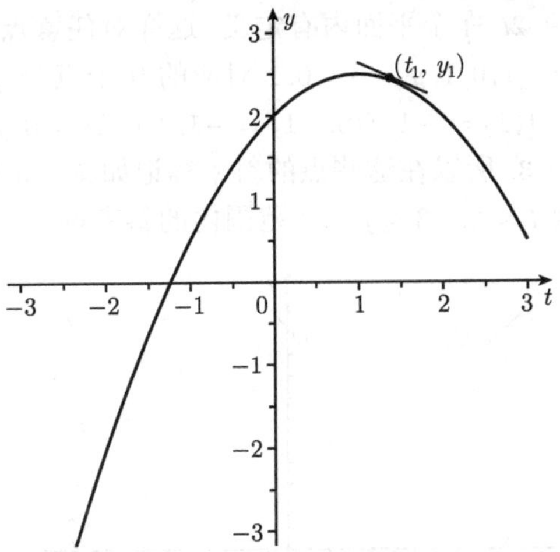

图 1.6　由 $f(t_1, y_1)$ 给出的在 (t_1, y_1) 处的切线段

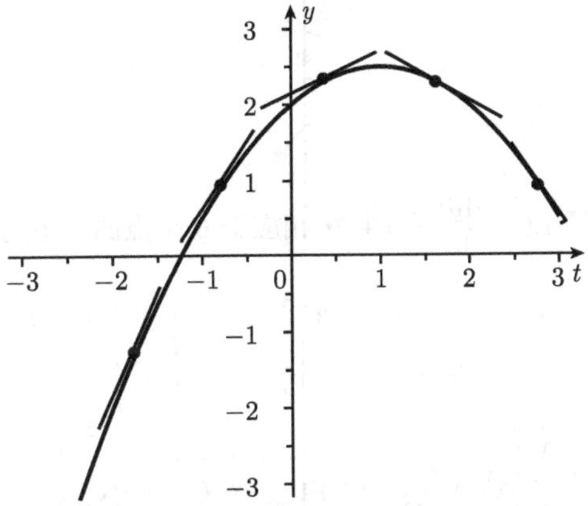

图 1.7　解 $y(t)$ 在 (t, y) 处的斜率必是 $f(t, y)$

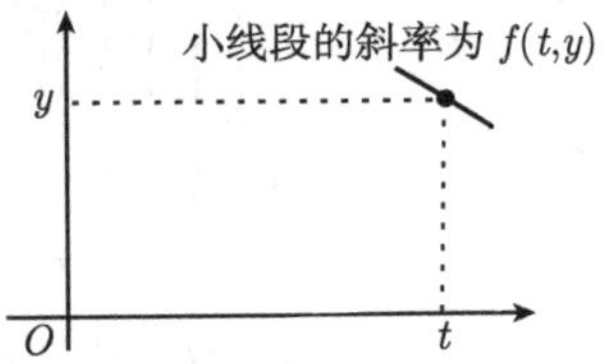

图 1.8　在 (t, y) 处小线段的斜率为 $f(t, y)$

对于方程$\dfrac{\mathrm{d}y}{\mathrm{d}t} = f(t, y)$, 若给定 $f(t, y)$, 在 ty 平面内选择 $f(t, y)$ 定义域 D 内的点 (t, y), 在这一点标注一个以该点为中心的小线段, 其斜率为 $f(t, y)$(图 1.8), 一般称这样的小线段为斜率标记, 而对 ty 平面上 D 内任一点 (t, y) 有这样一个小线段与之对应, 这样在 D 内形成一个方向场, 称为斜率场.

例 1.10　画出 $\dfrac{\mathrm{d}y}{\mathrm{d}t} = y + 2t$ 的斜率场分布图.

解　$f(t,y) = y + 2t$ 在全平面内有定义, 这样对任意点都可以画一个斜率标记与之对应, 选取 $t = -1, 0, 1, y = -1, 0, 1$ 对应的 9 个点 (t, y). 因为 $f(-1,-1) = -3, f(-1,0) = -2, f(-1,1) = -1, f(0,-1) = -1, f(0,0) = 0, f(0,1) = 1, f(1,-1) = 1, f(1,0) = 2, f(1,1) = 3$, 所以在这些点的斜率标记如图 1.9 所示. 图 1.10 是通过计算机给出的在 $-3 \leqslant t \leqslant 3, -3 \leqslant y \leqslant 3$ 范围内的斜率场.

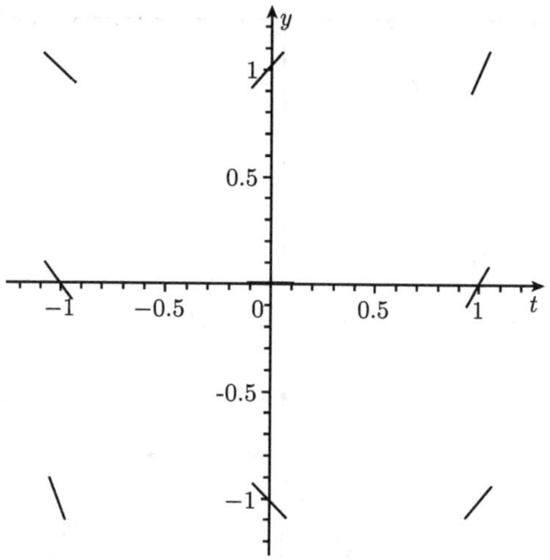

图 1.9　$\dfrac{\mathrm{d}y}{\mathrm{d}t} = y + 2t$ 相应于 9 个点的斜率场

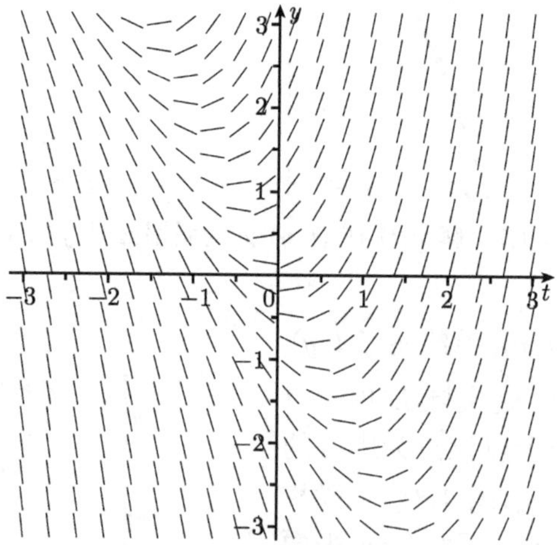

图 1.10　由计算机给出的 $\dfrac{\mathrm{d}y}{\mathrm{d}t} = y + 2t$ 的斜率场

事实上, 利用一阶线性微分方程的求解方法知上述方程的通解是 $y(t) = c\mathrm{e}^t - 2t - 2$, 其中 c 是任意常数. 在图 1.11 中, 给出了当 $c = 3, 2, 1, 0, -1, -2$ 时解的图像, 可以看到这些图像与斜率场中的小线段相切.

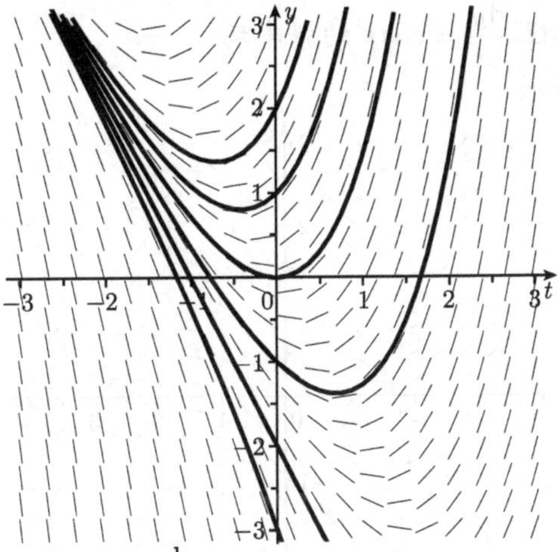

图 1.11 在 $\frac{\mathrm{d}y}{\mathrm{d}t}=y+2t$ 斜率场中的六个解

1.4.2 斜率场的两种特例

(1) $\frac{\mathrm{d}y}{\mathrm{d}t}=f(t)$ 的斜率场. 由于 f 仅是自变量 t 的函数, 可知方程的任一解 $y=y(t)$ 的斜率仅与 t 有关, 都是 $f(t)$. 这样在斜率场中, 当 t 相等时, 所有的斜率标记都是平行的, 即每个竖直直线上的标记是平行的. 反之, 若一个微分方程对应的斜率场在任何竖直直线上具有相同的斜率标记, 则该微分方程一定具有 $\frac{\mathrm{d}y}{\mathrm{d}t}=f(t)$ 的形式. 实际上, 方程 $\frac{\mathrm{d}y}{\mathrm{d}t}=f(t)$ 的解即为 $f(t)$ 的不定积分 $\int f(t)\mathrm{d}t$. 例如, 方程 $\frac{\mathrm{d}y}{\mathrm{d}t}=2t$ 的解为 $\int 2t\mathrm{d}t=t^2+c$, 其中 c 是任意常数. 所有的解的图像仅仅是 $y=t^2$ 图像的上、下平移 (图 1.12).

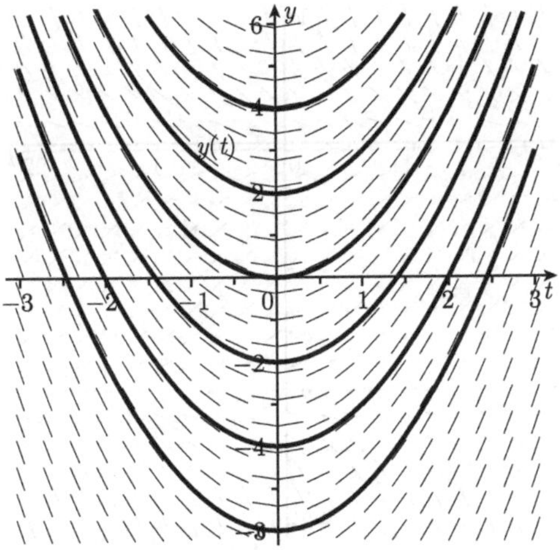

图 1.12 方程 $\frac{\mathrm{d}y}{\mathrm{d}t}=2t$ 的斜率场

例 1.11　画出方程 $\frac{\mathrm{d}y}{\mathrm{d}t} = \cos t$ 的斜率场.

解　如图 1.13 所示.

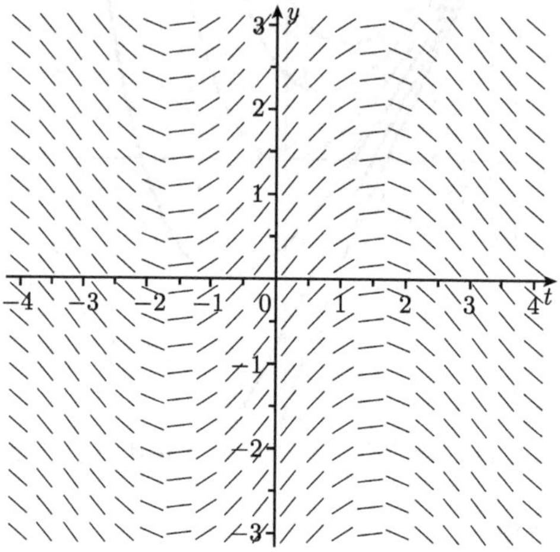

图 1.13　方程 $\frac{\mathrm{d}y}{\mathrm{d}t} = \cos t$ 的斜率场

(2) 自治方程 $\frac{\mathrm{d}y}{\mathrm{d}t} = f(y)$ 的斜率场. 当一阶微分方程 $\frac{\mathrm{d}y}{\mathrm{d}t} = f(t, y)$ 的右端项仅是 y 的函数而与 t 无关时, 称为一阶自治方程. 斜率场中任何水平直线上的斜率标记相同, 这是自治方程独有的特征. 其所有的解在 y 轴方向上是平行的, 即若 $y(t)$ 是解, 则 $y(t+c)$ 也是解, 其中 c 是任意常数.

例 1.12　画出 $\frac{\mathrm{d}y}{\mathrm{d}t} = y(2+y)$ 的斜率场.

解　如图 1.14 所示.

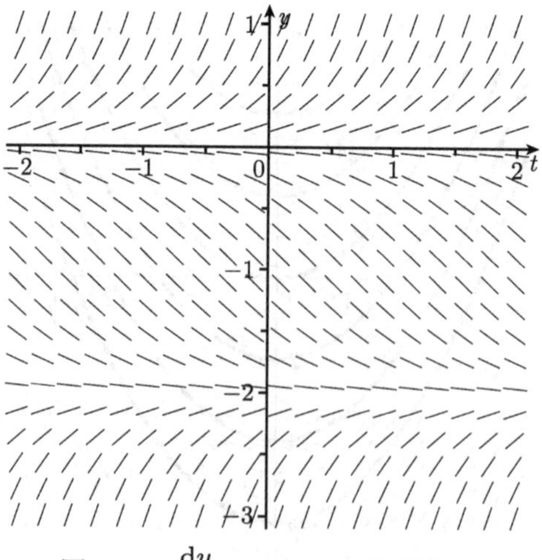

图 1.14　$\frac{\mathrm{d}y}{\mathrm{d}t} = y(2+y)$ 的斜率场

1.4.3 解析方法与定性方法相结合的分析方法

在研究微分方程时, 利用何种方法更好地处理它, 要针对具体问题而定. 如果方程容易求解, 那利用解析方法来研究; 如果不容易求解, 就要利用其他方法来研究解的性质. 对自治方程 $\frac{\mathrm{d}y}{\mathrm{d}t}=4y(1-y)$ 而言, 它是变量分离方程, 可以求出它的解为

$$y=\frac{1}{1+c\mathrm{e}^{-4t}}\ (c\text{为任意常数}) \quad 和 \quad y=0.$$

即使有了解的表达式, 也不容易画出它的图像来观察它所具有的一些性质. 但通过前面的斜率场就可以得到解的许多性质. 尽管不能够利用定性方法来回答诸如解在某一时刻 t 的精确值, 但是可以利用这些方法来理解解的长渐近性质.

当对求解方程无能为力时, 定性分析的思想就显得尤为重要. 例如,

$$\frac{\mathrm{d}y}{\mathrm{d}t}=\mathrm{e}^{y^2/10}\sin^2 y.$$

虽然可变量分离来解, 但是对于积分

$$\int\frac{\mathrm{d}y}{\mathrm{e}^{y^2/10}\sin^2 y}$$

而言是很难求解的. 通过定性方法来分析, 首先, 当 $y=n\pi$(n 是整数) 时, 方程的右端等于 0, 可知 $y=n\pi$ 是方程的平衡解 (n 是任意整数). 其次, 除 $y=n\pi$ 外, 方程的右端总是大于 0, 可知两个平衡解之间的任一解都是严格单调增的, 并且这些解当趋向于平衡解时, 其导数趋向于 0, 并以它们上、下端的平衡解为水平渐近线. 这样即使没有解析解, 仍然可以知道解的一些重要性质 (图 1.15).

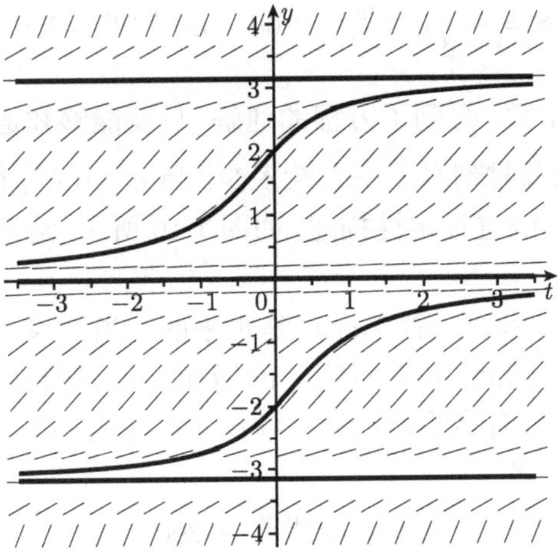

图 1.15 $\frac{\mathrm{d}y}{\mathrm{d}t}=\mathrm{e}^{y^2/10}\sin^2 y$ 的斜率场及部分解的图像

1.4.4　应用举例

例 1.13 (混合问题)　一个水池有一个进水管 A 和一个排水管 B, 现水池内有1000kg的盐水, A 水管每分钟有浓度为20%的盐水60kg流入, 盐水流入水池后即与水池内的盐水充分混合, 使得各处盐水浓度相同. 与此同时, B 水管每分钟有60kg的盐水从水池中流出. 试建立水池内盐随时间变化的模型, 并对此进行分析.

解　设 $S(t)$ 表示时刻 t 水池内盐的质量, 则水池内每分钟盐的变化为流入的质量 − 流出的质量. A 管流入 $20\%\cdot 60$, B 管流出 $\dfrac{S}{1000}\cdot 60$, 因而可建立模型如下:

$$\frac{\mathrm{d}S}{\mathrm{d}t}=20\%\cdot 60-\frac{S}{1000}\cdot 60,$$

即

$$\frac{\mathrm{d}S}{\mathrm{d}t}=12-\frac{3S}{50}=\frac{600-3S}{50}.$$

利用变量分离法求解方程

$$\frac{\mathrm{d}S}{600-3S}=\frac{\mathrm{d}t}{50},$$

$$\ln|600-3S|=-\frac{3t}{50}+c_1,$$

$$600-3S=\pm\mathrm{e}^{(-0.06t+c_1)}=c\mathrm{e}^{-0.06t},$$

其中, $c_2=\pm c_1$ 是不等于 0 的常数, 但取 $c_2=0$ 时, $S=200$ 是方程的平衡解, 这样 c_2 可取任意常数. 整理得

$$S=-\frac{c_2}{3}\mathrm{e}^{-0.06t}+200=c\mathrm{e}^{-0.06t}+200,$$

其中, $c=-\dfrac{c_2}{3}$是任意常数. 得到了方程的通解, 只要能够知道初始时刻水池中含盐的多少, 就可以得到任意时刻水池中含盐多少. 当 $c=0$ 时, 得到平衡解 $S=200$.

用斜率场来对这些解进行定性描述, 如图 1.16 所示, 给出方程的斜率场和几个特解图像.

如果 $S=200$ 为平衡解, 斜率标记是水平的. 当 $S<200$ 时, 斜率为正; 当 $S>200$ 时, 斜率为负. 因此, 随着时间 t 的增加, 所有解趋向于平衡解. 这告诉我们, 无论一开始水池中含有多少盐, 当 $t\to\infty$ 时, 水池中的盐趋向于 200kg. 这一结论也可从通解的表达式

$$S=c\mathrm{e}^{-0.06t}+200$$

中令 $t\to\infty$ 得到.

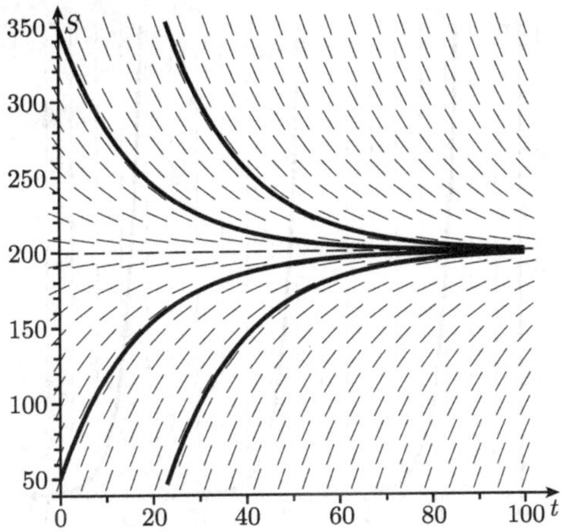

图 1.16 $\dfrac{\mathrm{d}S}{\mathrm{d}t}=\dfrac{600-3S}{50}$ 的斜率场及部分解的图像

例 1.14 (RC 电路) 包含电阻 R, 电容 C 及电源的电路称为 RC 电路, 如图1.17所示, 其中电源的电压是时间 t 的函数 $V(t)$. 闭合开关后, 考察通过电容 C 中电压的变化.

解 由电路学知识, C 的电压 $v(t)$ 与电阻 R 的电压之和应为电源的电压 $V(t)$, 而通过电容 C 的电流 I, 即电路中的电流 $I=\dfrac{\mathrm{d}Q}{\mathrm{d}t}=\dfrac{\mathrm{d}(Cv(t))}{\mathrm{d}t}=C\dfrac{\mathrm{d}v}{\mathrm{d}t}$, 其中 Q 为电量, 从而 R 处的电压为 $RI=RC\dfrac{\mathrm{d}v}{\mathrm{d}t}$.

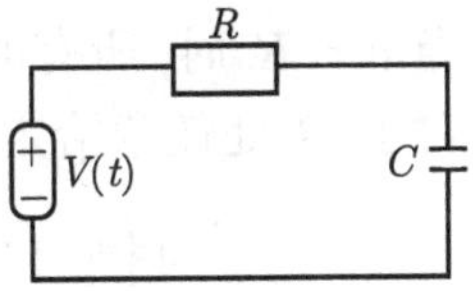

图 1.17 具有电阻、电容和电源的 RC 电路

由此可以建立 RC 电路的模型如下:

$$RC\frac{\mathrm{d}v}{\mathrm{d}t}+v=V(t),$$

即

$$\frac{\mathrm{d}v}{\mathrm{d}t}=\frac{V(t)-v}{RC}.$$

下面就几种情况进行讨论.

(1) 零输入, 即电源电压 $V(t)=0$. 此时方程变为

$$\frac{\mathrm{d}v}{\mathrm{d}t}=-\frac{v}{RC}.$$

对特定的 R,C, 方程的斜率场如图 1.18 所示, 可以看到当 t 增加时, 所有的解衰减趋向于 $v=0$. 这也可从方程的通解 $v(t)=v_0\mathrm{e}^{-t/RC}$(通过变量分离法直接求得) 中看出, 其中 v_0 是 C 初始的电压.

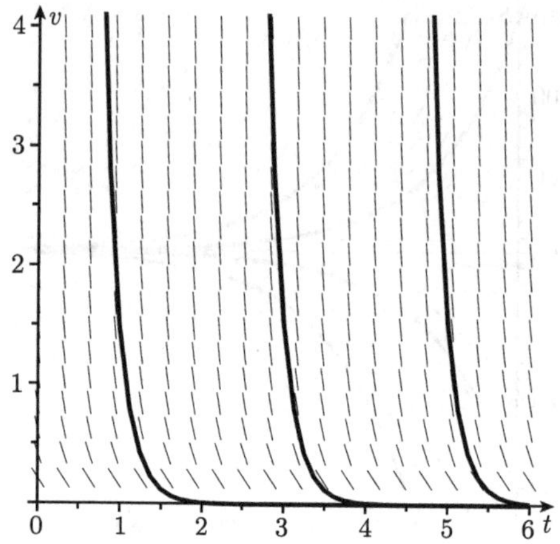

图 1.18　当 $R=0.1, C=2$ 时, 方程 $\dfrac{\mathrm{d}v}{\mathrm{d}t}=-\dfrac{v}{RC}$ 的斜率场及三个特解的图像

(2) 常量 (非零) 输入, 即 $V(t)=K>0$, 此时方程变为

$$\frac{\mathrm{d}v}{\mathrm{d}t}=\frac{K-v}{RC}.$$

这是自治方程, 则有平衡解 $v=K$, 并且随着时间 t 的增加, 当 $v>K$ 时, 所有解严格递减; 当 $v<K$ 时, 所有的解严格递增, 最终趋向于平衡解 $v=K$(图 1.19). 这告诉我们, 对于 C 处任意给定的初始电压 $v(0)$, 经过较长时间后接近电源电压.

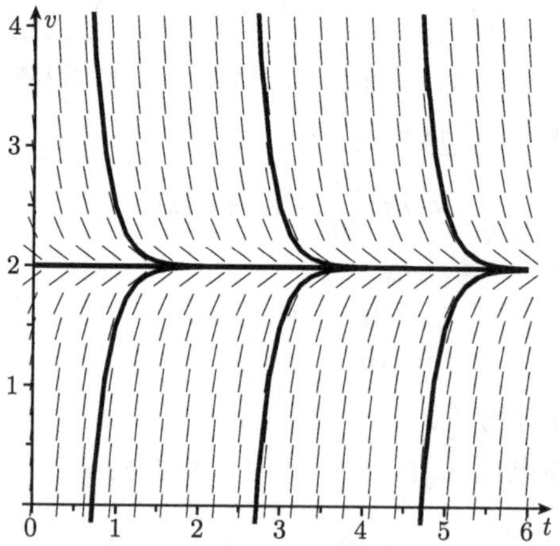

图 1.19　当 $R=0.1, C=2, K=2$ 时, 方程 $\dfrac{\mathrm{d}v}{\mathrm{d}t}=\dfrac{K-v}{RC}$ 的斜率场及几个特解的图像

(3) 开–关输入, 开始为稳恒电压, 后断开开关. 设

$$V(t)=\begin{cases}K, & 0\leqslant t<5,\\ 0, & t\geqslant 5,\end{cases}$$

则

$$\frac{\mathrm{d}v}{\mathrm{d}t}=\frac{V(t)-v}{RC}=\begin{cases}\dfrac{K-v}{RC}, & 0\leqslant t<5,\\ \dfrac{-v}{RC}, & t\geqslant 5.\end{cases}$$

这是前面两种情况在 $t=5$ 处的粘合, 如图 1.20 所示.

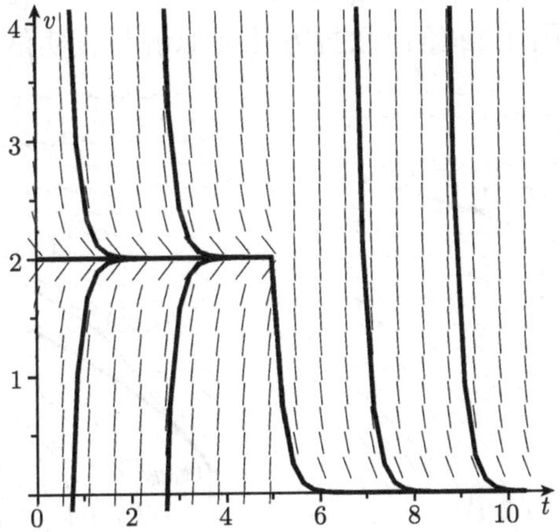

图 1.20 当 $R=0.1, C=2, K=2$ 时, 在 $t=5$ 时刻断开电路的情况下, 方程 $\dfrac{\mathrm{d}v}{\mathrm{d}t}=\dfrac{V(t)-v}{RC}$ 的斜率场及几个特解的图像

1.4.5 数值方法: 欧拉方法

求微分方程初值问题

$$\begin{cases}\dfrac{\mathrm{d}y}{\mathrm{d}t}=f(t,y),\\ y(t_0)=y_0\end{cases}\tag{1.4}$$

的解, 可以从初始条件 $y(t_0)=y_0$ 出发, 按照一定的步长 Δt, 依照某种方法逐步计算微分方程的近似解 $y_n\approx y(t_n)$, 其中 $t_n=t_0+n\Delta t$, 这样求出的解称为数值解. 由于计算机的发展与普及, 数值解及其相应的图形软件使得可以方便简洁地了解微分方程的解随时间及其参数变化时的形状, 而不必求出解来. 数值分析的方法已经成为分析微分方程解的不可或缺的有力工具.

1. *欧拉方法*

大数学家欧拉曾简单地用差分代替微分, 把初值问题 (1.4) 化为

$$y_{n+1}=y_n+f(t_n,y_n)\Delta t,\quad t_n=t_0+n\Delta t,$$

称为**欧拉公式**. 下面从几何直观上就欧拉方法具体描述.

首先从 (t_0,y_0) 出发, 第一步到达 (t_1,y_1), 其中 $t_1=t_0+\Delta t$, 并且 (t_1,y_1) 位于经过 (t_0,y_0) 且以该点处斜率标记为方向的直线上, 即斜率为 $f(t_0,y_0)$ 的直线上. 其次, 从 (t_1,y_1) 出发, 沿用上步到达 (t_2,y_2), 其中 $t_2=t_1+\Delta t$, 并且 (t_2,y_2) 位于 (t_1,y_1) 开始的线段上, 其斜率为 $f(t_1,y_1)$, 这样一直做下去, 由点 (t_n,y_n) 决定下一个点 (t_{n+1},y_{n+1}), $y_0,y_1,y_2,\cdots$ 可以看成对时刻 $t_0,t_1,t_2,\cdots$ 时的解的逼近. 从几何图形上看, 可以用这种方法生成连接 (t_n,y_n) 和下一个点 (t_{n+1},y_{n+1}) 的小线段序列, 如图 1.21 所示, 而图 1.22 给出欧拉方法近似解与真实解的对比.

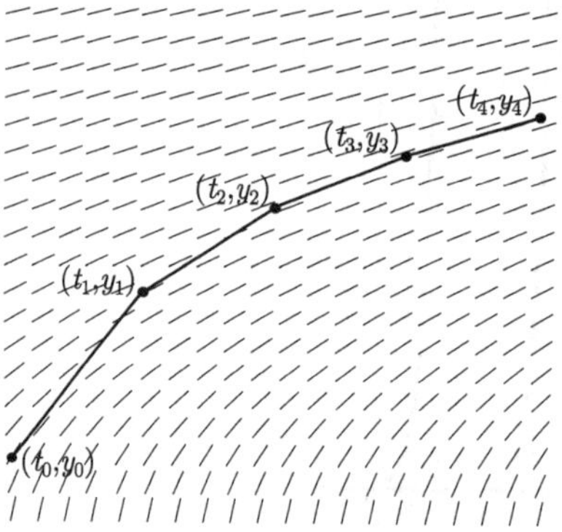

图 1.21　欧拉方法: 沿斜率场逼近

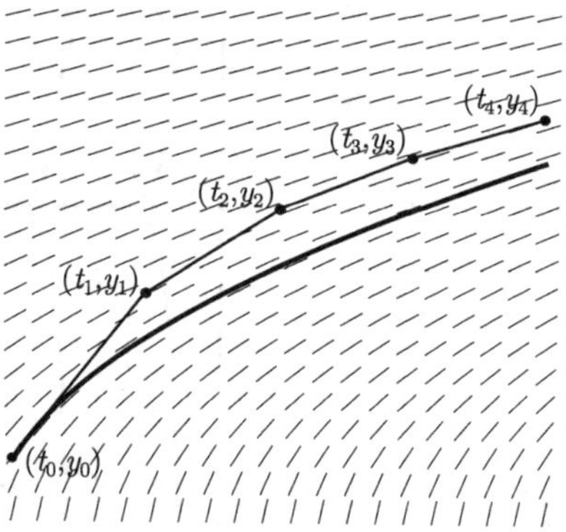

图 1.22　精确解与欧拉逼近解

2. 用欧拉方法求方程 $\dfrac{\mathrm{d}y}{\mathrm{d}t}=f(t,y)$ 逼近解的步骤

给定初始条件 $y(t_0)=y_0$ 和步长 Δt, 通过点 (t_n,y_n) 计算点 (t_{n+1},y_{n+1}) 的步骤如下:

(1) 利用微分方程来计算斜率 $f(t_n,y_n)$;

(2) 用公式 $t_{n+1}=t_n+\Delta t,\ y_{n+1}=y_n+f(t_n,y_n)\Delta t$ 计算 (t_{n+1},y_{n+1}).

利用欧拉公式计算 $y_n(n=0,1,2,\cdots)$, 除 y_0 是精确值以外都是近似值, 一直计算下去必然会产生积累误差. 欧拉公式相当于将解 $y(t_{n+1})=y(t_n+\Delta t)$ 用泰勒级数展开, 只取一阶项, 其局部截断误差为 h^2 的常数倍,

$$\begin{aligned}y(t_{n+1})&=y(t_n+\Delta t)\\&=y(t_n)+y'(t_n)\Delta t+\frac{y''(t_n)}{2!}(\Delta t)^2+\cdots\\&=y_n+f(t_n,y_n)\Delta t+O((\Delta t)^2)\\&=y_{n+1}+O((\Delta t)^2).\end{aligned}$$

因此, 欧拉公式的局部截断误差可写为

$$y(t_{n+1})-y_{n+1}=O((\Delta t)^2).$$

一般来说, 若一种算法的局部截断误差为 $O((\Delta t)^{p+1})$, 则称该算法具有 p 阶精度. 因此, 欧拉方法具有一阶精度.

如果微分方程 (1.4) 的解取积分形式

$$y(t) = y_0 + \int_{t_0}^{t} f(t, y(t))\mathrm{d}t,$$

则利用定积分的梯形公式作近似计算可得

$$\begin{aligned} y(t_{n+1}) &= y_n + \int_{t_n}^{t_{n+1}} f(s, y(s))\mathrm{d}s \\ &\approx y_n + \int_{t_n}^{t_{n+1}} \frac{1}{2}(f(t_n, y_n) + f(t_{n+1}, y_{n+1}))\mathrm{d}s \\ &= y_n + \frac{1}{2}(f(t_n, y_n) + f(t_{n+1}, y_{n+1}))(t_{n+1} - t_n). \end{aligned}$$

上式中含未知值 y_{n+1}, 但其值可用欧拉公式来计算, 即先用欧拉公式进行预测, 再利用上述的梯形公式进行校正, 计算公式为

$$\overline{y}_{n+1} = y_n + f(t_n, y_n)\Delta t, \quad y_{n+1} = y_n + \frac{1}{2}(f(t_n, y_n) + f(t_{n+1}, \overline{y}_{n+1}))\Delta t,$$

此方法称为**改进的欧拉方法**. 下面来计算一下它的精度, 取半步长的泰勒级数展开式

$$\begin{aligned} y_{n+\frac{1}{2}} &= y\left(t_n + \frac{1}{2}\Delta t\right) \\ &= y(t_n) + \frac{1}{2}y'(t_n)\Delta t + \frac{1}{8}y''(t_n)(\Delta t)^2 + O((\Delta t)^3), \end{aligned}$$

$$\begin{aligned} y_{n+1-\frac{1}{2}} &= y\left(t_{n+1} - \frac{1}{2}\Delta t\right) \\ &= y(t_{n+1}) - \frac{1}{2}y'(t_{n+1})\Delta t + \frac{1}{8}y''(t_{n+1})(\Delta t)^2 + O((\Delta t)^3) \end{aligned}$$

及

$$y''(t_{n+1}) = y''(t_n + \Delta t) = y''(t_n) + y'''(\xi)\Delta t, \quad \xi \in (t_n, t_n + \Delta t),$$

$$y_{n+\frac{1}{2}} = y_{n+1-\frac{1}{2}}, \quad y_n = y(t_n)$$

得

$$y(t_{n+1}) = y(t_n) + \frac{1}{2}(f(t_n, y_n) + f(t_{n+1}, \overline{y}_{n+1}))\Delta t + O((\Delta t)^3) = y_{n+1} + O((\Delta t)^3),$$

其中, $\overline{y}_{n+1}$ 是由欧拉方法算出的 $y(t_{n+1})$ 的近似值, 而 y_{n+1} 是由改进的欧拉方法计算的 $y(t_{n+1})$ 的近似值, 因此, 改进的欧拉方法具有二阶精度.

例 1.15　用欧拉方法和改进的欧拉方法在区间 $[0,1]$ 上计算下列初值问题:

$$\frac{\mathrm{d}y}{\mathrm{d}t}=y(1-y^2),\quad y(0)=2,$$

取步长为 $\Delta t=0.1$, 并与精确解对比, 精确到万分位.

解　方程是变量分离方程, 可求得初值问题的解为

$$y(t)=\sqrt{\frac{4\mathrm{e}^{2t}}{4\mathrm{e}^{2t}-3}}.$$

利用欧拉方法和改进的欧拉方法计算结果如表 1.1 所示.

表 1.1

		精确解	欧拉方法		改进的欧拉方法	
k	t_k	y_k	y_k	误差	y_k	误差
0	0	2	2	0	2	0
1	0.1	1.6097	1.4000	0.2097	1.6328	0.0231
2	0.2	1.4181	1.2656	0.1525	1.4388	0.0207
3	0.3	1.3037	1.1894	0.1143	1.3200	0.0163
4	0.4	1.2281	1.1401	0.0880	1.2409	0.0128
5	0.5	1.1752	1.1059	0.0693	1.1852	0.0100
6	0.6	1.1366	1.0813	0.0553	1.1445	0.0081
7	0.7	1.1077	1.0630	0.0447	1.1140	0.0063
8	0.8	1.0856	1.0492	0.0364	1.0907	0.0053
9	0.9	1.0684	1.0386	0.0298	1.0726	0.0042
10	1	1.0550	1.0304	0.0246	1.0584	0.0034

利用欧拉方法和改进的欧拉方法得到的逼近解如图 1.23 所示.

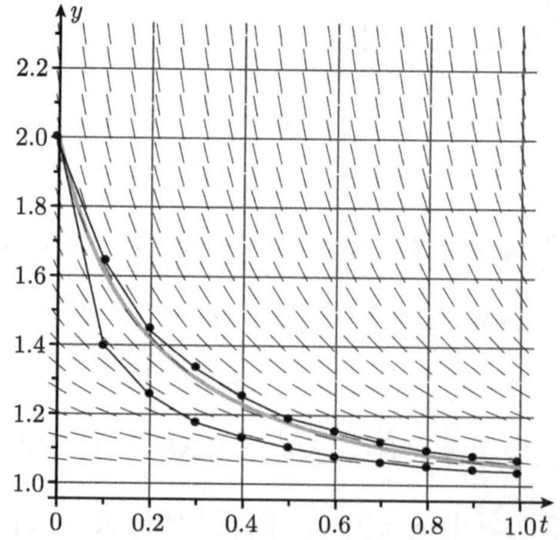

图 1.23　初值问题 $\frac{\mathrm{d}y}{\mathrm{d}t}=y(1-y^2),y(0)=2$ 解的图像及欧拉逼近

1.5 解的存在性、唯一性及解对初值的连续相依性

考虑代数方程 $x^5-8x+5=0$ 实数根的情况. 首先由代数学基本定理知道, 在复数域内有 5 个根. 这 5 个根有多少实根呢? 由于 5 次方程没有一般的求根公式, 所以并不能通过解的表达式来确定, 但是能够看到如下事实:

$$当x=1 时, \quad x^5-8x+5=-2<0,$$

$$当x=-1 时, \quad x^5-8x+5=12>0.$$

从而由根的存在性定理知在区间 $(-1,1)$ 内, 方程 $x^5-8x+1=0$ 至少有一个实根, 这样就判断出区间 $(-1,1)$ 内方程 $x^5-8x+1=0$ 解的存在性. 也许在这个区间内不只有一个解, 也许只有唯一解, 这又需要另作处理.

同样, 给定一个微分方程的初值问题

$$\frac{\mathrm{d}y}{\mathrm{d}t}=f(t,y), \quad y(t_0)=y_0,$$

需要探讨它的解是否存在, 如果存在是否唯一这样的问题. 回答这一问题是从方程本身出发, 并不需进行求解, 正如判断$(-1,1)$内方程$x^5-8x+5=0$ 解的情况一样.

本节一阶微分方程初值问题解的存在唯一性定理明确地肯定了解在一定条件下的存在性与唯一性, 它是常微分方程理论中最基本的定理, 具有重大的理论意义. 由于能够精确求解的微分方程不多, 微分方程的近似解法 (数值方法) 具有十分重要的意义, 而解的存在唯一性是进行近似计算的理论基础. 因为如果解不存在, 却要去求近似解是没有意义的; 如果解存在而不唯一, 由于不知道要确定哪一个解, 却要去近似地逼近它, 问题也是不明确的. 解的存在唯一性定理保证了所要求的解的存在性与唯一性, 因而它是近似求解的前提和理论基础.

由于各种条件的限制, 实际测量的初始数据往往是不精确的, 只能近似地反映初始状态, 那么以此为初始条件的解与真正的解的差距怎样呢? 这就要求给定的微分方程当初值微小变动时, 相应的解的变化也很小, 从而产生解对初值的连续相依性问题. 如果这个问题不解决, 则微小的初值变动很可能造成解的巨大误差, 失之毫厘, 谬以千里. 即使给出初值问题能够满足的存在唯一性条件, 但往往很难或不能求得精确的解析解, 又怎能去求逼近解呢?

本节不加证明地给出一阶微分方程解的存在唯一性定理和解对初值的连续相依性定理, 其证明参见本章附录或文献 [14].

1.5.1 解的存在性

所谓微分方程的初值问题

$$\frac{\mathrm{d}y}{\mathrm{d}t}=f(t,y), \quad y(t_0)=y_0$$

的解的存在性是指存在定义区间上的连续可微函数 $y = y(t)$, 使得它在 t 时刻的导数值恰好等于 $f(t, y(t))$, 并且满足初始条件 $y(t_0) = y_0$. 微分方程初值问题的解的存在性已被广泛地研究, 下面给出标准的存在性描述.

定理 1.3 (解的存在性)　设 $f(t, y)$ 在矩形区域 $D = \{(t, y) \in \mathbb{R}^2 | a < t < b, c < y < d\}$ 内连续, 如果 $(t_0, y_0) \in D$, 则存在 $\varepsilon > 0$ 和函数 $y(t)$, 定义于区间 $(t_0 - \varepsilon, t_0 + \varepsilon)$ 内, 是初值问题

$$\frac{\mathrm{d}y}{\mathrm{d}t} = f(t, y), \quad y(t_0) = y_0$$

的解.

定理 1.3 说明, 对于初值问题

$$\frac{\mathrm{d}y}{\mathrm{d}t} = f(t, y), \quad y(t_0) = y_0,$$

只要 $f(t, y)$ 连续, 就一定有解在某一区间上存在. 如果确定存在区间的 ε 很小, 那么解的存在范围可能就很小, 也就是说, 解只可能短时间存在. 考虑如下初值问题:

$$\frac{\mathrm{d}y}{\mathrm{d}t} = 1 + y^2, \quad y(0) = 0.$$

它满足存在性定理的条件, 下面来看一下它的解的情况. 首先, 进行求解, 这是一个自治方程, 分离变量, 两端积分有

$$\int \frac{\mathrm{d}y}{1 + y^2} = \int \mathrm{d}t,$$

从而得

$$\arctan y = t + c,$$

其中, c 是任意常数, 因而

$$y(t) = \tan(t + c),$$

这是方程的通解, 带入初始条件 $y(0) = 0$ 得 $c = 0$(或 $n\pi$(n 为整数)), 故特解为 $y(t) = \tan t$, 其定义域为 $\left(-\frac{\pi}{2}, \frac{\pi}{2}\right)$, 只在有限区间内存在, 如图 1.24 所示.

其次, 对解进行分析, 正如我们所知, $t = \pm\frac{\pi}{2}$ 是解 $y = \tan t$ 的垂直渐近线, 当 t 从左侧趋向于 $\frac{\pi}{2}$, 或右侧趋向于 $-\frac{\pi}{2}$ 时, 解将爆破, 即趋向于无穷大. 若该方程描述了物理系统的进程, 则表明当时间 t 趋向于 $\frac{\pi}{2}$ 时, 系统将面临崩溃. 这样对于一般的微分方程, 并不能期望它的存在区间很大, 也就是说, 必须注意存在性定理对解的区间存在性的限制.

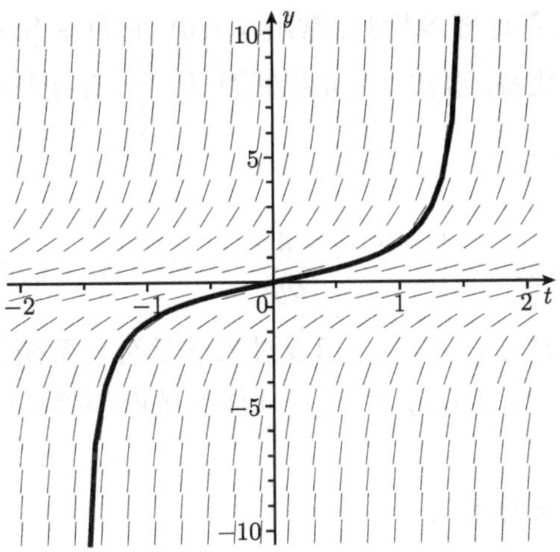

图 1.24 $y(t)=\tan t$ 的图像, 当 t 从左侧趋向于 $\dfrac{\pi}{2}$ 时, $\tan t\to\infty$; 当 t 从右侧趋向于 $-\dfrac{\pi}{2}$ 时, $\tan t\to-\infty$. 初值问题 $\dfrac{\mathrm{d}y}{\mathrm{d}t}=1+y^2, y(0)=0$ 只在 $\left(-\dfrac{\pi}{2},\dfrac{\pi}{2}\right)$ 存在

1.5.2 解的唯一性

函数 $f(t,y)$ 称为在矩形区域 $D=\{(t,y)\in\mathbb{R}^2|a<t<b,c<y<d\}$ 内关于 y 满足利普希茨 (Lipschitz) 条件, 如果存在常数 $L>0$, 使得不等式

$$|f(t,y_1)-f(t,y_2)|\leqslant L|y_1-y_2|$$

对于所有的 $(t,y_1),(t,y_2)\in D$ 都成立, L 称为利普希茨常数.

定理 1.4 (解的唯一性) 设 $f(t,y)$ 在矩形区域 D 内连续且关于 y 满足利普希茨条件. 如果 $(t_0,y_0)\in D$, 并且 $y_1(t),y_2(t)$ 是初值问题

$$\frac{\mathrm{d}y}{\mathrm{d}t}=f(t,y),\quad y(t_0)=y_0$$

在区间 $(t_0-\varepsilon,t_0+\varepsilon)$ 内的两个解, 那么对任意的 $t\in(t_0-\varepsilon,t_0+\varepsilon), y_1(t)=y_2(t)$, 即解是唯一的.

注记 (1) 存在性定理和唯一性定理结合在一起称为初值问题解的存在唯一性定理, 叙述如下: 设 $f(t,y)$ 在矩形区域 $D=\{(t,y)\in\mathbb{R}^2|a<t<b,c<y<d\}$ 内连续且关于 y 满足利普希茨条件. 如果 $(t_0,y_0)\in D$, 则存在 $\varepsilon>0$ 和函数 $y(t)$ 定义于区间 $(t_0-\varepsilon,t_0+\varepsilon)$ 内, 是初值问题

$$\frac{\mathrm{d}y}{\mathrm{d}t}=f(t,y),\quad y(t_0)=y_0$$

的唯一解, 因而当判断初值问题解的存在唯一性时, 要检查 $f(t,y)$ 需要满足的条件.

(2) 由于利普希茨条件较难检验, 常用 $f(t,y)$ 在 $\overline{D}=\{a\leqslant t\leqslant b,c\leqslant y\leqslant d\}$ 上对 y 有连续偏导数来代替. 事实上, 如果在 $\overline{D}$ 上 $\dfrac{\partial f}{\partial y}$ 存在且连续, 则 $\dfrac{\partial f}{\partial y}$ 有界. 设在 $\overline{D}$ 上 $\left|\dfrac{\partial f}{\partial y}\right|\leqslant L$, 则有

$$|f(t,y_1)-f(t,y_2)|=\left|\frac{\partial f(t,y_1+\theta(y_2-y_1))}{\partial y}\right||y_1-y_2|\leqslant L|y_1-y_2|,$$

其中, $(t,y_1),(t,y_2)\in D, 0<\theta<1$. 但反过来满足利普希茨条件的函数 $f(t,y)$ 不一定有偏导数存在. 例如, $f(t,y)=|y|$ 在任何区域内都满足利普希茨条件, 但它在 $y=0$ 处没有导数.

1. 解的唯一性缺失的反例

例 1.16　分析初值问题

$$\begin{cases}\dfrac{\mathrm{d}y}{\mathrm{d}t}=\dfrac{3}{2}y^{\frac{1}{3}},\\ y(0)=0\end{cases}$$

的解的存在唯一性.

解　因为 $f(t,y)=\dfrac{3}{2}y^{\frac{1}{3}}$ 在全平面上连续, 因而初值问题的解是存在的. 但是 $\dfrac{\partial f}{\partial y}=\dfrac{1}{2}y^{-\frac{2}{3}}$ 在 $y=0$ 处不存在, 不能依据注记 (2) 来判断利普希茨条件, 暂时不能依据唯一性定理给出解的唯一性判断. 下面来分析一下给定的初值问题. 首先容易看到它有解 $y=0$; 其次由方程本身 $\dfrac{\mathrm{d}y}{\mathrm{d}t}=\dfrac{3}{2}y^{\frac{1}{3}}$可求通解为 $y=\pm(t+c)^{\frac{3}{2}}(t\geqslant -c, c$ 为任意常数). 再由初始条件 $y(0)=0$ 得 $c=0$. 这样又得到另两个解 $y=\pm t^{\frac{3}{2}}(t\geqslant 0)$, 因而给定初值问题的解是不唯一的, 至少有三个解, 如图 1.25 所示.

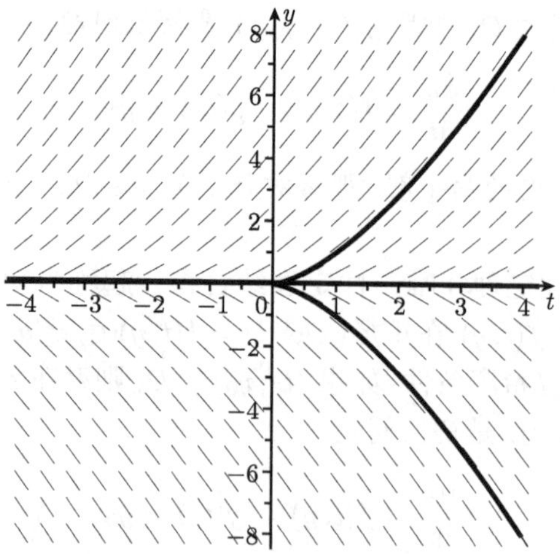

图 1.25　初值问题 $\dfrac{\mathrm{d}y}{\mathrm{d}t}=\dfrac{3}{2}y^{\frac{1}{3}}, y(0)=0$ 的三个解 $y(t)=0$ 与 $y(t)=\pm t^{\frac{3}{2}}(t\geqslant 0)$

其实可以验证对于任意的常数 $c\geqslant 0$, 如下函数:

$$y(t)=\begin{cases}(t-c)^{\frac{3}{2}}, & t\geqslant c,\\ 0, & t<c\end{cases}\quad 和\quad y(t)=\begin{cases}-(t-c)^{\frac{3}{2}}, & t\geqslant c,\\ 0, & t<c\end{cases}$$

都是给定初值问题的解.

2. 解的唯一性的应用

假设 $y_1(t),y_2(t)$ 是 $\dfrac{\mathrm{d}y}{\mathrm{d}t}=f(t,y)$ 的两个解, $f(t,y)$ 满足唯一性定理的条件. 如果存在 t_0, 使得 $y_1(t_0)=y_2(t_0)$, 则 $y_1(t),y_2(t)$是初值问题 $\dfrac{\mathrm{d}y}{\mathrm{d}t}=f(t,y)$, $y(t_0)=y_1(t_0)=y_2(t_0)$ 的解. 根据唯一性定理, 在 $y_1(t),y_2(t)$ 共同定义的区间上, $y_1(t)=y_2(t)$.

现在考虑初值问题

$$\frac{\mathrm{d}y}{\mathrm{d}t}=(1-y^2)(\sin(y^2)-\mathrm{e}^y),\quad y(0)=\frac{1}{2},$$

它满足存在唯一性定理条件. 如果 $y_1(t)$ 是它的解, 那么可以判断这个解 $y_1(t)<1$, 这是因为 $y_2(t)=1$ 是方程的平衡解且 $y_1(0)=\dfrac{1}{2}<y_2(0)=1$. 由唯一性, 这两个解的图像不能相交, 必有对任意的 $t, y_1(t)<1$.

对方程 $\dfrac{\mathrm{d}y}{\mathrm{d}t}=\dfrac{1+t}{1+y}$ 而言, 容易看到它的一个解为 $y_1(t)=t$, 这个解满足 $y(0)=0$. 现在如果知道方程的一个解 $y_2(t)$ 满足 $y_2(0)=0.1$, 那么根据唯一性定理知道对任意的 $t, y_2(t)>y_1(t)=t$.

3. 解的唯一性与定性分析

考虑 $\dfrac{\mathrm{d}y}{\mathrm{d}t}=y(1-y)$. 由 $f(y)=y(1-y), f(0)=f(1)=0$ 知 $y=0, y=1$ 是方程的两个平衡解. 由唯一性定理, 对任何解 $y(t)$, 若 $y(0)$ 满足 $0<y(0)<1$, 则 $y(t)$ 必满足 $0<y(t)<1$ 对任意的 t 成立. 下面来考察 $y(0)=\dfrac{1}{2}$ 的解 $y(t)$, 不仅能知道这个解介于 0 和 1 之间, 而且由于 $0<y<1$ 时, $f(y)>0$, 可知 $\dfrac{\mathrm{d}y(t)}{\mathrm{d}t}>0$, 该解严格递增. 又由于这个解位于 $y=1$ 的下面, 可以猜测到当 $t\to\infty$ 时, $y(t)\to 1$. 事实上, 由 $y(t)$ 的单调有界知当 $t\to\infty$ 时, $y(t)$ 的极限一定存在. 若 $\lim\limits_{t\to\infty}y(t)=y_0(y_0<1)$, 则当 t 很大时, $y(t)$ 必接近于 y_0, 从而 $\dfrac{\mathrm{d}y}{\mathrm{d}t}$ 接近于 $f(y_0)>0$, 进而这个解必须继续上升而经过 y_0. 这样就得到 $\lim\limits_{t\to\infty}y(t)=1$. 同理, $\lim\limits_{t\to-\infty}y(t)=0$. 唯一性定理丰富了对方程定性分析的内容.

1.5.3　解对初值的连续相依性

存在唯一性定理告诉我们, 当满足定理条件时, 同一个方程给定一个初值 (t_0,y_0),

微分方程将有一个解. 当 (t_0, y_0) 发生变动时, 这个解也将随之发生变动. 也就是说, 初值问题的解不仅依赖于自变量 t, 同时也依赖于初值 (t_0, y_0). 因此, 在考虑初值变动时, 解可以看成三个变元的函数而记为 $y = \varphi(t, t_0, y_0)$, 它满足 $y_0 = \varphi(t_0, t_0, y_0)$. 下面不加证明地给出解对初值的连续相依性定理.

定理 1.5 (解对初值的连续相依性) 设 $f(t, y)$ 在矩形区域 D 内连续且关于 y 满足利普希茨条件. 如果 $(t_0, y_0) \in D$, 并且 $y = \varphi(t, t_0, y_0)$ 是初值问题

$$\frac{\mathrm{d}y}{\mathrm{d}t} = f(t, y), \quad y(t_0) = y_0$$

在区间 $(t_0 - h, t_0 + h)$ 内的解, 其中 $h > 0$, 则对任意给定的 $\varepsilon > 0$, 必存在 $\delta > 0$, 仅依赖于 ε, h, 使得当

$$(\bar{t}_0 - t_0)^2 + (\bar{y}_0 - y_0)^2 < \delta^2$$

时, 初值问题

$$\frac{\mathrm{d}y}{\mathrm{d}t} = f(t, y), \quad y(\bar{t}_0) = \bar{y}_0$$

的解 $y = \varphi(t, \bar{t}_0, \bar{y}_0)$ 在区间 $(t_0 - h, t_0 + h)$ 内也有定义, 并且

$$|\varphi(t, \bar{t}_0, \bar{y}_0) - \varphi(t, t_0, y_0)| < \varepsilon, \quad t \in (t_0 - h, t_0 + h).$$

通过定理 1.5 也可以看到, 当把 $\varphi(t, t_0, y_0)$ 作为自变量 t 和初值 (t_0, y_0) 的三元函数时, 它是连续的. 事实上, $\varphi(t, t_0, y_0)$ 对 t 在区间 $(t_0 - h, t_0 + h)$ 内连续, 因而对任意的 $\varepsilon > 0$, 存在 $\delta_1 > 0$, 使得当 $|\bar{t} - t| < \delta_1$ 时有

$$|\varphi(\bar{t}, t_0, y_0) - \varphi(t, t_0, y_0)| < \frac{\varepsilon}{2}, \quad \bar{t}, t \in (t_0 - h, t_0 + h).$$

另一方面, 由解对初值的连续相依性定理, 存在 $\delta_2 > 0$, 使得当

$$(\bar{t}_0 - t_0)^2 + (\bar{y}_0 - y_0)^2 < \delta_2^2$$

时有

$$|\varphi(t, t_0, y_0) - \varphi(t, \bar{t}_0, \bar{y}_0)| < \frac{\varepsilon}{2}, \quad t \in (t_0 - h, t_0 + h).$$

取 $\delta = \min\{\delta_1, \delta_2\}$, 只要 $(\bar{t} - t)^2 + (\bar{t}_0 - t_0)^2 + (\bar{y}_0 - y_0)^2 < \delta^2$, 就有

$$|\varphi(\bar{t}, \bar{t}_0, \bar{y}_0) - \varphi(t, t_0, y_0)| < \varepsilon,$$

这说明了 $\varphi(t, t_0, y_0)$ 的连续性. 这样就得到了下面的定理.

定理 1.6 (解对初值的连续性定理) 设 $f(t, y)$ 在矩形区域 D 内连续且关于 y 满足利普希茨条件. 如果 $(t_0, y_0) \in D$, 并且 $y = \varphi(t, t_0, y_0)$ 是初值问题

$$\frac{\mathrm{d}y}{\mathrm{d}t} = f(t, y), \quad y(t_0) = y_0$$

的解, 那么 $\varphi(t, t_0, y_0)$ 作为 t, t_0, y_0 的三元函数在它存在的范围内是连续的.

到目前为止,研究了常微分方程初值问题解的存在性、唯一性及解对初值的连续相依性. 当一个微分方程初值问题的解存在、唯一且解连续地依赖于初始条件时, 称该问题是适定的. 于是, 从本节所学的知识可以知道, 对常微分方程的初值问题

$$\frac{\mathrm{d}y}{\mathrm{d}t}=f(t,y),\quad y(t_0)=y_0,$$

只要在 (t_0,y_0) 所在的区域内, $f(t,y)$ 连续且关于 y 满足利普希茨条件, 则该初值问题是适定的.

1.6 自治方程的平衡点与相线

前面已经通过画斜率场、解的草图、利用欧拉方法计算逼近解等研究了一阶微分方程

$$\frac{\mathrm{d}y}{\mathrm{d}t}=f(t,y),$$

本节将利用定性分析的方法研究一类特殊方程, 其右端项与自变量 t 无关的一阶自治方程

$$\frac{\mathrm{d}y}{\mathrm{d}t}=f(y),$$

将会看到在描绘解的图像方面, 这一方法比其他方法显得更为简单和容易.

1.6.1 自治方程的相线

相线是仅仅对自治方程 $\frac{\mathrm{d}y}{\mathrm{d}t}=f(y)$ 而言的一种简化的斜率场. 已经知道自治方程的斜率场在水平直线上的斜率标记是一样的, 这样只要知道一条竖直直线上的斜率标记, 就可以知道整个斜率场, 因而在一个竖直的直线上, 用向上的箭头表示正的导数, 用向下的箭头表示负的导数. 对于导数为零的点, 用实心圆点来标记它. 例如, 对自治方程 $\frac{\mathrm{d}y}{\mathrm{d}t}=f(y)$, 如果 $f(y)=0$ 仅有一个零点 y_0, 并且当 $y>y_0$ 时, $f(y)>0$; 当 $y<y_0$ 时, $f(y)<0$, 则方程的相线图如图 1.26 所示.

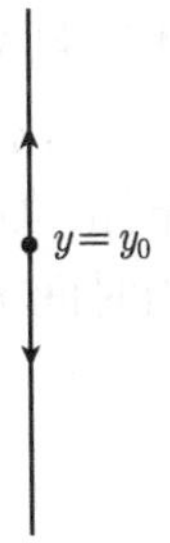

图 1.26

例 1.17 给出方程 $\frac{\mathrm{d}y}{\mathrm{d}t}=(y-2)(y+1)$ 的斜率场与相线图.

解 由 $f(y)=(y-2)(y+1)$, 当 $y=-1$ 和 $y=2$ 时, $\frac{\mathrm{d}y}{\mathrm{d}t}=0$, 斜率标记为水平的; 当 $y>2$ 时, $\frac{\mathrm{d}y}{\mathrm{d}t}>0$, 斜率为正, 并且随着 y 的增大而增大; 当 $-1<y<2$ 时, $\frac{\mathrm{d}y}{\mathrm{d}t}<0$, 斜率为负, 并且随着 y 的增大先减少后增大; 当 $y<-1$ 时, $\frac{\mathrm{d}y}{\mathrm{d}t}>0$, 斜率为正, 并且随着 y 的减小而增大, 其斜率场如图 1.27 所示. 根据前面分析和斜率场可画出相线如图 1.28 所示.

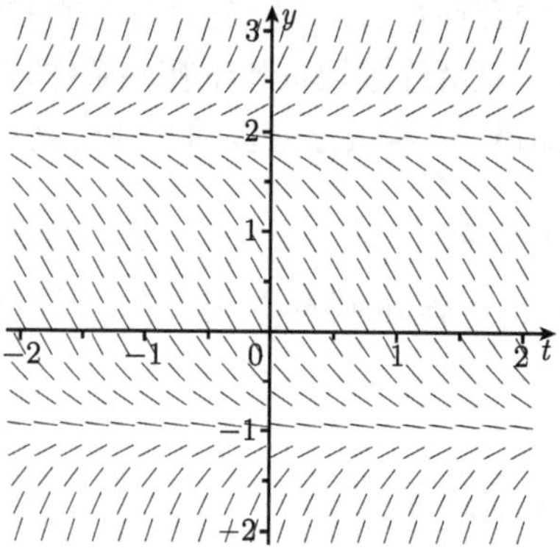

图 1.27　$\frac{\mathrm{d}y}{\mathrm{d}t}=(y-2)(y+1)$ 的斜率场

图 1.28　$\frac{\mathrm{d}y}{\mathrm{d}t}=(y-2)(y+1)$ 的相线图

进一步考虑方程$\frac{\mathrm{d}y}{\mathrm{d}t}=y(1-y)$, 其右端是 $f(y)=y(1-y)$, 而 $f(y)=0$ 的点是 $y=0, y=1$, 因而常值函数 $y_1(t)=0$ 与 $y_2(t)=1$ 是方程的平衡解. 称点 $y=0, y=1$ 是方程的**平衡点**, 并且当 $y<0$ 或 $y>1$ 时, $f(y)<0$; 当 $0<y<1$ 时, $f(y)>0$. 为了画相线图, 首先画出竖线 y 线, 在上面用实心圆点标记出平衡点 $y=0, y=1$. 对在两个平衡点之间, 即区间 $0<y<1$ 的部分, 用向上的箭头标记, 表明这部分的解是增的; 对在 $y=1$ 上面和 $y=0$ 下面, 即 $y>1$ 和 $y<0$ 的部分, 用向下的箭头作出标记, 表明这部分的解是减的, 其相线图如图 1.29 所示. 可以看到相线图包括了方程平衡点及方程的解的增减性的所有信息. 与方程的斜率场 (图 1.30) 相比较, 虽然相线图不能反映出解增减快慢的信息, 但是可以通过它大致画出解的草图, 如图 1.31 所示. 这样得到的解的图像没有从斜率场得到的精确, 但它包括了当时间 t 很大时解的趋势.

图 1.29　$\frac{\mathrm{d}y}{\mathrm{d}t}=y(1-y)$ 的相线图

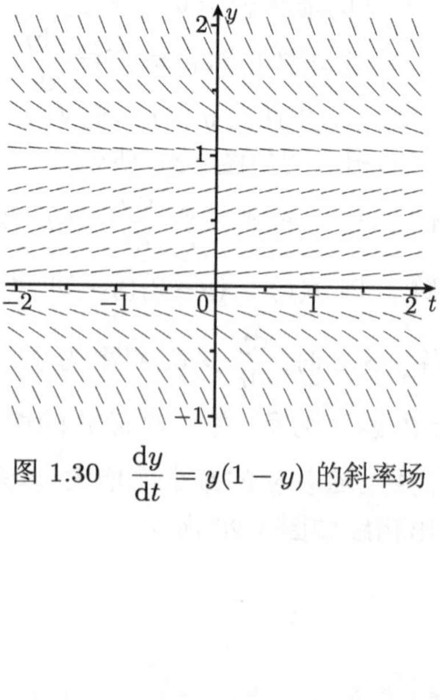

图 1.30　$\frac{\mathrm{d}y}{\mathrm{d}t}=y(1-y)$ 的斜率场

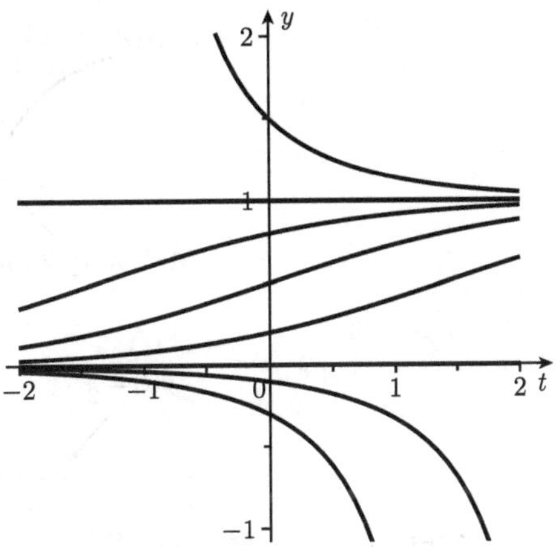

图 1.31 $\dfrac{\mathrm{d}y}{\mathrm{d}t}=y(1-y)$ 的解图像

通过上面的讲述得到画相线的基本步骤如下:

(1) 画出 y 线 (竖直线);

(2) 找到并在 y 线上标记平衡点;

(3) 找到 $f(y)>0$ 的区间, 在这些区间上画上向上的箭头;

(4) 找到 $f(y)<0$ 的区间, 在这些区间上画上向下的箭头.

1.6.2 运用相线画解的图像的简图

例 1.18 画出

$$\begin{cases}\dfrac{\mathrm{d}y}{\mathrm{d}t}=(3-y)\cos y,\\ y(0)=2\end{cases}$$

的解的图像简图.

解 方程 $\dfrac{\mathrm{d}y}{\mathrm{d}t}=(3-y)\cos y$的平衡点是 $y=3$ 和 $y=k\pi+\dfrac{\pi}{2}(k\in\mathbb{Z})$. 方程的相线如图 1.32 所示.

对满足初值 $y(0)=2$ 的解而言, 由于 $\dfrac{\pi}{2}<2<3$, 在这个区间上相线图中箭头向下的, 表明满足这个初值的解是减的. 又由于 $y(t)=\dfrac{\pi}{2}$, $y(t)=3$ 是方程的平衡解以及解的唯一性定理, 可以知道满足这个初值的解一定介于 $\dfrac{\pi}{2}$ 和 3 之间, 即对任意的 t, $\dfrac{\pi}{2}<y(t)<3$. 进一步观察, 当 $(3-y)\cos y$ 接近 $\dfrac{\pi}{2}$ 时, 这个解的导数的绝对值才会很小, 即减少速度很小. 而这只有在接近平衡点时才能发生, 因而得到判断, 当时间 t 趋向于正无穷时, 这个解趋向于平衡解 $y(t)=\dfrac{\pi}{2}$. 同理, 当 t 趋向于负无穷时, 这个解趋向于平衡解 $y(t)=3$. 这样可以画出这个解的大致图像, 如图 1.33 所示.

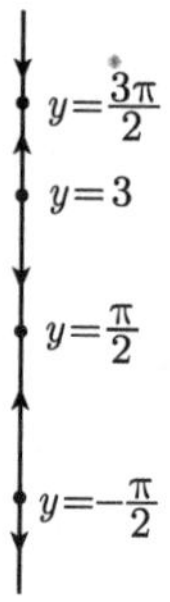

图 1.32　$\frac{\mathrm{d}y}{\mathrm{d}t}=(3-y)\cos y$ 的相线图

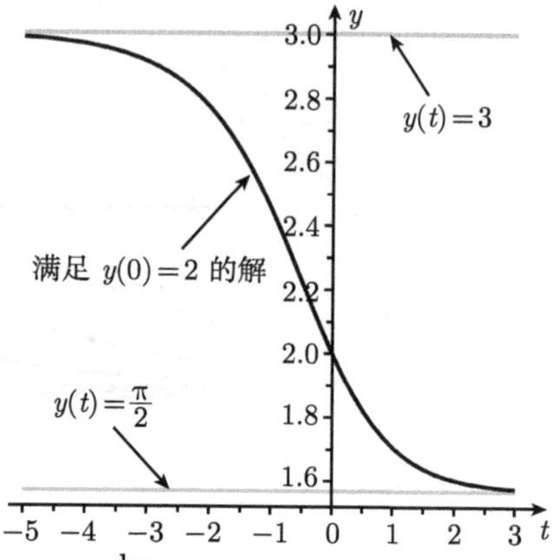

图 1.33　$\frac{\mathrm{d}y}{\mathrm{d}t}=(3-y)\cos y, y(0)=2$ 的解

通过例 1.18 可以看出对一般的自治方程 $\frac{\mathrm{d}y}{\mathrm{d}t}=f(y)$, 给定 $t=0$ 的初值后, 可以给出解的描述如下:

(1) 若 $f(y(0))=0$, 则 $y(0)$ 是方程的平衡点, 相应的解为平衡解 $y(t)\equiv y(0)$;

(2) 若 $f(y(0))>0$, 则这个解 $y(t)$ 是严格增的且当 t 增加时, 或者 $y(t)\to\infty$, 或者趋向于第一个比 $y(0)$ 大的平衡点;

(3) 若 $f(y(0))<0$, 则这个解 $y(t)$ 是严格减的且当 t 增加时, 或者 $y(t)\to-\infty$, 或者趋向于第一个比 $y(0)$ 小的平衡点.

当 t 减小时, 相似的结果成立, 即若 $f(y(0))>0$, 则或者 $y(t)\to-\infty$, 或者趋向于第一个比 $y(0)$ 小的平衡点; 若 $f(y(0))<0$, 则或者 $y(t)\to\infty$, 或者趋向于第一个比 $y(0)$ 大的平衡点.

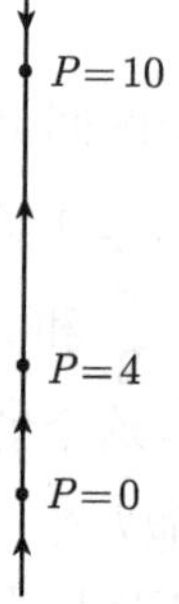

图 1.34　$\frac{\mathrm{d}P}{\mathrm{d}t}=P^2\left(1-\frac{P}{10}\right)^3\left(\frac{P}{4}-1\right)^2$ 的相线图

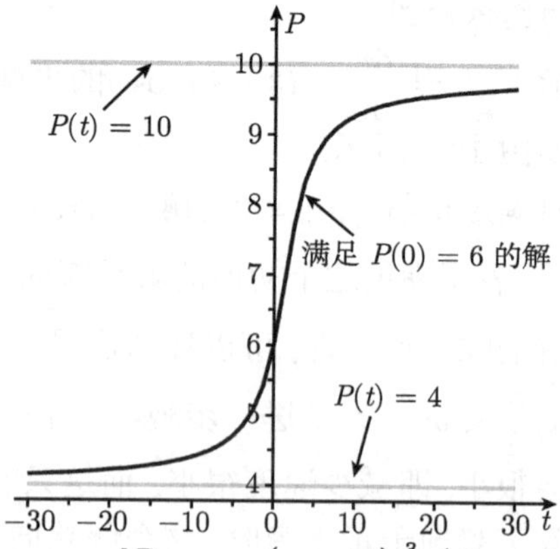

图 1.35　$\frac{\mathrm{d}P}{\mathrm{d}t}=P^2\left(1-\frac{P}{10}\right)^3\left(\frac{P}{4}-1\right)^2$, $P(0)=6$ 的解图像

例 1.19 给出方程 $\dfrac{\mathrm{d}P}{\mathrm{d}t}=P^2\left(1-\dfrac{P}{10}\right)^3\left(\dfrac{P}{4}-1\right)^2$ 的相线图，并研究解增长趋势.

解 先画相线，$f(P)=P^2\left(1-\dfrac{P}{10}\right)^3\left(\dfrac{P}{4}-1\right)^2$，平衡点为 $P=0,P=4$ 及 $P=10$. 当 $P<0,0<P<4,4<P<10$ 时，$f(P)>0$；当 $P>10$ 时，$f(P)<0$，则可画相线如图 1.34 所示.

以满足初值 $P(0)=6$ 的解进行研究. 由 $P(0)=6\in(4,10)$ 知这个解满足对任意的 $t,4<P(t)<10$. 由相线知在区间 $(4,10)$ 上解是增的，因而当 $t\to+\infty$ 时，$P(t)\to 10$；当 $t\to-\infty$ 时，$P(t)\to 4$，如图 1.35 所示.

1.6.3 相线与解的渐近行为

假设 y_0 是自治方程 $\dfrac{\mathrm{d}y}{\mathrm{d}t}=f(y)$ 的一个平衡点，其中假定 $f(y)$ 是连续的，则 $\lim\limits_{y\to y_0}f(y)=0$，因而当 y 与 y_0 很接近时，f 就很小，进而方程的解越是接近平衡点，增加或减少得越慢. 而存在唯一性定理告诉我们这个解不能与平衡解 $y(t)=y_0$ 相交. 这个解渐近地趋于平衡点，因而解的图像有水平渐近线 $y=y_0$.

例 1.20 考察 $\dfrac{\mathrm{d}y}{\mathrm{d}t}=y^2$ 的相线与解的渐近行为.

解 $f(y)=y^2$，平衡点为 $y=0$，并且当 $y\neq 0$ 时，$f(y)>0$，方程的相线如图 1.36 所示. 对于初值大于 0 的解，它是增的. 当 t 增加时，解趋向于正无穷；当 t 减少趋于负无穷时，解趋于 0. 对于初值小于 0 的解，它也是增的. 当 t 增加趋于正无穷时，解趋向于 0；当 t 减少时，解趋于负无穷，如图 1.37 所示.

图 1.36 $\dfrac{\mathrm{d}y}{\mathrm{d}t}=y^2$ 的相线图

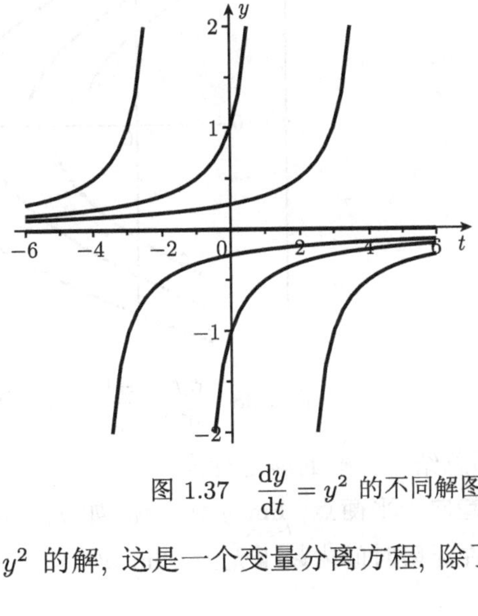

图 1.37 $\dfrac{\mathrm{d}y}{\mathrm{d}t}=y^2$ 的不同解图像

实际上，可以求出方程 $\dfrac{\mathrm{d}y}{\mathrm{d}t}=y^2$ 的解，这是一个变量分离方程，除了平衡解

$y(t)=0$ 外, 其通解是

$$y=-\frac{1}{t+c},\quad c\text{为任意常数}.$$

当初值 $y(0)>0$ 时, $c<0$. 这个解只在 $t<-c$ 上有定义, 并且当 $t\to -c$ 时这个解趋向于正无穷. 这种在有限时间内就趋于无穷的解, 称为方程的**爆破解**, 并称这个解在有限时间内爆破. 对于初值 $y(0)<0$ 的解, 当 t 增加趋于正无穷时, 解趋向于 0, 这个解在 $t>0$ 上都有定义; 但是当 t 减少时, 却在有限时间内趋于负无穷.

例 1.21 考察 $\dfrac{\mathrm{d}y}{\mathrm{d}t}=\dfrac{-1}{y}$ 的相线与解的渐近行为.

解 $f(y)=\dfrac{-1}{y}$ 在 $y=0$ 处无定义, 方程无平衡点且当 $y>0$ 时, $f(y)<0$; 当 $y<1$ 时, $f(y)>0$. 这时在相线图上画一个空心圆点, 表示 $y=0$, 如图 1.38 所示.

对于初值大于 0 的解, 它是减的. 当 t 增加时, 解趋向于 0; 当 t 减少趋于负无穷时, 解趋于正无穷. 对于初值小于 0 的解, 它是增的. 当 t 增加时, 解趋向于 0; 当 t 减少趋于负无穷时, 解趋于负无穷.

这样当 t 增加时, 所有的解都趋向于 0, 而当 $y>0$ 且接近于 0 时, $\dfrac{\mathrm{d}y}{\mathrm{d}t}$ 趋于负无穷, 这个解在有限时间内递减到达 $y=0$ 后停止而不能继续; 而当 $y<0$ 且接近于 0 时, $\dfrac{\mathrm{d}y}{\mathrm{d}t}$ 趋于正无穷, 这个解在有限时间内就递增到达 $y=0$ 后停止而不能继续, 如图 1.38 所示.

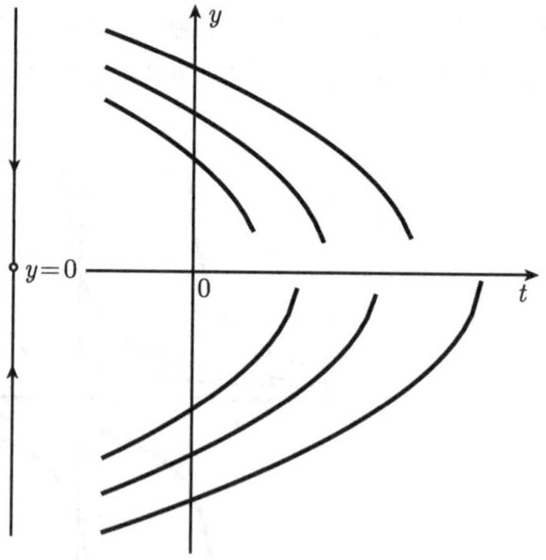

图 1.38 $\dfrac{\mathrm{d}y}{\mathrm{d}t}=\dfrac{-1}{y}$ 的相线图与不同解图像

下面总结一下解的渐近行为.

(1) 趋向于平衡点, $\lim\limits_{t\to\infty}y(t)=y_0$, 如 $f(y)=y(y-1), y(0)=0.5$;

(2) 在无限时间内趋于无穷, $\lim\limits_{t\to\infty}y(t)=\pm\infty$, 如 $f(y)=y, y(0)=1$;

(3) 在有限时间内趋于无穷 (爆破), $\lim_{t\to t_0} y(t)=\pm\infty$, 如 $f(y)=y^2, y(0)=1$;

(4) 在有限时间内停止 (导数趋于无穷), $\lim_{t\to t_0} y(t) = y_0, \lim_{t\to t_0}\dfrac{\mathrm{d}y}{\mathrm{d}t} = \pm\infty$, 如 $f(y)=\dfrac{-1}{y}, y(0)=1$.

例 1.22 $\dfrac{\mathrm{d}y}{\mathrm{d}t}=(1-y)\left(\dfrac{1}{2}y-1\right)$ 的相线与解的渐近行为.

解 方程 $f(y)=(1-y)\left(\dfrac{1}{2}y-1\right)$ 的平衡点为 $y=1, y=2$. 当 $1<y<2$ 时, $f(y)>0$; 当 $y<1$ 或 $y>2$ 时, $f(y)<0$. 对初值大于 2 的解在定义区间内严格递减, 当 t 增加时, 解趋向于 2; 当 t 减少时, 解趋向于 ∞. 对初值介于 1 与 2 之间的解在定义区间内严格增, 当 t 增加时, 解趋向于 2; 当 t 减少时, 解趋向于 1. 对初值小于 1 的解在定义区间内严格递减, 当 t 增加时, 解趋向于 $-\infty$; 当 t 减少时, 解趋向于 1. 方程的相线与不同解如图 1.39 所示.

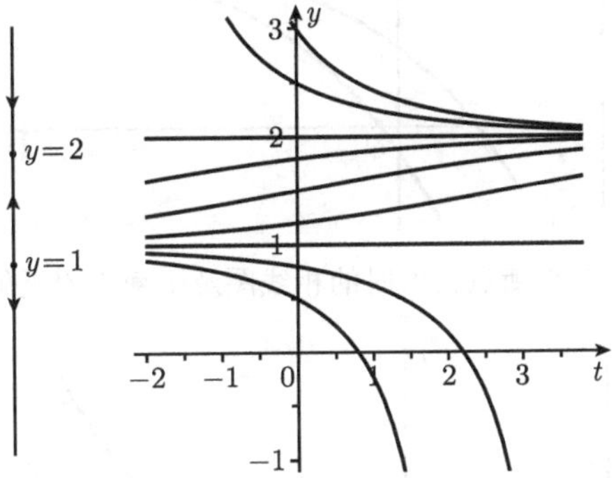

图 1.39 $\dfrac{\mathrm{d}y}{\mathrm{d}t}=(1-y)\left(\dfrac{1}{2}y-1\right)$ 的相线图与不同解图像

1.6.4 平衡点的分类

对于自治方程 $\dfrac{\mathrm{d}y}{\mathrm{d}t}=f(y)$, 如果 $f(y)$ 在 $(-\infty,+\infty)$ 内连续, 则可以知道它的解当 t 增加时要么 (在有限或无限时间里) 趋于 $+\infty$ 或 $-\infty$, 要么渐近趋于平衡点. 因此, 平衡点在自治方程的研究中起着重要的作用.

当画相线时, 首先要求出平衡点, 然后根据两个平衡点间 $f(y)$ 的符号确定箭头的方向. 因为两个平衡点之间 $f(y)$ 不变号, 所以只要知道之间的一个点 $f(y)$ 的符号就可以确定相线在这个区间上的箭头方向. 这样只要判断平衡点附近 $f(y)$ 的符号就好了. 例如, 如果知道方程仅有两个平衡点 $y=-3$ 和 $y=5$, 并且知道在平衡点 $y=-3$ 和 $y=5$ 附近相线的情况, 也就知道了整个相线的情况.

考虑到平衡点在自治方程 $\dfrac{\mathrm{d}y}{\mathrm{d}t}=f(y)$ 中所起的作用, 可以根据其附近解的行为对其进行分类. 给定一个平衡点 y_0, 如图 1.40 所示, 对于比 y_0 小一点的 y, 箭头向上; 对于比 y_0 大一点的 y, 箭头向下. 也就是说, 对于初值接近 y_0 的解, 当 t 增加时都渐近趋于 y_0. 对于这样的平衡点 y_0, 称之为**汇**, 它是稳定的. 对于比 y_0 大一点的 y, 箭头向上; 对于比 y_0 小一点的 y, 箭头向下. 也就是说, 对于初值接近 y_0 的解, 当 t 增加时, 都远离 y_0, 如图 1.41 所示. 对于这样的平衡点 y_0, 称之为**源**, 它是不稳定的. 既不是源也不是汇的平衡点, 称之为**结点**, 如图 1.42 所示, 它也是不稳定的.

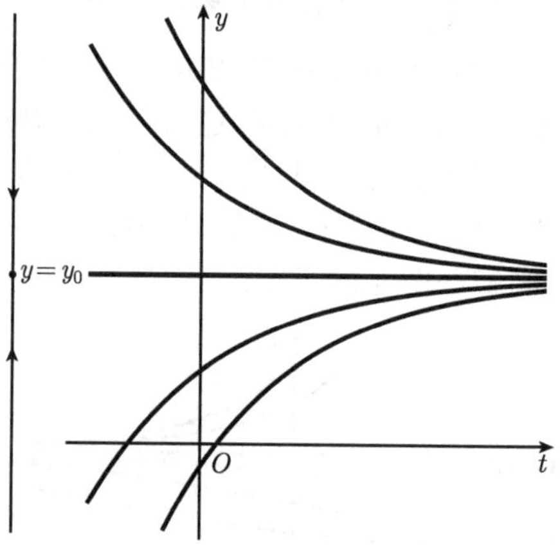

图 1.40　在平衡点为汇时的相线图及平衡点附近解的图像

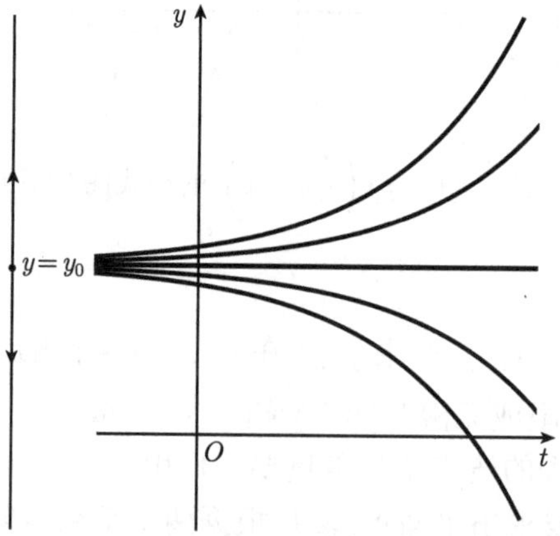

图 1.41　在平衡点为源时的相线图及平衡点附近解的图像

例 1.23　给出 $\dfrac{\mathrm{d}y}{\mathrm{d}t}=y^2+2y-15$ 的平衡点及其类型.

解　方程的平衡点为 $y=-5, y=3$. 当 $-5<y<3$ 时, $\dfrac{\mathrm{d}y}{\mathrm{d}t}<0$; 当 $y<-5$ 或 $y>3$ 时, $\dfrac{\mathrm{d}y}{\mathrm{d}t}>0$. 因此, 平衡点 $y=-5$ 是汇, 而平衡点 $y=3$ 是源, 如图 1.43 所示.

如果方程 $\dfrac{\mathrm{d}y}{\mathrm{d}t}=f(y)$的右端不是由具体的表达式给出，而给出的是 $f(y)$ 的图像，则仍然可以画出方程的相线图. 例如，$f(y)$ 由图 1.44 给出，那么相应的方程有三个平衡点 $y=-1, y=0.5$ 和 $y=3$. 当 $y<-1, 0.5<y<3, y>3$ 时，$f(y)>0$; 当 $-1<y<0.5$ 时，$f(y)<0$. 依此可画出相线图，如图 1.45 所示. 点 $y=-1$ 是汇，点 $y=0.5$ 是源，而 $y=3$ 是结点.

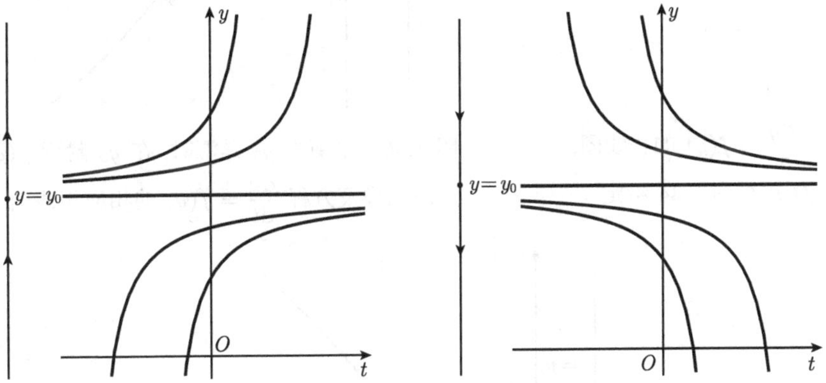

图 1.42 结点的例子及附近解的图像

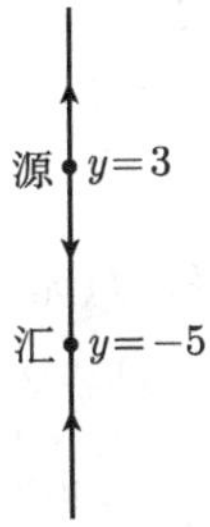

图 1.43 $\dfrac{\mathrm{d}y}{\mathrm{d}t}=y^2+2y-15$ 的相线图及平衡点类型

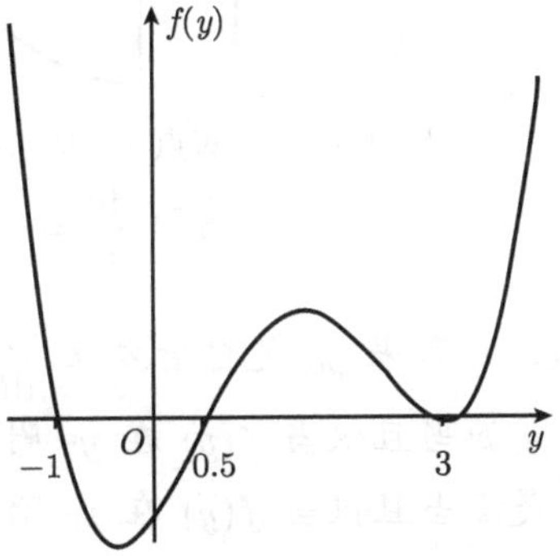

图 1.44 $f(y)$ 的图像

1.6.5 判断平衡点类型的线性化方法

从例 1.23 可以看出，对自治方程$\dfrac{\mathrm{d}y}{\mathrm{d}t}=f(y)$ 而言，仅需知道 $f(y)$ 的图像就能画出方程的相线并指明平衡点的类型. 而平衡点是源、是汇还是结点仅依赖于平衡点附近的相线. 这样也能从 y_0 附近 $f(y)$ 的图像来判断平衡点 y_0 的类型. 若 y_0 是汇，则在 y_0 附近，当 $y>y_0$ 时，$f(y)<0$; 当 $y<y_0$ 时，$f(y)>0$, 因而在 y_0 附近 $f(y)$ 一定是严格减的，如图 1.46 所示. 反之，当 $f(y_0)=0, f(y)$ 在 y_0 附近严格递减时，y_0 是汇. 同理，平衡点 y_0 是源当且仅当在 y_0 附近 $f(y)$ 是严格递增的，如图

1.47 所示. 这样就得到如下定理:

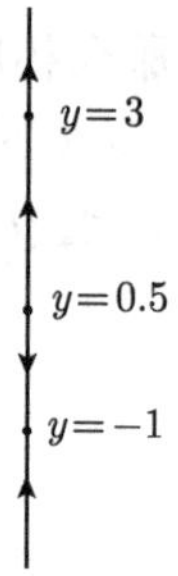

图 1.45　$\frac{\mathrm{d}y}{\mathrm{d}t}=f(y)$ 的相线图,
其中 $f(y)$ 由图 1.44 给定

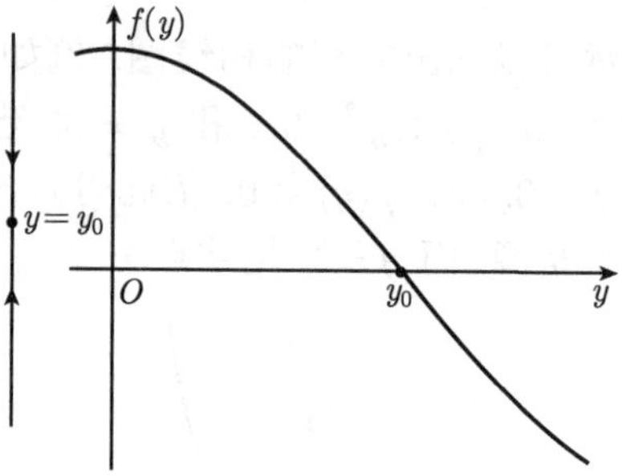

图 1.46　平衡点 y_0 是汇时, 在 y_0 附近 $f(y)$
的图像及方程 $\frac{\mathrm{d}y}{\mathrm{d}t}=f(y)$ 的相应相线图

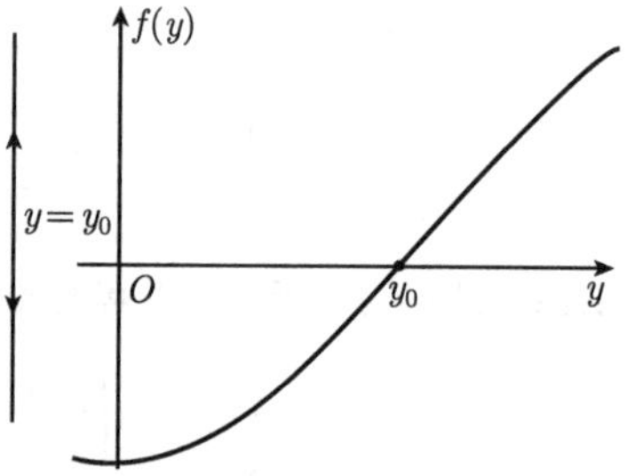

图 1.47　平衡点 y_0 是源时, 在 y_0 附近 $f(y)$ 的图像及
方程 $\frac{\mathrm{d}y}{\mathrm{d}t}=f(y)$ 的相应相线图

定理 1.7　*如果 y_0 是自治方程 $\frac{\mathrm{d}y}{\mathrm{d}t}=f(y)$ 的一个平衡点, 即 $f(y_0)=0$, 则*

(1) y_0 是源当且仅当 $f(y)$ 在 y_0 附近严格单调增加;

(2) y_0 是汇当且仅当 $f(y)$ 在 y_0 附近严格单调递减.

进一步有如下的线性化定理:

定理 1.8 (线性化定理)　*如果 y_0 是自治方程 $\frac{\mathrm{d}y}{\mathrm{d}t}=f(y)$ 的一个平衡点, 即 $f(y_0)=0$, 并且 $f(y)$ 是连续可微的, 则*

(1) 若 $f'(y_0)>0$, 则 y_0 是源;

(2) 若 $f'(y_0)<0$, 则 y_0 是汇;

(3) 若 $f'(y_0)=0$, 则需要进一步的信息决定其类型.

证明　(1) 由于 $f(y)$ 是连续可微的, 若 $f'(y_0)>0$, 由连续函数的保号性定理知, 在 y_0 的充分小邻域内, $f'(y)>0$, 从而在 y_0 的这个充分小邻域内, $f(y)$ 是严格递增的. 而 y_0 是一个平衡点, $f(y_0)=0$, 这样在 y_0 的这个充分小邻域内, 当 $y<y_0$ 时, $f(y)<0$; 当 $y>y_0$ 时, $f(y)>0$, 故 y_0 是源.

(2) 若 $f'(y_0)<0$, 由连续函数的保号性定理知, 在 y_0 的充分小邻域内, $f'(y)<0$, 从而在 y_0 的这个充分小邻域内, $f(y)$ 是严格递减的. 而 y_0 是一个平衡点, $f(y_0)=0$, 这样在 y_0 的这个充分小邻域内, 当 $y<y_0$ 时, $f(y)>0$; 当 $y>y_0$ 时, $f(y)<0$, 故 y_0 是汇.

(3) 若 $f'(y_0)=0$, 举例说明三种类型的平衡点都可能. 当 $f(y)$ 分别为 $(y-y_0)^3, -(y-y_0)^3, (y-y_0)^2$ 时, y_0 是这三个方程的平衡点, 并且 $f'(y_0)=0$, 但 y_0 对应于这三个方程的平衡点类型分别是源、汇和结点, 如图 1.48 所示.

例 1.24 找出方程 $\dfrac{\mathrm{d}w}{\mathrm{d}t}=w^2(w^2-8w+12)$ 的平衡点, 并通过线性化定理判断平衡点的类型.

解 (1) 由 $f(w)=w^2(w^2-8w+12)=w^2(w-2)(w-6)$ 得到平衡点为 $w=0, w=2$ 及 $w=6$.

(2) $f(w)=w^2(w-2)(w-6)$ 连续可微且 $f'(w)=2w(w-2)(w-6)+w^2(w-6)+w^2(w-2)$, 则 $f'(0)=0, f'(2)=-16<0, f'(6)=144>0$. 由线性化定理知, $w=2$ 是汇及 $w=6$ 是源, 但不能判别 $w=0$ 的类型. 由 $f(w)$ 在 $w=0$ 附近 $f(w)\geqslant 0$ 知 $w=0$ 是结点.

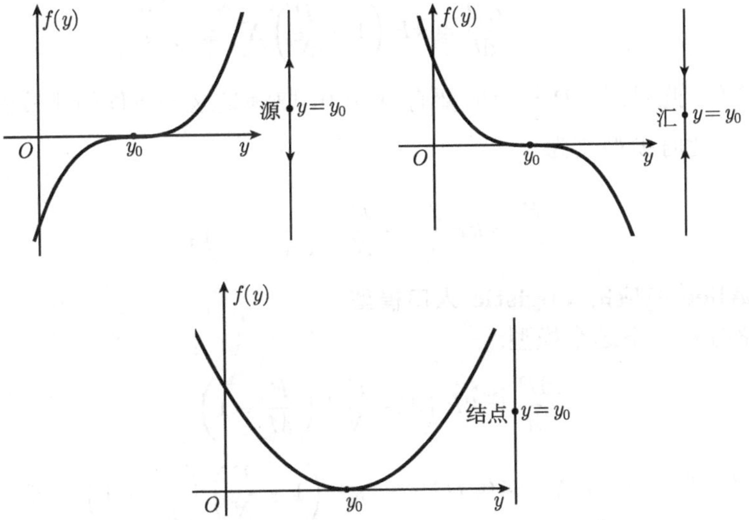

图 1.48 对不同的 $f(y), f(y_0)=f'(y_0)=0$, 方程 $\dfrac{\mathrm{d}y}{\mathrm{d}t}=f(y)$ 的相应相线图和平衡点 y_0 的类型

1.6.6 具有 Allee 效应的 Logistic 模型

在 1.1 节里为了改进 Malthus 人口模型的缺陷, 引入了人口增长的 Logistic 模型, 其基本假设如下:

(1) 当人口数很小时, 增长率与人口数成正比;

(2) 当人口数很大, 达到资源和环境不能承受时, 人口数开始减少, 即增长率为负的.

此时的微分方程为

$$\frac{\mathrm{d}P}{\mathrm{d}t} = k\left(1 - \frac{P}{N}\right)P,$$

称为具有增长率 k 和最大承载量 N 的 **Logistic 人口模型**.

事实上, 可以注意到这样一个事实: 当人口基数很小时, 其人口数量也会逐年递减, 因而基于此, 对 Logistic 模型的假设条件作适当的改进, 基本假设如下:

(1) 当人口数很大时, 增长率为负的;

(2) 当人口数很小时, 增长率也为负的;

(3) 当人口数为 0 时, 增长率为 0.

令 t 表示时间 (变量), P 表示人口数 (依赖于时间), k 表示人口增长率与人口数之间的比例常数 (人口介于很小与很大之间), N 表示人口的最大承载量, M 表示人口稀疏常数, 其中, M 是新引进的参数, 用来量化人口很小的程度. 为了使模型尽可能得简单, 要在 Logistic 模型的基础上添加一定的量 X, 使得

$$\frac{\mathrm{d}P}{\mathrm{d}t} = kP\left(1 - \frac{P}{N}\right)X$$

满足假定条件. 此时, 当 P 较小时要有 $X < 0$. 取满足这一条件的比较简单的函数 $X = \frac{P}{M} - 1$, 此时模型变为

$$\frac{\mathrm{d}P}{\mathrm{d}t} = kP\left(1 - \frac{P}{N}\right)\left(\frac{P}{M} - 1\right),$$

称为**具有 Allee 效应的 Logistic 人口模型**.

下面来分析一下这个模型.

$$\frac{\mathrm{d}P}{\mathrm{d}t} = kP\left(1 - \frac{P}{N}\right)\left(\frac{P}{M} - 1\right)$$

是自治方程, 其中 $N > M > 0, f(P) = kP\left(1 - \frac{P}{N}\right)\left(\frac{P}{M} - 1\right)$. 可以利用变量分离来求解的解析表达式. 另一方面, 可以用定性方法来分析. 首先, 方程有平衡点 $P = 0, P = M$ 和 $P = N$, 分别代表了人口增长的三种平衡状态. 其次, 若 $0 < P < M$, 则 $f(P) < 0$, 因而当初值为 $0 \sim M$ 时, 人口递减趋于 0; 若 $P > N$, 则 $f(P) < 0$, 因而初值大于 N 时, 人口也递减并趋于 N; 而当 $M < P < N$ 时, $f(P) > 0$, 因而当初值为 $M \sim N$ 时, 人口递增趋于 N. 最后, 看到 $P = M$ 是源, 而 $P = N$ 是汇. 方程的相线和特解如图 1.49 所示.

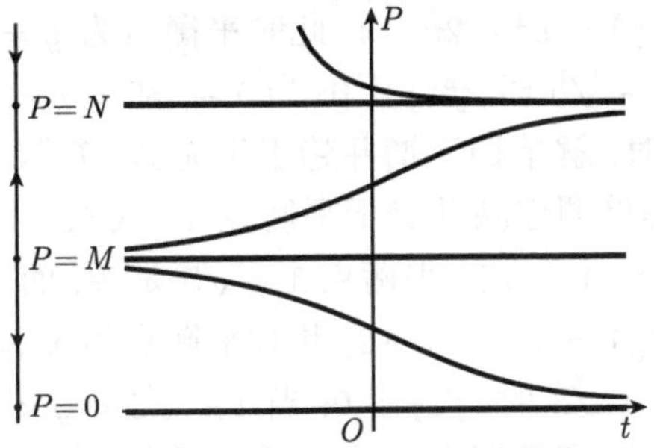

图 1.49 $\dfrac{\mathrm{d}P}{\mathrm{d}t}=kP\left(1-\dfrac{P}{N}\right)\left(\dfrac{P}{M}-1\right)$ 的相线图及具有不同初值的解

1.7 分 歧

首先提一个问题. 现在观测到海洋中一类鱼的总量在自然条件下满足 Logistic 模型, 即

$$\frac{\mathrm{d}P}{\mathrm{d}t}=kP\left(1-\frac{P}{N}\right),$$

其中, $k=0.1>0$ 为增长率参数, $N=20$ 是最大承载量, $P(t)$ 的单位是万吨. 现在要在海洋中捕获这类鱼, 每年的捕获数量为 h, 此时的微分方程变为

$$\frac{\mathrm{d}P}{\mathrm{d}t}=0.1P\left(1-\frac{P}{20}\right)-h.$$

希望每年都可以捕获尽可能多的鱼, 但又不能因为捕获量过大而使鱼灭绝, 那么每年的最大捕获量 h 是多少? 随着捕获量 h 的变化, 鱼的总量发生怎样的变化? 这种带有一个参数的微分方程一般称为**单参数微分方程族**. 本节将对

$$\frac{\mathrm{d}P}{\mathrm{d}t}=0.1P\left(1-\frac{P}{20}\right)-h$$

的解随 h 的变化而出现的变化给予全面的回答.

1.7.1 单参数微分方程的分歧

下面来看一个简单的单参数微分方程族的例子.

例 1.25 考察单参数微分方程族

$$\frac{\mathrm{d}y}{\mathrm{d}t}=f_\mu(y)=y^2-2y+\mu$$

当参数 $\mu=-4,-2,0,2,4$ 时解的情况.

解 对于不同的 μ, 这是一个自治方程, 可以考察平衡点和相线图来反映解的情况.

当 $\mu=-4$ 时, $f_{-4}(y)=y^2-2y-4$, 此时平衡点为 $y=1+\sqrt{5}$ 和 $y=1-\sqrt{5}$. 当 $y>1+\sqrt{5}$ 或 $y<1-\sqrt{5}$ 时, $f_{-4}>0$; 当 $1-\sqrt{5}<y<1+\sqrt{5}$ 时, $f_{-4}<0$, 因而当初值大于 $1+\sqrt{5}$ 时, 解单调递增并趋于正无穷 (有限时间内爆破); 当初值为 $1-\sqrt{5}\sim 1+\sqrt{5}$ 时, 解单调递减并趋于平衡点 $1-\sqrt{5}$; 而当初值小于 $1-\sqrt{5}$ 时, 解单调递增并趋于平衡点 $1-\sqrt{5}$. 平衡点 $1+\sqrt{5}$ 是源, 而平衡点 $1-\sqrt{5}$ 是汇.

当 $\mu=-2$ 时, $f_{-2}(y)=y^2-2y-2$, 此时平衡点为 $y=1+\sqrt{3}$ 和 $y=1-\sqrt{3}$. 当 $y>1+\sqrt{3}$ 或 $y<1-\sqrt{3}$ 时, $f_{-2}>0$; 当 $1-\sqrt{3}<y<1+\sqrt{3}$ 时, $f_{-2}<0$, 因而当初值大于 $1+\sqrt{3}$ 时, 解单调递增并趋于正无穷 (有限时间内爆破); 当初值为 $1-\sqrt{3}\sim 1+\sqrt{3}$ 时, 解单调递减并趋于平衡点 $1-\sqrt{3}$; 而当初值小于 $1-\sqrt{3}$ 时, 解单调递增并趋于平衡点 $1-\sqrt{3}$. 平衡点 $1+\sqrt{3}$ 是源, 而平衡点 $1-\sqrt{3}$ 是汇.

当 $\mu=0$ 时, $f_0(y)=y^2-2y$, 此时平衡点为 $y=0$ 和 $y=2$. 当 $y>2$ 或 $y<0$ 时, $f_0>0$; 当 $0<y<2$ 时, $f_0<0$, 因而当初值大于 2 时, 解单调递增并趋于正无穷 (有限时间内爆破); 当初值为 $0\sim 2$ 时, 解单调递减并趋于平衡点 0; 而当初值小于 0 时, 解单调递增并趋于平衡点 0. 平衡点 2 是源, 而平衡点 0 是汇.

当 $\mu=2$ 时, 对任一 $y, f_2(y)=y^2-2y+2>0$, 此时无平衡点. 对于所有的解都单调递增趋于正无穷. 而当 $\mu=4$ 时, 对任一 $y, f_4(y)=y^2-2y+4>0$, 此时也无平衡点. 对于所有的解也都单调递增并趋于正无穷.

上述几种情形的相线图和部分特解如图 1.50 和图 1.51 所示.

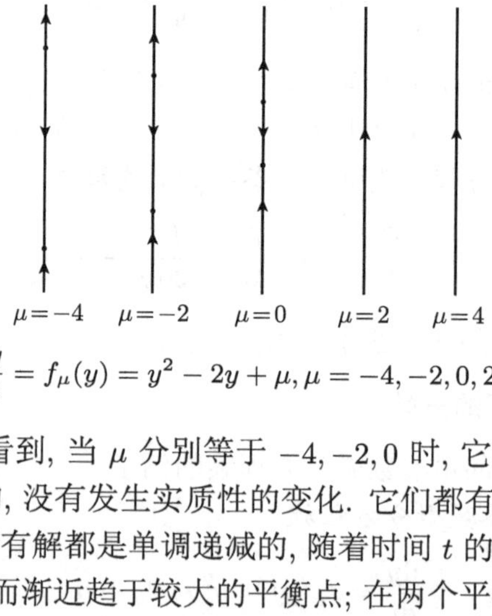

图 1.50 $\dfrac{\mathrm{d}y}{\mathrm{d}t}=f_\mu(y)=y^2-2y+\mu, \mu=-4,-2,0,2,4$ 的相线图

通过例 1.25 可以看到, 当 μ 分别等于 $-4,-2,0$ 时, 它们相应的方程的相线和解的情况大致是相似的, 没有发生实质性的变化. 它们都有两个平衡点, 一大一小. 在两个平衡点之间的所有解都是单调递减的, 随着时间 t 的增加渐近趋向于较小的平衡点, 随着 t 的减小而渐近趋于较大的平衡点; 在两个平衡点之外的所有解都是单调递增的, 对在较大平衡点上方的解, 当时间 t 增加时趋于正无穷 (有限时间内爆破); 对在较小平衡点下方的解, 当时间 t 增加时渐近趋向于这个较小的平衡点, 当 t 减少时趋于负无穷. 较大的平衡点是源, 而较小的平衡点是汇.

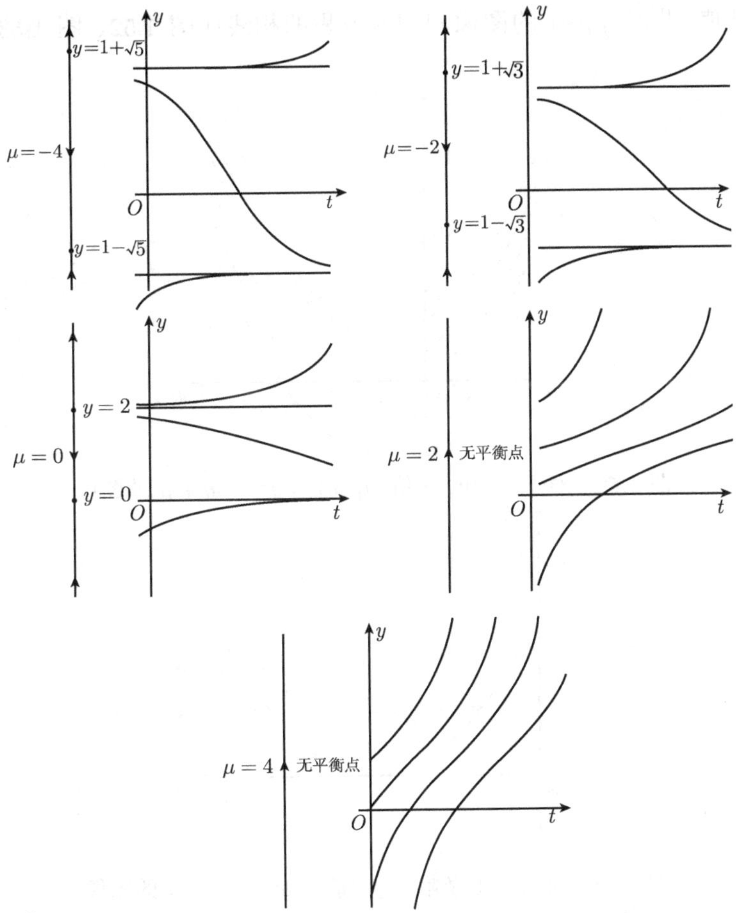

图 1.51　$\dfrac{\mathrm{d}y}{\mathrm{d}t}=f_\mu(y)=y^2-2y+\mu,\mu=-4,-2,0,2,4$ 的相线图和相应部分解的图像

对 μ 分别等于 2,4 时, 情况是一样的, 相应的方程都没有平衡点, 所有的解都单调递增并趋向于正无穷. 但是这与上面 $\mu=-4,-2$ 和 0 时的情况完全不同, 它们之间的相线和解发生了重大的变化, 称单参数微分方程族 $\dfrac{\mathrm{d}y}{\mathrm{d}t}=f_\mu(y)=y^2-2y+\mu$ 在 $\mu=0$ 与 $\mu=2$ 之间的某处发生了**分岐**(bifurcation).

为了研究这个分岐, 下面来看一下 $f_\mu(y)$ 的图像. 对于不同的 μ 值, 其图像如图 1.52 所示, 对于 $\mu=-4,-2,0$, $f_\mu(y)=0$ 有两个实根. 对 $\mu=2,4$, $f_\mu(y)=0$ 没有实根. 对于 $f_\mu(y)=y^2-2y+\mu=0$, 其根为 $y=1\pm\sqrt{1-\mu}$. 若 $\mu<1$, 则有两个相异实根; 若 $\mu=1$, 则有两个相同实根; 若 $\mu>1$, 则没有实根. 因此, 在 $\mu=1$ 的左右, $f_\mu(y)=0$ 的实根由两个变为一个, 然后没有实根. 相应的方程的平衡点由两个变为一个, 然后没有平衡点. 这样在 $\mu=1$ 处方程的定性性质发生了根本的改变, 称单参数微分方程族 $\dfrac{\mathrm{d}y}{\mathrm{d}t}=f_\mu(y)=y^2-2y+\mu$ 在 $\mu=1$ 处发生了**分岐**, 并称 $\mu=1$

是一个分歧值. 此时 $f_\mu(y)$ 的图像和相应方程的相线如图 1.52、图 1.53 和图 1.54 所示.

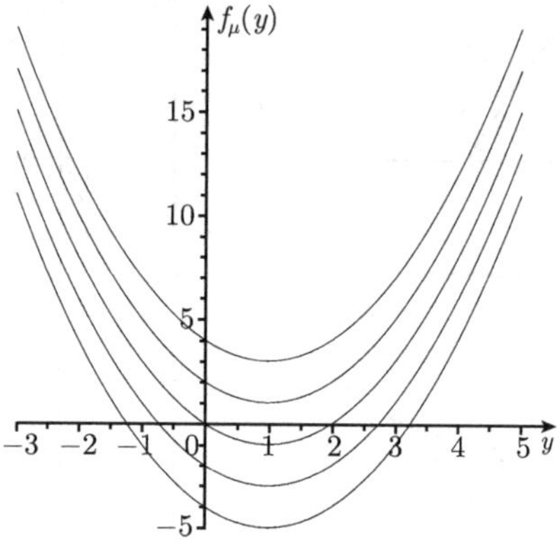

图 1.52 对于不同的 μ 值, $f_\mu(y)=y^2-2y+\mu$ 的图像

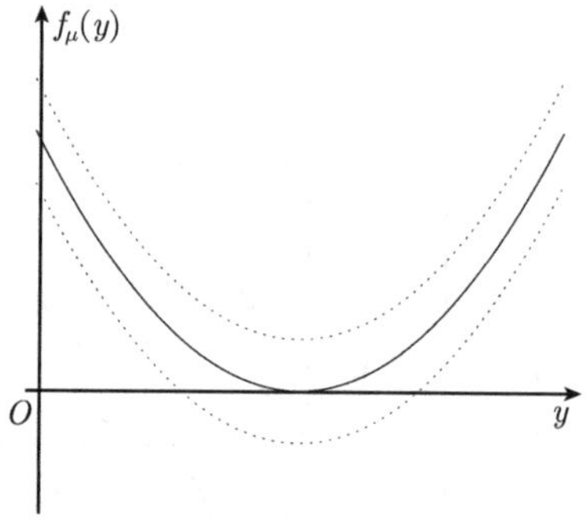

图 1.53 对 $\mu=1$ 及附近 $f_\mu(y)=y^2-2y+\mu$ 的图像

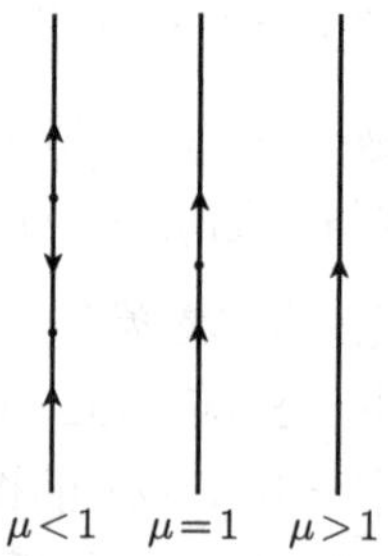

图 1.54 对于 $\mu=1,\mu>1,\mu<1$ 时, $\dfrac{\mathrm{d}y}{\mathrm{d}t}=y^2-2y+\mu$ 的相线图

1.7.2 分歧图解与分歧类型

分歧图解是 μy 平面上方程在分歧值附近的所有相线的图, 用以强调当参数经过分歧值时相线所经历的变化.

在 μy 平面上, 记横轴为 μ 轴, 竖轴为 y 轴. 过每个 μ 值作一条竖线给出方程相应于这个 μ 值的相线. 如图 1.55 所示为 $\frac{\mathrm{d}y}{\mathrm{d}t} = f_\mu(y) = y^2 - 2y + \mu$ 的分歧图像. 若把方程族相应的平衡点 y 看成参数 μ 的函数, 则其图像是 μy 平面上由 $f_\mu(y) = y^2 - 2y + \mu = 0$ 所决定的抛物线. 对于每个固定的 μ 值, 抛物线上的点的 y 值给出了方程 $\frac{\mathrm{d}y}{\mathrm{d}t} = y^2 - 2y + \mu$ 的平衡点. 在分歧图解中, 可以看到当 μ 从左到右经过分歧值 $\mu = 1$ 时, 方程的平衡点从两个变为一个再变为不存在, 这种分歧一般称为**鞍结点分歧**(saddle-node bifurcation).

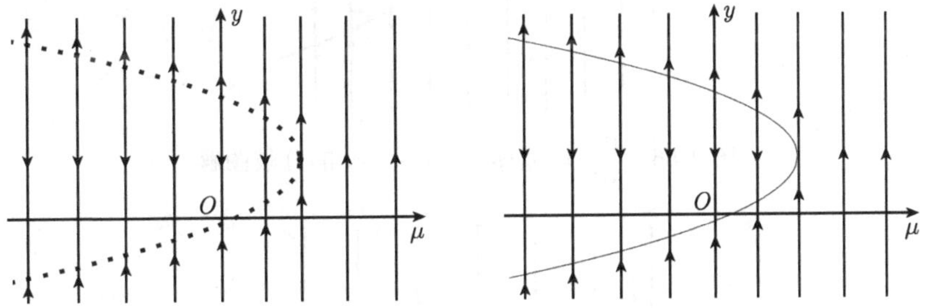

图 1.55 $\frac{\mathrm{d}y}{\mathrm{d}t} = f_\mu(y) = y^2 - 2y + \mu$ 的分歧图解

考虑单参数微分方程族

$$\frac{\mathrm{d}y}{\mathrm{d}t} = g_\alpha(y) = y^3 - \alpha y,$$

其中, α 是参数. 当 $\alpha > 0$ 时, 方程族的平衡点由 $y^3 - \alpha y = 0$ 所决定, 当把平衡点 y 看成参数 α 的函数时, 有 $y = 0$ 或 $y^2 = \alpha$. 方程有三个平衡点 $y = 0, \pm\sqrt{\alpha}$; 但当 $\alpha \leqslant 0$ 时, 方程仅有一个平衡点 $y = 0$. 因此, 在 $\alpha = 0$ 时发生分歧, 下面来研究它的分歧图解. 首先, 若 $\alpha < 0$, 则 $y^2 - \alpha$ 总是正的, 因而 $g_\alpha(y) = y^3 - \alpha y = y(y^2 - \alpha)$ 与 y 的符号一样. 当 $y(0) > 0$ 时, 解趋于 ∞; 当 $y(0) < 0$ 时, 解趋于 $-\infty$. 其次, 若 $\alpha > 0$, 则在 $\sqrt{\alpha} < y < \infty, -\sqrt{\alpha} < y < 0$ 时, $g_\alpha(y) > 0$; 在其他区间上 $g_\alpha(y) < 0$. 分歧图解如图 1.56 所示, 当 α 从右到左经过分歧值 $\alpha = 0$ 时, 方程的平衡点由三个变为一个, 这种分歧一般称之为**音叉分歧**(pitchfork bifurcation).

现在考虑单参数微分方程族

$$\frac{\mathrm{d}y}{\mathrm{d}t} = h_\lambda(y) = y^2 - \lambda y,$$

其中, λ 是参数. 当 $\lambda = 0$ 时, 方程有一个平衡点; 当 $\lambda \neq 0$ 时, 方程有两个平衡点. $\lambda = 0$ 是一个分歧值. 虽然在分歧值的两侧方程都有两个平衡点, 但平衡点的稳定性会改变. 当 $\lambda > 0$ 时, $y = 0$ 是一个汇, 它是稳定的; 当 $\lambda < 0$ 时, $y = 0$ 是一个源,

它是不稳定的. 稳定平衡解从 $\lambda<0$ 时的 $y=\lambda$ 变到 $\lambda>0$ 时的 $y=0$. 这类分歧一般称为**跨越分歧**(transcritical bifurcation), 分歧图解如图 1.57 所示.

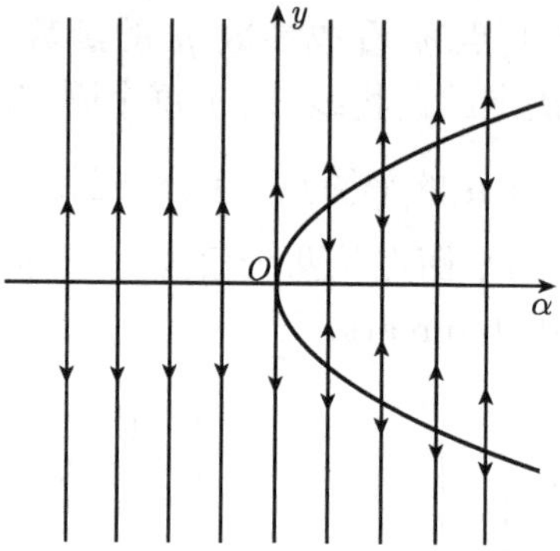

图 1.56　$\dfrac{\mathrm{d}y}{\mathrm{d}t}=g_\alpha(y)=y^3-\alpha y$ 的分歧图解

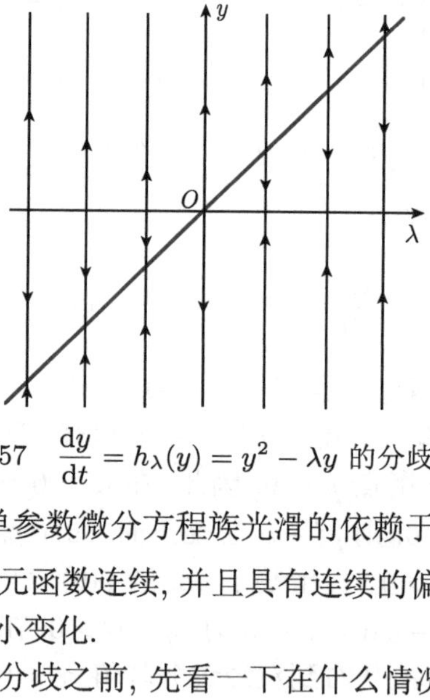

图 1.57　$\dfrac{\mathrm{d}y}{\mathrm{d}t}=h_\lambda(y)=y^2-\lambda y$ 的分歧图解

在下面的讨论中, 设单参数微分方程族光滑的依赖于参数, 即对 $\dfrac{\mathrm{d}y}{\mathrm{d}t}=f_\mu(y)$ 中的 $f_\mu(y)$ 作为 y 和 μ 的二元函数连续, 并且具有连续的偏导数, 因而参数 μ 的微小变化只能引起 $f_\mu(y)$ 的微小变化.

在讨论什么时候发生分歧之前, 先看一下在什么情况下, 分歧不会发生. 正如在 1.5 节后面讨论初值问题的解连续依赖于初始条件一样, 当 $f_\mu(y)$ 光滑依赖于参数 μ 时, 方程的解也连续依赖于参数. 也就是说, 当参数发生微小变化时, 方程的解只能发生微小的变化, 在这里不打算详细讨论. 举一个例子, 设一族微分方程 $\dfrac{\mathrm{d}y}{\mathrm{d}t}=f_\mu(y)$, 当 $\mu=\mu_0$ 时有平衡点 $y=y_0$ 且 $f'_{\mu_0}(y_0)<0$, 因而由线性化原理, y_0 是汇. 这时在 y_0 附近, $f_\mu(y)$ 的图像和方程的相线如图 1.58 所示. 现在对 μ 作微小变动, 从 μ_0 到 μ_1, 那么 f_{μ_1} 与 f_{μ_0} 的图像非常近, 如图 1.59 所示, 因而 $f_{\mu_1}(y)$ 在 y_0 附近严格增, 在 y_0 附近的某一点 y_1 处穿过横轴. 这时相应的微分方程

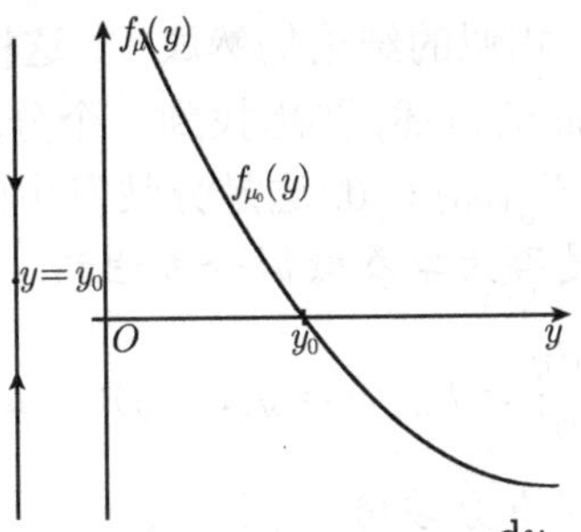

图 1.58 在 y_0 附近, $f_\mu(y)$ 的图像和方程 $\dfrac{\mathrm{d}y}{\mathrm{d}t}=f_\mu(y)$ 的相线图

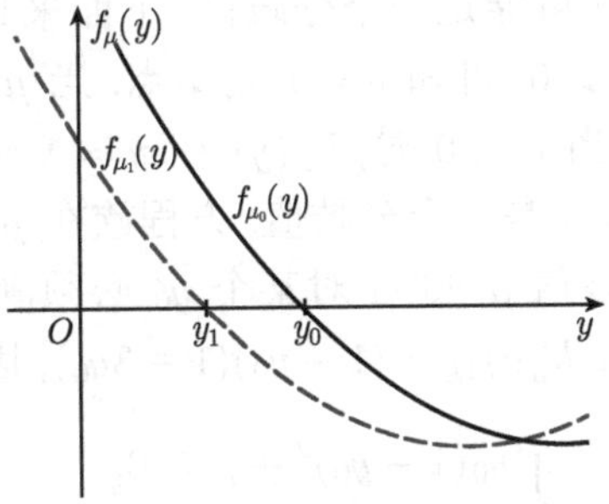

图 1.59 当 μ_1 与 μ_0 很近时, f_{μ_1} 与 f_{μ_0} 的图像

$$\frac{\mathrm{d}y}{\mathrm{d}t}=f_{\mu_1}(y)$$

在 y_0 附近有平衡点 $y=y_1$, 它也是一个汇. 这样可以得到如下结论, 如果 y_0 是微分方程

$$\frac{\mathrm{d}y}{\mathrm{d}t}=f_{\mu_0}(y)$$

的汇且 $f'_{\mu_0}(y_0)<0$, 那么对所有充分接近 μ_0 的参数 μ_1, 微分方程

$$\frac{\mathrm{d}y}{\mathrm{d}t}=f_{\mu_1}(y)$$

在 y_0 附近有点汇 $y=y_1$. 对于上述结论我们可以通过二元函数的隐函数定理给出严格的证明. 事实上, 令 $f(\mu,y)=f_\mu(y)$ 为 μ,y 的二元连续可微函数. 通过已知条件有 $f(\mu_0,y_0)=0$ 及 $\dfrac{\partial f(\mu_0,y_0)}{\partial y}=f'_{\mu_0}(y_0)<0$, 由隐函数定理, 存在 $\delta_1>0$ 和定义于开区间 $(\mu_0-\delta_1,\mu_0+\delta_1)$ 内的唯一连续函数 $y=y(\mu)$, 满足当 $\mu\in(\mu_0-\delta_1,\mu_0+\delta_1)$ 时, $f(\mu,y(\mu))=0$ 且 $y_0=y(\mu_0)$. 又 $\dfrac{\partial f}{\partial y}$ 连续及 $\dfrac{\partial f(\mu_0,y_0)}{\partial y}<0$, 知存在 $0<\delta\leqslant\delta_1$, 当 $\mu\in(\mu_0-\delta,\mu_0+\delta)$ 时, $\dfrac{\partial f(\mu,y(\mu))}{\partial y}<0$, 即 $f'_\mu(y(\mu))<0$, 这样 $y(\mu)$ 是汇. 同理,

当 y_0 是源且 $f'_{\mu_0}(y_0) > 0$ 时, 相似的结论仍然成立. 这样就可以肯定在上述情况下, 分歧现象不会发生. 通过上面的讲述, 要想找到一个分歧值 μ_0, 则必须在某个平衡点 $y = y_0$ 处满足 $f_{\mu_0}(y_0) = f'_{\mu_0}(y_0) = 0$, 这是分歧发生的一个必要条件.

例 1.26　考察 $\mu = 0$ 是否为单参数微分方程族

$$\frac{\mathrm{d}y}{\mathrm{d}t} = h_\mu(y) = y(1-y)^2 + \mu$$

的分歧值, 并找到方程族的所有分歧值.

解　当 $\mu = 0$ 时, 方程有平衡点为 $y = 0, 1$. 由 $h'_0(0) = 1$ 知 $y = 0$ 是一个源. 但是由 $h'_0(1) = 0$ 知 $\mu = 0$ 可能是一个分歧值, 下面来具体判断. 当 $\mu = 0$ 时, 在 $y = 1$ 的空心邻域内 $h_\mu(y) > 0$, 可知 $y = 1$ 是结点; 当 $\mu > 0$ 时, $h_\mu(y)$ 在 $y = 1$ 附近无零点, 方程无平衡解; 当 $\mu < 0$ 时, $h_\mu(y)$ 在 $y = 1$ 附近有两个零点, 方程对应两个平衡解. 由此可知 $\mu = 0$ 是一个分歧值, 方程族在 $\mu = 0$ 处发生分歧.

要找方程族的其他分歧值 μ, 则 μ 对某个 y_0 必须满足 $h_\mu(y_0) = 0, h'_\mu(y_0) = 0$, 而 $h_\mu(y_0) = y_0(1-y_0)^2 + \mu, h'_\mu(y_0) = (1-y_0)(1-3y_0)$, 因而

$$\begin{cases} y_0(1-y_0)^2 + \mu = 0, \\ (1-y_0)(1-3y_0) = 0, \end{cases}$$

解得 $y_0 = 1, \mu = 0$ 或 $y_0 = \dfrac{1}{3}, \mu = -\dfrac{4}{27}$.

当 $\mu = 0$ 时, 前面已经讨论. 下面讨论 $\mu = -\dfrac{4}{27}$ 的情况, 当 $\mu \in \left(-\dfrac{4}{27}, 0\right)$ 时, $f_\mu(y)$ 有三个零点, 相应微分方程有三平衡解; 当 $\mu \in \left(-\infty, -\dfrac{4}{27}\right)$ 时, $f_\mu(y)$ 有一个零点, 相应微分方程有一个平衡点, 因而方程在$\mu = -\dfrac{4}{27}$ 也发生分歧, $\mu = -\dfrac{4}{27}$ 是另一个分歧值. 分歧图解如图 1.60 所示, 这种分歧称为**复合分歧**.

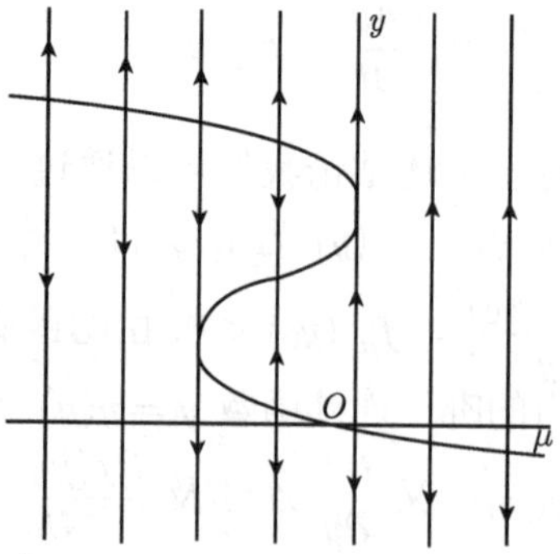

图 1.60　$\dfrac{\mathrm{d}y}{\mathrm{d}t} = h_\mu(y) = y(1-y)^2 + \mu$ 的分歧图解

1.7.3 应用举例

现在来回答本节一开始提出的问题. 具有捕获量 h 的鱼的增长的 Logistic 模型为

$$\frac{\mathrm{d}P}{\mathrm{d}t}=kP\left(1-\frac{P}{N}\right)-h,$$

其中, $k>0, N>0$ 是已知常数, 而 h 是捕获量参数.

当无捕获量, 即 $h=0$ 时, 由已有的对 Logistic 方程的知识知, 只要一开始有鱼存在, 则经过一定的时间后, 鱼的总量就趋向于平衡点 N. 也就是说, 当禁止捕鱼时, 鱼的总量最终将基本恢复到平衡状态 $P=N$.

现在令 $f_h(P)=kP\left(1-\dfrac{P}{N}\right)-h$, 这是一个关于 P 的二次函数. 当 h 从 0 开始增加时, $f_h=0$ 的两个实根逐渐靠拢而重合后, 就变得无实根了, 因而在 $f_h=0$ 仅有一个实根 (两个相等的实根) 的 h 时, 方程开始发生分歧, 由两个平衡点开始过渡到无平衡点.

由 $kP\left(1-\dfrac{P}{N}\right)-h=0$ 可解得根为 $P=\dfrac{N}{2}\pm\sqrt{\dfrac{N^2}{4}-\dfrac{hN}{k}}$. 当 $\dfrac{N^2}{4}-\dfrac{hN}{k}>0$ 时有两个实根, 相应的微分方程有两个平衡点, 一个为源, 另一个为汇; 当 $\dfrac{N^2}{4}-\dfrac{hN}{k}<0$ 时, 没有实根, 相应的微分方程没有平衡点, 即当 $h>\dfrac{kN}{4}$ 时, 方程没有平衡状态. 对于这样的值 h, $f_h(P)<0$ 对任意的 P 成立. 因此, 方程的任一解趋于 $-\infty$. 相对于鱼类而言, 无论初始鱼的总量多少, 最终都会达到 0 而使之消亡.

由上可知, 当 h 从 0 增加到 $\dfrac{kN}{4}$ 时, 方程开始发生分歧, 如图 1.61 所示. 此时方程 $\dfrac{\mathrm{d}P}{\mathrm{d}t}=kP\left(1-\dfrac{P}{N}\right)-\dfrac{kN}{4}$ 只有一个平衡点 $P=\dfrac{N}{2}$, 此为结点. 只要初始鱼的总量大于 $\dfrac{N}{2}$, 鱼的总量随时间 t 的增加不会消亡而最终趋向于平衡态 $P=\dfrac{N}{2}$. 而当初始的总量小于 $\dfrac{N}{2}$ 时, 鱼的总量随时间 t 的增加便会消亡. 当 h 小于 $\dfrac{kN}{4}$ 时, 方程的两个平衡点为 $P=\dfrac{N}{2}\pm\sqrt{\dfrac{N^2}{4}-\dfrac{hN}{k}}$. 这时只要初始鱼的总量大于 $\dfrac{N}{2}-\sqrt{\dfrac{N^2}{4}-\dfrac{hN}{k}}$, 鱼的总量随时间 t 的增加不会消亡而最终趋向于平衡态 $P=\dfrac{N}{2}+\sqrt{\dfrac{N^2}{4}-\dfrac{hN}{k}}$. 而当初始的总量小于 $\dfrac{N}{2}-\sqrt{\dfrac{N^2}{4}-\dfrac{hN}{k}}$, 鱼的总量随时间 t 的增加便会消亡. 当 h 超过 $\dfrac{kN}{4}$ 时, 无平衡状态, 无论初始状态如何, 随时间 t 的增加便会消亡. 如果在进行捕鱼之前确认该鱼类的总量在最大承载量 N 的一半以上, 则对捕获量参数 h, 结论是:h 的最大值为 $\dfrac{kN}{4}$, 该鱼类随时间 t 的增加最终接

近平衡态 $P=\dfrac{N}{2}$.

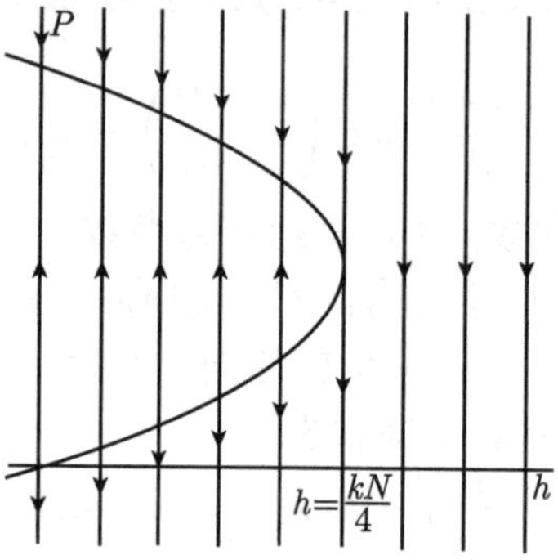

图 1.61　$\dfrac{dP}{dt}=kP\left(1-\dfrac{P}{N}\right)-h$ 的分歧图解

*1.8　种群生态学模型的进一步探讨

令 $y(t)$ 为一个生物种群的数量, t 为时间, 则最简单的种群模型是 1.1.1 小节中给出的**Malthus 模型**

$$\frac{dy}{dt}=ky,\quad k>0. \tag{1.5}$$

Malthus 模型的解 $y(t)=y(0)e^{kt}$ 预测了种群数量的指数增长. 由于种群数量大时, 对资源的竞争加剧, 单位增长率会随种群数目增大而减小, 因此, 更为合理的假设为

$$\frac{dy}{dt}=yf(y), \tag{1.6}$$

其中 $f(y)$ 为单位增长率 (grow rate per capita), 因为 $\dfrac{dy}{dt}$ 为增长率, y 是种群数量, 而 $f(y)=\dfrac{\frac{dy}{dt}}{y}$. 在 1.1.2 小节中又给出了**Logistic 模型**

$$\frac{dy}{dt}=ky\left(1-\frac{y}{N}\right), \tag{1.7}$$

其中 $N>0$ 为系统最大承载量 (carrying capacity). 而在 1.7.3 小节中考虑了带捕获项的 Logistic 模型

$$\frac{dy}{dt}=ky\left(1-\frac{y}{N}\right)-h, \tag{1.8}$$

其中 h 为单位时间捕获率. (1.7) 和 (1.8) 的动力行为已经在 1.1 节和 1.7 节中讨论了. (1.8) 中的分歧值 $h_*=\dfrac{kN}{4}$ 被称为最大可承受收获 (maximum sustainable yield), 即若 $h>h_*$, 则种群 $y(t)$ 一定在有限时间内灭绝.

(1.8) 中假设单位时间捕获量为一个常数, 这在某些应用中是合理的. 例如, 可以规定对某种近于灭绝的种群的捕获作一个配额. 另一种捕获方程为

$$\frac{\mathrm{d}y}{\mathrm{d}t}=ky\left(1-\frac{y}{N}\right)-Ey, \tag{1.9}$$

其中 E 代表捕获的能力, 而单位时间捕获量 Ey 是和当时种群数量成正比的. 当 $k>E$ 时, (1.9) 的相线结构和 (1.7) 一样, 而当 $k<E$ 时, 种群总会最终灭绝.

另一个常见模型是 1.6.6 小节中引入的具有**Allee 效应** 的 Logistic 种群模型

$$\frac{\mathrm{d}y}{\mathrm{d}t}=ky\left(1-\frac{y}{N}\right)\left(\frac{y}{M}-1\right), \tag{1.10}$$

其中 $0<M<N$. 仍然称 N 为最大承载量, 而 M 称为稀疏常数 (sparsity constant). (1.10) 具有两个稳定平衡解 $y(t)=0$ 和 $y(t)=N$, 而 $y(t)=M$ 是不稳定的, 这是具有双稳定性 (bistability) 最简单的模型 (图 1.62).

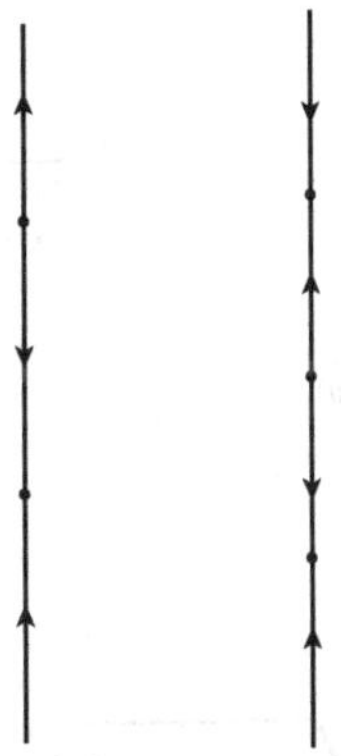
(a) 单稳 (b) 双稳

图 1.62 单稳和双稳系统

捕食者和食饵的种群大小始终是生物学家关心的问题. 方程 (1.8) 和 (1.9) 是这类模型的两个可能形式. 若假设捕食者的数量是一个常数 $r>0$, 那么食饵的数量满足

$$\frac{\mathrm{d}y}{\mathrm{d}t}=g(y)-rc(y), \tag{1.11}$$

其中 $g(y)$ 是在捕食者为零时的增长率, 而 $c(y)$ 是每个捕食者的单位捕食量. $g(y)$ 的两个例子即为①Logistic 增长或②Allee 效应增长. 而 $c(y)$ 可以采用加拿大生态学家**Holling**的捕食者回应函数 (predator functional response) 的概念. (1.8) 和 (1.9) 中的回应函数是常数函数 $c(y)=h$ 和线性函数 $c(y)=Ey$. Holling 提出如下三种更合理的回应函数 (图 1.63):

类型 I:

$$c(y)=\begin{cases}Ey, & 0<y\leqslant y_*,\\ Ey_*, & y\geqslant y_*;\end{cases} \tag{1.12}$$

类型 II:

$$c(y)=\frac{Ay}{B+y},\quad y>0; \tag{1.13}$$

类型 III:

$$c(y)=\frac{Ay^p}{B^p+y^p},\quad y>0, p>1, \tag{1.14}$$

其中 A, B 为正常数.

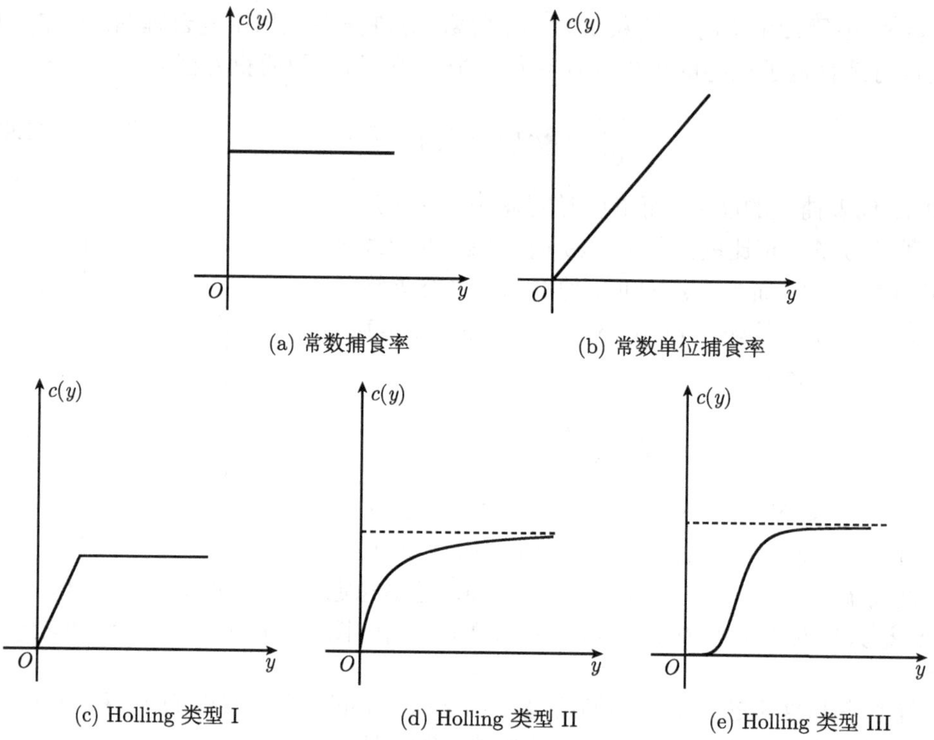

图 1.63　捕食者回应函数

这三类回应函数的共同性质如下：

(C1) $c(0)=0$, $c(y)$ 是递增函数；

(C2) $\lim\limits_{y\to\infty} c(y)=c_\infty>0$.

一种和 Holling 类型 II 类似的回应函数是 Ivlev 类型

$$c(y)=A-B\mathrm{e}^{-ry}. \tag{1.15}$$

Ivlev 类型与 Holling 类型 II 图像的几何性质几乎相同, 虽然导出的机理不同, 但是对于模型的数学性质, 重要的是回应函数的几何性质, 不是代数形式. 因此, 若 $c(y)$ 满足 (C1), (C2) 和

(C3) $c'(0)>0$ 且 $c''(y)\leqslant 0$ 在 $y\geqslant 0$ 时几乎处处成立,

则可以称 $c(y)$ 为广义的 Holling 类型 II；而若 $c(y)$ 满足 (C1), (C2) 和

(C4) $c'(0)=0$ 且存在 y_* 使得 $c''(y)(y-y_*)\leqslant 0$ 在 $y\geqslant 0$ 时几乎处处成立,

则称 $c(y)$ 是广义的 Holling 类型 III.

在这一定义下, Holling 类型 I, II 和 Ivlev 同属广义的 Holling 类型 II. 方程 (1.11) 可作为一种基本生态模型, $y(t)$ 是一种植物的数量, 而 r 是某草食动物的

数量.

用 1.7 节中的分歧理论对 (1.11) 作简单分析. 假设 $g(y)$ 满足一种广义的 Logistic 增长, 即 $g(y) = rf(y)$, $f(y)$ 满足 $f(0) > 0$, 在 $(0, N)$ 上 $f(y)$ 单调递减, $f(N) = 0$ (不考虑 $y(t) > N$ 的可能性). 若 $c(y)$ 是广义的 Holling 类型Ⅱ回应函数, 以 r 为分歧参数, 则分歧图可以用 $r = \dfrac{g(y)}{c(y)}$ 来表示. 典型的分歧图如图 1.64 所示.

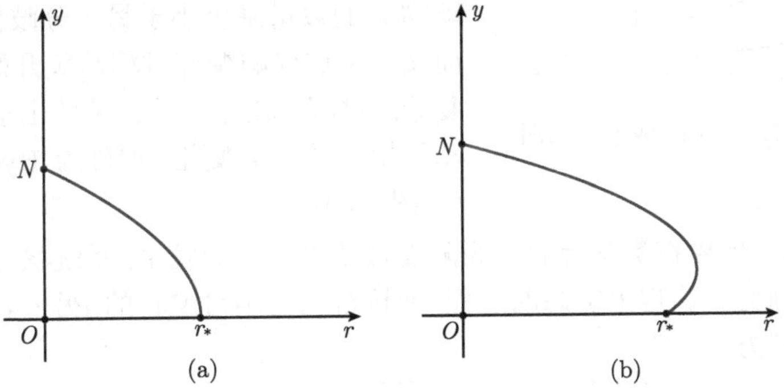

图 1.64 典型的分歧图, $g(y)$ 满足广义 Logistic 增长率, $c(y)$ 是广义 Holling 类型Ⅱ, 其中 $r_* = f'(0)/c'(0)$ 是 $y = 0$ 上的跨越分歧值, 而 $y = 0$ 总是一个平衡解

可以注意到在图 1.64(b) 中, 双稳定性有可能发生. 下面再考虑 $c(y)$ 是广义的 Holling 类型Ⅲ回应函数, 那么典型分歧图为图 1.65.

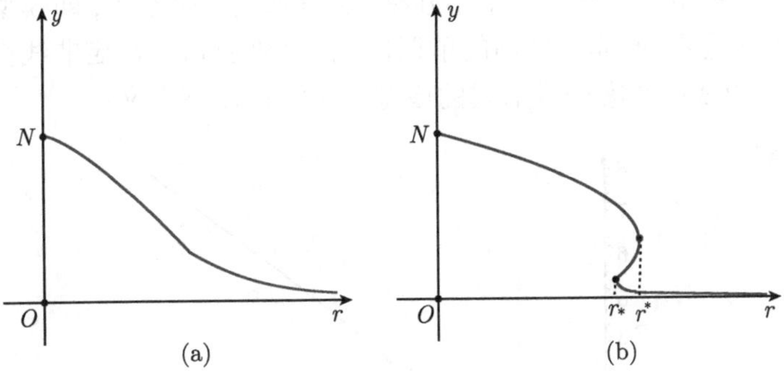

图 1.65 (1.11) 典型分歧图, $g(y)$ 满足广义 Logistic 增长率, $c(y)$ 是广义 Holling 类型Ⅲ

在图 1.65 中, 由于 $c'(0) = 0$, 所以 $y = 0$ 总是一个不稳定的平衡解, 而对于某些这样的 $g(y)$, $c(y)$, 双稳定性仍然可以出现 (图 1.65(b)) 系统会有两个鞍结分歧点. 对图 1.65(b) 可以有以下解释:

开始草食动物较少 (r 比较小), 那么 (1.11) 唯一稳定平衡点略小于最大承载量 N. 由于植物数量充分多, 草食动物增多 (r 增加), 则植物数量开始减少, 另一稳定解出现, 但植物数量仍然保持在大的稳定平衡解水平. 但是 r 进一步增大, 超过了

右边的鞍结点分歧值 $r = r^*$, 因为大的稳定平衡解随分歧消失, 植物数量骤然降至小的稳定平衡解. 植物数量的急剧下降使得赖以生存的草食动物也发生食物危机, 这时 r 可以下降. 然而 r 的微小下降不足以使草食动物的数量脱离小稳定平衡解的吸引域, 所以在长时间内, 植物只能保持在低数量水平, 直至草食动物 r 的数量降至小于另一分歧值 $r = r_*$, 从而又一个这样的循环过程从头开始. 这一周而复始的过程被用来解释在某些生态系统中一些动物植物的周期变化, 被称为 Hysteresis 现象 (见图 1.66).

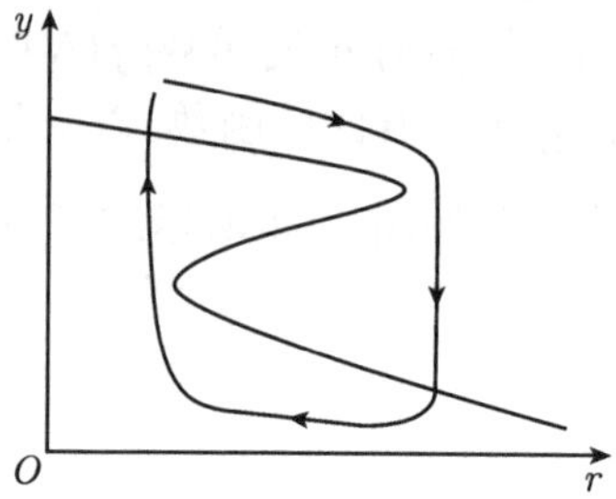

图 1.66　Hysteresis 现象示意图

Hysteresis 现象在数学上表现为随着鞍结点分歧的发生, 系统状态由一个稳定平衡态跳跃到另一稳定平衡态的过程, 而这跳跃是不可逆转的; 另一表现出这一现象的生物模型为

$$\frac{\mathrm{d}y}{\mathrm{d}t} = a - by + \frac{ry^p}{h^p + y^p}, \quad a, b, r, h > 0. \tag{1.16}$$

若固定某些 $a, b, h > 0$, 以 r 为分歧参数, 那么 (1.16) 的分歧图 (图 1.67) 也会出现 Hysteresis 的状态突变. 此时, $y(t)$ 可以是一个湖泊中水藻吸取营养物的数量, a 是营养物增加率, b 是营养物被吸收率, r 是营养内部循环率.

生态学中的常微分方程模型举不胜举. 这里强调一个观点, 即模型中非线性项的代数形式并不重要, 而非线性项的单调性、凸凹性就可以决定非线性函数的本质性质. 基于这一思想, 考虑一般形式的模型 (1.6). 作以下定义:

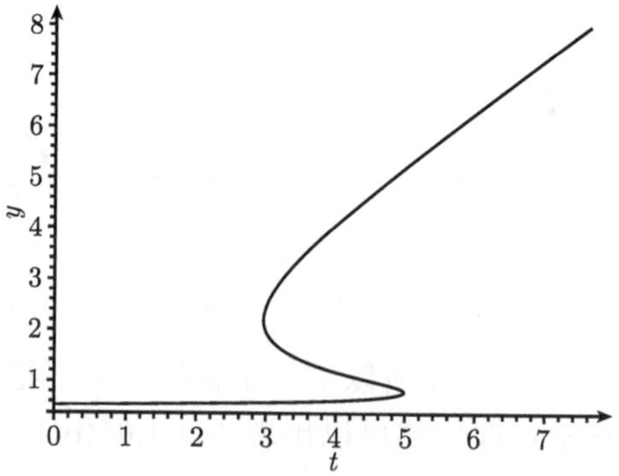

图 1.67　(1.16) 的分歧图解, 其中 $a = 0.5$, $b = 1$

(1) 若 $f(y)$ 在 $[0, \infty)$ 上是递减的, 则称 (1.6) 为 Logistic 型;

(2) 若 $f(y)$ 在 $[0, \infty)$ 上是先增后减的, 则称 (1.6) 为 **Allee** 效应型;

(3) 若 $f(y)$ 在 $[0,\infty)$ 上是递减再递增最后递减的, 则称 (1.6) 为 Hysteresis 型.

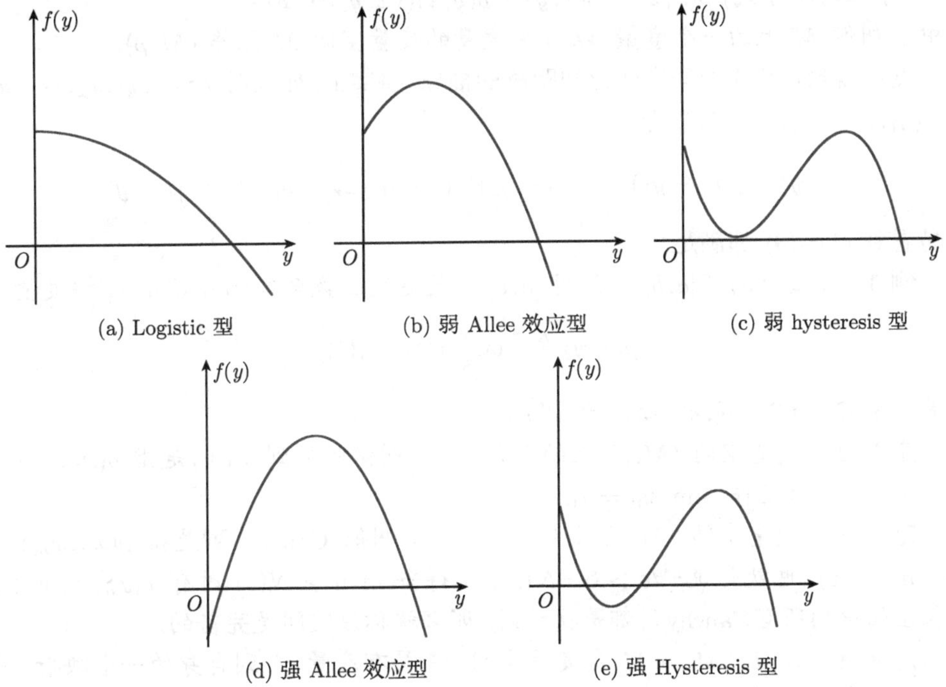

图 1.68　单位增长率 $f(y)$ 的分类

这一定义只基于单位增长率 $f(y)$ 的单调性, 而并非 $f(y)$ 零点的个数. 一般假设存在 N, 使得当 $y>N$ 时, $f(y)<0$. 对于 Allee 效应型或者 Hysteresis 型, $f(y)$ 可能会有多个零点, 所以定义 (1.6) 为强 Allee 效应型或者 Hysteresis 型, 若前面的定义满足且 $\{y>0|f(y)<0\}$ 有两个连通分支; 否则, 称之为弱 Allee 效应型或者 Hysteresis 型 (图 1.68). 对于 (1.6), 弱 Allee 效应型或者 Hysteresis 型和 Logistic 型没有本质区别.

*附　　录

1. 压缩映象原理

给出一个寻找从度量空间到它自身的映射的不动点的方法.

定义 1　设 M 是一个非空集合, M 叫做**度量空间**是指在 M 上定义了一个双变量的实值函数 $\rho(x,y)$, 满足下列三个条件:

(1)(正定性) $\rho(x,y)\geqslant 0$, 而且 $\rho(x,y)=0$ 当且仅当 $x=y$;

(2)(对称性) $\rho(x,y)=\rho(y,x)$;

(3)(三角不等式) $\rho(x,z)\leqslant\rho(x,y)+\rho(y,z)(\forall x,y,z\in M)$,

其中 ρ 叫做 M 上的一个**度量**, 以 ρ 为度量的度量空间 M 记作 (M,ρ).

度量概念是欧氏空间中两点间距离的抽象. 事实上, 如果对 $\forall x=(x_1,x_2,\cdots,x_n)$, $y=(y_1,y_2,\cdots,y_n)\in\mathbb{R}^n$, 令

$$\rho(x,y)=[(x_1-y_1)^2+(x_2-y_2)^2+\cdots+(x_n-y_n)^2]^{\frac{1}{2}}=|x-y|.$$

容易看到 (1)~(3) 都满足.

例 1 (度量空间 $C[a,b]$)　区间 $[a,b]$ 上的连续函数全体记为 $C[a,b]$, 按度量

$$\rho(x,y)\triangleq\max_{a\leqslant t\leqslant b}|x(t)-y(t)|$$

形成度量空间 $(C[a,b],\rho)$, 简记为 $C[a,b]$.

定义 2　度量空间 (M,ρ) 上的点列 $\{x_n\}$ 叫做收敛到 x_0 的是指 $\rho(x_n,x_0)\to 0(n\to\infty)$, 这时记作 $\lim\limits_{n\to\infty}x_n=x_0$.

定义 3　度量空间 (M,ρ) 上的点列 $\{x_n\}$ 叫做 Cauchy **列**是指 $\rho(x_n,x_m)\to 0(n,m\to\infty)$. 也就是说; $\forall\varepsilon>0,\exists N(\varepsilon)$, 使得当 $m,n\geqslant N(\varepsilon)$ 时有 $\rho(x_n,x_m)<\varepsilon$. 如果空间中的所有Cauchy列都是收敛列, 那么就称该空间是**完备**的.

定义 4　设 $T:M\to M$ 是度量空间 M(具有度量 ρ) 到自身的一个映射. 若存在一个常数 $\lambda(0<\lambda<1)$, 使得

$$\rho(Tx,Ty)\leqslant\lambda\rho(x,y),\quad\forall x,y\in M,$$

则称 T 为一个**压缩映射**.

定义 5　如果 $Tx=x$, 则点 $x\in M$ 称为映射 $T:M\to M$ 的一个**不动点**.

定理 1 (压缩映象原理)　设 $T:M\to M$ 是完备度量空间 M 到它自身的一个压缩映射, 则 T 有一个唯一的不动点. 给定任何点 $x\in M$, 在算子 T 的作用下, x 的象的序列 $x,Tx,T^2x,\cdots$ 收敛于此不动点.

证明　如果 $\rho(x,Tx)=d$, 则

$$\rho(T^nx,T^{n+1}x)\leqslant\lambda^nd.$$

级数

$$\sum_{n=0}^{\infty}\lambda^n$$

收敛, 因此, 序列 $T^nx(n=1,2,\cdots)$ 是 M 中的一个 Cauchy 列. 然而空间 M 是完备的, 因此, 极限

$$\overline{x}=\lim_{n\to\infty}T^nx$$

存在, 点 $\overline{x}$ 是 T 的不动点. 事实上, 因为每一个压缩映射是连续的, 于是有

$$T\overline{x}=T(\lim_{n\to\infty}T^nx)=\lim_{n\to\infty}T^{n+1}x=\overline{x},$$

而且每一个不动点 $\overline{y}$ 都与 $\overline{x}$ 重合, 这是因为

$$\rho(\overline{x},\overline{y})=\rho(T\overline{x},T\overline{y})\leqslant\lambda\rho(\overline{x},\overline{y}),$$

$$\lambda<1\Rightarrow\rho(\overline{x},\overline{y})=0.$$

证毕.

注记　点 $x, Tx, T^2x, \cdots$ 称为对 $\overline{x}$ 的逐次逼近.

设 x 是对压缩映射 T 的不动点 $\overline{x}$ 的近似值, 则近似值的准确度可用点 x 与 Tx 间的距离 d 容易地估计出来. 事实上, 因为

$$d+\lambda d+\lambda^2d+\cdots=\frac{d}{1-\lambda},$$

所以

$$\rho(x,\overline{x})\leqslant\frac{d}{1-\lambda}.$$

2. 一阶微分方程存在唯一性定理及解对初值的连续相依性定理的证明

1) 逐次皮卡近似

考虑由 $\mathbb{R}^2$ 中一个区域内的二元函数 $f(t,y)$ 确定的方程

$$\frac{\mathrm{d}y}{\mathrm{d}t}=f(t,y).$$

所谓的皮卡 (Picard) 映射指的是由

$$(T\varphi)(t)=y_0+\int_{t_0}^{t}f(\tau,\varphi(\tau))\mathrm{d}\tau$$

所定义的, 函数 $\varphi:t\to y$ 到函数 $T\varphi:t\to y$ 的映射.

几何上从 φ 到函数 $T\varphi$ 的变换意味着用一条曲线 φ 构造一条新的曲线 $T\varphi$, $T\varphi$ 在每一点 t 的切线平行于由 φ 所确定的方向场, 而不平行于在新曲线 $T\varphi$ 上的方向场. 注意到, φ 是满足初始条件 $\varphi(t_0)=y_0$ 的解当且仅当 $\varphi=T\varphi$.

在压缩映射原理的启发下, 现在考虑逐次皮卡近似 $\varphi, T\varphi, T^2\varphi, T^3\varphi, \cdots$, 如从 $\varphi=y_0$ 开始.

为了证明逐次近似解的收敛性, 构造一个完备的度量空间, 在这个空间中皮卡映射是一个压缩映射.

2) 解的存在唯一性定理及解对初值的连续相依性定理的证明

设 $T:M_1\to M_2$ 是度量空间 M_1(具有度量 ρ_1) 映入度量空间 M_2 (具有度量 ρ_2) 的一个映射, 并设 L 是一个实数.

定义 6　*若映射 T 使 M_1 的任何两点间的距离增加不大于 L 倍, $\rho_2(Tx,Ty)\leqslant L\rho_1(x,y)(\forall x,y\in M_1)$, 则称映射 T 满足具有常数 L 的利普希茨(Lipschitz)条件 (记为 $T\in\text{Lip}L$). 若存在一个常数 L, 使得 $T\in\text{Lip}L$, 则映射 T 称为满足利普希茨条件, L 称为利普希茨常数.*

假定微分方程 $\dfrac{\mathrm{d}y}{\mathrm{d}t}=f(t,y)$ 的右端 $f(t,y)$ 在区域 U 上关于 y 满足利普希茨条件. 考虑任一点 $(t_0,y_0)\in U$. 对充分小的 a,b, 矩形

$$\varGamma=\{(t,y)\in\mathbb{R}^2||t-t_0|\leqslant a,|y-y_0|\leqslant b\}$$

位于区域 U 中. 设 C 和 L 分别表示 f 在 $\varGamma$ 中的上确界和关于 y 的利普希茨常数.

现设 K_0 是具有顶点 (t_0,y_0) 的锥形, 它的"开口"为 C 和高度为 a', 于是

$$K_0=\{(t,y)\in\mathbb{R}^2||t-t_0|\leqslant a',|y-y_0|\leqslant C|t-t_0|\}.$$

如果数 a' 足够小, 则锥形 K_0 位于矩形 $\varGamma$ 的内部. 又若数 a',b' 足够小, 则由 K_0 通过把顶点平行移动到点 (t_0,y') 而得到的每个锥形 $K_{y'}$ 也位于矩形 $\varGamma$ 的内部, 此处 $|y'-y_0|\leqslant b'$. 假定数 a',b' 足够小, 使得 $K_{y'}\subset\varGamma$, 将寻求方程 $\dfrac{\mathrm{d}y}{\mathrm{d}t}=f(t,y)$ 形如

$$\varphi(t)=y'+h(t,y')$$

的满足初始条件 $\varphi(t_0)=y'$ 的解 φ, 对应的积分曲线则位于锥形 $K_{y'}$ 的内部.

考虑由矩形区域 $D=\{(t,y)\in\mathbb{R}^2||t-t_0|\leqslant a',|y-y_0|\leqslant b'\}$ 映入欧氏空间 $\mathbb{R}$ 的所有可能的二元连续函数 $h(t,y)$. 设 M 表示满足附加条件

$$|h(t,y)|\leqslant C|t-t_0|$$

的这些函数的集合. 通过定义

$$\rho(h_1,h_2)=\max_{(t,y)\in D}|h_1(t,y)-h_2(t,y)|,\quad \forall h_1,h_2\in M$$

在 M 中引进了一个度量 ρ.

定理 2　*赋予度量 ρ 的集合 M 是一个完备的度量空间.*

证明　$\forall\{h_n\}\subset M$ 为 Cauchy 列, 即 $\rho(h_m,h_n)\to 0(m,n\to\infty)$, 则 h_n 在矩形区域 D 上一致收敛. 设 h_n 一致收敛于 h, 则 h 是连续函数. 又 $|h_n(t,y)|\leqslant C|t-t_0|$, 令 $n\to\infty$ 得 $|h(t,y)|\leqslant C|t-t_0|$, 可知 $h\in M$ 且 $\lim\limits_{n\to\infty}h_n=h$.

下面引入由

$$(Th)(t,y)=\int_{t_0}^{t}f(\tau,y+h(\tau,y))\mathrm{d}\tau$$

所定义的映射 $T:M\to M$.

由于 $h \in M, |h(t,y)| \leqslant C|t-t_0|$, 点 $(\tau, y+h(\tau,y)) \in K_y$, 因此, 属于 f 的定义域.

定理 3　若 a' 充分小, 则

$$(Th)(t,y) = \int_{t_0}^{t} f(\tau, y+h(\tau,y))\mathrm{d}\tau$$

定义了一个从空间 M 到自身的一个压缩映射.

证明　(1) 首先证明 T 将 M 映入它自身. 因为连续依赖于一个参数的连续函数积分是连续依赖于参数和上限的, 所以函数 Th 是连续的. 又因为

$$|(Th)(t,y)| \leqslant \left|\int_{t_0}^{t} f(\tau, y+h(\tau,y))\mathrm{d}\tau\right| \leqslant \left|\int_{t_0}^{t} C\mathrm{d}\tau\right| \leqslant C|t-t_0|,$$

所以 $TM \subset M$.

(2) 其次证明 T 是一个压缩映射, 即

$$\rho(Th_1, Th_2) \leqslant \lambda\rho(h_1,h_2), \quad 0<\lambda<1.$$

为此, 对 $\forall (t,y) \in D$ 估计 $Th_1(t,y) - Th_2(t,y)$, 则有

$$Th_1(t,y) - Th_2(t,y) = \int_{t_0}^{t} (f_1 - f_2)\mathrm{d}\tau,$$

其中

$$f_i(\tau) = f(\tau, y+h_i(\tau,y)), \quad i=1,2.$$

因为对固定的 $\tau, f(\tau,y)$ 关于 y 满足具有常数 L 的利普希茨条件. 因此,

$$|f_1(\tau) - f_2(\tau)| \leqslant L|h_1(\tau,y) - h_2(\tau,y)| \leqslant L\rho(h_1,h_2),$$

从而

$$|Th_1(t,y) - Th_2(t,y)| \leqslant \int_{t_0}^{t} |f_1 - f_2|\mathrm{d}\tau \leqslant \int_{t_0}^{t} L\rho(h_1,h_2)\mathrm{d}\tau \leqslant La'\rho(h_1,h_2),$$

所以只需让 $La' < 1, \lambda = La'$, 则

$$\rho(Th_1, Th_2) = \max_{(t,y)\in D} |Th_1(t,y) - Th_2(t,y)| \leqslant \lambda\rho(h_1,h_2),$$

即 T 是一个压缩映射.

推论 1　如果 $f(t,y)$ 在矩形区域

$$\varGamma = \{(t,y) \,|\, |t-t_0| \leqslant a, |y-y_0| \leqslant b\}$$

上连续且关于 y 满足利普希茨条件, 则对于充分接近 y_0 的任何点 y', 存在 t_0 的充分小邻域, 在此邻域中, 方程 $\dfrac{\mathrm{d}y}{\mathrm{d}t}=f(t,y)$ 存在唯一解 $y=\varphi(t)$ 连续, 满足初始条件 $\varphi(t_0)=y'$ 且这个解连续的依赖于初始值 y'.

证明　由压缩映象定理, 压缩映射 T 有一个不动点 $h\in M$. 设 $\varphi(t)=g(t,y')=y'+h(t,y')$, 则

$$g(t,y')=y'+\int_{t_0}^{t}f(\tau,g(\tau,y'))\mathrm{d}\tau,$$

$$\frac{\partial g(t,y')}{\partial t}=f(t,g(t,y')).$$

可知对固定的 y', $\varphi(t)=g(t,y')$ 满足方程 $\dfrac{\mathrm{d}y}{\mathrm{d}t}=f(t,y)$和初始条件 $\varphi(t_0)=g(t_0,y')=y'$. 又由 $h\in M$ 知 g 是连续的, 所以 φ 连续且连续地依赖于初值 y'. 再由不动点的唯一性得到满足初始条件解的唯一性.

习　题　1

1. 已知菌群的增长速度与当前数量成正比, 如果在 4h 内数量从 50 增长到 150, 则

(1) 从现在开始, 经过 16h 细菌数是多少?

(2) 要使细菌数翻倍需多长时间?

2. 考虑人口模型

$$\frac{\mathrm{d}P}{\mathrm{d}t}=0.1P\left(1-\frac{P}{200}\right),$$

其中 $P(t)$ 是时刻 t 的人口数量.

(1) P 为何值时, 人口保持平衡?

(2) P 为何值时, 人口数将增加?

(3) P 为何值时, 人口数将减少?

3. 考虑人口模型

$$\frac{\mathrm{d}P}{\mathrm{d}t}=0.12P\left(1-\frac{P}{200}\right)\left(\frac{P}{50}-1\right),$$

其中 $P(t)$ 是时刻 t 的人口数量.

(1) P 为何值时, 人口保持平衡?

(2) P 为何值时, 人口数将增加?

(3) P 为何值时, 人口数将减少?

4. 考虑微分方程

$$\frac{\mathrm{d}y}{\mathrm{d}t}=y^3-y^2-20y.$$

(1) y 为何值时, $y(t)$ 将保持不变?

(2) y 为何值时, $y(t)$ 将增加?

(3) y 为何值时, $y(t)$ 将减少?

5. 某地区的人口增长速度与当前人口数成正比, 若两年后人口增加一倍; 三年后, 人口数为 20000, 试估计该地区的最初人口数.

6. 已知放射性同位素以与当前量成正比的速度衰减, 其比例常数仅与该放射性物质有关. 用 t 表示时间, $r(t)$ 表示特定同位素的量, $-\lambda$ 表示衰减率. 试建立放射性物质的衰减模型? 如果最初有该物质 50mg, 2h 后减少了 10%,

(1) 求时刻 t, 该物质的质量表达式?

(2) 4h 后的质量是多少?

(3) 在何时质量比最初减半?

7. 放射性同位素的半衰期是指放射性物质从最初的量衰减一半所需要的时间, 利用习题 6 的模型, 回答下列问题:

(1) 碳 -14(^{14}C) 的半衰期为 5730 年, 决定 ^{14}C 的衰减率 λ?

(2) 碘 -131(^{131}I) 的半衰期为 8 天, 决定其衰减率?

(3) 为了决定一种同位素的半衰期, 可以取该同位素的 1000 个原子, 观察它衰减到 500 所用的时间, 或取该同位素的 10000 个原子, 观察它衰减到 5000 所用的时间. 两种情况下答案是否一样? 为什么?

8. ^{14}C 年代测定是检测生物体死后经历了多长时间的一种方法. ^{14}C 年代测定法的基本假定如下: 活的有机体内 ^{14}C 同位素在碳元素中所占比例为常数, 当有机体死亡后, 其体内 ^{14}C 开始衰减, 并且没有新的碳元素加入该有机体, 因而通过测定生物有机体现存的 ^{14}C 的量, 可以大致测定死亡的时间. 利用习题 7 中计算的衰减率常数和下列条件分别计算有机体死亡后经历的时间:

(1) 在体内含有最初 88% 的 ^{14}C;

(2) 在体内含有最初 12% 的 ^{14}C;

(3) 在体内含有最初 2% 的 ^{14}C;

(4) 在体内含有最初 98% 的 ^{14}C.

9. 假定在鄱阳湖中一种鱼类的数量按 Logistic 模型增长, 增长率为 k, 最大承载量为 N, 如果每年要从湖中捕获一定量的鱼, 试按下述不同情形对模型作适当修改:

(1) 每年捕获 10t?

(2) 每年捕获总量的 1/3?

(3) 捕获量与总量的平方根成正比?

10. 在习题 9 中, 设 $k = 0.3$, $N = 2000$, 假定 $P(0) = 2000$.

(1) 每年捕获 10t, 该模型预测鱼数量的长期结果是什么, 即对此进行定性分析?

(2) 每年捕获总量的 1/3, 该模型预测什么?

11. 在 $y_1(t) = t, y_2(t) = 2t + 3, y_3(t) = t^2 - 2$ 中, 哪个是微分方程 $\dfrac{\mathrm{d}y}{\mathrm{d}t} = \dfrac{y+1}{t+2}$ 的解?

12. 若 $y = \mathrm{e}^t$ 是微分方程 $\dfrac{\mathrm{d}y}{\mathrm{d}t} = 2y - t + g(y)$ 的解, 决定函数 $g(t)$?

13. 计算下列方程的通解:

(1) $\dfrac{\mathrm{d}y}{\mathrm{d}t} = ty$;

(2) $\dfrac{\mathrm{d}y}{\mathrm{d}t}=2y+1;$

(3) $\dfrac{\mathrm{d}y}{\mathrm{d}t}=\mathrm{e}^{-y};$

(4) $\dfrac{\mathrm{d}y}{\mathrm{d}t}=\dfrac{1}{t^2y+y};$

(5) $\dfrac{\mathrm{d}y}{\mathrm{d}t}=y(y+1);$

(6) $\dfrac{\mathrm{d}y}{\mathrm{d}t}=t^2y-2-2y+t^2;$

(7) $\dfrac{\mathrm{d}y}{\mathrm{d}t}=\dfrac{\mathrm{e}^ty}{1+y^2};$

(8) $\dfrac{\mathrm{d}y}{\mathrm{d}t}=\dfrac{1+y^2}{ty+t^3y};$

(9) $t\dfrac{\mathrm{d}y}{\mathrm{d}t}-y+\sqrt{t^2-y^2}=0,\quad t>0;$

(10) $t(\ln t-\ln y)\mathrm{d}y-y\mathrm{d}t=0.$

14. 求解下列初值问题：

(1) $\dfrac{\mathrm{d}y}{\mathrm{d}t}=2y+1,\ y(0)=5;$

(2) $\dfrac{\mathrm{d}y}{\mathrm{d}t}=y^2,\ y(0)=0;$

(3) $\dfrac{\mathrm{d}y}{\mathrm{d}t}=\dfrac{t}{y-t^2y},\ y(0)=4;$

(4) $\dfrac{\mathrm{d}y}{\mathrm{d}t}=(y^2+1)t,\ y(0)=1.$

15. 若 $f(t)\displaystyle\int_0^t f(s)\mathrm{d}s=1,\ f(t)\neq 0$, 试求函数 $f(t)$ 的一般表达式.

16. 求具有如下性质：

$$y(t+s)=\frac{y(t)+y(s)}{1-y(t)y(s)}$$

的函数 $y(t)$, 已知 $y'(0)$ 存在.

17. 设函数 $y(t)$ 在 $-\infty<t<\infty$ 上连续, $y'(0)$ 存在且满足关系式 $y(t+s)=y(t)y(s)$, 试求此函数.

18. 求下列方程的通解或初值问题的特解：

(1) $\dfrac{\mathrm{d}y}{\mathrm{d}t}=y+\mathrm{e}^{-2t};$

(2) $\dfrac{\mathrm{d}y}{\mathrm{d}t}=-2y+3\mathrm{e}^{-t};$

(3) $\dfrac{\mathrm{d}y}{\mathrm{d}t}=2y+\sin 2t;$

(4) $\dfrac{\mathrm{d}y}{\mathrm{d}t}=y+\cos 2t, y(0)=5;$

(5) $\dfrac{\mathrm{d}y}{\mathrm{d}t}+3y=\sin 2t, y(0)=1$;

(6) $\dfrac{\mathrm{d}y}{\mathrm{d}t}-2y=5\mathrm{e}^{2t}, y(0)=3$;

(7) $y=\mathrm{e}^t+\displaystyle\int_0^t y(s)\mathrm{d}s$.

19. 求下列方程的通解:

(1) $\dfrac{\mathrm{d}x}{\mathrm{d}t}=-x\cos t+\dfrac{1}{2}\sin 2t$;

(2) $\dfrac{\mathrm{d}y}{\mathrm{d}x}=\dfrac{2x-1}{x^2}y+1$;

(3) $\dfrac{\mathrm{d}y}{\mathrm{d}t}-\dfrac{2y}{t+1}=(t+1)^3$;

(4) $t\dfrac{\mathrm{d}y}{\mathrm{d}t}+y=t^3$.

20. 考虑非齐次线性方程

$$\frac{\mathrm{d}y}{\mathrm{d}t}+a(t)y=b_1(t)+b_2(t).$$

设 $y_h(t)$ 是相应齐次方程 $\dfrac{\mathrm{d}y}{\mathrm{d}t}+a(t)y=0$ 的一个解, 而 $y_1(t)$ 是 $\dfrac{\mathrm{d}y}{\mathrm{d}t}+a(t)y=b_1(t)$ 的解, $y_2(t)$ 是 $\dfrac{\mathrm{d}y}{\mathrm{d}t}+a(t)y=b_2(t)$ 的解. 试证明 $y_h(t)+y_1(t)+y_2(t)$ 是原方程的解.

21. 对非齐次线性方程 $\dfrac{\mathrm{d}y}{\mathrm{d}t}+y=3t^2+7t+2$ 而言, 由于非齐次项为二次多项式, 为了得到一个特解, 可以猜测其待定特解具有二次多项式的形式, 即设

$$y_p(t)=at^2+bt+c,$$

其中 a,b,c 是待定常数. 试决定 a,b,c 的值, 使得 $y_p(t)$ 是一个特解.

22. 依据习题 20 和习题 21, 试求下列方程的通解:

(1) $\dfrac{\mathrm{d}y}{\mathrm{d}t}+2y=t^2+2t+1+\mathrm{e}^{4t}$;

(2) $\dfrac{\mathrm{d}y}{\mathrm{d}t}+4y=t^3+\sin t$;

(3) $\dfrac{\mathrm{d}y}{\mathrm{d}t}+3y=\cos 2t+\mathrm{e}^{3t}+\mathrm{e}^{-4t}$;

(4) $\dfrac{\mathrm{d}y}{\mathrm{d}t}+y=\cos 2t+3\sin 2t+\mathrm{e}^{-t}$.

23. 利用积分因子求解下列方程的通解:

(1) $\dfrac{\mathrm{d}y}{\mathrm{d}t}=\dfrac{3}{t}y+t^5$;

(2) $\dfrac{\mathrm{d}y}{\mathrm{d}t}+2ty=4\mathrm{e}^{-t^2}$;

(3) $\dfrac{\mathrm{d}y}{\mathrm{d}t}=\dfrac{2}{t}y+t^3\mathrm{e}^t$;

(4) $\dfrac{\mathrm{d}y}{\mathrm{d}t}=y\sin t+4$;

(5) $\dfrac{\mathrm{d}y}{\mathrm{d}t}=\dfrac{y}{t^2}+4\cos t$;

(6) $\dfrac{\mathrm{d}y}{\mathrm{d}t}=\dfrac{y}{\sqrt{t^3-3}}+t$.

24. 设连续函数 $f(t,y)$ 满足对任意的 $t, f(t,3)=-2$. 那么微分方程 $\dfrac{\mathrm{d}y}{\mathrm{d}t}=f(t,y)$ 应具有什么性质, 对方程的解能够得到什么结论? 例如, 若 $y(0)<3$, 当 t 增加时, $y(t)$ 能否趋于正无穷?

25. 根据给定函数的图像, 画出相应微分方程的斜率场.

(1) $\dfrac{\mathrm{d}y}{\mathrm{d}t}=f(t)$;　(2) $\dfrac{\mathrm{d}y}{\mathrm{d}t}=f(y)$.

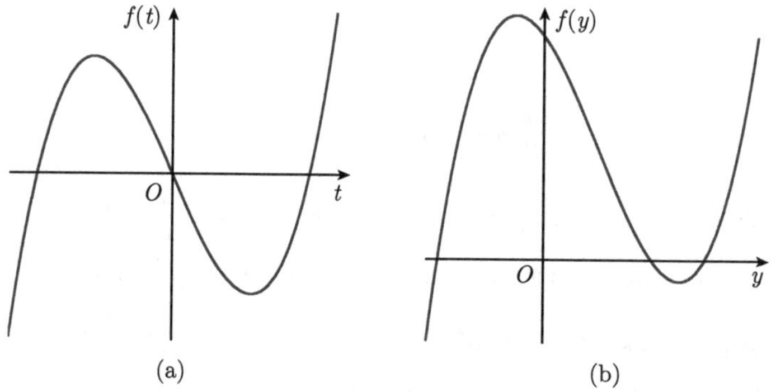

图 1.69

26. 下面给定 8 个微分方程和 4 个斜率场 (图 1.70), 请选出斜率场相应的微分方程, 并说明理由.

(1) $\dfrac{\mathrm{d}y}{\mathrm{d}t}=t-2$;　(2) $\dfrac{\mathrm{d}y}{\mathrm{d}t}=y^2-4$;　(3) $\dfrac{\mathrm{d}y}{\mathrm{d}t}=y-t^2$;　(4) $\dfrac{\mathrm{d}y}{\mathrm{d}t}=2-t$;

(5) $\dfrac{\mathrm{d}y}{\mathrm{d}t}=4-y^2$;　(6) $\dfrac{\mathrm{d}y}{\mathrm{d}t}=2-y$;　(7) $\dfrac{\mathrm{d}y}{\mathrm{d}t}=ty+t$;　(8) $\dfrac{\mathrm{d}y}{\mathrm{d}t}=y+t^2$.

27. 若 $y(t)=1$ 是微分方程 $\dfrac{\mathrm{d}y}{\mathrm{d}t}=f(t,y)$ 的解, 则函数 $f(t,y)$ 有什么性质, 能知道斜率场的哪些信息? 能否依此得到关于满足初始条件 $y(0)\neq 1$ 的特解信息?

28. 设一个化工厂每立方米的废水中含有盐酸 3kg, 这些废水经过一条河流流入一个湖泊中, 废水流入湖泊的速度是 $20\mathrm{m}^3/\mathrm{h}$, 开始时湖泊中有水 $4\times10^6\mathrm{m}^3$, 河流中流入湖泊的不含盐酸的水是 $980\mathrm{m}^3/\mathrm{h}$, 湖泊中混合均匀的水流出的速度是 $1000\mathrm{m}^3/\mathrm{h}$.

(1) 试建立湖泊中所含盐酸随时间变化的关系式;

(2) 求该化工厂排污一年后, 湖泊中盐酸的含量;

(3) 如果化工厂一直排放污水, 则湖泊中所含盐酸最终状况如何.

29. 在习题 28 中如果河流中流入湖泊的不含盐酸的水是 $1000\mathrm{m}^3/\mathrm{h}$, 其他条件不变, 试建立湖泊中所含盐酸随时间变化的关系式, 并求该化工厂排污一年后, 湖泊中盐酸的含量.

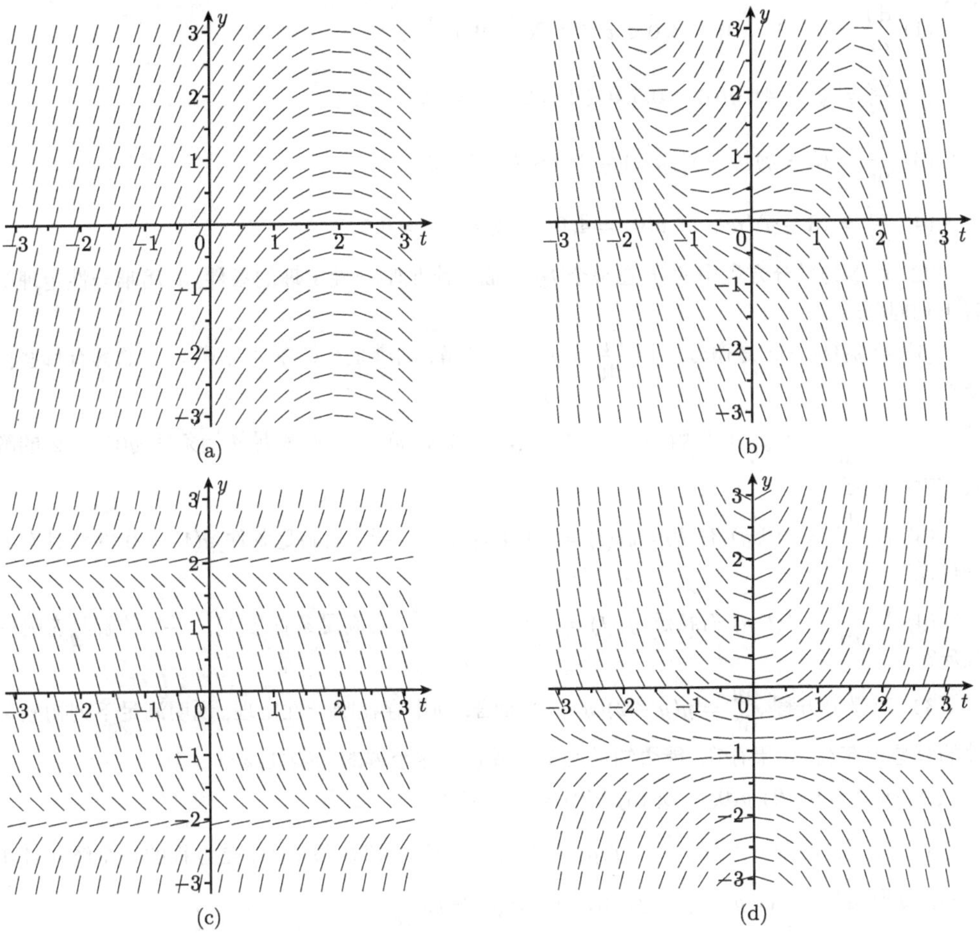

图 1.70

30. 在图 1.71 所示的电路中, 先将开关 K 接到 a 处, 使电容器充电至电源电压 E, 然后将开关接到 b 处. 这时电容器开始放电, 求电容器 C 上电压随时间的变化规律.

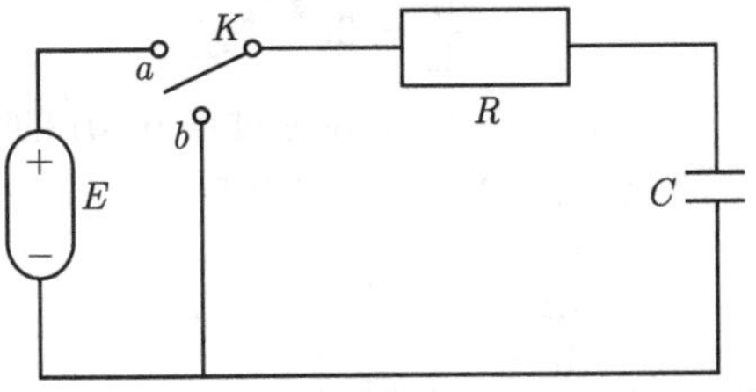

图 1.71

31. 利用欧拉方法计算下列初值问题, 并画出近似解的草图:

(1) $\dfrac{\mathrm{d}y}{\mathrm{d}t}=y+1, y(0)=3, 0\leqslant t\leqslant 2, \Delta t=0.5$;

(2) $\dfrac{\mathrm{d}y}{\mathrm{d}t}=y^2-4t, y(0)=0.5, 0\leqslant t\leqslant 2, \Delta t=0.2$;

(3) $\dfrac{\mathrm{d}y}{\mathrm{d}t}=(3-y)(y+1), y(0)=4, 0\leqslant t\leqslant 5, \Delta t=1$;

(4) $\dfrac{\mathrm{d}y}{\mathrm{d}t}=(3-y)(y+1), y(0)=4, 0\leqslant t\leqslant 5, \Delta t=0.5$.

32. 设下列微分方程中的 f 在整个 ty 平面上满足唯一性定理的条件, 利用唯一性定理解答下列问题:

(1) 若 $y_1(t)=2$ 是微分方程 $\dfrac{\mathrm{d}y}{\mathrm{d}t}=f(t,y)$ 的解, 则满足初始条件 $y(0)=1$ 的解有哪些性质?

(2) 若 $\dfrac{\mathrm{d}y}{\mathrm{d}t}=f(y)$ 有特解 $y_1(t)=5, y_2(t)=3, y_3(t)=1$, 则满足初始条件 $y(0)=2$ 的解具有哪些性质?

(3) 若 $\dfrac{\mathrm{d}y}{\mathrm{d}t}=f(t,y)$ 有特解 $y_1(t)=t+4, y_2(t)=-t^2$, 则满足条件 $y(1)=0$ 的解具有哪些性质?

(4) 若 $\dfrac{\mathrm{d}y}{\mathrm{d}t}=f(t,y)$ 有特解 $y_1(t)=-2, y_2(t)=t^2$, 则满足条件 $y(1)=-1$ 的解具有哪些性质?

33. 对微分方程 $\dfrac{\mathrm{d}y}{\mathrm{d}t}=y(y-2)(y-5)$ 而言, 利用存在唯一性定理, 说明满足下列初始条件的解是否存在, 如果存在, 能否知道这个解或有关这个解的一些性质.

(1) $y(0)=6$; (2) $y(0)=5$; (3) $y(0)=1$; (4) $y(0)=-1$.

34. 考虑自治微分方程 $\dfrac{\mathrm{d}y}{\mathrm{d}t}=f(y)$, 其中 $f(y)$ 连续可微. 设 $y_1(t)$ 是方程的一个解并且在 $t=t_0$ 处取得极值. 若 $y_1(t_0)=y_0$, 试证明 $y_1(t)\equiv y_0$.

35. 考虑微分方程 $\dfrac{\mathrm{d}y}{\mathrm{d}t}=2\sqrt{y}$, 已经知道常值函数 $y(t)=0$ 是满足初始条件 $y(0)=0$ 的一个解, 对这个初始条件是否还能找到其他解. 如果有, 能否写出, 并说明对这一初值问题为什么唯一性定理不成立.

36. 讨论微分方程

$$\frac{\mathrm{d}y}{\mathrm{d}t}=3y^{\frac{2}{3}}$$

在怎样的区域内满足存在唯一性定理的条件, 并求通过点 $(0,0)$ 的一切解.

37. 画出下列微分方程的相线, 并说明平衡点的类型:

(1) $\dfrac{\mathrm{d}y}{\mathrm{d}t}=3y(y-1)$;　　(2) $\dfrac{\mathrm{d}v}{\mathrm{d}t}=v\cos v$;

(3) $\dfrac{\mathrm{d}w}{\mathrm{d}t}=w^2+2w+5$;　　(4) $\dfrac{\mathrm{d}y}{\mathrm{d}t}=-1+\sin y$.

38. 画出下列微分方程满足不同初始条件的草图:

(1) $\dfrac{\mathrm{d}y}{\mathrm{d}t}=3y(y-1), y(0)=1, y(0)=0.5, y(0)=3, y(0)=-1$;

(2) $\dfrac{\mathrm{d}v}{\mathrm{d}t}=v\cos v, v(0)=0, v(0)=2, v(0)=-1, v(2)=1$;

(3) $\dfrac{\mathrm{d}w}{\mathrm{d}t}=w^2+2w+5, w(0)=0, w(0)=1, w(1)=1$;

(4) $\dfrac{\mathrm{d}y}{\mathrm{d}t}=-1+\sin y, y(0)=\dfrac{\pi}{2}, y(0)=0, y(1)=1, y(0)=\pi$.

39. 考虑微分方程 $\dfrac{\mathrm{d}y}{\mathrm{d}t}=y^2-4y+1$, 描述满足如下初始条件的解的渐近行为:

(1) $y(0)=0$; (2) $y(0)=2$; (3) $y(0)=-2$; (4) $y(0)=4$.

40. 在下列微分方程中找出与所画相线图 (图 1.72) 相应的微分方程:

(1) $\dfrac{\mathrm{d}y}{\mathrm{d}t}=y^2|y-1|$; (2) $\dfrac{\mathrm{d}y}{\mathrm{d}t}=y|y-1|$; (3) $\dfrac{\mathrm{d}y}{\mathrm{d}t}=y^2-y$; (4) $\dfrac{\mathrm{d}y}{\mathrm{d}t}=y-y^2$;

(5) $\dfrac{\mathrm{d}y}{\mathrm{d}t}=y^2-2y$; (6) $\dfrac{\mathrm{d}y}{\mathrm{d}t}=2y-y^2$; (7) $\dfrac{\mathrm{d}y}{\mathrm{d}t}=y^3-y$; (8) $\dfrac{\mathrm{d}y}{\mathrm{d}t}=y-y^3$.

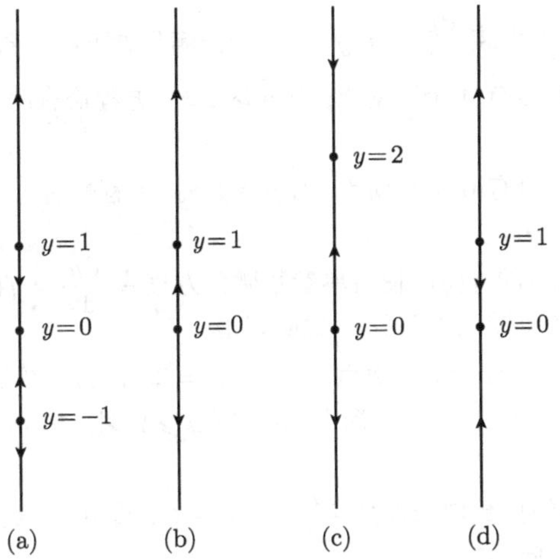

图 1.72

41. 根据下面给出的 $f(y)$ 的图像 (图 1.73), 画出相应微分方程 $\dfrac{\mathrm{d}y}{\mathrm{d}t}=f(y)$ 的相线图.

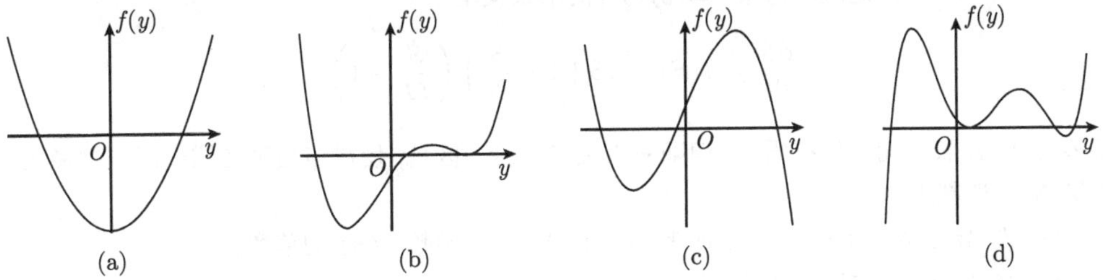

图 1.73

42. 设连续函数 $f(y)$ 满足 $f(-5)>0, f(5)<0$, 试证明微分方程 $\dfrac{\mathrm{d}y}{\mathrm{d}t}=f(y)$ 在 $y=-5$ 和 $y=5$ 之间有至少一个平衡点; 如果在 $y=-5$ 和 $y=5$ 之间有有限多个平衡点, 且 $y=1$

是一个源, 试证明微分方程 $\frac{\mathrm{d}y}{\mathrm{d}t}=f(y)$ 在 $y=-5$ 和 $y=5$ 之间至少还有两个汇.

43. 说明满足如下条件的微分方程 $\frac{\mathrm{d}y}{\mathrm{d}t}=f(y)$ 的平衡点 $y=y_0$ 的类型: 源、汇或结点:

(1) $f'(y_0)=0, f''(y_0)=0, f'''(y_0)<0$;

(2) $f'(y_0)=0, f''(y_0)=0, f'''(y_0)>0$;

(3) $f'(y_0)=0, f''(y_0)>0$.

44. 找出下列单参数微分方程族的分歧值, 并画出在分歧值附近微分方程的相线图:

(1) $\frac{\mathrm{d}y}{\mathrm{d}t}=y^2+\mu$; (2) $\frac{\mathrm{d}y}{\mathrm{d}t}=y^2+\mu y+1$; (3) $\frac{\mathrm{d}y}{\mathrm{d}t}=y^3+\mu y^2$.

45. 找出下列单参数微分方程族的分歧值, 并描述分歧的情况:

(1) $\frac{\mathrm{d}y}{\mathrm{d}t}=\cos y+\mu$; (2) $\frac{\mathrm{d}y}{\mathrm{d}t}=\mathrm{e}^{-y^2}+2\mu$.

46. 考虑单参数微分方程族 $\frac{\mathrm{d}y}{\mathrm{d}t}=f(y)+\mu$, 画出满足如下给定条件的 $f(y)$ 的一个草图:

(1) 当 $\mu=0$ 时, 方程恰有 4 个平衡点; 当 $\mu\geqslant 2$ 时, 方程恰有两个平衡点; 当 $\mu\leqslant -2$ 时, 方程无平衡点;

(2) 当 $\mu=0$ 时, 方程恰有 6 个平衡点; 当 $\mu\geqslant 5$ 时, 方程恰有一个平衡点: 汇; 当 $\mu\leqslant -5$ 时, 方程也恰有一个平衡点: 汇.

47. 是否可以找到相应的 $f(y)$, 使得单参数微分方程族 $\frac{\mathrm{d}y}{\mathrm{d}t}=f(y)+\mu$ 满足如下给定的条件. 如果有, 画出函数的草图; 如果没有, 说明理由:

(1) 当 $\mu=1$ 时, 方程恰有一个平衡点: 汇; 当 $\mu=2$ 时, 方程恰有一个平衡点: 源;

(2) 当 $\mu\leqslant -2$ 时, 方程恰有一个平衡点: 汇; 当 $\mu\geqslant 2$ 时, 方程恰有三个平衡点: 两个源, 一个汇.

48. 考虑具有捕获率的指数增长模型 $\frac{\mathrm{d}P}{\mathrm{d}t}=kP-C$, 其中, P 是物种数量, $k>0$ 是增长率参数, $C\geqslant 0$ 是捕获率. 问

(1) 当 C 发生变化时, 分歧是否能够发生;

(2) 若 $P(0)>0$, 描述物种数量 $P(t)$ 的渐近行为.

49. 考虑一个特定区域内某一动物物种的增长模型

$$\frac{\mathrm{d}S}{\mathrm{d}t}=f(S)=kS\left(1-\frac{S}{N}\right)\left(\frac{S}{M}-1\right).$$

设参数 M,k 长时间内保持固定, 但随着人类涉足这一区域, 使得该物种在这一区域的最大承载量 N 逐渐减少.

(1) 设 $M\leqslant N$, 对固定的 k,M 和不同的 N, 画出函数 $f(S)$ 的草图;

(2) 当 N 为何值时, 发生分歧;

(3) 当 N 逐渐连续递减趋于分歧值时, 该物种的数量将发生怎样的变化.

50. 假设特定区域内随着涉足人类的增加使原有动物物种的生存环境不断遭到破坏, 最终导致该物种开始迁徙. 对习题 49 中物种模型作适当修改, 减去迁徙率 E 这一项以便反映迁徙

的程度, 则有

$$\frac{\mathrm{d}S}{\mathrm{d}t}=f_E(S)=kS\left(1-\frac{S}{N}\right)\left(\frac{S}{M}-1\right)-E,$$

其中, k, M, N 如习题 49 所述并且假定都是固定的.

(1) 对不同的 E, 画出函数 $f_E(S)$ 的草图;

(2) 随着 E 的变化, 将发生怎样的分歧; 如果 E 逐渐连续递增而经过分歧值, 该物种的数量将发生怎样的变化;

(3) E 的分歧值是什么 (用 k, M, N 表示).

第 2 章　一阶二维微分方程组

自然与社会现象很少能用一个变量来刻画. 例如, 一个草原上某区域内野兔的总数量不但与它们的食物有关, 而且与它们的捕食者的总数量有关. 因此, 为刻画它们的发展变化而建立的数学模型, 必须包括相互关联的两个以上的微分方程, 而刻画简谐振动位移变化的数学模型为二阶微分方程. 但是, 当选位移、速度为状态变量时, 其状态随时间而变化的规律, 就由两个相互关联的一阶微分方程所刻画. 这就需要研究一阶二维微分方程组.

本章讨论一阶二维微分方程组的定性分析方法、解析方法及数值方法. 首先对一阶二维微分方程组通用的定性方法中的基础知识进行介绍, 并且对一阶二维线性微分方程组的迹–行列式分析方法进行重点介绍, 而将进一步的定性分析放在第 3 章. 其次, 对半耦合的一阶二维微分方程组的解析方法进行探讨.

2.1　一阶二维微分方程组模型

本节介绍种群生态学、传染病学、物理学中的一些一阶二维微分方程组模型, 并通过相平面定性研究其解图像、轨线及平衡解, 介绍一阶二维方程组定性分析基本方法.

2.1.1　两生物种群生态模型

在自然界中, 任何生物种群都不会孤立地生存. 当两种不同生物种群相互影响时, 就会产生十分有趣的数学模型.

1. 捕食–食饵 (predator-prey) 模型

假设一个生态圈内有两种不同的动物, 其中一种动物 (如狐狸, 称为捕食者) 捕食另外一种动物 (如野兔, 称为食饵). 设 t 时刻野兔的数量为 $R(t)$, 而狐狸的数量为 $F(t)$. 假设野兔所需的食物很丰富, 它们本身的竞争并不激烈, 如果不存在捕食者狐狸, 则野兔的增加应该遵循指数增长率 $\dfrac{\mathrm{d}R}{\mathrm{d}t} = \alpha R$($\alpha > 0$ 为某常数, 表示自身单位增长率). 但因狐狸的存在, 致使其增长率降低. 设单位时间内狐狸与野兔相遇的次数为 βFR ($\beta > 0$ 为某个常数). 因此,

$$\frac{\mathrm{d}R}{\mathrm{d}t} = \alpha R - \beta FR.$$

狐狸自身的减少率 (因缺少野兔为食物) 同它们当时的数目 F 成正比, 即为 $\frac{\mathrm{d}F}{\mathrm{d}t} = -\gamma F(\gamma > 0$ 为某常数), 而单位时间内狐狸的出生成活数同它们本身的数量及食物野兔的数量成正比, 即 δFR ($\delta > 0$ 为某个常数, 反映野兔对狐狸的供养能力), 于是得到

$$\begin{cases} \frac{\mathrm{d}R}{\mathrm{d}t} = \alpha R - \beta RF, \\ \frac{\mathrm{d}F}{\mathrm{d}t} = -\gamma F + \delta FR, \end{cases} \tag{2.1}$$

其中, α, β, γ 与 δ 为参数, t 为自变量, R, F 为因变量. 因为在方程组 (2.1) 中, 包含两个因变量及其一阶导数, 因而 (2.1) 称为一阶二维微分方程组.

2. Logistic 捕食–食饵模型

如果食饵的食物捕食不是十分丰富, 则它们自身的竞争非常激烈, 即使不存在捕食者, 它们的增长也遵循 Logistic 增长规律, 即 $\frac{\mathrm{d}R}{\mathrm{d}t} = \alpha R\left(1 - \frac{R}{N}\right)$ (其中 $N > 0$ 为环境最大承载量), 这样得到一种改进的捕食–食饵模型

$$\begin{cases} \frac{\mathrm{d}R}{\mathrm{d}t} = \alpha R\left(1 - \frac{R}{N}\right) - \beta RF, \\ \frac{\mathrm{d}F}{\mathrm{d}t} = -\gamma F + \delta FR, \end{cases} \tag{2.2}$$

其中, $\alpha, \beta, \gamma, \delta$ 与 N 均为参数.

3. 两种群竞争 (共生) 模型

假设在一个范围内有两种生物种群, 在 t 时刻两种群的数量分别为 $x(t)$ 与 $y(t)$. 如果考虑两种群相互竞争同一资源时的生长情况, 则有

$$\begin{cases} \frac{\mathrm{d}x}{\mathrm{d}t} = ax - bxy, \\ \frac{\mathrm{d}y}{\mathrm{d}t} = cy - dxy, \end{cases} \tag{2.3}$$

其中, a, b, c, d 均为正参数. 方程组 (2.3) 称为两种群竞争模型. 当参数 b, d 均为负数时, 表明两种群互相依赖、互相促进, 这样的方程组称为两种群共生模型, 或互惠模型.

同样, 考虑到环境的限制, 方程组可以改进为

$$\begin{cases} \frac{\mathrm{d}x}{\mathrm{d}t} = ax\left(1 - \frac{x}{N}\right) - bxy, \\ \frac{\mathrm{d}y}{\mathrm{d}t} = cy\left(1 - \frac{y}{M}\right) - dxy, \end{cases} \tag{2.4}$$

其中, M, N 分别为两种群环境最大承载量.

2.1.2 传染病模型

传染病 (瘟疫) 经常在世界各地流行. 例如, 霍乱、天花、艾滋病, SARS、甲型 H1N1 流感等. 建立传染病模型, 分析其变化规律, 防止其蔓延是一件有意义的工作. 本节仅就传染病的一般规律建立其微分方程组模型.

假设传染病传播期间地区总人数不变, 设其为常数 N. 开始时传染病人数为 x_0, 在 t 时刻染病人数为 $x(t)$, 健康的人数为 $y(t)$, 因此有

$$x(t)+y(t)=N. \tag{2.5}$$

假定在单位时间内一个病人能传染的人数与当时健康人数成正比, 比例系数为常数 K, 称为传染病系数, 这样就有

$$\begin{cases}\dfrac{\mathrm{d}x}{\mathrm{d}t}=Ky(t)x(t),\\ x(0)=x_0.\end{cases} \tag{2.6}$$

对于具有免疫性的传染病, 如天花、甲型 H1N1 流感等, 病人治愈后不会再次被感染. 设在 t 时刻的治愈后免疫人数为 $r(t)$, 称为移出者, 而治愈率 L 为常数, 则

$$\frac{\mathrm{d}r(t)}{\mathrm{d}t}=Lx(t).$$

这时关系式 (2.5) 与 (2.6) 应变为

$$x(t)+y(t)+r(t)=N$$

及

$$\frac{\mathrm{d}x}{\mathrm{d}t}=Ky(t)x(t)-\frac{\mathrm{d}r}{\mathrm{d}t}.$$

由上面三式消去 $r(t)$ 得

$$\begin{cases}\dfrac{\mathrm{d}x}{\mathrm{d}t}=-Lx+Kxy, & x(0)=x_0,\\ \dfrac{\mathrm{d}y}{\mathrm{d}t}=-Kxy, & y(0)=N-x_0,\end{cases} \tag{2.7}$$

其中, $L,K>0$ 均为参数. 方程组 (2.7) 称为 SIR 模型.

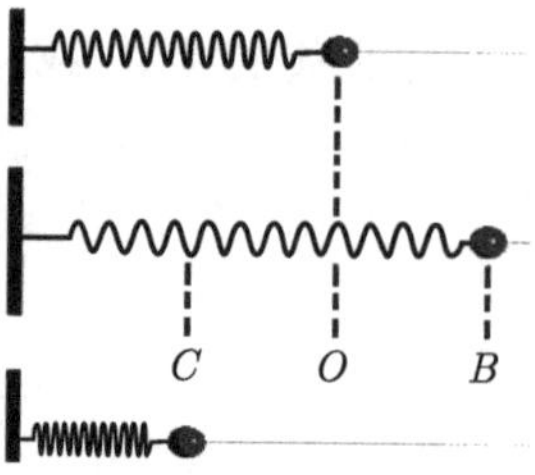

图 2.1

2.1.3 质点–弹簧系统模型

考虑一个连接在弹簧上的质点, 在无摩擦的光滑桌面上滑动. 在 t 时刻, 仅有两个关键数量, 一是质点从弹簧静止位置到现位置的位移, 二是弹簧对质点施加的弹性力. 假设 t 时刻质点的位移为 $y(t)$, 当质点在弹簧的静止位置时, 记为 $y=0$, 而当质点在弹簧伸长的位置时, $y(t)>0$; 在压缩位置时, 记为 $y(t)<0$(图 2.1).

因为 $y(t)$ 为 t 时刻质点的位移, 所以在 t 时刻质点的瞬时加速度为 $\dfrac{\mathrm{d}^2y}{\mathrm{d}t^2}$. 如果以 m 记质点的质量, 由牛顿第二定律有

$$F=m\frac{\mathrm{d}^2y}{\mathrm{d}t^2},$$

其中, F 为弹簧的恢复力. 由胡克定律有

$$F=-ky,$$

其中, $k>0$ 为弹性系数. 于是得到

$$F=-ky=m\frac{\mathrm{d}^2y}{\mathrm{d}t^2},$$

经整理有

$$\frac{\mathrm{d}^2y}{\mathrm{d}t^2}+\frac{k}{m}y=0. \tag{2.8}$$

方程 (2.8) 又称为简谐振动方程. 由于方程中包含了二阶导数, 所以 (2.8) 是二阶微分方程.

设 t 时刻质点的速度为 $v(t)$, 则 $v=\dfrac{\mathrm{d}y}{\mathrm{d}t}$, 而且加速度 $\dfrac{\mathrm{d}^2y}{\mathrm{d}t^2}$ 恰好为速度 v 的导数, 于是

$$\frac{\mathrm{d}v}{\mathrm{d}t}=\frac{\mathrm{d}^2y}{\mathrm{d}t^2}.$$

将二阶微分方程 (2.8) 改写为

$$\frac{\mathrm{d}^2y}{\mathrm{d}t^2}=-\frac{k}{m}y,$$

所以可将二阶微分方程重写为一阶二维微分方程组

$$\begin{cases}\dfrac{\mathrm{d}y}{\mathrm{d}t}=v,\\[2mm]\dfrac{\mathrm{d}v}{\mathrm{d}t}=-\dfrac{k}{m}y.\end{cases} \tag{2.9}$$

在后面将看到单变元二阶微分方程 (2.8) 有利于解析方法求解, 然而其等价形式一阶二维微分方程组 (2.9) 却有利于定性分析及数值求解.

一阶二维微分方程组的一般形式为

$$\begin{cases}\dfrac{\mathrm{d}x}{\mathrm{d}t}=f(x,y),\\[2mm]\dfrac{\mathrm{d}y}{\mathrm{d}t}=g(x,y),\end{cases} \tag{2.10}$$

其中 f,g 为适当的二元函数. 特别地, 当 $f(x,y)=a(t)x+b(t)y$, $g(x,y)=c(t)x+d(t)y$ 时变为

$$\begin{cases}\dfrac{\mathrm{d}x}{\mathrm{d}t}=a(t)x+b(t)y,\\[2mm]\dfrac{\mathrm{d}y}{\mathrm{d}t}=c(t)x+d(t)y.\end{cases}\tag{2.11}$$

方程组 (2.11) 称为一阶二维线性微分方程组.

2.2 定性方法：相平面与轨线

本节首先讨论 2.1 节中所建立的捕食–食饵模型与 Logistic 捕食–食饵模型的相图分析方法, 然后引进一阶二维微分方程组的相平面、轨线、积分曲线等基本概念.

2.2.1 捕食–食饵模型的相图分析

为讨论方便, 设捕食–食饵模型中的参数 $\alpha=2$, $\beta=1.2$, $\gamma=-1$, $\delta=0.9$, 即

$$\begin{cases}\dfrac{\mathrm{d}R}{\mathrm{d}t}=2R-1.2RF,\\[2mm]\dfrac{\mathrm{d}F}{\mathrm{d}t}=-F+0.9RF.\end{cases}\tag{2.12}$$

方程组 (2.12) 中非线性项 RF 的存在使得该方程组很难求得解析解.

1. 平衡解分析

当捕食–食饵系统达到平衡时, 随时间的变化, R 与 F 均不再变化, 因此,

$$\frac{\mathrm{d}R}{\mathrm{d}t}=0 \quad 且 \quad \frac{\mathrm{d}F}{\mathrm{d}t}=0.$$

由此得到

$$\begin{cases}R(2-1.2F)=0,\\ F(0.9R-1)=0.\end{cases}$$

于是求得 $(R,F)=(0,0)$ 或者 $(R,F)=\left(\dfrac{10}{9},\dfrac{5}{3}\right)$, 称 $R(t)\equiv 0$, $F(t)\equiv 0$ 或 $R(t)\equiv\dfrac{10}{9}$, $F(t)\equiv\dfrac{5}{3}$ 为方程组 (2.12) 的平衡解.

平衡解 $(R(t),F(t))=(0,0)$ 表明, 如果捕食者与食饵都消失了, 当然不会期望这两者在以后时间里有任何发展.

平衡解 $(R(t),F(t))=\left(\dfrac{10}{9},\dfrac{5}{3}\right)$ 表明, 当食饵的数量达到 $\dfrac{10}{9}$(以万、十万、百万

为单位), 而捕食者的数量达到 $\frac{5}{3}$ 时, 此两种群的生物系统达到完美的动态平衡, 即出生率与死亡率相等.

如果 $R(t)=0$, 则方程组 (2.12) 第一个方程消失, 因而常值函数 $R(t)=0$ 满足方程组中的第一个方程. 此时, 无论 F 的初值 F_0 是什么值, 第二个方程都变为

$$\frac{\mathrm{d}F}{\mathrm{d}t}=-F.$$

于是 $F(t)=F_0\mathrm{e}^{-t}$. 因此, $F(t)\to 0(t\to+\infty)$. 这表明如无食物, 则随时间的演变, 捕食种群必然消亡.

如果 $F(t)=0$, 由方程组 (2.12) 中第一个方程导出

$$\frac{\mathrm{d}R}{\mathrm{d}t}=2R.$$

设 $R(0)=R_0$, 则 $R(t)=R_0\mathrm{e}^{2t}$. 在这样的假设下, 食饵将无限制地生长.

2. $R(t)$ 图像与 $F(t)$ 图像

为确定起见, 讨论捕食–食饵方程组的初值问题

$$\begin{cases}\dfrac{\mathrm{d}R}{\mathrm{d}t}=2R-1.2RF,\\[2mm]\dfrac{\mathrm{d}F}{\mathrm{d}t}=-F+0.9RF.\end{cases}\tag{2.13}$$

对于初值 $R(0)=1$, $F(0)=0.5$, 应用计算机数值模拟方法画 $R(t)$ 图像与 $F(t)$ 图像 (图 2.2).

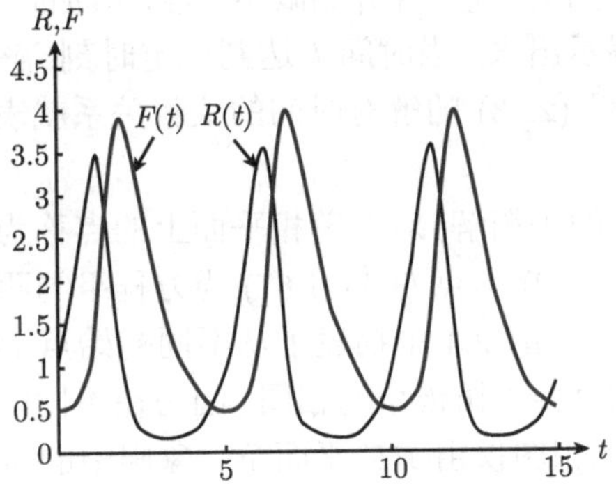

图 2.2

在图 2.2 中, 在同一个坐标系中画出 $R(t)$ 与 $F(t)$ 的图像. 在读图时应注意, 在纵轴上, 同一个刻度分别对应 R 与 F 的不同单位. 由图 2.2 可以看出, 对于这一特解来说, 捕食者总量的增加落后于食饵总量的增加, 而且当食饵总量已经开始下降

时, 捕食者总量仍继续增加一小段时间. 或许从解的图像中能观察到的最重要的信息就是 $R(t)$ 与 $F(t)$ 都大约以同一周期 (约 5 个时间单位) 重复变化.

3. 相平面, 轨线与相图

现以另一种方式绘出方程组 (2.13) 的解 $(R(t),F(t))$. 对固定时刻 t, 将 $(R(t),F(t))$ 看成 RF 平面上的固定点. 当 t 变化时, 点 $(R(t),F(t))$ 在 RF 平面上变化, 从而形成 RF 平面上的一条曲线. RF 平面称为方程组 (2.13) 的相平面, 上述曲线由初始条件 $(R_0,F_0)=(1,0.5)$ 与微分方程组 (2.13) 所确定, 称为方程组的轨线 (图 2.3).

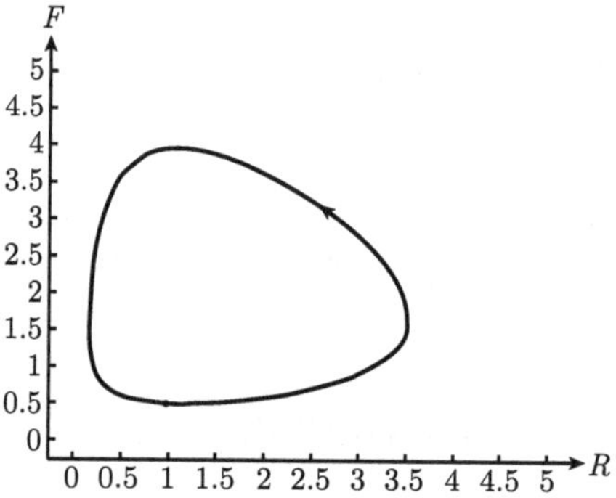

图 2.3

方程组的轨线, 不仅是 RF 平面上的一个子集, 应注意到其动态变化的实质. 例如, 图 2.3 中的曲线从点 $P=(1,0.5)$ 开始, 当 t 增加时, 曲线上对应的点 $(R(t),F(t))$ 向右移动, 这意味着 $R(t)$ 在增加, 而 $F(t)$ 相对稳定. 约在 $R=3$ 左右, 曲线开始向上转, 因此, 捕食者的数量开始缓慢增加. 当 $F(t)$ 接近 $F=2$ 时, 曲线开始转向左边. 这表明 $R(t)$ 已经达到最大值, 并开始减少. 当 t 增加时, $R(t)$ 与 $F(t)$ 的值的变化完全由曲线的形状揭示出来. 当时间 t 达到一定时刻, 解曲线又转回起始点, 又开始了新的循环. 方程组 (2.13) 的解对时间的依赖关系就表现为当 t 变化时, 动点 (R,F) 沿轨线移动.

微分方程组 (2.13) 的平衡解, 对应着相平面上的点称为平衡点, 通常用大黑点标出. 如图 2.4 所示, 点 $(0,0)$ 与点 $(1.11,1.67)$ 为方程组的两个平衡点. 可以在相平面上同时描绘许多轨线. 在图 2.4 中描述了从不同初始点 $(R_0,F_0)(R_0>0,F_0>0)$ 出发的不同轨线, 组成捕食–食饵模型的相图. 因为在不同的生物种群理论中, 任何种群的总量非负, 所以此相图仅由 RF 平面第一象限中的轨线组成. 可以看出相图中的每条轨线均围绕平衡点 $(1.11,1.67)$ 逆时针方向运行, 并且均回到初始点. 由此可以推断, 除平衡解外, $R(t)$ 与 $F(t)$ 均以周期方式上升与下降.

2.2.2 Logistic 捕食–食饵模型的相图分析

现在讨论 Logistic 捕食–食饵模型

$$
\begin{cases}
\dfrac{\mathrm{d}R}{\mathrm{d}t} = 2R\left(1-\dfrac{R}{2}\right) - 1.2RF, \\
\dfrac{\mathrm{d}F}{\mathrm{d}t} = -F + 0.9RF.
\end{cases} \tag{2.14}
$$

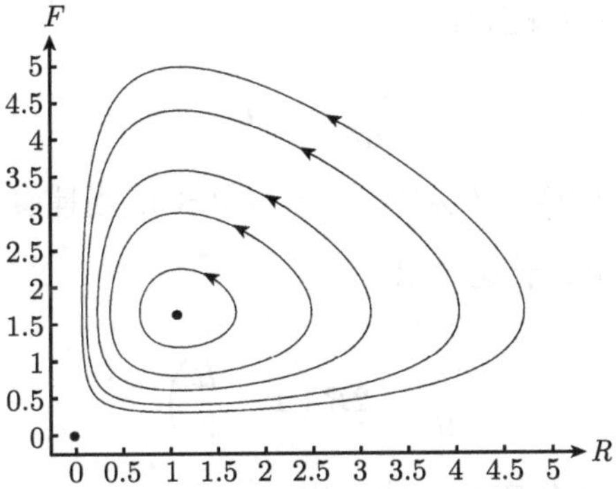

图 2.4

在模型 (2.14) 中, 当不存在捕食者时, $F = 0$, 食饵总量将以最大承载量为 2 的 Logistic 型增长. 再次使用数值方法, 在相平面上用计算机模拟出该模型的轨线, 在相平面上可以看出与捕食–食饵模型的轨线相当不同 (图 2.4, 图 2.5).

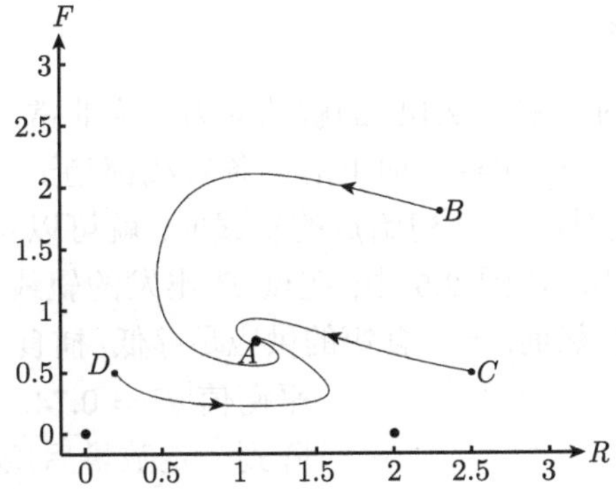

图 2.5

1. 平衡解

当系统处于平衡态时, 一定有 $\dfrac{\mathrm{d}R}{\mathrm{d}t} = 0$ 且 $\dfrac{\mathrm{d}F}{\mathrm{d}t} = 0$, 从而由 (2.14) 得

$$
\begin{cases}
2R\left(1-\dfrac{R}{2}\right) - 1.2RF = 0, \\
-F + 0.9RF = 0.
\end{cases} \tag{2.15}
$$

由此得到三个平衡解：$(R(t),F(t))=(0,0)$, $(R(t),F(t))=(2,0)$ 与 $(R(t),F(t))=\left(\frac{10}{9},\frac{20}{27}\right)\approx(1.11,0.74)$.

如果没有食饵存在, 捕食者将以指数型消亡. 换言之, 若 $R=0$, 则 $\frac{\mathrm{d}R}{\mathrm{d}t}=0$ 对一切 t 成立. 再由第二个方程导出

$$\frac{\mathrm{d}F}{\mathrm{d}t}=-F. \tag{2.16}$$

对任意 $F(0)=F_0>0$, $F(t)=F_0\mathrm{e}^{-t}\to 0(t\to+\infty)$. 当捕食者不存在, 即 $F=0$ 时有 $\frac{\mathrm{d}F}{\mathrm{d}t}=0$ 对所有 t 成立. 于是导出

$$\frac{\mathrm{d}R}{\mathrm{d}t}=2R\left(1-\frac{R}{2}\right). \tag{2.17}$$

对任意 $R(0)=R_0>0$, 由分离变量法求出

$$R(t)=\frac{2}{1+\left(\frac{2}{R_0}-1\right)\mathrm{e}^{-2t}},$$

于是 $R(t)\to 2(t\to+\infty)$.

2. 轨线与相图分析

当 R 与 F 均非零时, 系统 (2.14) 的解的动力行为非常复杂. 使用数值方法, 用计算机模拟出方程组 (2.14) 在相平面上的三条轨线都趋于平衡点 $A(1.11,0.74)$.

当在相平面上画出对应一个初始点的轨线时, 就可以预知此模型满足该初条件的解的动态演化. 例如, 在图 2.5 中, 在点 B 出发的轨线上, 捕食者总量开始略微上升而食饵总量消减. 然而, 一旦食饵的供应足够低, 捕食者总量消减且最后趋于平衡值 $F=0.74$. 另一方面, 食饵的总量降到一定数量后, 会随着捕食者的减少而开始回升, 最后趋于平衡值 $R=1.11$. 对于从点 C,D 出发的轨线最后也可进行同样的定性分析.

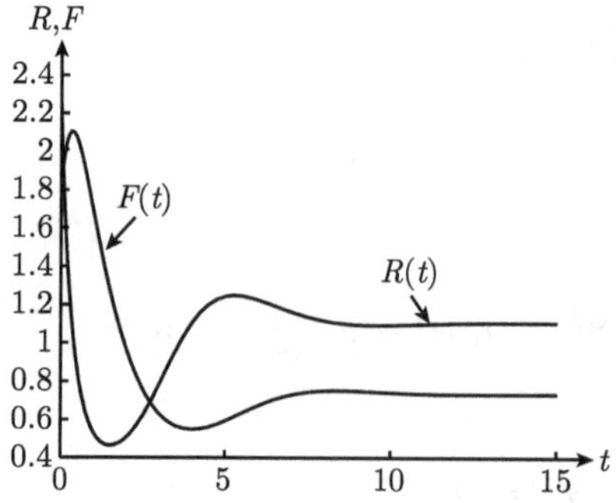

图 2.6

3. $R(t)$ 图像与 $F(t)$ 图像

将相平面上从点 B,C,D 出发的三条轨线, 分别画出 $R(t)$ 图像与 $F(t)$ 图像 (图 2.6~ 图 2.8). 由此可知 $(R(t),F(t))\to(1.11,0.74)$.

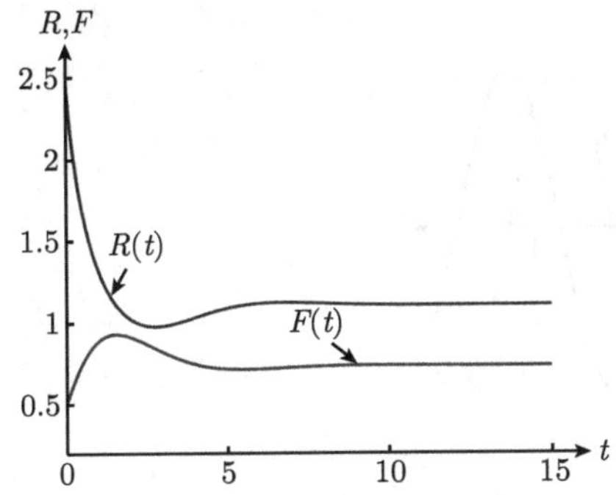

图 2.7

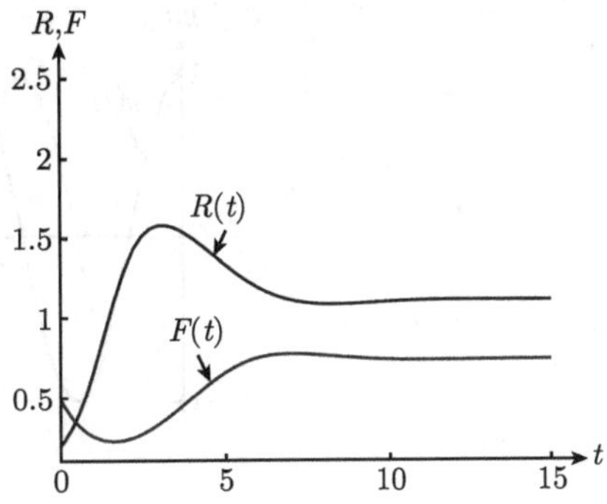

图 2.8

2.2.3 相平面与轨线

在 2.1 节中所建立的各种模型都是一阶二维微分方程组, 一般形式为

$$\begin{cases} \dfrac{\mathrm{d}x}{\mathrm{d}t} = f(x,y), \\ \dfrac{\mathrm{d}y}{\mathrm{d}t} = g(x,y). \end{cases} \tag{2.18}$$

xy 平面称为相平面, 微分方程组的解 $(x(t), y(t))$ 当 t 变化时, 在 xy 平面 (相平面) 上的轨迹称为轨线, 而 $x = x(t)$ 在 tx 平面上的图像称为 $x(t)$ 图像, $y = y(t)$ 在 ty 平面的图像称为 $y(t)$ 图像. 一般来说, 方程组 (2.14) 的解

$$\begin{cases} x = x(t), \\ y = y(t) \end{cases}$$

为 txy 三维空间中的光滑曲线 (也称为积分曲线). 这条曲线向 xy 平面、tx 平面、ty 平面的投影分别为轨线、$x(t)$ 图像、$y(t)$ 图像.

例 2.1 讨论微分方程组

$$\begin{cases} \dfrac{\mathrm{d}y}{\mathrm{d}t} = v, \\ \dfrac{\mathrm{d}v}{\mathrm{d}t} = -y \end{cases} \tag{2.19}$$

的轨线、$x(t)$ 图像、$y(t)$ 图像及积分曲线.

解 直接验证可知 $y(t) = \cos t$, $v(t) = -\sin t$. 于是 $y(t)$ 图像和 $v(t)$ 图像如图 2.9 所示.

由三角恒等式有

$$y^2 + v^2 = (\cos t)^2 + (-\sin t)^2 = 1$$

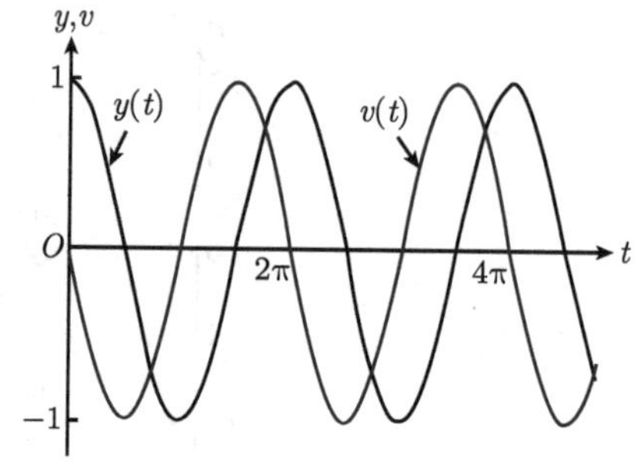

图 2.9

对一切 t 均成立, 于是其轨线为 yv 平面上以原点为中心的圆周 (图 2.10).

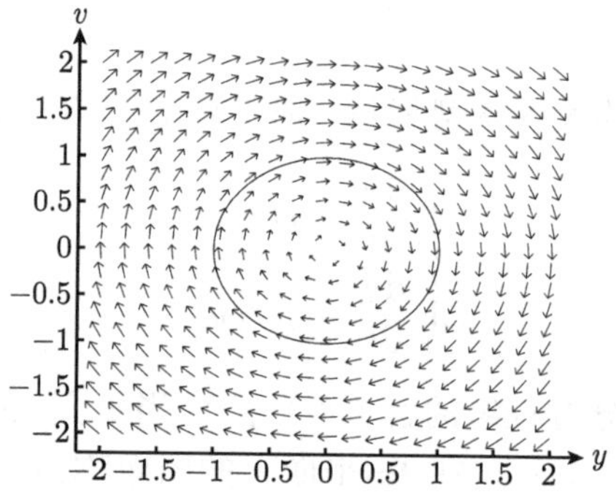

图 2.10

2.3　定性方法: 向量场与解的几何刻画

在 2.2 节引入了一阶二维方程组的相平面与轨线的概念, 用相图对解的动态进行定性分析. 本节引入向量场与方向场的概念, 对方程组的解进行进一步的几何刻画.

2.3.1　向量场与方向场

讨论一阶二维微分方程组

$$\begin{cases} \dfrac{\mathrm{d}x}{\mathrm{d}t} = f(x,y), \\ \dfrac{\mathrm{d}y}{\mathrm{d}t} = g(x,y). \end{cases} \tag{2.20}$$

对于每个 t, $(x(t),y(t))$ 为相平面中的一个点, 但另一方面, 可以将 $(x(t),y(t))$ 看成 xy 平面中的一个向量, 记为

$$\boldsymbol{Y}(t) = \begin{pmatrix} x(t) \\ y(t) \end{pmatrix},$$

则 $\boldsymbol{Y}(t)$ 为一个向量值函数, 它对应于相平面 xy 上的轨线. 本书不区别行向量与列向量, 视方便而定.

为计算向量值函数的导数, 只需求每个分量的导数, 即

$$\frac{\mathrm{d}\boldsymbol{Y}}{\mathrm{d}t}=\begin{pmatrix}\dfrac{\mathrm{d}x}{\mathrm{d}t}\\[2mm]\dfrac{\mathrm{d}y}{\mathrm{d}t}\end{pmatrix}.$$

定义 2.1 *xy 平面到 xy 平面的一个向量值的函数*

$$\boldsymbol{F}(\boldsymbol{Y})=(f(x,y),g(x,y))$$

称为 xy 平面上的向量场.

使用引进的记号, 方程组 (2.20) 可以重写成

$$\frac{\mathrm{d}\boldsymbol{Y}}{\mathrm{d}t}=\begin{pmatrix}\dfrac{\mathrm{d}x}{\mathrm{d}t}\\[2mm]\dfrac{\mathrm{d}y}{\mathrm{d}t}\end{pmatrix}=\begin{pmatrix}f(x,y)\\g(x,y)\end{pmatrix}=\boldsymbol{F}(\boldsymbol{Y})$$

或者

$$\frac{\mathrm{d}\boldsymbol{Y}}{\mathrm{d}t}=F(\boldsymbol{Y}). \tag{2.21}$$

注记 假设 xy 平面上的一个质点 M, 在 t 时刻的坐标为 $\boldsymbol{Y}=(x,y)$, 并且已知它在点 $\boldsymbol{Y}$ 的速度为 $\boldsymbol{F}(\boldsymbol{Y})=(f(x,y),g(x,y))$, 它只与 xy 平面上坐标有关, 则质点 M 的运动方程为 (2.21) 所表示, 即

$$\frac{\mathrm{d}\boldsymbol{Y}}{\mathrm{d}t}=\boldsymbol{F}(\boldsymbol{Y}).$$

这称为动力系统. 质点 M 在 xy 平面上的运动轨迹恰为方程组 (2.20) 的轨线.

例 2.2 讨论捕食–食饵模型

$$\begin{cases}\dfrac{\mathrm{d}R}{\mathrm{d}t}=2R-1.2RF,\\[2mm]\dfrac{\mathrm{d}F}{\mathrm{d}t}=-F+0.9RF\end{cases} \tag{2.22}$$

的向量形式与向量场.

解 定义 $\boldsymbol{X}(t)=(R(t),F(t))$, $\boldsymbol{V}(\boldsymbol{X})=\boldsymbol{V}(R,F)=(2R-1.2RF,-F+0.9RF)$, 则 (2.22) 的向量形式为

$$\frac{\mathrm{d}\boldsymbol{X}}{\mathrm{d}t}=\boldsymbol{V}(\boldsymbol{X}).$$

对 RF 平面上不同的点, 如 $(R,F)=(1,1)$, $(2,1.5)$ 及 $(1,2)$ 分别计算向量场的值

$$\boldsymbol{V}(1,1)=(0.8,-0.1),$$

$$\boldsymbol{V}(2,1.5)=(0.4,0.7),$$
$$\boldsymbol{V}(1,2)=(-0.4,0.8).$$

在 RF 平面上表示向量场 $\boldsymbol{V}(R,F)$ 中的上述向量 (图 2.11).

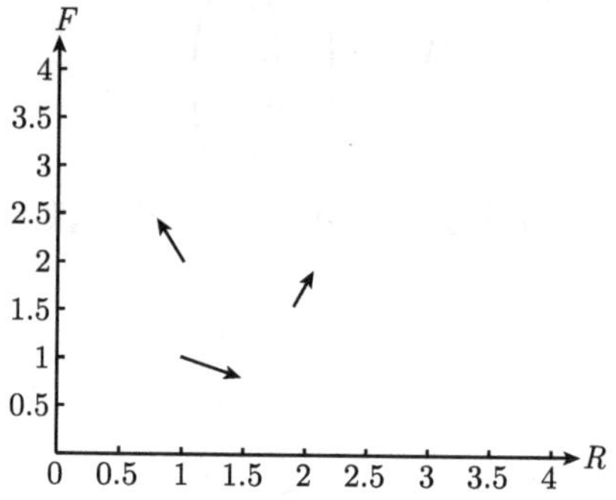

图 2.11

例 2.3　讨论简谐振动模型

$$\frac{\mathrm{d}^2y}{\mathrm{d}t^2}+y=0 \tag{2.23}$$

的向量形式与向量场.

解　首先将二阶微分方程写成一阶微分方程组

$$\begin{cases}\dfrac{\mathrm{d}y}{\mathrm{d}t}=v,\\[2mm] \dfrac{\mathrm{d}v}{\mathrm{d}t}=-y.\end{cases} \tag{2.24}$$

记 $\boldsymbol{V}=(y,v)$, $\boldsymbol{F}(y,v)=(v,-y)$, 则 (2.24) 表示为

$$\frac{\mathrm{d}\boldsymbol{Y}}{\mathrm{d}t}=\boldsymbol{F}(y,v).$$

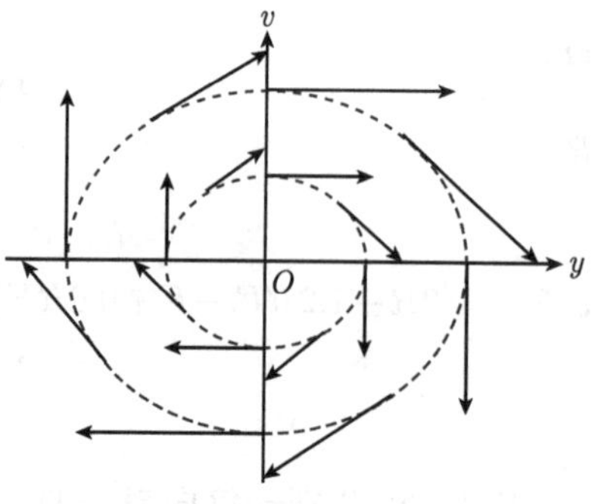

图 2.12

选 $(y,v)=(1,0)$, $\left(\dfrac{1}{\sqrt{2}},\dfrac{1}{\sqrt{2}}\right)$, $(0,1)$, $\left(-\dfrac{1}{\sqrt{2}},\dfrac{1}{\sqrt{2}}\right)$, $(-1,0)$, $\left(-\dfrac{1}{\sqrt{2}},-\dfrac{1}{\sqrt{2}}\right)$, $(0,-1)$, $\left(\dfrac{1}{\sqrt{2}},-\dfrac{1}{\sqrt{2}}\right)$. 经计算知 $\boldsymbol{F}(y,v)=(0,-1)$, $\left(\dfrac{1}{\sqrt{2}},-\dfrac{1}{\sqrt{2}}\right)$, $(1,0)$, $\left(\dfrac{1}{\sqrt{2}},\dfrac{1}{\sqrt{2}}\right)$, $(0,1)$, $\left(-\dfrac{1}{\sqrt{2}},\dfrac{1}{\sqrt{2}}\right)$, $(-1,0)$, $\left(-\dfrac{1}{\sqrt{2}},-\dfrac{1}{\sqrt{2}}\right)$.

分别在 yv 平面上的相应点标出各向量, 如图 2.12 所示.

向量场 $\boldsymbol{F}(y,v)$ 中所有的向量均与某中心在圆点的圆周相切.

由向量场的定义, 在相平面上的不同点处标出的向量的长度不一定相同, 因此, 会出现相互交叉的向量影响向量场的可视化程度. 例如, 图 2.12 向量场 $\boldsymbol{F}(y,v)=(v,-y)$ 的图示.

为克服向量场图示的上述缺点, 规定在向量场中各点标出的向量都具有相同的长度, 并且长度很短, 因此, 仅显示出向量场中各点向量的方向. 这样的图示称为原向量场的方向场. 图 2.13 标出了简谐振动模型向量场 $\boldsymbol{F}(y,v)=(v,-y)$ 的方向场.

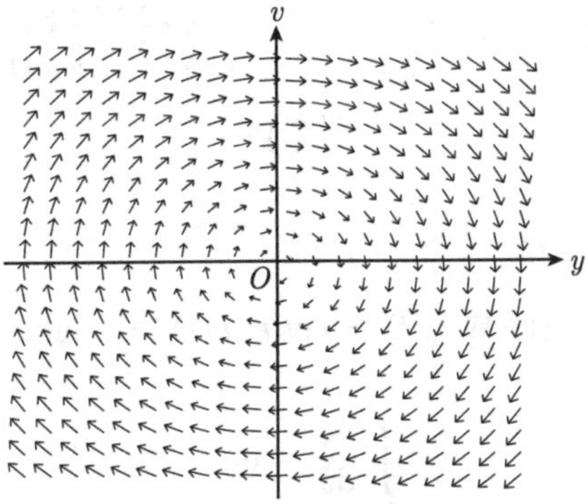

图 2.13

尽管方向场图示在可视化方面优于向量场图示, 但在图示中因未标出向量场中向量的长度而损失了揭示解的速度的信息.

2.3.2 解的几何刻画

在相平面上画出一阶二维微分方程组的向量场或方向场的图示, 可以概略画出方程组的轨线. 下面讨论一般形式的一阶二维微分方程组

$$\begin{cases}\dfrac{\mathrm{d}x}{\mathrm{d}t}=f(x,y),\\[2mm] \dfrac{\mathrm{d}y}{\mathrm{d}t}=g(x,y).\end{cases}\tag{2.25}$$

在 2.3.1 小节中已经见到, 此方程组确定了向量场 $\boldsymbol{F}(x,y)=(f(x,y),g(x,y))$. 设 $\boldsymbol{Y}(t)=(x(t),y(t))$ 为向量值函数, 则方程组 (2.25) 可以写成向量形式

$$\frac{\mathrm{d}\boldsymbol{Y}}{\mathrm{d}t}=\boldsymbol{F}(\boldsymbol{Y}).$$

在几何上, 将轨线 $\boldsymbol{Y}(t)=(x(t),y(t))$ 看成 xy 平面上的曲线, 则 $\dfrac{\mathrm{d}\boldsymbol{Y}}{\mathrm{d}t}$ 恰为曲线上的切向量, 而微分方程组表明, 该曲线上每点的切向量由向量场中在该点的向量

给出. 因此, 由向量场的略图可以勾画出向量微分方程 $\mathrm{d}\boldsymbol{Y}/\mathrm{d}t=\boldsymbol{F}(\boldsymbol{Y})$ 的轨线, 而不必知道 $\boldsymbol{F}(\boldsymbol{Y})$ 的具体表达式, 如图 2.14 所示.

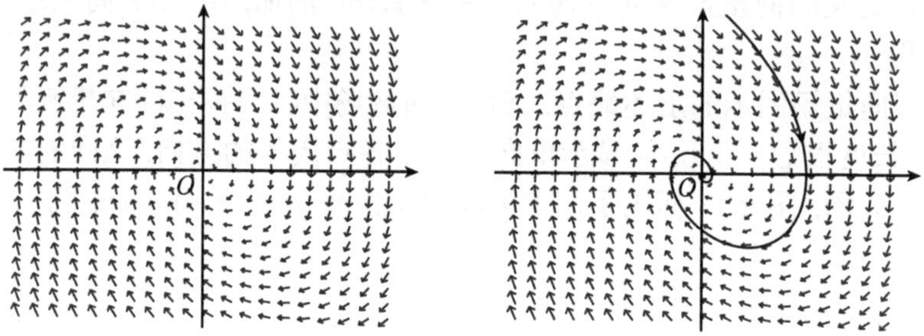

图 2.14

1. 简谐振动系统的轨线

在例 2.3 中, 已经知道函数 $y(t)=\cos t$, $v(t)=-\sin t$ 满足下面的简谐振动系统:

$$\begin{cases}\dfrac{\mathrm{d}y}{\mathrm{d}t}=v,\\\dfrac{\mathrm{d}v}{\mathrm{d}t}=-y.\end{cases}\tag{2.26}$$

由 $y^2+v^2=1$ 可知向量值函数

$$\boldsymbol{Y}(t)=(y(t),v(t))=(\cos t,-\sin t).$$

当 t 增加时, 顺时针方向扫过以原点为中心的单位圆. 正如在图 2.15 中所见到的, 扫过的速度向量恰与向量场中的向量一致.

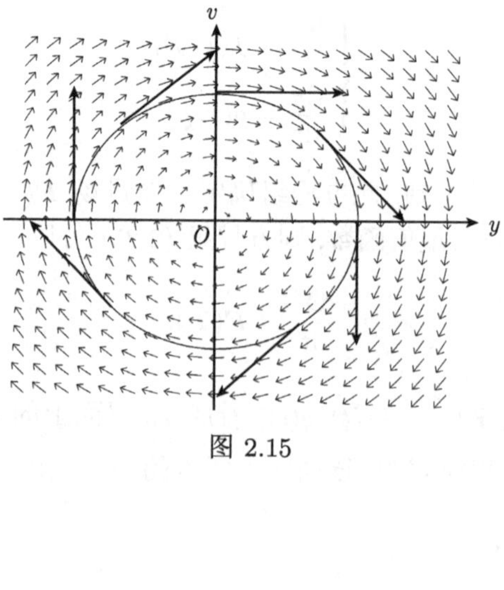

图 2.15

2. 捕食–食饵模型的轨线

在 2.2.1 小节中, 已经画出系统：

$$\begin{cases}\dfrac{\mathrm{d}R}{\mathrm{d}t}=2R-1.2RF,\\ \dfrac{\mathrm{d}F}{\mathrm{d}t}=-F+0.9RF\end{cases}\tag{2.27}$$

对应于初值条件 $(R,F)=(1,0.5)$ 的一条轨线. 在图 2.16 中可以见到该轨线上的切向量与向量场中向量的关系.

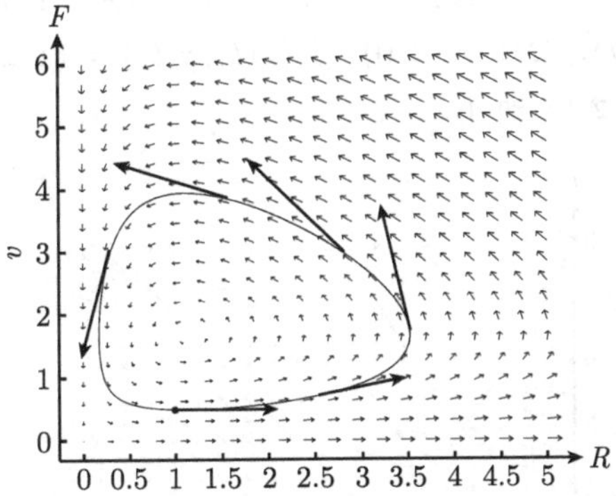

图 2.16

2.3.3 相图分析

讨论方程 (2.25) 的向量形式

$$\frac{\mathrm{d}\boldsymbol{Y}}{\mathrm{d}t}=\boldsymbol{F}(\boldsymbol{Y}).\tag{2.28}$$

相平面上的一点 $\boldsymbol{Y}_0$, 满足 $\boldsymbol{F}(\boldsymbol{Y}_0)=0$, 则称 $\boldsymbol{Y}_0$ 为方程组 (2.28) 的平衡点, 此时, 常向量值函数 $\boldsymbol{Y}(t)=\boldsymbol{Y}_0$ 称为方程组 (2.28) 的平衡解.

微分方程组的平衡解在相图分析中具有重要作用.

下面以两种群竞争模型为例说明综合运用相平面、平衡解、方向场、轨线、$x(t)$ 图像及 $y(t)$ 图像进行相图分析的方法.

讨论一阶二维微分方程组

$$\begin{cases}\dfrac{\mathrm{d}x}{\mathrm{d}t}=2x\left(1-\dfrac{x}{2}\right)-xy,\\ \dfrac{\mathrm{d}y}{\mathrm{d}t}=3y\left(1-\dfrac{y}{3}\right)-2xy,\end{cases}\tag{2.29}$$

其中 x 与 y 为竞争同一资源的两个种群的数量. 如果仅有一个种群存在, 其发展规律遵循 Logistic 增长模型, 而当两种群都存在时, 由于对同一资源的竞争, 在两个方程中分别出现 $-xy$ 与 $-2xy$ 项.

下面分三步进行相图分析.

(1) 求相平面上的平衡点. 为求微分方程组 (2.29) 在相平面上的平衡点, 令 (2.28) 的右边为 0, 从而得到代数方程组

$$\begin{cases} 2x\left(1-\dfrac{x}{2}\right)-xy=0, \\ 3y\left(1-\dfrac{y}{3}\right)-2xy=0. \end{cases}$$

解此方程组得到 xy 平面上的平衡点为 $(0,0)$, $(0,3)$, $(2,0)$ 与 $(1,1)$. 由于种群数量非负, 所以方程组 (2.29) 的相平面为 xy 平面的第 I 象限. 平衡解 $(x(t),y(t))=(0,0)$, $(x(t),y(t))=(0,3)$, $(x(t),y(t))=(2,0)$ 与 $(x(t),y(t))=(1,1)$ 的轨线分别退化为相平面上的 4 个点, 如图 2.17 所示.

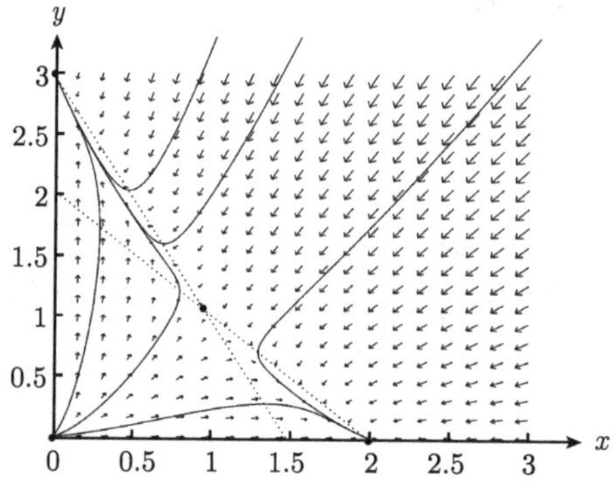

图 2.17

(2) 在方向场中勾画相图. 在相平面上画出方程组 (2.29) 的方向场, 标出平衡点, 由方向场勾画出几条关键的轨线, 形成一个完整的相图, 从相图可以看出, 不同的轨线不相交. 这一点可以由解的唯一性定理 (见 2.3.4 小节) 推出. 在相图中, 从多数初始点出发的轨线, 要么趋于 $(2,0)$, 要么趋于 $(0,3)$. 这表明, 此时总有一种生物趋于灭绝, 而另一种保持生存. 由于在相图中, 各条轨线上均不含时间变量, 因此, 无法观测出解随时间变化的趋势. 为此, 需绘出 $x(t)$ 图像与 $y(t)$ 图像.

(3) $x(t)$ 图像与 $y(t)$ 图像. 给定初始条件 $(x_0,y_0)=(0.4,0.5)$ 及 $(x_0,y_0)=(0.5,0.25)$ 分别画出对应的 $x(t)$ 图像与 $y(t)$ 图像, 如图 2.18 所示. 由图像可以看出解随时间的变化趋势.

在图 2.18(a) 中, 随着 t 的增加, $x(t)$ 与 $y(t)$ 开始时增加, 从某时刻 t_0 开始, $x(t)$ 开始下降, 直到 $t=2$, $x(t)$ 的值并未消失, 而 $y(t)$ 的值趋于 3. 在图 2.18(b) 中, 从开始时, $x(t)$ 与 $y(t)$ 的值增加, 从某一时刻 t 开始, $x(t)$ 与 $y(t)$ 的值下降, 当 $t=8$ 之后基本消失, 而 $x(t)$ 的值趋于 2.

到目前为止, 所讨论的一阶二维微分方程组均可表示为 (2.20), 或向量形式

$$\frac{\mathrm{d}\boldsymbol{Y}}{\mathrm{d}t}=\boldsymbol{F}(\boldsymbol{Y}),\tag{2.30}$$

其中, $\boldsymbol{Y}(t)=(x(t),y(t))$, $\boldsymbol{F}(\boldsymbol{Y})=(f(x,y),g(x,y))$. 向量场 $\boldsymbol{F}(\boldsymbol{Y})$ 只依赖因变量 x, y, 而与自变量 t 无关, 这样的系统称为**自治系统**. 方程组 (2.30) 称为**自治微分方程组**.

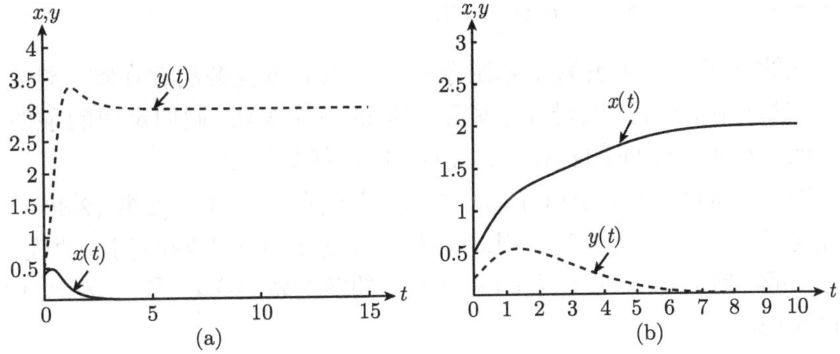

图 2.18

2.3.4 解的存在唯一性定理

讨论一阶二维微分方程组

$$\frac{\mathrm{d}\boldsymbol{Y}}{\mathrm{d}t}=\boldsymbol{F}(t;\boldsymbol{Y}),\tag{2.31}$$

由于向量场 $\boldsymbol{F}(t;\boldsymbol{Y})=(f(t;x,y),g(t;x,y))$ 与自变量 t 有关, 所以 (2.31) 称为**非自治微分方程组**.

给定方程组 (2.20) 的初始条件

$$\boldsymbol{Y}(t_0)=\boldsymbol{Y}_0,\tag{2.32}$$

其中 t_0 为初始时刻, $\boldsymbol{Y}_0=(x_0,y_0)$ 为初始点. 考虑包含点 $(t_0,\boldsymbol{Y}_0)=(t_0;x_0,y_0)$ 的某闭区域

$$R=\{(t,y)||t-t_0|\leqslant a,\|\boldsymbol{Y}-\boldsymbol{Y}_0\|\leqslant b\};$$

其中 $\|\boldsymbol{Y}\|$ 为向量 $\boldsymbol{Y}=(x,y)$ 的长度, 即 $\|\boldsymbol{Y}\|=(x^2+y^2)^{\frac{1}{2}}$.

称 $\boldsymbol{F}(t;\boldsymbol{Y})$ 在 R 上关于 $\boldsymbol{Y}$ 满足**利普希茨条件**是指存在常数 $L>0$, 使得不等式

$$\|F(t;\boldsymbol{Y}_1)-F(t;\boldsymbol{Y}_2)\|\leqslant L\|\boldsymbol{Y}_2-\boldsymbol{Y}_2\|\tag{2.33}$$

对所有 $(t;\boldsymbol{Y}_1)$, $(t;\boldsymbol{Y}_2)\in R$ 成立, 其中 L 称为利普希茨常数.

如果向量函数 $\boldsymbol{F}(t;\boldsymbol{Y})$ 在 R 内连续, 并且关于 $\boldsymbol{Y}$ 连续可微, 则由二元函数的微分中值定理可知 $\boldsymbol{F}(t;\boldsymbol{Y})$ 在 R 上满足利普希茨条件.

存在唯一性定理　如果向量函数 $\boldsymbol{F}(t;\boldsymbol{Y})$ 在区域 R 内连续且关于 $\boldsymbol{Y}$ 满足利普希茨条件, 则方程 (2.31) 存在唯一解 $\boldsymbol{Y}=\boldsymbol{Y}(t)$, 它在区间 $|t-t_0|\leqslant h$ 上连续且

$$\boldsymbol{Y}(t_0)=\boldsymbol{Y}_0,$$

其中 $h=\min\left(a,\dfrac{b}{M}\right)$, $M=\max\limits_{(t,Y)\in R}\|\boldsymbol{F}(t,\boldsymbol{Y})\|$.

此定理的证明可以仿照第 1 章附录中关于微分方程解的存在唯一性定理的证明. 本定理的应用很广泛, 关键在于验证定理的条件成立. 假如定理的条件不成立, 则不能确保方程组 (2.31) 的解存在, 也不可能确保其解唯一.

特别地, 当 $\boldsymbol{F}(t;\boldsymbol{Y})=\boldsymbol{F}(\boldsymbol{Y})$, 即 (2.31) 变成自治微分方程组 (2.30) 时, 此存在唯一性定理中的唯一性极其有用. 因为向量场 $\boldsymbol{F}(\boldsymbol{Y})$ 不随时间而改变, 方程组 (2.30) 在不同时刻, 从同一点出发的两个不同的解的轨线必然重合. 因此, 向量场中的各条轨线均不相交.

为验证此结论, 假设两个轨线在 $\boldsymbol{Y}_0$ 处重合, 换言之, 有方程组 (2.30) 的两个解 $\boldsymbol{Y}_1(t)$ 与 $\boldsymbol{Y}_2(t)$ 满足

$$\boldsymbol{Y}_1(t_1)=\boldsymbol{Y}_0=\boldsymbol{Y}_2(t_2).$$

由存在唯一性有

$$\boldsymbol{Y}_1(t_1+t)=\boldsymbol{Y}_2(t_2+t)$$

对所有 t 均成立. 因此, 产生同一轨线.

2.4　解析方法与数值方法

一阶二维微分方程组一般很难用解析方法求解, 仅可对其特殊情形, 特别是对自治线性微分方程组方可以给出一般解法 (将在 2.5 节和 2.6 节进行讨论). 因此, 本章前几节及第 3 章主要运用定性方法进行分析. 微分方程组相图的描绘一般需用计算机应用软件求出其数值逼近解并绘图. 在 2.4.2 小节介绍二维欧拉方法, 初步了解数值方法的思想.

2.4.1　解析方法 I: 半耦合方程组

讨论一阶二维微分方程组

$$\begin{cases}\dfrac{\mathrm{d}x}{\mathrm{d}t}=3x+2y,\\[2mm]\dfrac{\mathrm{d}y}{\mathrm{d}t}=-4y.\end{cases}\tag{2.34}$$

在方程组 (2.34) 中, 变量 x 的变化率既依赖于变量 x, 也依赖于变量 y, 但变量 y 的变化率仅依赖于其自身. 此时, 称变量 y 从方程组中解耦出来. 方程组 (2.34) 称为**半耦合方程组**.

由方程组 (2.34) 中的第二个方程得到通解

$$y(t)=C_2\mathrm{e}^{-4t}, \tag{2.35}$$

其中, C_2 为任意常数.

将 (2.35) 代入 (2.34) 得到非齐次线性微分方程

$$\frac{\mathrm{d}x}{\mathrm{d}t}-3x=2C_2\mathrm{e}^{-4t}. \tag{2.36}$$

令 $x_p(t)=C\mathrm{e}^{-4t}$ 为 (2.36) 的一个特解, 代入方程 (2.36) 得

$$-4C\mathrm{e}^{-4t}-3C\mathrm{e}^{-4t}=2C_2\mathrm{e}^{-4t},$$

从而有

$$-7C=2C_2.$$

于是 $C=-\frac{2}{7}C_2$. 因此, $x_p(t)=-\frac{2}{7}C_2\mathrm{e}^{-4t}$.

齐次微分方程

$$\frac{\mathrm{d}x}{\mathrm{d}t}-3x=0$$

的通解为 $x_(t)=C_1\mathrm{e}^{3t}$, 从而由一阶线性微分方程的线性原理知方程 (2.36) 的通解为

$$x(t)=C_1\mathrm{e}^{3t}-\frac{2}{7}C_2\mathrm{e}^{-4t}.$$

于是得方程组 (2.34) 的通解为

$$\begin{cases} x(t)=C_1\mathrm{e}^{3t}-\dfrac{2}{7}C_2\mathrm{e}^{-4t}, \\ y(t)=C_2\mathrm{e}^{-4t}. \end{cases} \tag{2.37}$$

给定初始条件 $(x_0,y_0)=\left(0,\frac{1}{2}\right)$, 为求出方程组 (2.34) 满足 $x(0)=0$, $y(0)=\frac{1}{2}$ 的特解, 由 (2.37) 得到

$$\begin{cases} x(0)=0=C_1-\dfrac{2}{7}C_2, \\ y(0)=\dfrac{1}{2}=C_2, \end{cases}$$

于是 $C_1 = \dfrac{1}{7}, C_2 = \dfrac{1}{2}$. 因此, 初值问题的解为

$$\begin{cases} x(t) = \dfrac{1}{7}\mathrm{e}^{3t} - \dfrac{1}{7}\mathrm{e}^{-4t}, \\ y(t) = \dfrac{1}{2}\mathrm{e}^{-4t}. \end{cases}$$

给定初始条件 $x(0) = -\dfrac{1}{7}, y(0) = \dfrac{1}{2}$. 同理, 求得方程组 (2.34) 的解为

$$\begin{cases} x(t) = -\dfrac{1}{7}\mathrm{e}^{-4t}, \\ y(t) = \dfrac{1}{2}\mathrm{e}^{-4t}, \end{cases} \tag{2.38}$$

由此得到

$$y(t) = -\frac{7}{2}x(t). \tag{2.39}$$

尽管 $x(t)$ 图像与 $y(t)$ 图像均为指数函数图像, 但在相平面上, 对应的轨线却为直线, 如图 2.19 所示.

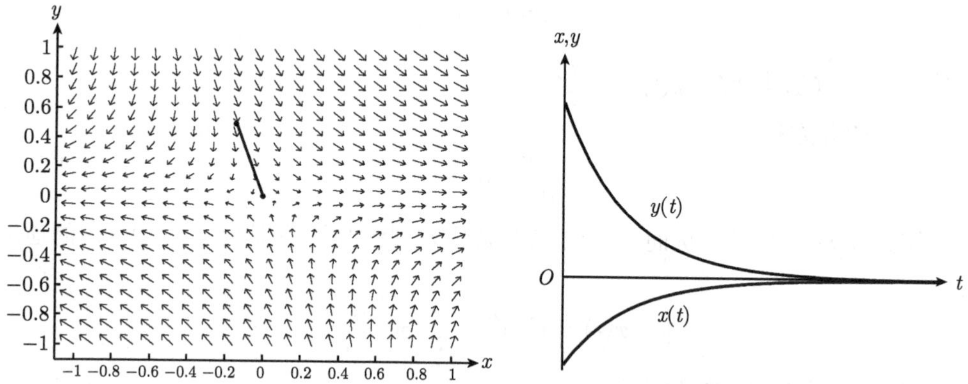

图 2.19

例 2.4　求非自治微分方程组

$$\begin{cases} \dfrac{\mathrm{d}x}{\mathrm{d}t} = \dfrac{2}{t}x + y, \\ \dfrac{\mathrm{d}y}{\mathrm{d}t} = -1 \end{cases} \tag{2.40}$$

的解析解.

解　非自治方程组 (2.40) 为半耦合方程组. 由第二个方程得

$$y(t) = -t + C_1,$$

代入第一个方程得一阶线性微分方程

$$\frac{\mathrm{d}x}{\mathrm{d}t}=\frac{2}{t}x-t+C_1. \tag{2.41}$$

由分离变量法知齐次方程

$$\frac{\mathrm{d}x}{\mathrm{d}t}=\frac{2}{t}x$$

的通解为

$$x=Ct^2. \tag{2.42}$$

运用常数变易法求非齐次线性微分方程 (2.41) 的通解. 将 C 看成 $C(t)$, 微分式 (2.42) 得到

$$\frac{\mathrm{d}x}{\mathrm{d}t}=\frac{\mathrm{d}C(t)}{\mathrm{d}t}t^2+2C(t)t.$$

代入 (2.41) 得

$$\frac{\mathrm{d}C(t)}{\mathrm{d}t}=-\frac{1}{t}+\frac{C_1}{t^2},$$

积分得

$$C(t)=-l_n|t|-\frac{C_1}{t}+C_2$$

从而微分方程 (2.41) 的通解为

$$x(t)=t^2\left(-\ln|t|-\frac{C_1}{t}+C_2\right),$$

其中 C_1, C_2 为任意常数. 于是方程组 (2.40) 的通解为

$$\begin{cases} x(t)=t^2\left(-\ln|t|-\dfrac{C_1}{t}+C_2\right), \\ y(t)=C_1-t. \end{cases}$$

设 $x(1)=1$, $y(1)=2$, 则得 $C_1=3$, $C_2=4$, 从而得一组特解

$$\begin{cases} x(t)=t^2\left(-\ln|t|-\dfrac{3}{t}+4\right), \\ y(t)=3-t. \end{cases}$$

2.4.2 解析方法 II: 猜测–检验方法

讨论有阻尼质点弹簧系统模型 (图 2.20).

设 $y(t)$ 为 t 时刻质点 m 从静止位置到当前位置的位移. 弹簧作用在质点 m 上的弹性力为 $-ky(t)$. 将作用在质点上的全部阻力合在一起. 假定其阻力与质点的运动速度成正比, 即阻力

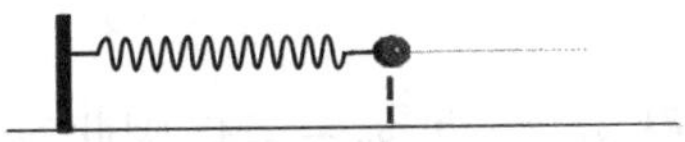

图 2.20

为 $-b\left(\dfrac{\mathrm{d}y}{\mathrm{d}t}\right)$, 其中 $b>0$ 为阻力系数, 符号 "–" 表明阻力的方向与运动方向相反. 设 $v(t)$ 为质点 m 的速度, 即 $v=\dfrac{\mathrm{d}y}{\mathrm{d}t}$, 则由牛顿第二定律有

$$m\frac{\mathrm{d}v}{\mathrm{d}t}=-ky-bv.$$

于是得微分方程组

$$\begin{cases}\dfrac{\mathrm{d}y}{\mathrm{d}t}=v,\\[2mm]\dfrac{\mathrm{d}v}{\mathrm{d}t}=-\dfrac{k}{m}y-\dfrac{b}{m}v.\end{cases}\tag{2.43}$$

设 $p=\dfrac{b}{m}$, $q=\dfrac{k}{m}$, 则方程组 (2.43) 化为

$$\begin{cases}\dfrac{\mathrm{d}y}{\mathrm{d}t}=v,\\[2mm]\dfrac{\mathrm{d}v}{\mathrm{d}t}=-qy-pv.\end{cases}\tag{2.44}$$

方程组 (2.44) 为有阻尼简谐振动模型.

下面假定 $p=6$, $q=8$, 则方程组 (2.44) 化为

$$\begin{cases}\dfrac{\mathrm{d}y}{\mathrm{d}t}=v,\\[2mm]\dfrac{\mathrm{d}v}{\mathrm{d}t}=-8y-6v.\end{cases}\tag{2.45}$$

因为变量 v 的变化率依赖于变量 y 与变量 v, 而变量 y 的变化仅依赖于变量 v. 将变量 v 从方程组中消去得二阶微分方程

$$\frac{\mathrm{d}^2y}{\mathrm{d}t^2}+6\frac{\mathrm{d}y}{\mathrm{d}t}+8y=0.\tag{2.46}$$

二阶微分方程 (2.46) 的解必须满足如下的条件：$y(t)$ 的二阶导数 $y''(t)$ 可表示成 $y'(t)$ 与 $y(t)$ 的线性组合. 满足此条件的基本初等函数只有指数函数.

猜测　$y(t)=\mathrm{e}^{st}$, 其中 s 为待定常数. 将 $y(t)=\mathrm{e}^{st}$ 代入微分方程 (2.46) 得

$$0=\frac{\mathrm{d}^2y}{\mathrm{d}t^2}+6\frac{\mathrm{d}y}{dt}+8y=(s^2+6s+8)\mathrm{e}^{st}.$$

由于 $\mathrm{e}^{st}\neq 0$, 所以一定有

$$s^2+6s+8=0,$$

解得 $s_1=-2$, $s_2=-4$. 因此得到

$$y_1(t)=\mathrm{e}^{-2t},\quad y_2(t)=\mathrm{e}^{-4t}.$$

由 $y_1(t)=\mathrm{e}^{-2t}$ 得 $v_1(t)=y_1'(t)=-2\mathrm{e}^{-2t}$. 再由 $y_2(t)=\mathrm{e}^{-4t}$ 得 $v_2(t)=-4\mathrm{e}^{3t}$. 于是得到

$$\begin{cases} y_1(t)=\mathrm{e}^{-2t}, \\ v_1(t)=-2\mathrm{e}^{-2t} \end{cases} \tag{2.47}$$

与

$$\begin{cases} y_2(t)=\mathrm{e}^{-4t}, \\ v_2(t)=-4\mathrm{e}^{-4t}. \end{cases} \tag{2.48}$$

检验　首先有

$$\frac{\mathrm{d}}{\mathrm{d}t}\begin{pmatrix} y_1(t) \\ v_1(t) \end{pmatrix}=\begin{pmatrix} -2\mathrm{e}^{-2t} \\ 4\mathrm{e}^{-2t} \end{pmatrix}$$

且

$$\begin{pmatrix} 0 & 1 \\ -8 & -6 \end{pmatrix}\begin{pmatrix} y_1(t) \\ v_1(t) \end{pmatrix}=\begin{pmatrix} -2\mathrm{e}^{-2t} \\ -8\mathrm{e}^{-2t}+12\mathrm{e}^{-2t} \end{pmatrix}=\begin{pmatrix} -2\mathrm{e}^{-2t} \\ 4\mathrm{e}^{-2t} \end{pmatrix}.$$

因此,

$$\frac{\mathrm{d}}{\mathrm{d}t}\begin{pmatrix} y_1(t) \\ v_1(t) \end{pmatrix}=\begin{pmatrix} 0 & 1 \\ -8 & -6 \end{pmatrix}\begin{pmatrix} y_1(t) \\ v_1(t) \end{pmatrix}.$$

于是 $\boldsymbol{Y}_1(t)=(\mathrm{e}^{-2t},-2\mathrm{e}^{-2t})$ 为一阶二维微分方程组

$$\frac{\mathrm{d}\boldsymbol{Y}}{\mathrm{d}t}=\begin{pmatrix} 0 & 1 \\ -8 & -6 \end{pmatrix}\boldsymbol{Y} \tag{2.49}$$

的解, 并且

$$\boldsymbol{Y}_1(0)=(1,-2).$$

同样, $\boldsymbol{Y}_2(t)=(\mathrm{e}^{-4t},-4\mathrm{e}^{-4t})$ 也为 (2.49) 的解, 并且 $\boldsymbol{Y}_2(0)=(1,-4)$. 显然, 方程组 (2.49) 即为方程组 (2.45).

下面绘出方程组 (2.45) 以上两组解的轨线及 $y(t)$ 图像与 $x(t)$ 图像 (图 2.21, 图 2.22). 由 (2.47) 及 (2.48) 得到 $v_1(t)=-2y_1(t)$ 且 $v_2(t)=-4y_2(t)$.

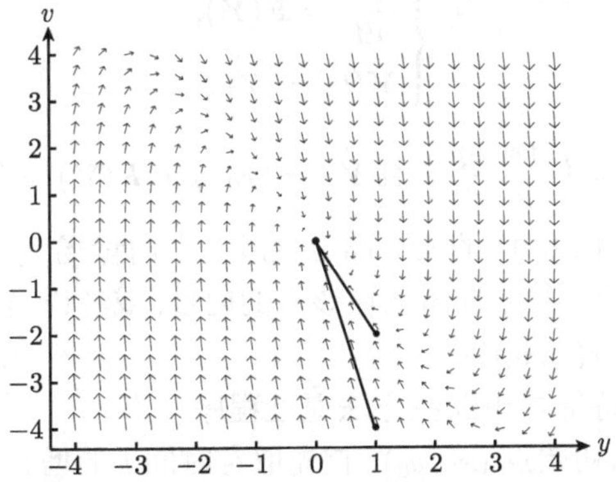

图 2.21

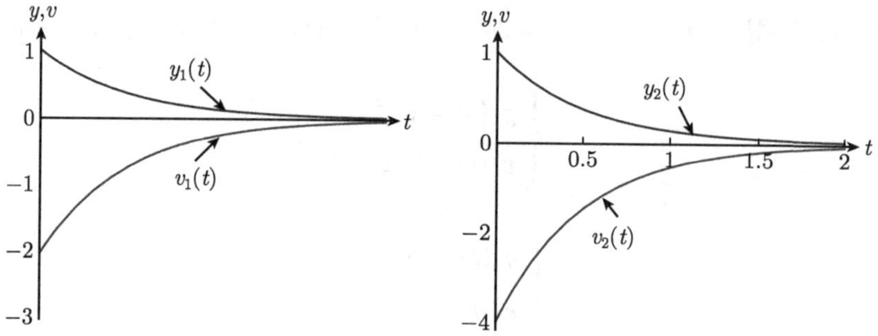

图 2.22

2.4.3　方程组数值解的欧拉方法

本章前几节对一些具体的一阶二维微分方程组进行定性分析时, 其关键是绘出相平面上的轨线及 $x(t)$ 图像与 $y(t)$ 图像. 除了一些特例 (如线段、圆、椭圆等) 可以用解析方法证明外, 一般需运用计算机进行数值模拟. 本节介绍一阶二维微分方程组的欧拉方法, 并简要说明数值逼近轨线、$x(t)$ 数值逼近图像及 $y(t)$ 数值逼近图像的描绘方法.

1. 欧拉方法的导出

讨论一阶二维自治微分方程组

$$\begin{cases}\dfrac{\mathrm{d}x}{\mathrm{d}t}=f(x,y),\\ \dfrac{\mathrm{d}y}{\mathrm{d}t}=g(x,y),\\ x(t_0)=x_0,y(t_0)=y_0,\end{cases}\tag{2.50}$$

其向量形式为

$$\begin{cases}\dfrac{\mathrm{d}\boldsymbol{Y}}{\mathrm{d}t}=\boldsymbol{F}(\boldsymbol{Y}),\\ \boldsymbol{Y}(t_0)=\boldsymbol{Y}_0,\end{cases}\tag{2.51}$$

其中, $\boldsymbol{Y}=(x,y)$, $\dfrac{\mathrm{d}\boldsymbol{Y}}{\mathrm{d}t}=\left(\dfrac{\mathrm{d}x}{\mathrm{d}t},\dfrac{\mathrm{d}y}{\mathrm{d}t}\right)$ 且 $\boldsymbol{Y}_0=(x_0,y_0)$, $\boldsymbol{F}(\boldsymbol{Y})=(f(x,y),g(x,y))$. 向量值函数 $\boldsymbol{F}(\boldsymbol{Y})$ 在方程组 (2.51) 的相平面上生成一个向量场, 使得方程组 (2.51) 解的轨线上每点的切向量恰好等于向量场在该点的向量, 或者说, 轨线上动点 $(x(t),y(t))$ 的速度向量恰好为 $\boldsymbol{F}(x(t),y(t))$.

下面由解的几何特征导出欧拉方法逼近程序.

在向量场中, 给出初始点 (x_0,y_0). 首先取定时间 t 的增长步长 Δt, 因 $\boldsymbol{F}(x_0,y_0)$ 为通过点 (x_0,y_0) 轨线在该点的切向量, 当时间 t 从 t_0 增加到 $t_0+\Delta t$ 时, 动点

(x_0, y_0) 以速度 $\boldsymbol{F}(x_0, y_0)$ 运动到 (x_1, y_1), 于是有

$$(x_1, y_1) = (x_0, y_0) + \Delta t \boldsymbol{F}(x_0, y_0)$$

或

$$\begin{cases} x_1 = x_0 + f(x_0, y_0)\Delta t, \\ y_1 = y_0 + g(x_0, y_0)\Delta t. \end{cases}$$

将 (x_1, y_1) 作为逼近轨线上的点, 动点在该点的速度向量为 $\boldsymbol{F}(x_1, y_1)$. 逼近的第二步为

$$(x_2, y_2) = (x_1, y_1) + \Delta t \boldsymbol{F}(x_1, y_1)$$

或者

$$\begin{cases} x_2 = x_1 + f(x_1, y_1)\Delta t, \\ y_2 = y_1 + g(x_1, y_1)\Delta t. \end{cases}$$

如此下去, 即可得到欧拉方法逼近程序

$$\begin{cases} x_{k+1} = x_k + f(x_k, y_k)\Delta t, \\ y_{k+1} = y_k + g(x_k, y_k)\Delta t, \quad k = 0, 1, \cdots, n. \end{cases} \tag{2.52}$$

在具体应用中, 步长 Δt 应选得足够小. 由欧拉方法逼近程序可以得到方程组的逼近轨线 (图 2.23)、$x(t)$ 逼近图像及 $y(t)$ 逼近图像.

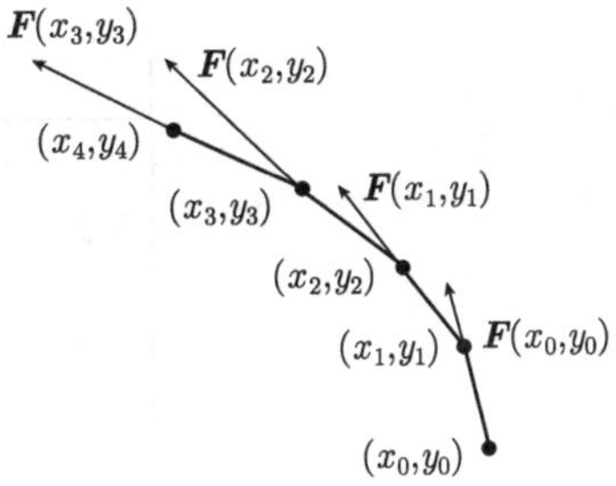

图 2.23

2. Van der Pol 方程的逼近轨线

讨论 Van der Pol 方程

$$\frac{\mathrm{d}^2 x}{\mathrm{d}t^2} - (1 - x^2)\frac{\mathrm{d}x}{\mathrm{d}t} + x = 0. \tag{2.53}$$

为求其数值解, 将其化为一阶方程组

$$\begin{cases} \dfrac{\mathrm{d}x}{\mathrm{d}t} = y, \\ \dfrac{\mathrm{d}y}{\mathrm{d}t} = -x + (1 - x^2)y. \end{cases} \tag{2.54}$$

首先, 设初始条件 $(x_0, y_0) = (1, 1)$, 步长 $\Delta t = 0.25$, $n = 3$. 为画出方程组 (2.54) 的逼近轨线, 计算逼近点 (精确到小数点后两位)

$$\boldsymbol{F}(x, y) = (y, -x + (1 - x^2)y),$$

(1) $F(1,1)=(1,-1)$,

$$(x_1,y_1)=(1,1)+0.25(1,-1)=(1.25,0.75);$$

(2) $F(1.25,0.75)=(0.75,-1.67)$,

$$(x_2,y_2)=(1.25,0.75)+0.25(0.75,-1.67)=(1.44,0.33);$$

(3) $F(1.44,0.33)=(0.33,-1.79)$,

$$(x_3,y_3)=(1.44,0.33)+0.25(0.33,-1.79)=(1.52,-0.16).$$

下面在相平面上画出三段逼近轨线 (图 2.24).

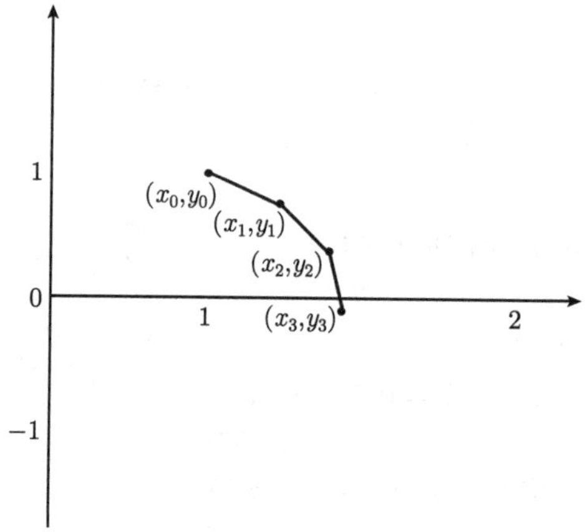

图 2.24

其次, 在上述初始值和步长的条件下, 设 $t_0=0$, $n=10$, 计算逼近点列如表 2.1 所示 (设 $m_k=f(x_k,y_k)$, $n_k=g(x_k,y_k)$).

表 2.1

i	x_i	y_i	m_i	n_i
0	1	1	1	−1
1	1.25	0.75	0.75	−1.671875
2	1.4375	0.332031	0.332031	−1.791580
3	1.520507	−0.115864	−0.115864	−1.368501
4	1.491542	−0.457989	−0.457989	−0.930644
5	1.377045	−0.69065	−0.69065	−0.758048
6	1.204382	−0.880162	−0.880162	−0.807837
7	0.984342	−1.082121	−1.082121	−1.017965
8	0.713811	−1.336613	−1.336613	−1.369384
9	0.379658	−1.678959	−1.678959	−1.816611
10	−0.04082	−2.133112		

下面根据表 2.1 分别绘出 10 段逼近轨线 (图 2.25).

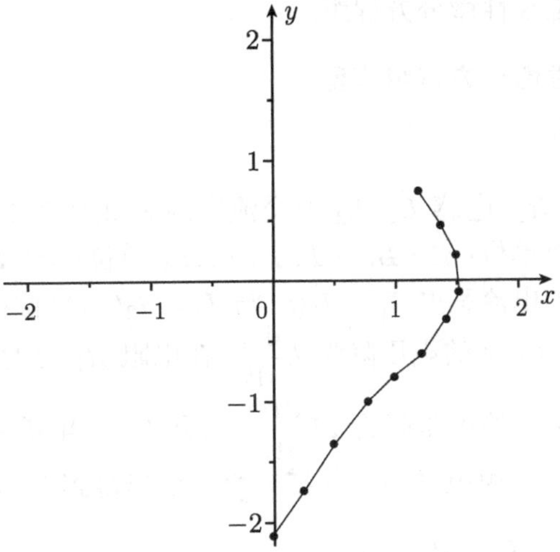

图 2.25

当然, 为了使逼近解更接近真实解, 需选足够小的步长及足够多的节点, 进一步的内容将在后继课程计算方法中介绍.

最后, 应用计算机数值模拟 Van der Pol 方程在相平面上的轨线、在 tx 平面中的 $x(t)$ 图像以及在 ty 平面上的 $y(t)$ 图像 (图 2.26).

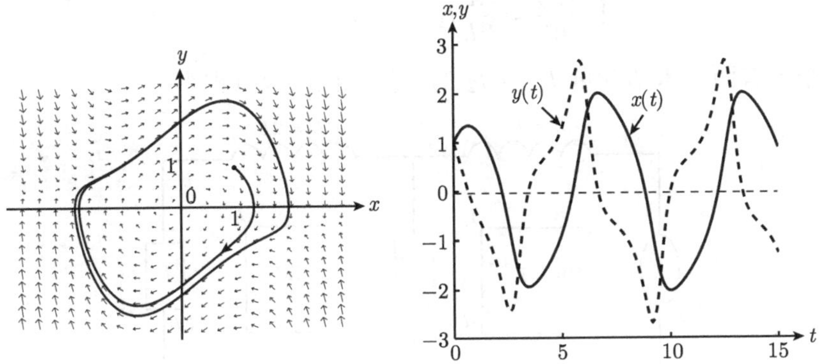

图 2.26

2.5 一阶二维线性微分方程组的一般理论

在许多实际应用问题中, 往往导出线性微分方程组模型, 而对于自治线性微分方程组可以导出解析解的公式. 对一类非线性微分方程组可以应用线性化方法, 通过研究对应的线性微分方程组的性质来进行定性分析 (第 4 章). 因此, 在本章中, 从本节开始介绍一阶二维线性微分方程组及可化为此类方程组的二阶微分方程. 在第 5 章介绍一阶 n 维线性微分方程组.

2.5.1 一阶二维线性微分方程组模型

1. 混联电路模型

考虑有电阻 R_1, R_2, 电感 L_1, L_2 及交流电源 $\mathcal{E}$ 组成的混联电路 (图 2.27), 其中, $R_1 = R$, $R_2 = 3R$(单位：Ω); $L_1 = L$, $L_2 = 2L$(单位：H); $\mathcal{E} = E\sin t$(单位：V). 回路 I 与回路 II 中的电流强度 $I_1 = I_1(t)$ 与 $I_2 = I_2(t)$(单位：A) 为系统的状态变量. 对于回路 I, 电感 L_1 上的电压降为 $L\dfrac{\mathrm{d}I_1}{\mathrm{d}t}$, 在电阻 R_1 上的电压降为 $R(I_1 - I_2)$; 对于回路 II, 电感 L_2 上的电压降为 $2L\dfrac{\mathrm{d}I_2}{\mathrm{d}t}$, 电阻 R_1 上电压降为 $R(I_2 - I_1)$, 电阻 R_2 上的电压降为 $3RI_2$. 由电学中基尔霍夫第二定律得到下列方程组：

$$\begin{cases} L\dfrac{\mathrm{d}I_1}{\mathrm{d}t} + R(I_1 - I_2) = E\sin t, \\ 2L\dfrac{\mathrm{d}I_2}{\mathrm{d}t} + 3RI_2 + R(I_2 - I_1) = 0, \end{cases}$$

即

$$\begin{cases} \dfrac{\mathrm{d}I_1}{\mathrm{d}t} = -\dfrac{R}{L}I_1 + \dfrac{R}{L}I_2 + \dfrac{E}{L}\sin t, \\ \dfrac{\mathrm{d}I_2}{\mathrm{d}t} = \dfrac{R}{2L}I_1 - \dfrac{2R}{L}I_2. \end{cases} \tag{2.55}$$

这是一个含有两个未知变量 I_1 与 I_2 的一阶线性微分方程组.

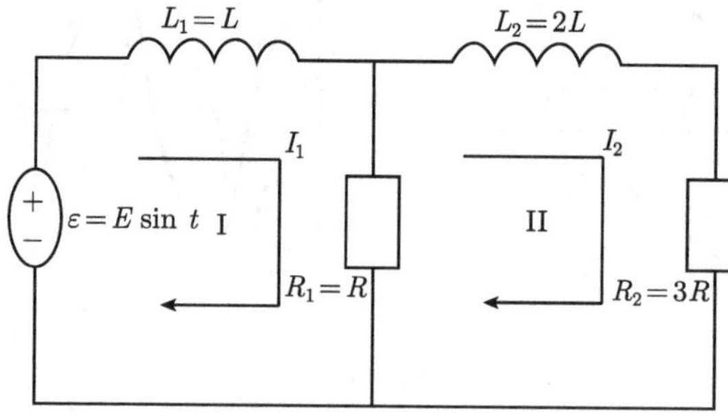

图 2.27

如果令

$$\boldsymbol{\mathcal{I}} = \begin{pmatrix} I_1 \\ I_2 \end{pmatrix}, \quad \boldsymbol{\mathcal{A}} = \begin{pmatrix} -\dfrac{R}{L} & \dfrac{R}{L} \\ \dfrac{R}{2L} & -\dfrac{2R}{L} \end{pmatrix}, \quad \boldsymbol{\mathcal{F}} = \begin{pmatrix} \dfrac{E}{L}\sin t \\ 0 \end{pmatrix},$$

则方程组可以写成状态方程形式.

$$\frac{\mathrm{d}\boldsymbol{\mathcal{I}}}{\mathrm{d}t} = \boldsymbol{\mathcal{A}}\boldsymbol{\mathcal{I}} + \boldsymbol{\mathcal{F}}. \tag{2.56}$$

设 $t=0$ 时, $\boldsymbol{\mathcal{I}}[0]=(I_{10},I_{20})$. 记 $\boldsymbol{\mathcal{I}}_0=(I_{10},I_{20})$, 则有初值 $\boldsymbol{\mathcal{I}}(0)=I_0$.

2. 单摆振动模型

单摆是系于一根长度为 l 的线上而质量为 m 的质点 B. 在重力 mg 的作用下, 该质点 B 在垂直于地面的平面上沿圆周摆动, 如图 2.28 所示. 下面导出单摆的运动方程.

假设逆时针方向为计算单摆与铅垂线所成的角 φ 的正方向. 质点 B 沿圆周的切向速度 v 可以表示为

$$v = l\frac{\mathrm{d}\varphi}{\mathrm{d}t}. \tag{2.57}$$

作用于质点 B 的外力有线的拉力 T 与重力 mg. 将重力 mg 分解为两个分力 $\overrightarrow{BC}$ 和 $\overrightarrow{BD}$. 第一个分力 $\overrightarrow{BC}$ 沿半径 OB 方向, 与线的拉力 T 相平衡, 它不会引起质点 B 的切向速度 v 数值的改变. 第二个分力 $\overrightarrow{BD}$ 沿圆周的切线方向, 从而引起切向速度 v 的数值的变化. 由于分力 $\overrightarrow{BD}$ 总是使质点 B 向着平衡位置的方向运动, 即当角 φ 为正时, 向减少 φ 的方向运动; 而当 φ 为负时, 向增大 φ 的方向运动, 所以 $\overrightarrow{BD}=-mg\sin\varphi$. 由牛顿第二定律得到

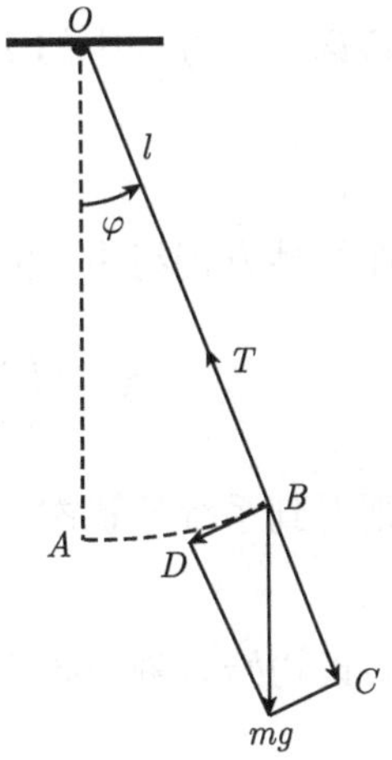

图 2.28

$$m\frac{\mathrm{d}v}{\mathrm{d}t} = -mg\sin\varphi. \tag{2.58}$$

由 (2.57) 与 (2.58) 得到方程组

$$\begin{cases} \dfrac{\mathrm{d}\varphi}{\mathrm{d}t} = \dfrac{1}{l}v, \\ \dfrac{\mathrm{d}v}{\mathrm{d}t} = -g\sin\varphi. \end{cases}$$

如果只研究单摆的微小摆动, 此时 φ 很小, 可以用 φ 近似 $\sin\varphi$, 从而有一阶线性方程组

$$\begin{cases} \dfrac{\mathrm{d}\varphi}{\mathrm{d}t} = \dfrac{1}{l}v, \\ \dfrac{\mathrm{d}v}{\mathrm{d}t} = -g\varphi. \end{cases} \tag{2.59}$$

将第一个方程中的 v 代入第二个方程得二阶微分方程

$$\frac{\mathrm{d}^2\varphi}{\mathrm{d}t^2} + \frac{g}{l}\varphi = 0. \tag{2.60}$$

假如单摆是在黏性介质中摆动, 则沿着单摆的运动方向就存在着一个与切向速度方向相反、大小成比例的阻力. 设阻力系数为 μ, 即阻力为 $-\mu v$. 如果沿着摆的运动方向有一个外力 $F(t)$ 作用于它, 则由牛顿第二运动定律有

$$m\frac{\mathrm{d}v}{\mathrm{d}t} = -mg\varphi - \mu v + F(t). \tag{2.61}$$

由 (2.57) 与 (2.61) 得到非齐次一阶二维线性微分方程组

$$\begin{cases} \dfrac{\mathrm{d}\varphi}{\mathrm{d}t} = \dfrac{1}{l}v, \\ \dfrac{\mathrm{d}v}{\mathrm{d}t} = -g\varphi - \dfrac{\mu}{m}v + \dfrac{1}{m}F(t). \end{cases} \tag{2.62}$$

将第一个方程中的 v 代入第二个方程, 则得非齐次二阶线性微分方程

$$\frac{\mathrm{d}^2\varphi}{\mathrm{d}t^2} + \frac{\mu}{m}\frac{\mathrm{d}\varphi}{\mathrm{d}t} + \frac{g}{l}\varphi = \frac{1}{ml}F(t). \tag{2.63}$$

在线性方程组中, 设

$$\boldsymbol{\mathcal{Y}} = \begin{pmatrix} \varphi \\ v \end{pmatrix}, \quad \boldsymbol{\mathcal{A}} = \begin{pmatrix} 0 & \dfrac{1}{l} \\ -g & -\dfrac{\mu}{m} \end{pmatrix}, \quad \boldsymbol{\mathcal{F}}(t) = \begin{pmatrix} 0 \\ \dfrac{1}{ml}F(t) \end{pmatrix},$$

则得到系统的状态方程为

$$\frac{\mathrm{d}\boldsymbol{\mathcal{Y}}}{\mathrm{d}t} = \boldsymbol{\mathcal{A}}\boldsymbol{\mathcal{Y}} + \boldsymbol{\mathcal{F}}. \tag{2.64}$$

假设初始时刻初始夹角为 φ_0, 而质点 B 的初始切向速度为 v_0, 即

$$\varphi(0) = \varphi_0, \quad v(0) = v_0.$$

令 $\boldsymbol{\mathcal{Y}}_0 = (\varphi_0, v_0)$, 则初始条件为

$$\boldsymbol{\mathcal{Y}}(0) = \boldsymbol{\mathcal{Y}}_0. \tag{2.65}$$

2.5.2 一阶二维齐次线性微分方程组的通解

本节主要讨论如下形式的微分方程组:

$$\begin{cases} \dfrac{\mathrm{d}x}{\mathrm{d}t} = ax + by, \\ \dfrac{\mathrm{d}y}{\mathrm{d}t} = cx + dy, \end{cases} \tag{2.66}$$

其中 a, b, c, d 为常数. 引进向量与矩阵记号

$$\boldsymbol{\mathcal{Y}} = \begin{pmatrix} x \\ y \end{pmatrix}, \quad \boldsymbol{\mathcal{A}} = \begin{pmatrix} a & b \\ c & d \end{pmatrix}, \quad \frac{\mathrm{d}\boldsymbol{\mathcal{Y}}}{\mathrm{d}t} = \begin{pmatrix} \dfrac{\mathrm{d}x}{\mathrm{d}t} \\ \dfrac{\mathrm{d}y}{\mathrm{d}t} \end{pmatrix},$$

则由矩阵与向量的乘法, (2.66) 化为

$$\frac{\mathrm{d}\mathcal{Y}}{\mathrm{d}t}=\mathcal{A}\mathcal{Y}, \tag{2.67}$$

称为一阶二维常系数齐次线性微分方程组, 也称为自治一阶二维线性方程组. 线性方程组是前几节讨论的一阶二维微分方程组的特殊情形. 同样可以应用相平面、向量场、方向场、轨线及图像等方法进行定性分析, 但是由于线性方程组具有相对简单的代数结构, 可以期望仅从系数矩阵就可以"读出"解的行为信息, 甚至可以求出通解.

线性方程的最重要性质是叠加原理, 又称为线性原理.

定理 2.1(线性原理) 设 $\mathcal{Y}_1(t)$ 与 $\mathcal{Y}_2(t)$ 为线性方程组 (2.67) 的解, 则它们的线性组合 $k_1\mathcal{Y}_1(t)+k_2\mathcal{Y}_2(t)$ 也为线性方程组 (2.67) 的解, 其中 k_1,k_2 为任意常数.

证明 设 $\mathcal{Y}_1=(x_1,y_1)$, $\mathcal{Y}_2=(x_2,y_2)$ 为线性方程组 (2.67) 的解, 则

$$\frac{\mathrm{d}\mathcal{Y}_1}{\mathrm{d}t}=\begin{pmatrix}\dfrac{\mathrm{d}x_1}{\mathrm{d}t}\\ \dfrac{\mathrm{d}y_1}{\mathrm{d}t}\end{pmatrix}=\begin{pmatrix}ax_1+by_1\\ cx_1+dy_1\end{pmatrix}=\begin{pmatrix}a & b\\ c & d\end{pmatrix}\begin{pmatrix}x_1\\ y_1\end{pmatrix}=\mathcal{A}\mathcal{Y}_1,$$

并且

$$\frac{\mathrm{d}\mathcal{Y}_2}{\mathrm{d}t}=\begin{pmatrix}\dfrac{\mathrm{d}x_2}{\mathrm{d}t}\\ \dfrac{\mathrm{d}y_2}{\mathrm{d}t}\end{pmatrix}=\begin{pmatrix}ax_2+by_2\\ cx_2+dy_2\end{pmatrix}=\begin{pmatrix}a & b\\ c & d\end{pmatrix}\begin{pmatrix}x_2\\ y_2\end{pmatrix}=\mathcal{A}\mathcal{Y}_2.$$

由向量值函数求导公式及矩阵性质有

$$\begin{aligned}\frac{\mathrm{d}(k_1\mathcal{Y}_1+k_2\mathcal{Y}_2)}{dt}&=\frac{\mathrm{d}}{\mathrm{d}t}\begin{pmatrix}k_1x_1+k_2x_2\\ k_1y_1+k_2y_2\end{pmatrix}=\begin{pmatrix}\dfrac{\mathrm{d}(k_1x_1+k_2x_2)}{\mathrm{d}t}\\ \dfrac{\mathrm{d}(k_1y_1+k_2y_2)}{\mathrm{d}t}\end{pmatrix}\\&=k_1\frac{\mathrm{d}}{\mathrm{d}t}\begin{pmatrix}x_1\\ y_1\end{pmatrix}+k_2\frac{\mathrm{d}}{\mathrm{d}t}\begin{pmatrix}x_2\\ y_2\end{pmatrix}\\&=k_1\mathcal{A}\mathcal{Y}_1+k_2\mathcal{A}\mathcal{Y}_2=\mathcal{A}(k_1\mathcal{Y}_1+k_2\mathcal{Y}_2).\end{aligned}$$

因此, $k_1\mathcal{Y}_1+k_2\mathcal{Y}_2$ 为方程组 (2.67) 的解.

定理 2.1 表明, 线性方程组 (2.67) 的解集按通常的加法与数乘构成线性空间. 将在第 5 章证明此线性空间的维数恰好与线性方程组中因变量的个数相同. 因此, 方程组 (2.67) 解空间的维数为 2.

设 $\mathcal{Y}_0=(x_0,y_0)$ 为平面上的给定点, 称

$$\frac{\mathrm{d}\mathcal{Y}}{\mathrm{d}t}=\mathcal{A}\mathcal{Y},\quad \mathcal{Y}(0)=\mathcal{Y}_0$$

为线性方程组的初值问题.

例 2.5　求解初值问题

$$\frac{\mathrm{d}\boldsymbol{\mathcal{Y}}}{\mathrm{d}t}=\begin{pmatrix}2&3\\0&-4\end{pmatrix}\boldsymbol{\mathcal{Y}},\quad \boldsymbol{\mathcal{Y}}(0)=\begin{pmatrix}1\\0\end{pmatrix}. \tag{2.68}$$

解　将微分方程组写成如下分量形式:

$$\begin{cases}\dfrac{\mathrm{d}x}{\mathrm{d}t}=2x+3y,\\ \dfrac{\mathrm{d}y}{\mathrm{d}t}=-4y,\\ x(0)=1,y(0)=0.\end{cases}$$

这是一个半耦合方程组, 由第二个方程得

$$y(t)=k_2\mathrm{e}^{-4t}, \tag{2.69}$$

代入第一个方程得非齐次微分方程

$$\frac{\mathrm{d}x}{\mathrm{d}t}=2x+3k_2\mathrm{e}^{-4t}. \tag{2.70}$$

设方程 (2.70) 的一个特解 $x_p(t)=\alpha\mathrm{e}^{-4t}$, 其中 α 为待定系数. 将 $x_p(t)=\alpha\mathrm{e}^{-4t}$ 代入 (2.70) 得

$$-4\alpha\mathrm{e}^{-4t}=2\alpha\mathrm{e}^{-4t}+3k_2\mathrm{e}^{-4t},$$

经过整理得

$$-6\alpha\mathrm{e}^{-4t}=3k_2\mathrm{e}^{-4t},$$

因 $\mathrm{e}^{-4t}\neq 0$, 由此解得 $\alpha=-\dfrac{k_2}{2}$, 即

$$x_p(t)=-\frac{k_2}{2}\mathrm{e}^{-4t}.$$

再由齐次方程 $\dfrac{\mathrm{d}x}{\mathrm{d}t}=2x$ 得通解

$$x_h(t)=k_1\mathrm{e}^{2t},$$

从而由拓广的线性原理 (见第 1 章) 可知

$$x(t)=x_p(t)+x_h(t)=k_1\mathrm{e}^{2t}-\frac{k_2}{2}\mathrm{e}^{-4t} \tag{2.71}$$

为微分方程 (2.70) 的通解.

由 $y(0)=0$ 得 $k_2=0$, 代入 (2.71) 得 $x(t)=k_1\mathrm{e}^{2t}$. 再由 $x(0)=1$ 得 $k_1=1$. 于是

$$\mathcal{Y}(t)=\begin{pmatrix}\mathrm{e}^{2t}\\0\end{pmatrix}$$

为初值问题 (2.68) 的解.

例 2.6 求解初值问题

$$\frac{\mathrm{d}\mathcal{Y}}{\mathrm{d}t}=\begin{pmatrix}2&3\\0&-4\end{pmatrix}\mathcal{Y},\quad \mathcal{Y}(0)=\begin{pmatrix}-1\\2\end{pmatrix}.$$

解 设 $\mathcal{Y}=(x,y)$, 由式 (2.69) 及 $y(0)=2$ 得 $k_2=2$, 即 $y(t)=2\mathrm{e}^{-4t}$.

将 $k_2=2$ 代入 (2.71) 得

$$x(t)=k_1\mathrm{e}^{2t}-\mathrm{e}^{-4t}.$$

再由 $x(0)=-1$ 得 $k_1=0$, 于是 $x(t)=-\mathrm{e}^{-4t}$. 因此,

$$\mathcal{Y}_2(t)=\begin{pmatrix}-\mathrm{e}^{-4t}\\2\mathrm{e}^{-4t}\end{pmatrix}$$

为初值问题的解.

可直接验证 $\mathcal{Y}_1(t)=(\mathrm{e}^{2t},0)$ 及 $\mathcal{Y}_2(t)=(-\mathrm{e}^{-4t},2\mathrm{e}^{-4t})$ 为线性方程组

$$\frac{\mathrm{d}\mathcal{Y}}{\mathrm{d}t}=\begin{pmatrix}2&3\\0&-4\end{pmatrix}\mathcal{Y}\tag{2.72}$$

的解. 由线性原理可知 $\mathcal{Y}_3(t)=\mathcal{Y}_1(t)+\mathcal{Y}_2(t)=(\mathrm{e}^{2t}-\mathrm{e}^{-4t},2\mathrm{e}^{-4t})$ 也为此方程组的解. 在相平面上, 对应的轨线如图 2.29 所示.

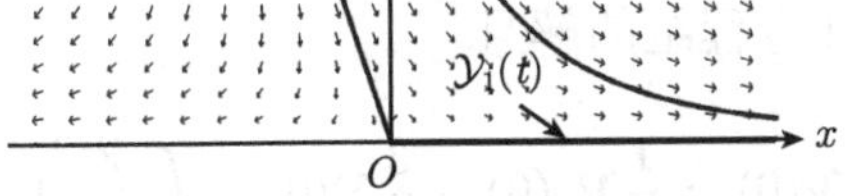

图 2.29 在相平面上 $Y_1(t)$, $Y_2(t)$ 及 $Y_3(t)$ 对应的轨线

由上面的相图可见, $\mathcal{Y}_1(t)$ 与 $\mathcal{Y}_2(t)$ 对应的轨线均为半直线. 在图 2.30 中将指明这两条轨线是极特殊的几何现象, 它们由方程组中矩阵的代数结构所决定. 一

般来说, 一阶二维线性方程组解的轨线并非一定为半直线, 如图 2.29 中 $\mathcal{Y}_3(t)=\mathcal{Y}_1(t)+\mathcal{Y}_2(t)$ 的轨线.

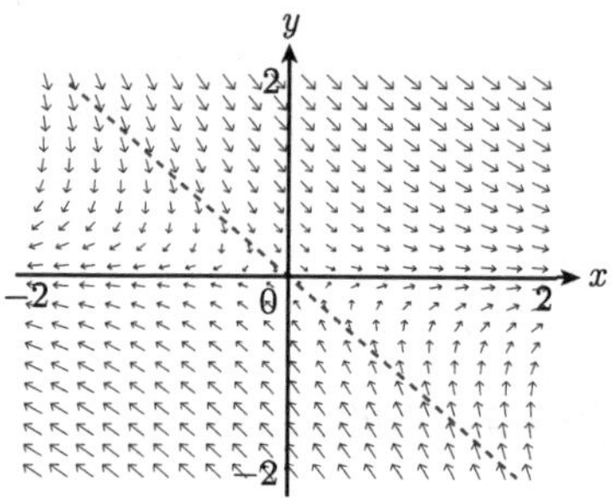

图 2.30 方程组 (2.72) 的方向场

上面已经求出线性方程组 (2.72) 的两个解 $\mathcal{Y}_1(t)=(\mathrm{e}^{2t},0)$ 及 $\mathcal{Y}_2(t)=(-\mathrm{e}^{-4t},2e^{-4t})$. 其初值 $\mathcal{Y}_1(0)=(1,0)$ 与 $\mathcal{Y}_2(0)=(-1,2)$ 为平面上两个线性无关的向量.

如何利用 $\mathcal{Y}_1(t)$ 与 $\mathcal{Y}_2(t)$, 应用线性原理求出初值问题

$$\frac{\mathrm{d}\mathcal{Y}}{\mathrm{d}t}=\begin{pmatrix}2 & 3\\ 0 & -4\end{pmatrix}\mathcal{Y},\quad \mathcal{Y}(0)=\begin{pmatrix}2\\ -3\end{pmatrix} \tag{2.73}$$

的解? 显然, $\mathcal{Y}_1(t)$ 与 $\mathcal{Y}_2(t)$ 均非上述初值问题的解. 采用如下步骤:

步骤 1 寻找实数 k_1 与 k_2, 使得

$$k_1\begin{pmatrix}1\\ 0\end{pmatrix}+k_2\begin{pmatrix}-1\\ 2\end{pmatrix}=\begin{pmatrix}2\\ -3\end{pmatrix}.$$

这等价于求解代数方程组

$$\begin{cases}k_1-k_2=2,\\ 2k_2=-3.\end{cases}$$

由此得 $k_2=-\dfrac{3}{2}$, $k_1=\dfrac{1}{2}$.

步骤 2 令

$$\begin{aligned}\mathcal{Y}(t)&=\frac{1}{2}\mathcal{Y}_1(t)-\frac{3}{2}\mathcal{Y}_2(t)\\ &=\frac{1}{2}\begin{pmatrix}\mathrm{e}^{2t}\\ 0\end{pmatrix}-\frac{3}{2}\begin{pmatrix}-\mathrm{e}^{-4t}\\ 2\mathrm{e}^{-4t}\end{pmatrix}\\ &=\begin{pmatrix}\frac{1}{2}\mathrm{e}^{2t}+\frac{3}{2}\mathrm{e}^{-4t}\\ -3\mathrm{e}^{-4t}\end{pmatrix}.\end{aligned}$$

由线性原理, $\mathcal{Y}(t)$ 为线性方程组的解且

$$\mathcal{Y}(0)=\frac{1}{2}\mathcal{Y}_1(0)-\frac{3}{2}\mathcal{Y}(0)=\begin{pmatrix}2\\ -3\end{pmatrix}.$$

因此, $\mathcal{Y}(t)$ 为初值问题 (2.73) 的解.

定理 2.2 假设 $\mathcal{Y}_1(t)$ 与 $\mathcal{Y}_2(t)$ 为线性方程组 $\dfrac{\mathrm{d}\mathcal{Y}}{\mathrm{d}t}=\mathcal{A}\mathcal{Y}$ 的两个解, 如果

初始向量 $\mathcal{Y}_1(0)$ 与 $\mathcal{Y}_2(0)$ 线性无关, 那么存在唯一实数 k_1 与唯一实数 k_2, 使得 $\mathcal{Y}(t)=k_1\mathcal{Y}_1(t)+k_2\mathcal{Y}_2(t)$ 为初值问题

$$\frac{\mathrm{d}\mathcal{Y}}{\mathrm{d}t}=\mathcal{A}\mathcal{Y},\quad \mathcal{Y}(0)=\begin{pmatrix}x_0\\y_0\end{pmatrix} \tag{2.74}$$

的唯一解, 其中 (x_0,y_0) 为平面上任一点.

证明 设 $\mathcal{Y}_1(0)=(x_1,y_1)$, $\mathcal{Y}_2(0)=(x_2,y_2)$. 令 k_1, k_2 为待定系数, 满足

$$k_1\begin{pmatrix}x_1\\y_1\end{pmatrix}+k_2\begin{pmatrix}x_2\\y_2\end{pmatrix}=\begin{pmatrix}x_0\\y_0\end{pmatrix},$$

则有

$$\begin{pmatrix}x_1 & x_2\\y_1 & y_2\end{pmatrix}\begin{pmatrix}k_1\\k_2\end{pmatrix}=\begin{pmatrix}x_0\\y_0\end{pmatrix}. \tag{2.75}$$

由于 (x_1,y_1) 与 (x_2,y_2) 线性无关, 由线性代数知识, 则方程组 (2.75) 有唯一一组解 (k_1,k_2). 令 $\mathcal{Y}_3(t)=k_1\mathcal{Y}_1(t)+k_2\mathcal{Y}_2(t)$, 则一定有

$$\mathcal{Y}_3(0)=k_1\begin{pmatrix}x_1\\y_1\end{pmatrix}+k_2\begin{pmatrix}x_2\\y_2\end{pmatrix}=\begin{pmatrix}x_0\\y_0\end{pmatrix}.$$

再由线性原理, $\mathcal{Y}_3(t)$ 为初值问题 (2.74) 的解. 又设 $\mathcal{Y}(t)$ 为初值问题 (2.74) 的任一解, 由解的存在唯一性定理一定有

$$\mathcal{Y}(t)=k_1\mathcal{Y}_1(t)+k_2\mathcal{Y}_2(t).$$

定义 2.2 设 $\mathcal{Y}_1(t)$ 与 $\mathcal{Y}_2(t)$ 为方程组 (2.67) 的两个解, 如果 $\mathcal{Y}_1(0)$ 与 $\mathcal{Y}_2(0)$ 为平面上线性无关的向量, 则

$$\mathcal{Y}(t)=k_1\mathcal{Y}_1(t)+k_2\mathcal{Y}_2(t)$$

称为方程组 (2.67) 的通解.

由定理 2.2 可知, 为求方程组 (2.67) 的通解, 其关键是求得两个初始向量线性无关的特殊解. 对于常系数线性方程组来说, 这可归结为其系数矩阵的特征值与特征向量的计算 (见 2.5.3 小节、2.6.1 小节 ~2.6.3 小节).

2.5.3 一阶二维齐次线性微分方程组的平衡解与直线解

讨论一阶二维线性方程组

$$\frac{\mathrm{d}\mathcal{Y}}{\mathrm{d}t}=\mathcal{A}\mathcal{Y},\quad \mathcal{A}=\begin{pmatrix}a & b\\c & d\end{pmatrix},\ \mathcal{Y}=\begin{pmatrix}x\\y\end{pmatrix}. \tag{2.76}$$

首先研究方程组最简单的解 —— 平衡解. 令

$$\boldsymbol{\mathcal{A}}\boldsymbol{\mathcal{Y}}=\begin{pmatrix}0\\0\end{pmatrix}, \tag{2.77}$$

则代数方程组 (2.77) 的解 $(\bar{x},\bar{y})$ 称为线性方程组 (2.76) 的平衡点, 而 $\boldsymbol{\mathcal{Y}}(t)=(\bar{x},\bar{y})$ 称为该方程组的平衡解. 由线性代数知识可知有如下定理:

定理 2.3　如果 $\boldsymbol{\mathcal{A}}$ 为非奇异矩阵, 即 $\boldsymbol{\mathcal{A}}$ 的行列式 $\det\boldsymbol{\mathcal{A}}\neq 0$, 则方程组 $\mathrm{d}\boldsymbol{\mathcal{Y}}/\mathrm{d}t=\boldsymbol{\mathcal{A}}\boldsymbol{\mathcal{Y}}$ 只有原点 (0,0) 为平衡点; 反之, 如果说方程组有非原点的平衡点, 则 $\det\boldsymbol{\mathcal{A}}=0$.

证明　由线性代数知识立得.

其次研究方程组 $\dfrac{\mathrm{d}\boldsymbol{\mathcal{Y}}}{\mathrm{d}t}=\boldsymbol{\mathcal{A}}\boldsymbol{\mathcal{Y}}$ 的次简单解 —— 直线解.

(1) 直线解的几何刻画. 在 xy 相平面上, 画出线性方程组

$$\frac{\mathrm{d}\boldsymbol{\mathcal{Y}}}{\mathrm{d}t}=\boldsymbol{\mathcal{A}}\boldsymbol{\mathcal{Y}},\quad \boldsymbol{\mathcal{A}}=\begin{pmatrix}2&3\\0&-4\end{pmatrix} \tag{2.78}$$

的方向场, 如图 2.31 所示. 在这个方向场中有两条特殊的直线, 一条为 x 轴, 其上每点的向量均远离原点; 而另一条为从第二象限到第四象限的直线, 其上每一点的向量均指向原点. 因为方程组 (2.78) 的每条轨线均与方向场中的向量相切, 所以初始点在正 x 轴上的轨线, 是从原点移向右方, 而初始点在负 x 轴上的轨线, 是从原点移向左方. 同样, 初始点在第二象限的那条直线上, 其轨线从远方指向原点, 而初始点在第四象限的那条直线上的轨线, 从远方移向原点, 由这个方向场可以看出, 该方程组确有解的轨线位于直线之上. 在例 2.5 和例 2.6 中, 求得两个解为

$$\boldsymbol{\mathcal{Y}}_1(t)=\begin{pmatrix}\mathrm{e}^{2t}\\0\end{pmatrix}=\mathrm{e}^{2t}\begin{pmatrix}1\\0\end{pmatrix},\quad \boldsymbol{\mathcal{Y}}_2(t)=\begin{pmatrix}-\mathrm{e}^{-4t}\\2\mathrm{e}^{-4t}\end{pmatrix}=\mathrm{e}^{-4t}\begin{pmatrix}-1\\2\end{pmatrix}.$$

$\boldsymbol{\mathcal{Y}}_1(t)$ 对应的轨线在正 x 轴上过点 (1,0), 从原点 (0,0) 移向远方, 并且当 $t\to-\infty$ 时, $\boldsymbol{\mathcal{Y}}_1(t)\to(0,0)$, 而当 $t\to+\infty$ 时, $\boldsymbol{\mathcal{Y}}_1(t)$ 趋于无穷.

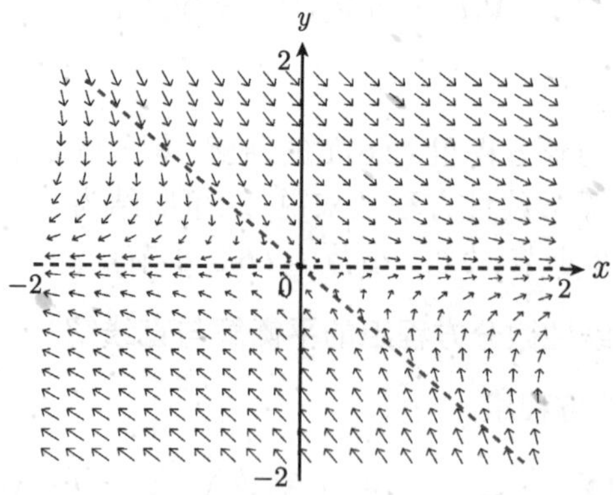

图 2.31　方程组 (2.78) 的方向场

$\mathcal{Y}_2(t)$ 对应的轨线在第二象限过点 $(-1,2)$ 的直线上, 从远方移向原点 $(0,0)$, 并且当 $t\to+\infty$ 时, $\mathcal{Y}_2(t)\to(0,0)$.

(2) 直线解的代数刻画, 假设线性方程组 $\mathrm{d}\mathcal{Y}/\mathrm{d}t=\mathcal{A}\mathcal{Y}$ 具有直线解 (线性方程组并不全具有直线解), 由直线解的几何刻画可知, 如果 $\boldsymbol{V}=(x,y)$ 在直线解的轨线上, 则向量场在 $\boldsymbol{V}=(x,y)$ 处的向量 $\mathcal{A}\boldsymbol{V}$ 恰好与向量 $\boldsymbol{V}=(x,y)$ 同向或反向. 因此, 等价地, 存在 λ 满足

$$\mathcal{A}\boldsymbol{V}=\lambda\boldsymbol{V}. \tag{2.79}$$

代数方程组 (2.79) 是求 $\mathrm{d}\mathcal{Y}/\mathrm{d}t=\mathcal{A}\mathcal{Y}$ 的直线解的关键. 事实上, 如若求形如 $\mathcal{Y}(t)=\mathrm{e}^{\lambda t}\boldsymbol{V}(\boldsymbol{V}=(x,y)\neq(0,0))$ 的解, 其中常数 λ 和向量 $\boldsymbol{V}$ 待定. 将 $\mathcal{Y}(t)=\mathrm{e}^{\lambda t}\boldsymbol{V}$ 代入 $\mathrm{d}\mathcal{Y}/\mathrm{d}t=\mathcal{A}\mathcal{Y}$ 得到

$$\lambda\mathrm{e}^{\lambda t}\boldsymbol{V}=\mathcal{A}\mathrm{e}^{\lambda t}\boldsymbol{V}.$$

上式变为代数方程 (2.79), 换成形式.

$$(\lambda\boldsymbol{I}-\mathcal{A})\boldsymbol{V}=0. \tag{2.80}$$

因此, $\mathcal{Y}(t)=\mathrm{e}^{\lambda t}\boldsymbol{V}$ 为 $\mathrm{d}\mathcal{Y}/\mathrm{d}t=\mathcal{A}\mathcal{Y}$ 的解的充要条件是 λ, $\boldsymbol{V}$ 满足代数方程组 (2.80). 根据线性代数的知识, 方程组有非零解 $\boldsymbol{V}=(x,y)$ 的充要条件就是 λ 满足方程

$$\det(\lambda\boldsymbol{I}-\mathcal{A})=0. \tag{2.81}$$

由于

$$\lambda\boldsymbol{I}=\begin{pmatrix}\lambda & 0\\ 0 & \lambda\end{pmatrix},\quad \mathcal{A}=\begin{pmatrix}a & b\\ c & d\end{pmatrix},$$

即有

$$\det(\lambda\boldsymbol{I}-\mathcal{A})=\lambda^2-(a+d)\lambda+(ad-bc),$$

它称为 $\mathcal{A}$ 的特征多项式, (2.81) 称为特征方程. 使方程组 (2.80) 具有非零解的常数 (实数或复数)λ 称为矩阵 $\mathcal{A}$ 的一个特征值. 方程组 (2.80) 对应于特征值 λ 的非零解 $\boldsymbol{V}$ 称为 $\mathcal{A}$ 的对应于特征值 λ 的特征向量.

定理 2.4 假设矩阵 $\mathcal{A}$ 具有特征值 λ 且 $\boldsymbol{V}$ 为 $\mathcal{A}$ 的对应 λ 的特征向量, 则

(1) $\mathcal{Y}(t)=\mathrm{e}^{\lambda t}\boldsymbol{V}$ 为方程组

$$\frac{\mathrm{d}\mathcal{Y}}{\mathrm{d}t}=\mathcal{A}\mathcal{Y} \tag{2.82}$$

的解;

(2) 当 $\lambda=0$ 时, $\mathcal{Y}(t)=\boldsymbol{V}$ 为方程组 (2.82) 的平衡解;

(3) 当 λ 为非零实数时, $\mathcal{Y}(t)=\mathrm{e}^{\lambda t}\boldsymbol{V}$ 为方程组 (2.82) 的直线解;

(4) 如果 λ_1 与 λ_2 为 $\boldsymbol{\mathcal{A}}$ 的不同的非零实特征值, $\boldsymbol{V}_1$ 与 $\boldsymbol{V}_2$ 为对应的特征向量, 则方程组 (2.82) 的两个直线解 $\boldsymbol{\mathcal{Y}}_1(t)=\mathrm{e}^{\lambda_1 t}\boldsymbol{V}_1$ 与 $\boldsymbol{\mathcal{Y}}_2(t)=\mathrm{e}^{\lambda_2 t}\boldsymbol{V}_2$ 线性无关, 并且

$$\boldsymbol{\mathcal{Y}}(t)=k_1\mathrm{e}^{\lambda_1 t}\boldsymbol{V}_1+k_2\mathrm{e}^{\lambda_2 t}\boldsymbol{V}_2$$

为方程组的通解.

证明　(1) 因为 $\boldsymbol{\mathcal{A}}\boldsymbol{V}=\lambda\boldsymbol{V}$, 若令 $\boldsymbol{V}=(x,y)$, 则有

$$\boldsymbol{\mathcal{Y}}(t)=\mathrm{e}^{\lambda t}\boldsymbol{V}=\begin{pmatrix}\mathrm{e}^{\lambda t}x\\ \mathrm{e}^{\lambda t}y\end{pmatrix}.$$

于是

$$\frac{\mathrm{d}\boldsymbol{\mathcal{Y}}}{\mathrm{d}t}=\frac{\mathrm{d}}{\mathrm{d}t}\begin{pmatrix}\mathrm{e}^{\lambda t}x\\ \mathrm{e}^{\lambda t}y\end{pmatrix}=\begin{pmatrix}\lambda\mathrm{e}^{\lambda t}x\\ \lambda\mathrm{e}^{\lambda t}y\end{pmatrix}=\lambda\boldsymbol{\mathcal{Y}},$$

因此, $\boldsymbol{\mathcal{Y}}(t)=\mathrm{e}^{\lambda t}\boldsymbol{V}$ 为 $\mathrm{d}\boldsymbol{\mathcal{Y}}/\mathrm{d}t=\boldsymbol{\mathcal{A}}\boldsymbol{\mathcal{Y}}$ 的解.

(2) 当 $\lambda=0$ 时, $\boldsymbol{AY}=\boldsymbol{AV}=\lambda\boldsymbol{V}=\boldsymbol{O}$ 得证.

(3) 当 $\lambda>0$ 时, $\boldsymbol{\mathcal{Y}}(t)=\mathrm{e}^{\lambda t}\boldsymbol{V}$ 的轨线为从原点出发, 过点 $\boldsymbol{V}=(x,y)$ 的半直线; 当 $\lambda<0$ 时, $\boldsymbol{\mathcal{Y}}(t)=\mathrm{e}^{\lambda t}\boldsymbol{V}$ 的轨线为过点 $\boldsymbol{V}=(x,y)$ 而指向原点的半直线. 因此, 当 λ 为非零的实数时, $\boldsymbol{\mathcal{Y}}(t)=\mathrm{e}^{\lambda t}\boldsymbol{V}$ 为方程组的直线解.

(4) 如果 λ_1 与 λ_2 为 $\boldsymbol{\mathcal{A}}$ 的不同实特征值, 而 $\boldsymbol{V}_1$ 与 $\boldsymbol{V}_2$ 为对应于 λ_1 与 λ_2 的特征向量, 则由线性代数知识可知 $\boldsymbol{V}_1$ 与 $\boldsymbol{V}_2$ 线性无关. 由于 $\boldsymbol{\mathcal{Y}}_1(t)=\mathrm{e}^{\lambda_1 t}\boldsymbol{V}_1$ 与 $\boldsymbol{\mathcal{Y}}_2(t)=\mathrm{e}^{\lambda_2 t}\boldsymbol{V}_2$ 为 $\mathrm{d}\boldsymbol{\mathcal{Y}}/\mathrm{d}t=\boldsymbol{\mathcal{A}}\boldsymbol{\mathcal{Y}}$ 的直线解, 并且 $\boldsymbol{\mathcal{Y}}_1(0)=\boldsymbol{V}_1$ 与 $\boldsymbol{\mathcal{Y}}_2(0)=\boldsymbol{V}_2$ 线性无关, 由定理 2.2 及定义 2.2 可知

$$\boldsymbol{\mathcal{Y}}(t)=k_1\boldsymbol{\mathcal{Y}}_1(t)+k_2\boldsymbol{\mathcal{Y}}_2(t)=k_1\mathrm{e}^{\lambda_1 t}\boldsymbol{V}_1+k_2\mathrm{e}^{\lambda_2 t}\boldsymbol{V}_2$$

为该方程组的通解.

例 2.7　求矩阵 $\boldsymbol{\mathcal{A}}=\begin{pmatrix}2&3\\0&-4\end{pmatrix}$ 的特征值与特征向量, 并求出 $\dfrac{\mathrm{d}\boldsymbol{\mathcal{Y}}}{\mathrm{d}t}=\boldsymbol{\mathcal{A}}\boldsymbol{\mathcal{Y}}$ 对应的直线解.

解　特征方程 $\det(\lambda\boldsymbol{I}-\boldsymbol{\mathcal{A}})=\lambda^2+2\lambda-8=0$ 有两个根

$$\lambda_1=2,\quad \lambda_2=-4.$$

求对应 $\lambda_1=2$ 的特征向量. 由 $\lambda_1\boldsymbol{I}-\boldsymbol{\mathcal{A}}=\begin{pmatrix}0&-3\\0&6\end{pmatrix}$ 得

$$(\lambda_1\boldsymbol{I}-\boldsymbol{\mathcal{A}})\boldsymbol{V}_1=\begin{pmatrix}0&-3\\0&6\end{pmatrix}\begin{pmatrix}x_1\\y_1\end{pmatrix}=\begin{pmatrix}0\\0\end{pmatrix},$$

即

$$\begin{cases} -3y_1=0, \\ 6y_1=0 \end{cases}$$

得 $y_1=0$. 因此, $\boldsymbol{V}_1=(1,0)$ 为对应 $\lambda_1=2$ 的特征向量.

求对应 $\lambda_2=-4$ 的特征向量. 由 $\lambda_2\boldsymbol{I}-\boldsymbol{\mathcal{A}}=\begin{pmatrix}-6 & -3\\ 0 & 0\end{pmatrix}$ 解

$$(\lambda_2\boldsymbol{I}-\boldsymbol{\mathcal{A}})\boldsymbol{V}_2=\begin{pmatrix}-6 & -3\\ 0 & 0\end{pmatrix}\begin{pmatrix}x_2\\ y_2\end{pmatrix}=\begin{pmatrix}0\\ 0\end{pmatrix}$$

得

$$\begin{cases} 6x_2+3y_2=0, \\ 0=0, \end{cases}$$

则有 $y_2=-2x_2$. 因此, $\boldsymbol{V}_2=(1,-2)$ 为对应 $\lambda_2=-4$ 的特征向量.

应用定理 2.4, 再次得到 $\dfrac{\mathrm{d}\boldsymbol{\mathcal{Y}}}{\mathrm{d}t}=\boldsymbol{\mathcal{A}}\boldsymbol{\mathcal{Y}}$ 的两个直线解 $\boldsymbol{\mathcal{Y}}_1(t)=\mathrm{e}^{2t}\begin{pmatrix}1\\ 0\end{pmatrix}$ 与 $\boldsymbol{\mathcal{Y}}_2(t)=\mathrm{e}^{-4t}\begin{pmatrix}1\\ -2\end{pmatrix}$.

例 2.8 求矩阵 $\boldsymbol{\mathcal{B}}=\begin{pmatrix}2 & 2\\ 1 & 3\end{pmatrix}$ 的特征值与特征向量, 并求出 $\dfrac{d\boldsymbol{\mathcal{Y}}}{\mathrm{d}t}=\boldsymbol{\mathcal{B}}\boldsymbol{\mathcal{Y}}$ 对应的直线解.

解 特征方程 $\det(\lambda\boldsymbol{I}-\boldsymbol{\mathcal{B}})=\lambda^2-5\lambda+4=0$ 的两个根 $\lambda_1=1$, $\lambda_2=4$, 所以 1 与 4 为 $\boldsymbol{\mathcal{B}}$ 的特征值.

对于 $\lambda_1=1$, 由

$$(\lambda_1\boldsymbol{I}-\boldsymbol{\mathcal{B}})\boldsymbol{V}_1=\begin{pmatrix}-1 & -2\\ -1 & -2\end{pmatrix}\begin{pmatrix}x_1\\ y_1\end{pmatrix}=\begin{pmatrix}0\\ 0\end{pmatrix}$$

得

$$\begin{cases} x_1+2y_1=0, \\ x_1+2y_1=0, \end{cases}$$

于是得 $y_1=-\dfrac{1}{2}x_1$. 因此, $\boldsymbol{V}_1=(-2,1)$ 为对应 $\lambda_1=1$ 的特征向量.

对于 $\lambda_2=4$ 的特征向量, 由

$$(\lambda_2\boldsymbol{I}-\boldsymbol{\mathcal{B}})\boldsymbol{V}_2=\begin{pmatrix}2 & -2\\ -1 & 1\end{pmatrix}\begin{pmatrix}x_2\\ y_2\end{pmatrix}=\begin{pmatrix}0\\ 0\end{pmatrix}$$

得

$$\begin{cases} 2x_2-2y_2=0, \\ -x_2+y_2=0, \end{cases}$$

于是有 $y_2 = x_2$. 因此, $\boldsymbol{V}_2 = (1,1)$ 为对应 $\lambda_2 = 4$ 的特征向量.

对应的直线解分别为 $\mathcal{Y}_1(t) = \mathrm{e}^{4t}\begin{pmatrix}1\\1\end{pmatrix}$ 与 $\mathcal{Y}_2(t) = \mathrm{e}^{t}\begin{pmatrix}-2\\1\end{pmatrix}$.

2.6 一阶二维齐次线性微分方程组的通解、相图与平衡点分类

对于一阶二维齐次线性方程

$$\frac{\mathrm{d}\mathcal{Y}}{\mathrm{d}t} = \mathcal{A}\mathcal{Y}, \quad \mathcal{A} = \begin{pmatrix} a & b \\ c & d \end{pmatrix}. \tag{2.83}$$

由系数矩阵 $\mathcal{A}$ 可得 $\mathcal{A}$ 的特征值 λ 及其对应的特征向量 $\boldsymbol{V}$, 应用定理 2.4 立刻可写出解 $\mathcal{Y}(t) = \mathrm{e}^{\lambda t}\boldsymbol{V}$. 下面分三种情况讨论该方程组的通解及解的定性分析.

2.6.1 具有不同实特征值的线性微分方程组

如果系数矩阵 $\mathcal{A}$ 具有两个不同的实特征值 λ_1 与 λ_2 及对应的特征向量 $\boldsymbol{V}_1$ 与 $\boldsymbol{V}_2$, 由定理 2.4 可以得到方程组 (2.82) 的通解

$$\mathcal{Y}(t) = k_1\mathrm{e}^{\lambda_1 t}\boldsymbol{V}_1 + k_2\mathrm{e}^{\lambda_2 t}\boldsymbol{V}_2.$$

由 λ_1 与 λ_2 的符号可决定解的渐近行为. 下面分别讨论.

1. 系数矩阵具有两个不同的实特征值 $\lambda_1 < \lambda_2$ 且 $\lambda_i \neq 0 (i = 1,2)$

由特征值的符号可以对平衡点 $(0,0)$ 的类型进行分类.

(1) $\lambda_1 < 0 < \lambda_2$. 平衡点 $(0,0)$ 为鞍点.

例 2.9 求方程组

$$\frac{\mathrm{d}\mathcal{Y}}{\mathrm{d}t} = \mathcal{A}\mathcal{Y}, \quad \mathcal{A} = \begin{pmatrix} -5 & 0 \\ 0 & 3 \end{pmatrix} \tag{2.84}$$

的通解, 并画相图.

解 特征方程

$$\det(\lambda \boldsymbol{I} - \mathcal{A}) = \lambda^2 + 2\lambda - 15 = 0$$

有两个根 $\lambda_1 = -5$, $\lambda_2 = 3$.

由 $\mathcal{A}\boldsymbol{V}_1 = -5\boldsymbol{V}_1$, $\boldsymbol{V}_1 = (x_1, y_1)$ 得

$$\begin{cases} -5x_1 = -5x_1, \\ 3y_1 = -5y_1. \end{cases}$$

为使上式成立, 只有 $y_1 = 0$. 取 $x_1 = 1$, 则 $\boldsymbol{V}_1 = (1,0)$.

同理, 对特征值 $\lambda_2 = 3$, 求得对应的特征向量 $\boldsymbol{V}_2 = (0,1)$. 于是得到通解为

$$\boldsymbol{\mathcal{Y}}(t) = k_1\mathrm{e}^{-5t}\begin{pmatrix}1\\0\end{pmatrix} + k_2\mathrm{e}^{3t}\begin{pmatrix}0\\1\end{pmatrix} = \begin{pmatrix}k_1\mathrm{e}^{-5t}\\k_2\mathrm{e}^{3t}\end{pmatrix}.$$

下面画出相图.

① 画出 xy 坐标系, 标明 $O = (0,0)$ 为平衡点. ② 过平衡点 $(0,0)$ 与 $\boldsymbol{V}_1 = (1,0)$ 点作直线, 即为 x 轴. 因 $\lambda_1 = -5 < 0$, 故其上箭头指向原点. ③ 过点 $(0,0)$ 与点 $\boldsymbol{V}_2 = (0,1)$ 作直线, 即 y 轴. 因 $\lambda_2 = 3 > 0$, 故其上箭头远离 $(0,0)$. ④ 其他解的轨线的走向受这两个直线解的直接影响, 均从无穷远处切 x 轴指向原点的方向, 进而转向沿切 y 轴远离原点方向, 趋于无穷远处 (图 2.32).

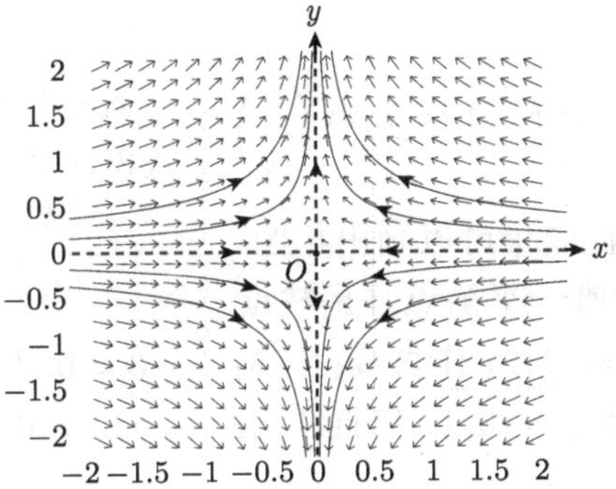

图 2.32 方程组 (2.6) 的相图

注记 (1) 当 $t \to +\infty$ 时, $\boldsymbol{\mathcal{Y}}_1(t) = (k_1\mathrm{e}^{-5t}, 0)$ 沿 x 轴分别从 $+\infty(k_1 > 0)$ 或 $-\infty(k_1 < 0)$ 趋向 $(0,0)$. 而当 $t \to -\infty$ 时, $\boldsymbol{\mathcal{Y}}_1(t) = (k_1\mathrm{e}^{-5t}, 0)$ 沿 x 轴趋于 $\infty(k_1 > 0)$ 或趋于 $-\infty(k_1 < 0)$. 同理, 确定 $\boldsymbol{\mathcal{Y}}_2(t) = (0, k_2\mathrm{e}^{3t})$ 沿 y 轴的走向.

(2) 当 t 较大时, $\boldsymbol{\mathcal{Y}}(t) \approx (0, k_2\mathrm{e}^{3t})$, 而当 t 为绝对值较大负值时, $\boldsymbol{\mathcal{Y}}(t) \approx (k_1\mathrm{e}^{-5t}, 0)$, 从而轨线的走向如 (1) 所述.

平衡点 $O = (0,0)$ 在 x 轴上为 $\dfrac{\mathrm{d}x}{\mathrm{d}t} = -5x$ 的汇, 而在 y 轴上为 $\dfrac{\mathrm{d}y}{\mathrm{d}t} = 3y$ 的源. 此时, 称平衡点 $O = (0,0)$ 为方程组的鞍点.

例 2.10 求方程组

$$\frac{\mathrm{d}\boldsymbol{\mathcal{Y}}}{\mathrm{d}t} = \boldsymbol{\mathcal{B}}\boldsymbol{\mathcal{Y}}, \quad \boldsymbol{\mathcal{B}} = \begin{pmatrix}3 & -3\\2 & -4\end{pmatrix} \tag{2.85}$$

的通解, 并画出相应的相图.

解 求特征方程

$$\det(\lambda\boldsymbol{I} - \boldsymbol{\mathcal{B}}) = \lambda^2 + \lambda - 6 = 0$$

的根得 $\lambda_1 = -3$, $\lambda_2 = 2$.

求对应 $\lambda_1 = -3$ 的特征向量. 由 $\boldsymbol{\mathcal{B}V}_1 = -3\boldsymbol{V}_1$ 得

$$\begin{cases} 3x_1 - 3y_1 = -3x_1, \\ 2x_1 - 4y_1 = -3y_1, \end{cases}$$

于是得 $y_1 = 2x_1$, $\boldsymbol{V}_1 = (1,2)$.

求对应 $\lambda_2 = 2$ 的特征向量. 由 $\boldsymbol{\mathcal{B}V}_2 = 2\boldsymbol{V}_2$ 得

$$\begin{cases} 3x_2 - 3y_2 = 2x_2, \\ 2x_2 - 4y_2 = 2y_2, \end{cases}$$

于是得 $x_2 = 3y_2$, $\boldsymbol{V}_2 = (3,1)$.

通解为

$$\boldsymbol{\mathcal{Y}}(t) = k_1\mathrm{e}^{-3t}\begin{pmatrix}1\\2\end{pmatrix} + k_2\mathrm{e}^{2t}\begin{pmatrix}3\\1\end{pmatrix} = \begin{pmatrix}k_1\mathrm{e}^{-3t} + 3k_2\mathrm{e}^{2t}\\ 2k_1\mathrm{e}^{-3t} + k_2\mathrm{e}^{2t}\end{pmatrix}.$$

根据通解或特征值与特征向量可以画出相图.

(i) 画出 (0,0), 它为唯一平衡点且是鞍点;

(ii) 过 (0,0) 与 $\boldsymbol{V}_1 = (1,2)$ 作直线, 因 $\lambda_1 = -3 < 0$, 其箭头指向 (0,0);

(iii) 过 (0,0) 点与 $\boldsymbol{V}_2 = (3,1)$ 作直线, 因 $\lambda_2 = 2 > 0$, 故其上从 (0,0) 指向外方;

(iv) 其他解的轨线从无穷远处沿 V_1 方向上直线解的方向, 而转向沿 V_2 方向上直线解的方向, 趋于无穷远处 (图 2.33).

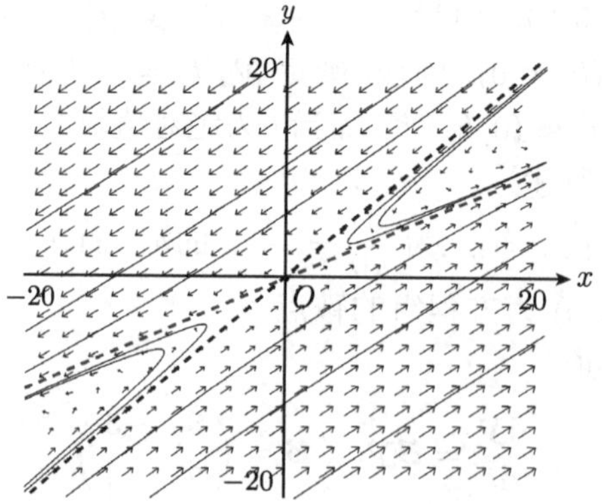

图 2.33 方程组 (2.85) 的相图

一般地, 如果 $\boldsymbol{\mathcal{A}} = \begin{pmatrix}a & b\\ c & d\end{pmatrix}$ 具有两个特征值 $\lambda_1 < 0 < \lambda_2$, 而对应的特征向量

为 $\boldsymbol{V}_1$ 与 $\boldsymbol{V}_2$. 原点 $O=(0,0)$ 为方程组

$$\frac{\mathrm{d}\mathcal{Y}}{\mathrm{d}t}=\mathcal{A}\mathcal{Y}$$

的鞍点. 在相图中由两条直线, 分别对应于直线解 $k_1\mathrm{e}^{\lambda_1 t}\boldsymbol{V}_1$ 与 $k_2\mathrm{e}^{\lambda_2 t}\boldsymbol{V}_2$, 沿 $\boldsymbol{V}_1$ 确定的直线的解趋于 $O=(0,0)$, 而沿 $\boldsymbol{V}_2$ 确定的直线解远离 $O=(0,0)$. 其他解从无穷远沿 $\boldsymbol{V}_1$ 确定直线解的方向, 而转向沿 $\boldsymbol{V}_2$ 确定的直线解轨线的方向趋于无穷.

在例 2.9 和例 2.10 中, 可以画出 $x(t)$ 图像与 $y(t)$ 图像.

(2) $\lambda_1<\lambda_2<0$. 平衡点原点 $O=(0,0)$ 为汇. 在 2.5.1 小节所建立的 RL 混联电路中, 设 $R=1\Omega$, $L=1$ H. 如果某时刻突然切掉电源. 求这一时刻以后, 两个回路中电流 $I_1(t)$ 与 $I_2(t)$ 的变化规律. 此时, 状态方程 (2.56) 变为齐次方程组

$$\frac{\mathrm{d}\mathcal{Y}}{\mathrm{d}t}=\begin{pmatrix}-1 & 1\\ \frac{1}{2} & -2\end{pmatrix}\mathcal{Y}.$$

例 2.11 求方程组

$$\frac{\mathrm{d}\mathcal{Y}}{\mathrm{d}t}=\mathcal{C}\mathcal{Y},\quad \mathcal{C}=\begin{pmatrix}-1 & 1\\ \frac{1}{2} & -2\end{pmatrix} \tag{2.86}$$

的通解, 并画出相应的相图.

解 求特征方程

$$\det(\lambda\boldsymbol{I}-\mathcal{C})=\lambda^2+3\lambda+\frac{3}{2}=0$$

的根得 $\lambda_1=\dfrac{-3-\sqrt{3}}{2}$, $\lambda_2=\dfrac{-3+\sqrt{3}}{2}$.

求对应 $\lambda_1=\dfrac{-3-\sqrt{3}}{2}$ 的特征向量 $\boldsymbol{V}_1=(x_1,y_1)$. 由 $\mathcal{C}\boldsymbol{V}_1=\lambda_1\boldsymbol{V}_1$ 得

$$\begin{cases}-x_1+y_1=\dfrac{-3-\sqrt{3}}{2}x_1,\\ \dfrac{1}{2}x_1-2y_1=\dfrac{-3-\sqrt{3}}{2}y_1,\end{cases}$$

于是得 $y_1=\dfrac{-1-\sqrt{3}}{2}x_1$, 故 $\boldsymbol{V}_1=\left(1,\dfrac{-1-\sqrt{3}}{2}\right)$.

同理, 对应 $\lambda_2=\dfrac{-3+\sqrt{3}}{2}$ 的特征向量 $\boldsymbol{V}_2=\left(1,\dfrac{\sqrt{3}-1}{2}\right)$. 于是方程组的通解为

$$\mathcal{Y}(t)=k_1\mathrm{e}^{-\left(\frac{3+\sqrt{3}}{2}\right)t}\begin{pmatrix}1\\ \dfrac{-1-\sqrt{3}}{2}\end{pmatrix}+k_2\mathrm{e}^{-\left(\frac{3-\sqrt{3}}{2}\right)t}\begin{pmatrix}1\\ \dfrac{\sqrt{3}-1}{2}\end{pmatrix}.$$

下面画出相图.

(i) 在 xy 平面上, 标出平衡点 $O=(0,0)$;

(ii) 画出直线 $y=\left(\dfrac{-1-\sqrt{3}}{2}\right)x$ 与直线 $y=\left(\dfrac{\sqrt{3}-1}{2}\right)x$, 由于 $\lambda_1<0,\lambda_2<0$, 所以在两条直线上, 标出指向 O 的箭头;

(iii) 其他解的轨线的方向指向原点 O 且与 λ_2 对应的特征向量 $\boldsymbol{V}_2$ 确定的直线相切, 见图 2.34.

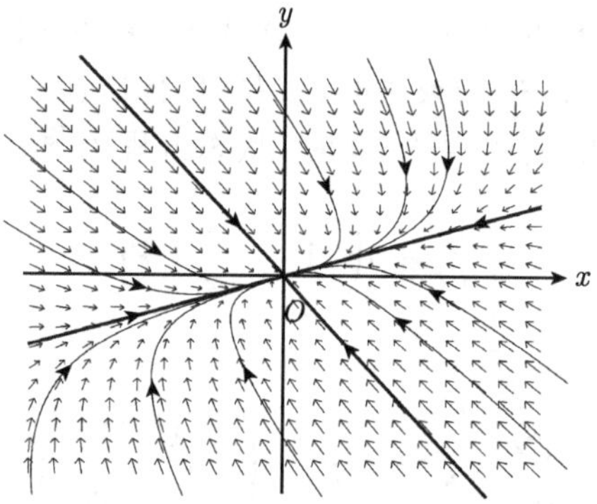

图 2.34　方程组 (2.86) 的相图

注记　为什么其他解的轨线的方向如画法 (iii) 所示? 下面进一步分析. 由 $\mathcal{Y}(t)=(x(t),y(t))$ 及通解的公式知

$$\begin{cases} x(t)=k_1\mathrm{e}^{-\left(\frac{3+\sqrt{3}}{2}\right)t}+k_2\mathrm{e}^{-\left(\frac{3-\sqrt{3}}{2}\right)t}, \\ y(t)=\dfrac{-1-\sqrt{3}}{2}k_1\mathrm{e}^{-\left(\frac{3+\sqrt{3}}{2}\right)t}+\dfrac{\sqrt{3}-1}{2}k_2\mathrm{e}^{-\left(\frac{3-\sqrt{3}}{2}\right)t}. \end{cases}$$

轨线的切线斜率为

$$\frac{\mathrm{d}y}{\mathrm{d}x}=\frac{\dfrac{\mathrm{d}y(t)}{\mathrm{d}t}}{\dfrac{\mathrm{d}x(t)}{\mathrm{d}t}}=\frac{\dfrac{3+\sqrt{3}}{2}\dfrac{1+\sqrt{3}}{2}k_1\mathrm{e}^{-\left(\frac{3+\sqrt{3}}{2}\right)t}+\dfrac{\sqrt{3}-3}{2}\dfrac{\sqrt{3}-1}{2}k_2\mathrm{e}^{-\frac{(3-\sqrt{3})}{2}t}}{-\dfrac{3+\sqrt{3}}{2}k_1\mathrm{e}^{-\left(\frac{3+\sqrt{3}}{2}\right)t}-\dfrac{3-\sqrt{3}}{2}k_2\mathrm{e}^{-\left(\frac{3-\sqrt{3}}{2}\right)t}}.$$

当 $t\to\infty$ 时, $\dfrac{\mathrm{d}y}{\mathrm{d}x}\to\dfrac{\sqrt{3}-1}{2}$. 因此, 轨线以斜率为 $\dfrac{\sqrt{3}-1}{2}$ 的直线, 即 $\boldsymbol{V}_2$ 确定的直线为渐近线.

一般地, 如果 $\mathcal{A}=\begin{pmatrix} a & b \\ c & d \end{pmatrix}$ 具有两个实特征值 $\lambda_1<\lambda_2<0$, 对应的特征向量为 $\boldsymbol{V}_1$ 与 $\boldsymbol{V}_2$, 则平衡点 $O=(0,0)$ 为方程组

$$\frac{\mathrm{d}\mathcal{Y}}{\mathrm{d}t}=\mathcal{A}\mathcal{Y}$$

的汇. 在相图中有两条直线, 分别对应于直线解 $k_1e^{\lambda_1 t}\boldsymbol{V}_1$ 与 $k_2e^{\lambda_2 t}\boldsymbol{V}_2$, 沿两条直线的轨线均趋于原点 O, 而其他轨线均从无穷远处以 $\boldsymbol{V}_2$ 确定的直线为渐近线, 而趋于原点 $O=(0,0)$.

(3) $0<\lambda_1<\lambda_2$. 平衡点原点 $O=(0,0)$ 为方程组的源.

例 2.12 求方程组

$$\frac{\mathrm{d}\mathcal{Y}}{\mathrm{d}t}=\mathcal{D}\mathcal{Y},\quad \mathcal{D}=\begin{pmatrix}2&2\\1&3\end{pmatrix} \tag{2.87}$$

的通解, 并画出相应的相图.

解 由例 2.8, 矩阵的特征值 $\lambda_1=1$, $\lambda_2=4$. 所以 4 与 1 为 $\mathcal{D}$ 的特征值. 对应的特征向量分别为 $\boldsymbol{V}_1=(-2,1)$, $\boldsymbol{V}_2=(1,1)$. 因此, 通解为

$$y(t)=k_1e^t\begin{pmatrix}-2\\1\end{pmatrix}+k_2e^{4t}\begin{pmatrix}1\\1\end{pmatrix}=\begin{pmatrix}-2k_1e^t+k_2e^{4t}\\k_1e^t+k_2e^{4t}\end{pmatrix}.$$

下面绘出相图.

(i) 在 xy 平面上, 标出平衡点 $O=(0,0)$;

(ii) 画出直线 $y=\dfrac{1}{2}x$ 与直线 $y=x$, 两条直线上, 均标出背离原点 O 的箭头;

(iii) 其他解的轨线背离原点 O 与直线 $y=-\dfrac{1}{2}x$ 对应的 $\boldsymbol{V}_1$ 的直线相切, 指向远处 (图 2.35).

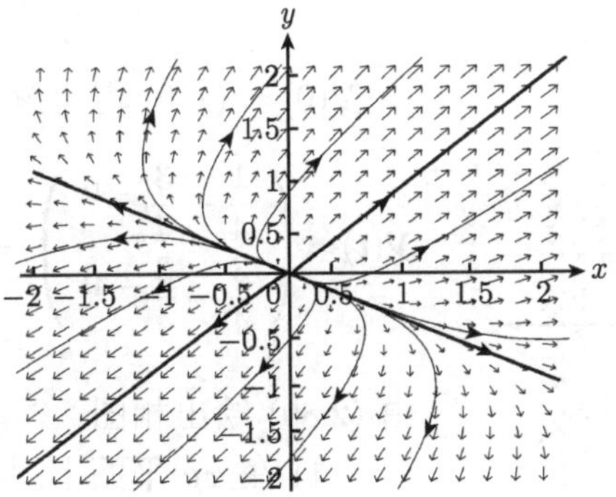

图 2.35 方程组 (2.87) 的相图

注记 画法 (iii) 的理由与例 2.11 中的注记类似.

一般地, 当矩阵 $\mathcal{A}$ 有两个实特征值 $0<\lambda_1<\lambda_2$ 时, 平衡点 $O=(0,0)$ 为方程组

$$\frac{\mathrm{d}\mathcal{Y}}{\mathrm{d}t}=\mathcal{A}\mathcal{Y}$$

相图的源. 在相图中有两条过原点 O 的直线, 由 O 分成的 4 条射线分别为直线解的过原点 O 的轨线. 其他解的轨线均与对应于 $\boldsymbol{V}_1$ 的直线相切, 而背离原点 O.

(1) 如果平衡点 $O=(0,0)$ 为汇, 则称此平衡点 O 为稳定的. 因为以其临近的点作为初始点的轨线, 当时间增加时必趋近此平衡点.

(2) 如果平衡点 $O=(0,0)$ 为源或鞍点, 则称此平衡点 O 是不稳定的. 因为在充分靠近此平衡点 O 的初始点, 从该点出发的轨线当时间 t 增加时离开平衡点 O 而去.

2. 系数矩阵具有两个不同的实特征值 $\lambda_1<\lambda_2$ 且 $\lambda_1=0$ 或 $\lambda_2=0$

只讨论 $\lambda_1<\lambda_2=0$, 而 $0=\lambda_2<\lambda_1$ 的情形可类似讨论.

例 2.13　求方程组

$$\frac{\mathrm{d}\boldsymbol{\mathcal{Y}}}{\mathrm{d}t}=\boldsymbol{\mathcal{E}}\boldsymbol{\mathcal{Y}},\quad \boldsymbol{\mathcal{E}}=\begin{pmatrix}-3 & 1\\ 3 & -1\end{pmatrix} \tag{2.88}$$

的通解及 $y(0)=(1,0)$ 的特解, 画出相图.

解　特征方程 $\det(\lambda\boldsymbol{I}-\boldsymbol{\mathcal{E}})=\lambda^2+4\lambda=0$ 的两个根 $\lambda_1=-4$, $\lambda_2=0$, 所以 -4 与 0 为 $\boldsymbol{\varepsilon}$ 的特征值.

对应特征值 $\lambda_1=-4$ 的特征向量 $\boldsymbol{V}_1=(-1,1)$, 而对应 $\lambda_2=0$ 的特征向量 $\boldsymbol{V}_2=(1,3)$. 于是通解

$$\boldsymbol{\mathcal{Y}}(t)=k_1\mathrm{e}^{-4t}\begin{pmatrix}-1\\ 1\end{pmatrix}+k_2\mathrm{e}^{0\cdot t}\begin{pmatrix}1\\ 3\end{pmatrix}=k_1\mathrm{e}^{-4t}\begin{pmatrix}-1\\ 1\end{pmatrix}+k_2\begin{pmatrix}1\\ 3\end{pmatrix}=\begin{pmatrix}k_2-k_1\mathrm{e}^{-4t}\\ 3k_2+k_1\mathrm{e}^{-4t}\end{pmatrix}. \tag{2.89}$$

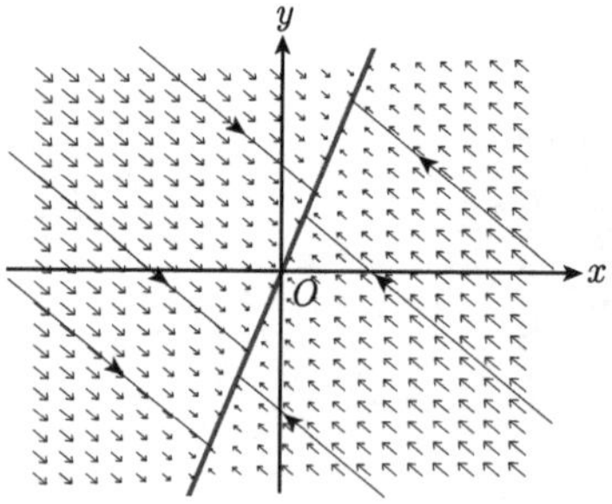

图 2.36　方程组 (2.88) 的相图

由 $\boldsymbol{\mathcal{Y}}(0)=(1,0)$ 得特解

$$\boldsymbol{\mathcal{Y}}(t)=\begin{pmatrix}\dfrac{1}{4}+\dfrac{3}{4}\mathrm{e}^{-4t}\\ \dfrac{3}{4}-\dfrac{3}{4}\mathrm{e}^{-4t}\end{pmatrix}=\frac{1}{4}\begin{pmatrix}1\\ 3\end{pmatrix}+\frac{3}{4}\mathrm{e}^{-4t}\begin{pmatrix}1\\ -1\end{pmatrix}. \tag{2.90}$$

由 (2.89) 绘出相图.

(1) 在 xy 平面上, 标出平衡点集 $y=3x$;

(2) 画平行于 $y=-x$ 的半直线, 其上箭头指向直线 $y=3x$, 此为其他解的轨 (图 2.36).

一般地, 当矩阵 $\boldsymbol{\mathcal{A}}$ 有两个实特征值 $\lambda_1<\lambda_2=0$ (或 $0=\lambda_2<\lambda_1$). 对应的特征向量分别为 $\boldsymbol{V}_1$ 与 $\boldsymbol{V}_2$, 则过点 $O=(0,0)$ 与向量 $\boldsymbol{V}_2$ 终点的直线上的点均为平衡点. 作半直线平行向量 $\boldsymbol{V}_1$, 若 $\lambda_1<0$, 则箭头指向平衡点的直线; 若 $\lambda_1>0$, 则反向. 此为方程组 $\dfrac{\mathrm{d}\boldsymbol{\mathcal{Y}}}{\mathrm{d}t}=\boldsymbol{\mathcal{A}}\boldsymbol{\mathcal{Y}}$ 的相图. 该方程组的通解为

$$\boldsymbol{\mathcal{Y}}(t)=k_1\mathrm{e}^{\lambda_1 t}\boldsymbol{V}_1+k_2\mathrm{e}^{\lambda_2 t}\boldsymbol{V}_2.$$

在这种状态下, 平衡点 $O=(0,0)$ 不是孤立的平衡点, 是位于鞍点与汇 $(\lambda_1<\lambda_2=0)$ 或鞍点与源 $(0=\lambda_2<\lambda_1)$ 的临界状态, 分别称为 O 为临界鞍汇点或临界鞍源点, 见图 2.37.

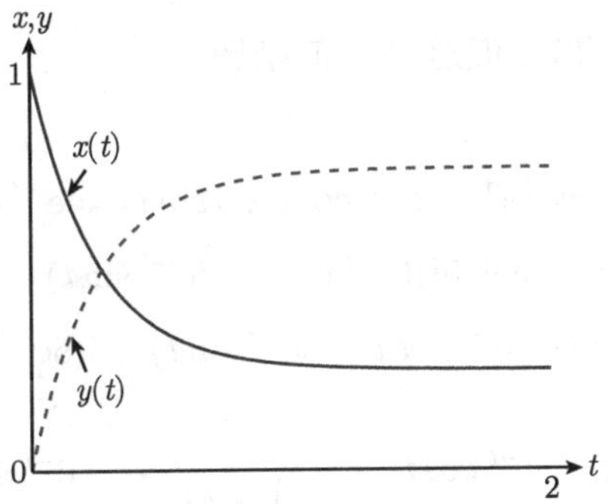

图 2.37 方程组 (2.88) 具有初值 $\boldsymbol{\mathcal{Y}}(0)=(1,0)$ 的 $x(t)$ 与 $y(t)$ 图像

2.6.2 具有复特征值的一阶二维线性微分方程组

在 2.6.1 小节中讨论的一阶二维线性微分方程组, 一般均存在至少一个直线解, 然后以此为基础求出其通解. 但是在应用中, 有的方程组根本就不存在直线解. 本节讨论这种情况.

1. 有阻尼无外力单摆模型的通解, 定性分析

在 2.5.1 小节中引进的有阻尼、无外力的单摆模型

$$\frac{\mathrm{d}\boldsymbol{\mathcal{Y}}}{\mathrm{d}t}=\boldsymbol{\mathcal{A}}\boldsymbol{\mathcal{Y}},\quad \boldsymbol{\mathcal{A}}=\begin{pmatrix}0 & \dfrac{1}{l}\\ -g & -\dfrac{\mu}{m}\end{pmatrix}.$$

设 $l=5$, $g=10$, $\mu=2$, $m=1$, 则上述方程组化为

$$\frac{\mathrm{d}\boldsymbol{\mathcal{Y}}}{\mathrm{d}t}=\boldsymbol{\mathcal{A}}\boldsymbol{\mathcal{Y}},\quad \boldsymbol{\mathcal{A}}=\begin{pmatrix}0 & \dfrac{1}{5}\\ -10 & -2\end{pmatrix}.$$

由下面的讨论可知, 在其相图中不存在直线解.

下面探索求其实值通解的其他方法.

由定理 2.2, 求 $\boldsymbol{\mathcal{A}}$ 的特征值与对应的特征向量. 由特征方程

$$\det(\lambda\boldsymbol{I}-\boldsymbol{\mathcal{A}})=\lambda^2+2\lambda+2=0$$

得特征值 $\lambda_1=-1+\mathrm{i}$, $\lambda_2=-1-\mathrm{i}$, 其中 $\mathrm{i}=\sqrt{-1}$ 为虚数单位. 对 $\lambda_1=-1+\mathrm{i}$, 求解方程组 $\boldsymbol{\mathcal{A}}\boldsymbol{V}_1=(-1+\mathrm{i})\boldsymbol{V}_1$, $\boldsymbol{V}_1=(x_1,y_1)$ 得

$$\begin{cases}\dfrac{1}{5}y_1=(-1+\mathrm{i})x_1,\\ -10x_1-2y_1=(-1+\mathrm{i})y_1.\end{cases}$$

于是 $y_1 = (-5+5\mathrm{i})x_1$, $\boldsymbol{V}_1 = (1, -5+5\mathrm{i})$. 由定理 2.4(1) 知

$$\boldsymbol{\mathcal{Y}}(t) = \mathrm{e}^{(-1+\mathrm{i})t}\begin{pmatrix} 1 \\ -5+5\mathrm{i} \end{pmatrix} = \begin{pmatrix} \mathrm{e}^{(-1+\mathrm{i})t} \\ (-5+5\mathrm{i})\mathrm{e}^{(-1+\mathrm{i})t} \end{pmatrix}$$

为方程组 $\mathrm{d}\boldsymbol{\mathcal{Y}}/\mathrm{d}t = \boldsymbol{\mathcal{A}}\boldsymbol{\mathcal{Y}}$ 的解, 但这是复值函数.

由欧拉公式有

$$\begin{aligned} \mathrm{e}^{(-1+\mathrm{i})t} &= \mathrm{e}^{-t}\mathrm{e}^{\mathrm{i}t} = \mathrm{e}^{-t}(\cos t + \mathrm{i}\sin t) = \mathrm{e}^{-t}\cos t + \mathrm{i}\mathrm{e}^{-t}\sin t, \\ (-5+5\mathrm{i})\mathrm{e}^{(-1+\mathrm{i})t} &= (-5+5\mathrm{i})(\mathrm{e}^{-t}\cos t + \mathrm{i}\mathrm{e}^{-t}\sin t) \\ &= (-5\mathrm{e}^{-t}\cos t - 5\mathrm{e}^{-t}\sin t) + \mathrm{i}(5\mathrm{e}^{-t}\cos t - 5\mathrm{e}^{-t}\sin t). \end{aligned}$$

于是

$$\boldsymbol{\mathcal{Y}}(t) = \begin{pmatrix} \mathrm{e}^{-t}\cos t \\ -5\mathrm{e}^{-t}(\cos t + \sin t) \end{pmatrix} + \mathrm{i}\begin{pmatrix} \mathrm{e}^{-t}\sin t \\ 5\mathrm{e}^{-t}(\cos t - \sin t) \end{pmatrix}. \tag{2.91}$$

下面的定理可以确保从上述复值解得到方程组的实值通解.

定理 2.5　*假设 $\boldsymbol{\mathcal{Y}}(t)$ 为方程组*

$$\frac{\mathrm{d}\boldsymbol{\mathcal{Y}}}{\mathrm{d}t} = \boldsymbol{\mathcal{A}}\boldsymbol{\mathcal{Y}}, \quad \boldsymbol{\mathcal{A}} = \begin{pmatrix} a & b \\ c & d \end{pmatrix} \tag{2.92}$$

的复值解, 其中 a, b, c, d 均为实数. 如果

$$\boldsymbol{\mathcal{Y}}(t) = \boldsymbol{\mathcal{Y}}_{\mathrm{R}}(t) + \mathrm{i}\boldsymbol{\mathcal{Y}}_{\mathrm{I}}(t),$$

$\boldsymbol{\mathcal{Y}}_{\mathrm{R}}(t)$ 与 $\boldsymbol{\mathcal{Y}}_{\mathrm{I}}(t)$ 分别为 $\boldsymbol{\mathcal{Y}}(t)$ 的实部与虚部, 则 $\boldsymbol{\mathcal{Y}}_{\mathrm{R}}(t)$ 与 $\boldsymbol{\mathcal{Y}}_{\mathrm{I}}(t)$ 均为方程组 (2.92) 的解.

证明　因为 $\boldsymbol{\mathcal{Y}}(t)$ 为方程组 (2.92) 的解, 则

$$\frac{\mathrm{d}\boldsymbol{\mathcal{Y}}}{\mathrm{d}t} = \boldsymbol{\mathcal{A}}\boldsymbol{\mathcal{Y}}. \tag{2.93}$$

对 $\boldsymbol{\mathcal{Y}}(t) = \boldsymbol{\mathcal{Y}}_{\mathrm{R}}(t) + \mathrm{i}\boldsymbol{\mathcal{Y}}_{\mathrm{I}}(t)$ 两边求导, 由于求导运算为线性变换, 从而有

$$\frac{\mathrm{d}\boldsymbol{\mathcal{Y}}(t)}{\mathrm{d}t} = \frac{\mathrm{d}\boldsymbol{\mathcal{Y}}_{\mathrm{R}}(t)}{\mathrm{d}t} + \mathrm{i}\frac{\mathrm{d}\boldsymbol{\mathcal{Y}}_{\mathrm{I}}(t)}{\mathrm{d}t}. \tag{2.94}$$

另一方面, 由矩阵 $\boldsymbol{\mathcal{A}}$ 也为线性变换得

$$\boldsymbol{\mathcal{A}}\boldsymbol{\mathcal{Y}}(t) = \boldsymbol{\mathcal{A}}\boldsymbol{\mathcal{Y}}_{\mathrm{R}}(t) + \mathrm{i}\boldsymbol{\mathcal{A}}\boldsymbol{\mathcal{Y}}_{\mathrm{I}}(t), \tag{2.95}$$

所以得到

$$\frac{\mathrm{d}\boldsymbol{\mathcal{Y}}_{\mathrm{R}}(t)}{\mathrm{d}t} + \mathrm{i}\frac{\mathrm{d}\boldsymbol{\mathcal{Y}}_{\mathrm{I}}(t)}{\mathrm{d}t} = \boldsymbol{\mathcal{A}}\boldsymbol{\mathcal{Y}}_{\mathrm{R}}(t) + \mathrm{i}\boldsymbol{\mathcal{A}}\boldsymbol{\mathcal{Y}}_{\mathrm{I}}(t)$$

对一切 t 成立. 由复数相等的条件得

$$\frac{\mathrm{d}\boldsymbol{\mathcal{Y}}_{\mathrm{R}}(t)}{\mathrm{d}t} = \boldsymbol{\mathcal{A}}\boldsymbol{\mathcal{Y}}_{\mathrm{R}}(t), \quad \frac{\mathrm{d}\boldsymbol{\mathcal{Y}}_{\mathrm{I}}(t)}{\mathrm{d}t} = \boldsymbol{\mathcal{A}}\boldsymbol{\mathcal{Y}}_{\mathrm{I}}(t).$$

例 2.14 求线性方程组

$$\frac{\mathrm{d}\mathcal{Y}}{\mathrm{d}t}=\mathcal{A}\mathcal{Y},\quad \mathcal{A}=\begin{pmatrix}0 & \frac{1}{5}\\ -10 & -2\end{pmatrix} \tag{2.96}$$

的实值通解.

解 由式 (2.91), 方程组 (2.96) 有复值解

$$\mathcal{Y}(t)=\begin{pmatrix}\mathrm{e}^{-t}\cos t\\ -5\mathrm{e}^{-t}(\cos t+\sin t)\end{pmatrix}+\mathrm{i}\begin{pmatrix}\mathrm{e}^{-t}\sin t\\ 5\mathrm{e}^{-t}(\cos t-\sin t)\end{pmatrix}.$$

应用定理 2.5, 方程组 (2.96) 有两个实值解

$$\mathcal{Y}_1(t)=\begin{pmatrix}\mathrm{e}^{-t}\cos t\\ -5\mathrm{e}^{-t}(\cos t+\sin t)\end{pmatrix},\quad \mathcal{Y}_2(t)=\begin{pmatrix}\mathrm{e}^{-t}\sin t\\ 5\mathrm{e}^{-t}(\cos t-\sin t)\end{pmatrix}$$

且 $\mathcal{Y}_1(0)=\begin{pmatrix}1\\ -5\end{pmatrix}$ 与 $\mathcal{Y}_2(0)=\begin{pmatrix}0\\ 5\end{pmatrix}$ 为线性无关的, 从而 $\mathcal{Y}_1(t)$ 与 $\mathcal{Y}_2(t)$ 为线性无关的. 因此, 通解

$$\begin{aligned}\mathcal{Y}(t)&=k_1\mathcal{Y}_1(t)+k_2\mathcal{Y}_2(t)\\ &=\begin{pmatrix}\mathrm{e}^{-t}(k_1\cos t+k_2\sin t)\\ 5\mathrm{e}^{-t}[(k_2-k_1)\cos t-(k_1+k_2)\sin t)]\end{pmatrix}.\end{aligned}$$

注记 为求实值通解, 只需计算 $\mathcal{A}$ 的一个特征值 λ_1(或 λ_2) 及对应的特征向量 $\boldsymbol{V}_1$(或 $\boldsymbol{V}_2$), 然后, 由 $\mathrm{e}^{\lambda_1 t}\boldsymbol{V}_1$(或 $\mathrm{e}^{\lambda_2 t}\boldsymbol{V}_2$) 的实部与虚部, 构造 $\mathrm{d}\mathcal{Y}/\mathrm{d}t=\mathcal{A}\mathcal{Y}$ 的通解.

定性分析 (1) 从方程组 $\dfrac{\mathrm{d}\mathcal{Y}}{\mathrm{d}t}=\begin{pmatrix}0 & \frac{1}{5}\\ -10 & -2\end{pmatrix}\mathcal{Y}$ 的方向场及从 $(1,-5)$ 出发的一条轨线 (图 2.38) 可以看出, 轨线螺旋环绕趋向平衡点 O. 平衡点 O 称为螺旋汇.

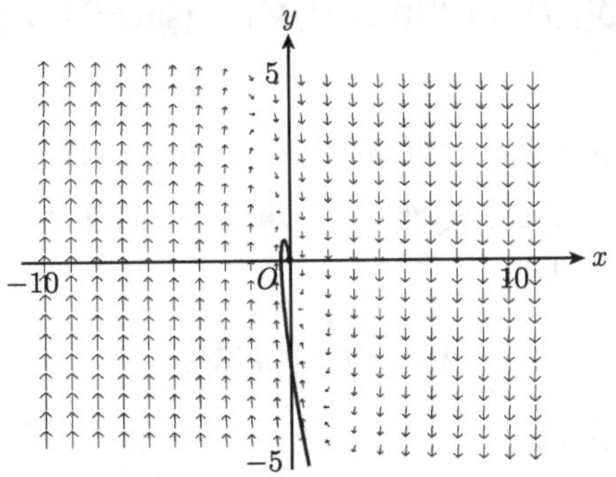

图 2.38 方程组 (2.96) 的方向场与一条从 (1, −5) 出发的轨线

(2) 方程组以 $(1,-5)$ 为初始点的 $x(t)$ 图像与 $y(t)$ 图像如图 2.39 所示, 其中由 e^{-t} 确定振幅逐渐减少且由 $\cos t$ 与 $\sin t$ 形成周期变化, 周期为 2π. 无论时刻多长, 但 $x(t)$ 与 $y(t)$ 的振幅由于受 e^{-t} 的影响而趋于 0.

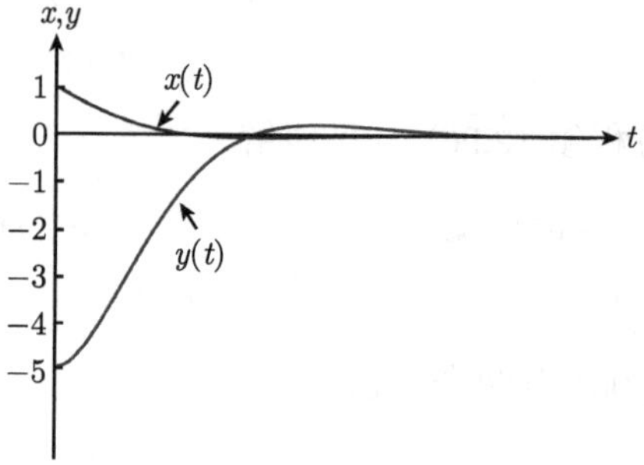

图 2.39　方程组 (2.96) 以 $(1,-5)$ 为初始点的 $x(t), y(t)$ 图像

事实上, 上述的定性分析无需求出通解, 只需从特征值便可进行.

上面的讨论可以推广到一般情形.

2. 具有复特征值的一阶二维齐次常系数线性方程的通解与定性分析

1) 通解

设线性方程组 $\mathrm{d}\boldsymbol{\mathcal{Y}}/\mathrm{d}t=\boldsymbol{\mathcal{A}}\boldsymbol{\mathcal{Y}}$, 实系数矩阵 $\boldsymbol{\mathcal{A}}$ 具有复特征值 $\lambda=\alpha+\mathrm{i}\beta$, $\beta>0$. $\boldsymbol{V}_0=\boldsymbol{V}_1+\mathrm{i}\boldsymbol{V}_2$ 为对应于 λ 的特征向量, 其中 $\boldsymbol{V}_1$ 与 $\boldsymbol{V}_2$ 为实向量, 则 $\mathrm{d}\boldsymbol{\mathcal{Y}}/\mathrm{d}t=\boldsymbol{\mathcal{A}}\boldsymbol{\mathcal{Y}}$ 有复值解

$$\begin{aligned}\boldsymbol{\mathcal{Y}}(t)&=\mathrm{e}^{(\alpha+\mathrm{i}\beta)t}\boldsymbol{V}_0\\&=\mathrm{e}^{\alpha t}(\cos\beta t+\mathrm{i}\sin\beta t)(\boldsymbol{V}_1+\mathrm{i}\boldsymbol{V}_2)\\&=\mathrm{e}^{\alpha t}(\cos\beta t\boldsymbol{V}_1-\sin\beta t\boldsymbol{V}_2)+\mathrm{i}\mathrm{e}^{\alpha t}(\sin\beta t\boldsymbol{V}_1+\cos\beta t\boldsymbol{V}_2),\end{aligned}$$

则方程组有两个实值解

$$\boldsymbol{\mathcal{Y}}_1(t)=\mathrm{e}^{\alpha t}[(\cos\beta t)\boldsymbol{V}_1-(\sin\beta t)\boldsymbol{V}_2)]$$

与

$$\boldsymbol{\mathcal{Y}}_2(t)=\mathrm{e}^{\alpha t}[(\sin\beta t)\boldsymbol{V}_1+(\cos\beta t)\boldsymbol{V}_2)]$$

且 $\boldsymbol{\mathcal{Y}}_1(0)=\boldsymbol{V}_1$ 与 $\boldsymbol{\mathcal{Y}}_2(0)=\boldsymbol{V}_2$ 线性无关. 事实上, 假如 $\boldsymbol{V}_1$ 与 $\boldsymbol{V}_2$ 线性相关, 则存在实数 k, 使 $\boldsymbol{V}_2=k\boldsymbol{V}_1$, 从而

$$\boldsymbol{V}_0=(1+\mathrm{i}k)\boldsymbol{V}_1,$$

但 $\boldsymbol{\mathcal{A}}\boldsymbol{V}_0=(\alpha+\mathrm{i}\beta)\boldsymbol{V}_0$, 从而

$$(1+\mathrm{i}k)\boldsymbol{\mathcal{A}}\boldsymbol{V}_1=\boldsymbol{\mathcal{A}}\boldsymbol{V}_0=(\alpha+\mathrm{i}\beta)\boldsymbol{V}_0=(\alpha+\mathrm{i}\beta)(1+\mathrm{i}k)\boldsymbol{V}_1.$$

两边消去 $1+\mathrm{i}k$ 得

$$\mathcal{A}\boldsymbol{V}_1=(\alpha+\mathrm{i}\beta)\boldsymbol{V}_1.$$

上式左端为实向量, 而右端为复向量, 矛盾. 因此, $\mathcal{Y}_1(0)=\boldsymbol{V}_1$ 与 $\mathcal{Y}_2(0)=\boldsymbol{V}_2$ 线性无关. 因此, 实值通解为

$$\begin{aligned}\mathcal{Y}(t)&=k_1\mathcal{Y}_1(t)+k_2\mathcal{Y}_2(t)\\&=\mathrm{e}^{\alpha t}(k_1\cos\beta t+k_2\sin\beta t)\boldsymbol{V}_1+\mathrm{e}^{\alpha t}(-k_1\sin\beta t+k_2\cos\beta t)\boldsymbol{V}_2.\end{aligned}$$

2) 轨线的定性行为

无需求得实值通解, 只需由上述特征值 $\lambda_1=\alpha+\mathrm{i}\beta$ 及对应的特征向量 $\boldsymbol{V}_0$ 便可以进行轨线的定性分析.

$$\begin{aligned}\mathcal{Y}(t)&=\mathrm{e}^{(\alpha+\mathrm{i}\beta)t}\boldsymbol{V}_0\\&=\mathrm{e}^{\alpha t}(\cos\beta t+\mathrm{i}\sin\beta t)\boldsymbol{V}_0.\end{aligned}$$

(1) 如果 $\alpha<0$, $\lim\limits_{t\to\infty}\mathrm{e}^{\alpha t}=0$, $\cos\beta t$, $\sin\beta t$ 以周期 $2\pi/\beta$ 变化. 因此, 方程组的轨线螺旋环绕趋于平衡点 $O=(0,0)$. 平衡点 O 称为螺旋汇.

(2) 如果 $\alpha>0$, $\lim\limits_{t\to\infty}\mathrm{e}^{\alpha t}=+\infty$, $\cos\beta t$, $\sin\beta t$ 以周期 $2\pi/\beta$ 变化. 因此, 方程组的轨线绕螺旋环绕趋向无穷, 平衡点 O 称为螺旋源.

(3) 如果 $\alpha=0$, 则 $\mathrm{e}^{\alpha t}=1$. 方程组的轨线形成含 O 的封闭曲线 (圆或椭圆), 故解为周期解. 平衡点 O 称为中心.

3) 轨线环绕方向

为确定方程组的轨线是顺时针还是逆时针环绕, 只需算出方向场中任意点 (如 $(1,0)$) 处的方向向量 $\mathcal{A}\begin{pmatrix}1\\0\end{pmatrix}$. 由这个向量便可确定环绕方向是顺时针还是逆时针.

3. 应用实例

例 2.15 求初值问题

$$\frac{\mathrm{d}\mathcal{Y}}{\mathrm{d}t}=\mathcal{B}\mathcal{Y},\quad \mathcal{Y}(0)=\begin{pmatrix}1\\1\end{pmatrix},\ \mathcal{B}=\begin{pmatrix}0&2\\-3&2\end{pmatrix}\tag{2.97}$$

的解, 画出方向场及该解的轨线, 判定平衡点 $O=(0,0)$ 的类型.

解 特征方程 $\det(\lambda\boldsymbol{I}-\mathcal{B})=\lambda^2-2\lambda+6=0$ 的两个根为 $\lambda_1=1+\mathrm{i}\sqrt{5}$ 与 $\lambda_2=1-\mathrm{i}\sqrt{5}$.

只需考虑一个特征值 $\lambda_1=1+\mathrm{i}\sqrt{5}$. 求对应的特征向量 $\boldsymbol{V}_1=(x_1,y_1)$, 由 $\mathcal{B}\boldsymbol{V}_1=\lambda_1\boldsymbol{V}_1$ 得

$$\begin{cases}2y_1=(1+\mathrm{i}\sqrt{5})x_1,\\-3x_1+2y_1=(1+\mathrm{i}\sqrt{5})y_1,\end{cases}$$

从而有 $y_1 = \dfrac{1+\mathrm{i}\sqrt{5}}{2}x_1$, 于是 $\boldsymbol{V}_1 = (2, 1+\mathrm{i}\sqrt{5})$. 对应的复值解为

$$\boldsymbol{\mathcal{Y}}_1(t) = \mathrm{e}^{(1+\mathrm{i}\sqrt{5})t}\begin{pmatrix} 2 \\ 1+\mathrm{i}\sqrt{5} \end{pmatrix}.$$

由欧拉公式有

$$\begin{aligned}\boldsymbol{\mathcal{Y}}_1(t) &= \mathrm{e}^t(\cos\sqrt{5}t + \mathrm{i}\sin\sqrt{5}t)\begin{pmatrix} 2 \\ 1+\mathrm{i}\sqrt{5} \end{pmatrix} \\ &= \mathrm{e}^t\begin{pmatrix} 2\cos\sqrt{5}t \\ \cos\sqrt{5}t - \sqrt{5}\sin\sqrt{5}t \end{pmatrix} + \mathrm{i}\mathrm{e}^t\begin{pmatrix} 2\sin\sqrt{5}t \\ \sqrt{5}\cos\sqrt{5}t + \sin\sqrt{5}t \end{pmatrix}.\end{aligned}$$

由此得通解为

$$\boldsymbol{\mathcal{Y}}(t) = k_1\mathrm{e}^t\begin{pmatrix} 2\cos\sqrt{5}t \\ \cos\sqrt{5}t - \sqrt{5}\sin\sqrt{5}t \end{pmatrix} + k_2\mathrm{e}^t\begin{pmatrix} 2\sin\sqrt{5}t \\ \sqrt{5}\cos\sqrt{5}t + \sin\sqrt{5}t \end{pmatrix},$$

其中 k_1, k_2 为任意常数. 由初始条件 $\boldsymbol{\mathcal{Y}}(0) = (1, 1)$ 得 (将 $t = 0$ 代入上式)

$$k_1\begin{pmatrix} 2 \\ 1 \end{pmatrix} + k_2\begin{pmatrix} 0 \\ \sqrt{5} \end{pmatrix} = \begin{pmatrix} 1 \\ 1 \end{pmatrix},$$

解之得 $k_1 = 1/2$ 且 $k_2 = \sqrt{5}/10$, 则特解为

$$\boldsymbol{\mathcal{Y}}(t) = \frac{1}{2}\mathrm{e}^t\begin{pmatrix} 2\cos\sqrt{5}t \\ \cos\sqrt{5}t - \sqrt{5}\sin\sqrt{5}t \end{pmatrix} + \frac{\sqrt{5}}{10}\mathrm{e}^t\begin{pmatrix} 2\sin\sqrt{5}t \\ \sqrt{5}\cos\sqrt{5}t + \sin\sqrt{5}t \end{pmatrix}.$$

由于 $\alpha = 1 > 0$, 因此, 平衡点 $O = (0, 0)$ 为螺旋源. 在 $(1, 0)$ 处, 向量场中的向量场为

$$\boldsymbol{\mathcal{B}}\begin{pmatrix} 1 \\ 0 \end{pmatrix} = \begin{pmatrix} 0 \\ -3 \end{pmatrix}.$$

因此, 轨线顺时针环绕离开 O(图 2.40).

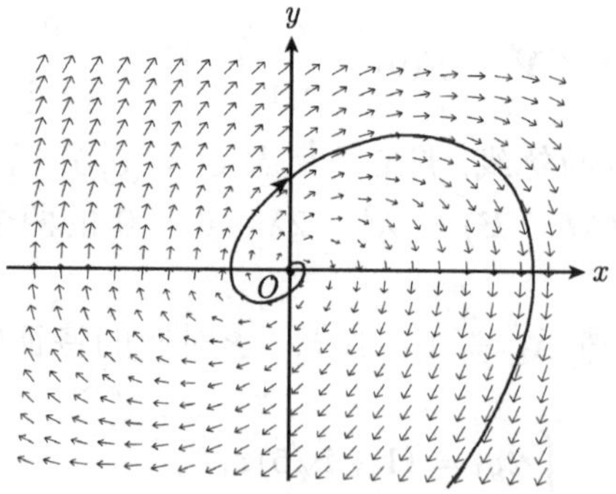

图 2.40 初值问题 (2.97) 的方向场与轨线

由相平面上方程组的方向场及相应的轨线可以看出, 该轨线环绕远离原点 O.

在 2.5.1 小节中, 无阻尼、无外力的单摆模型

$$\frac{\mathrm{d}\boldsymbol{\mathcal{Y}}}{\mathrm{d}t}=\begin{pmatrix}0 & \frac{1}{l}\\ -g & 0\end{pmatrix}\boldsymbol{\mathcal{Y}},$$

其中, l 为单摆的线长, g 为重力加速度. 设 $l=1$, $g=10$, 则有下面的例子.

例 2.16 求方程组

$$\frac{\mathrm{d}\boldsymbol{\mathcal{Y}}}{\mathrm{d}t}=\boldsymbol{\mathcal{C}}\boldsymbol{\mathcal{Y}},\quad \boldsymbol{\mathcal{C}}=\begin{pmatrix}0 & 1\\ -10 & 0\end{pmatrix},\quad \boldsymbol{\mathcal{Y}}=\begin{pmatrix}\varphi\\ v\end{pmatrix} \tag{2.98}$$

的通解. 画出相图. 判定平衡点 $O=(0,0)$ 的类型.

解 特征方程 $\det(\lambda\boldsymbol{I}-\boldsymbol{\mathcal{C}})=\lambda^2+10=0$ 的一个根为 $\lambda=\mathrm{i}\sqrt{10}$. 对应的特征向量为 $\boldsymbol{V}=(1,\mathrm{i}\sqrt{10})$. 于是方程组的复值解

$$\begin{aligned}\boldsymbol{\mathcal{Y}}_1(t)&=\mathrm{e}^{(\mathrm{i}\sqrt{10})t}\begin{pmatrix}1\\ \mathrm{i}\sqrt{10}\end{pmatrix}\\ &=(\cos\sqrt{10}t+\mathrm{i}\sin\sqrt{10}t)\begin{pmatrix}1\\ \mathrm{i}\sqrt{10}\end{pmatrix}\\ &=\begin{pmatrix}\cos\sqrt{10}t\\ -\sqrt{10}\sin\sqrt{10}t\end{pmatrix}+\mathrm{i}\begin{pmatrix}\sin\sqrt{10}t\\ \sqrt{10}\cos\sqrt{10}t\end{pmatrix}.\end{aligned}$$

通解为

$$\boldsymbol{\mathcal{Y}}(t)=k_1\begin{pmatrix}\cos\sqrt{10}t\\ -\sqrt{10}\sin\sqrt{10}t\end{pmatrix}+k_2\begin{pmatrix}\sin\sqrt{10}t\\ \sqrt{10}\cos\sqrt{10}t\end{pmatrix},$$

其中, k_1, k_2 为任意常数. 取 $k_2=0$, 则有

$$\boldsymbol{\mathcal{Y}}=\begin{pmatrix}\varphi\\ v\end{pmatrix}=\begin{pmatrix}k_1\cos\sqrt{10}t\\ -k_1\sqrt{10}\sin\sqrt{10}t\end{pmatrix}.$$

因为

$$\frac{\varphi(t)^2}{{k_1}^2}+\frac{v(t)^2}{10{k_1}^2}=1$$

对一切 t 成立. 因此, 所有的轨线均为椭圆, 其相图由一族以 O 为心的椭圆组成, 如图 2.41 所示.

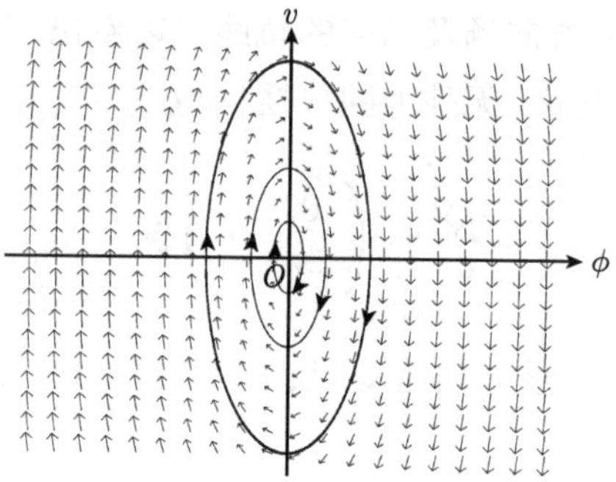

图 2.41　方程组 (2.96) 的相图

因 $\alpha = 0$, 平衡点 O 为中心.

注记　所有以原点 O 为中心的线性方程组的轨线均为椭圆或圆, 更一般地, 椭圆的长、短半轴不一定在 x 轴与 y 轴上.

2.6.3　具有重特征值的一阶二维微分方程组

首先讨论线性方程组

$$\frac{\mathrm{d}\boldsymbol{\mathcal{Y}}}{\mathrm{d}t} = \boldsymbol{\mathcal{A}}\boldsymbol{\mathcal{Y}}, \quad \boldsymbol{\mathcal{A}} = \begin{pmatrix} -3 & 2 \\ 0 & -3 \end{pmatrix}. \tag{2.99}$$

由前几节所用的方法. 首先求 $\boldsymbol{\mathcal{A}}$ 的特征方程

$$\det(\lambda \boldsymbol{I} - \boldsymbol{\mathcal{A}}) = \lambda^2 + 6\lambda + 9 = (\lambda + 3)^2 = 0$$

的根, 可得二重根 $\lambda = -3$. 然后求对应于 $\lambda = -3$ 的特征向量. 令 $\boldsymbol{V}_0 = (x_0, y_0)$ 且 $\boldsymbol{\mathcal{A}}\boldsymbol{V}_0 = -3\boldsymbol{V}_0$ 得

$$\begin{cases} -3x_0 + 2y_0 = -3x_0, \\ -3y_0 = -3y_0, \end{cases}$$

于是得 $y_0 = 0$, 故 $V_0 = (1, 0)$. 由定理 2.4 知

$$\boldsymbol{\mathcal{Y}} = \mathrm{e}^{-3t} \begin{pmatrix} 1 \\ 0 \end{pmatrix}$$

为方程组 (2.99) 的一个解. 但要得到方程组的通解, 由已有方法, 尚缺另一个与其线性无关的解. 为此, 需探索新的求解方法.

将方程组 (2.99) 改写成分量形式

$$\begin{cases} \dfrac{\mathrm{d}x}{\mathrm{d}t} = -3x + 2y, \\ \dfrac{\mathrm{d}y}{\mathrm{d}t} = -3y. \end{cases} \tag{2.100}$$

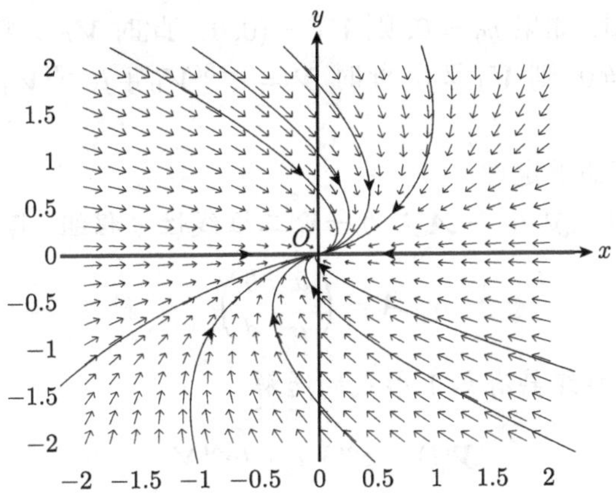

图 2.42　方程组 (2.100) 的相图

这是一个半耦合方程组, 由第二个方程得

$$y(t) = y_0\mathrm{e}^{-3t}. \tag{2.101}$$

代入第一个方程得

$$\frac{\mathrm{d}x}{\mathrm{d}t} = -3x + 2y_0\mathrm{e}^{-3t}. \tag{2.102}$$

应用猜测–检验方法 (见 1.3 节). 令 $x_p(t) = At\mathrm{e}^{-3t}$, 代入上述方程得

$$A\mathrm{e}^{-3t} - 3At\mathrm{e}^{-3t} = -3At\mathrm{e}^{-3t} + 2y_0\mathrm{e}^{-3t}.$$

于是 $A = 2y_0$, 即 $x_p(t) = 2y_0t\mathrm{e}^{-3t}$.

再求第一个方程对应的齐次方程 $\mathrm{d}x/\mathrm{d}t = -3x$ 的通解, $x_h(t) = x_0\mathrm{e}^{-3t}$. 由非齐次线性微分方程的拓广的线性原理得 (2.102) 的通解为

$$x(t) = x_0\mathrm{e}^{-3t} + 2y_0t\mathrm{e}^{-3t}. \tag{2.103}$$

由 (2.101) 与 (2.103) 得方程组 (2.99) 的解为

$$\begin{pmatrix} x(t) \\ y(t) \end{pmatrix} = \mathrm{e}^{-3t}\begin{pmatrix} x_0 \\ y_0 \end{pmatrix} + t\mathrm{e}^{-3t}\begin{pmatrix} 2y_0 \\ 0 \end{pmatrix}. \tag{2.104}$$

此例的求通解方法不能推广到 $\boldsymbol{\mathcal{A}}$ 为一般形式, 但从此例所获得通解形式, 可以获得一定信息. 首先在 (2.104) 中, 记 $\boldsymbol{V}_0 = (x_0, y_0)$ 为任意初始向量, 则

$$\boldsymbol{V}_1 = (\boldsymbol{\mathcal{A}} - (-3)\boldsymbol{I})\boldsymbol{V}_0 = \begin{pmatrix} 0 & 2 \\ 0 & 0 \end{pmatrix}\begin{pmatrix} x_0 \\ y_0 \end{pmatrix} = \begin{pmatrix} 2y_0 \\ 0 \end{pmatrix},$$

恰为第二项中的向量. 如果 $y_0=0$, 则 $\boldsymbol{V}_1=(0,0)$. 此时 $\boldsymbol{V}_0$ 为特征向量, 而 $\mathrm{e}^{-3t}\boldsymbol{V}_0$ 为直线解. 如果 $y_0\neq 0$, 则 $\boldsymbol{V}_1\neq 0$, 此时 $\boldsymbol{\mathcal{Y}}=\mathrm{e}^{-3t}\boldsymbol{V}_0+t\mathrm{e}^{-3t}\boldsymbol{V}_1$ 为通解且 $\boldsymbol{V}_1$ 为特征向量.

受此启发, 则有如下定理:

定理 2.6 假设 $\mathrm{d}\boldsymbol{\mathcal{Y}}/\mathrm{d}t=\boldsymbol{\mathcal{A}}\boldsymbol{\mathcal{Y}}$ 为一阶二维线性方程组, 其中 2×2 矩阵

$$\boldsymbol{\mathcal{A}}=\begin{pmatrix} a & b \\ c & d \end{pmatrix} \tag{2.105}$$

具有实重根 λ, 则方程组具有如下形式的通解:

$$\boldsymbol{\mathcal{Y}}(t)=\mathrm{e}^{\lambda t}\boldsymbol{V}_0+t\mathrm{e}^{\lambda t}\boldsymbol{V}_1, \tag{2.106}$$

其中, $\boldsymbol{V}_0=(x_0,y_0)$ 为方程组任意初值, 而

$$\boldsymbol{V}_1=(\boldsymbol{\mathcal{A}}-\lambda\boldsymbol{I})\boldsymbol{V}_0.$$

如果 $\boldsymbol{V}_1$ 是零向量, 则 $\boldsymbol{V}_0$ 为对应 λ 的特征向量且 $\boldsymbol{\mathcal{Y}}(t)=\mathrm{e}^{\lambda t}\boldsymbol{V}_0$ 为方程组的直线解; 如果 $\boldsymbol{V}_1$ 不是零向量, 则 $\boldsymbol{V}_1$ 为对应 λ 的特征向量.

证明 对任意 $\boldsymbol{V}_0=(x_0,y_0)$. 令

$$\boldsymbol{V}_1=(\boldsymbol{\mathcal{A}}-\lambda\boldsymbol{I})\boldsymbol{V}_0,$$

如果 $\boldsymbol{V}_1=(0,0)$, 则 $\boldsymbol{V}_0$ 为 $\boldsymbol{\mathcal{A}}$ 的特征向量, 从而 (2.106) 变为

$$\boldsymbol{\mathcal{Y}}(t)=\mathrm{e}^{\lambda t}\boldsymbol{V}_0,$$

为方程组的直线解且 $\boldsymbol{\mathcal{Y}}(0)=(x_0,y_0)$.

(1) 如果 $\boldsymbol{V}_1\neq(0,0)$, 因为 λ 为 2×2 矩阵 $\boldsymbol{\mathcal{A}}$ 的二重特征值, 由线性代数知识可知

$$(\boldsymbol{\mathcal{A}}-\lambda\boldsymbol{I})^2=\boldsymbol{\mathcal{O}},$$

其中 $\boldsymbol{\mathcal{O}}$ 为零矩阵, 从而由 $\boldsymbol{V}_1=(\boldsymbol{\mathcal{A}}-\lambda\boldsymbol{I})\boldsymbol{V}_0$ 得

$$(\boldsymbol{\mathcal{A}}-\lambda\boldsymbol{I})\boldsymbol{V}_1=(\boldsymbol{\mathcal{A}}-\lambda\boldsymbol{I})^2\boldsymbol{V}_0=\boldsymbol{\mathcal{O}},$$

故 $\boldsymbol{V}_1$ 为 $\boldsymbol{\mathcal{A}}$ 的特征向量.

令

$$\boldsymbol{\mathcal{Y}}(t)=\mathrm{e}^{\lambda t}\boldsymbol{V}_0+t\mathrm{e}^{\lambda t}\boldsymbol{V}_1,$$

则

$$\begin{aligned}\frac{\mathrm{d}\boldsymbol{\mathcal{Y}}}{\mathrm{d}t}&=\lambda\mathrm{e}^{\lambda t}\boldsymbol{V}_0+\mathrm{e}^{\lambda t}\boldsymbol{V}_1+t\mathrm{e}^{\lambda t}(\lambda\boldsymbol{V}_1)\\&=\mathrm{e}^{\lambda t}(\lambda\boldsymbol{V}_0+\boldsymbol{V}_1)+t\mathrm{e}^{\lambda t}(\lambda\boldsymbol{V}_1)\end{aligned} \tag{2.107}$$

且

$$\mathcal{AY} = \mathrm{e}^{\lambda t}(\mathcal{A}\boldsymbol{V}_0) + t\mathrm{e}^{\lambda t}(\mathcal{A}\boldsymbol{V}_1). \tag{2.108}$$

(2) 如果 $\boldsymbol{V}_1 = (0,0)$, 则 $\mathcal{A}\boldsymbol{V}_0 = \lambda \boldsymbol{V}_0$, 由 (2.107) 与 (2.108) 得

$$\frac{\mathrm{d}\mathcal{Y}}{\mathrm{d}t} = \mathcal{AY}.$$

如果 $\boldsymbol{V}_1 \neq (0,0)$, 由前面所证, 一定有 $\mathcal{A}\boldsymbol{V}_1 = \lambda \boldsymbol{V}_1$, 且由 $\boldsymbol{V}_1 = (\mathcal{A} - \lambda \boldsymbol{I})\boldsymbol{V}_0$ 知 $\mathcal{A}\boldsymbol{V}_0 = \lambda \boldsymbol{V}_0 + \boldsymbol{V}_1$. 再由 (2.107) 与 (2.108) 得

$$\frac{\mathrm{d}\mathcal{Y}}{\mathrm{d}t} = \mathcal{AY}.$$

因此, 可知

$$\mathcal{Y}(t) = \mathrm{e}^{\lambda t}\boldsymbol{V}_0 + t\mathrm{e}^{\lambda t}\boldsymbol{V}_1$$

为方程组的通解.

注记 不可误认为 (2.106) 中两项 $\mathrm{e}^{\lambda t}\boldsymbol{V}_0$ 与 $t\mathrm{e}^{\lambda t}\boldsymbol{V}_1$ 都是方程组的解. 因为 $\boldsymbol{V}_0$ 任意给定, 而 $\boldsymbol{V}_1$ 由 $\boldsymbol{V}_0$ 确定. 易知 $\mathrm{e}^{\lambda t}\boldsymbol{V}_0$ 为方程组的解当且仅当 $\boldsymbol{V}_1 = \mathcal{O}$, 即 $\boldsymbol{V}_0$ 为特征向量.

下面由 $\mathrm{d}\mathcal{Y}/\mathrm{d}t = \mathcal{AY}$ 的通解进行解的定性分析. 首先注意当 $\mathcal{A}$ 具有重特征值 λ 时, 通解的一般形式为

$$\mathcal{Y}(t) = \mathrm{e}^{\lambda t}\boldsymbol{V}_0 + t\mathrm{e}^{\lambda t}\boldsymbol{V}_1,$$

其中, $\boldsymbol{V}_1 = (\mathcal{A} - \lambda I)\boldsymbol{V}_0$ 或是特征向量, 或者零向量. 解对时间 t 的依赖, 分别来自 $\mathrm{e}^{\lambda t}$ 项与 $t\mathrm{e}^{\lambda t}$ 项.

如果 $\lambda < 0$, 当 $t \to +\infty$ 时, 两项均趋于原点 $O = (0,0)$. 此时平衡点 O 称为临界汇.

为确定各条轨线当 t 增加时趋于原点的方向, 将通解中因子 $\mathrm{e}^{\lambda t}$ 提出得到

$$\mathcal{Y}(t) = \mathrm{e}^{\lambda t}(\boldsymbol{V}_0 + t\boldsymbol{V}_1).$$

由此可见, $\mathcal{Y}(t)$ 趋于原点时的方向与向量 $\boldsymbol{V}_0 + t\boldsymbol{V}_1$ 相同. 当 $\boldsymbol{V}_1 = 0$ 时, $\mathcal{Y}(t)$ 的轨线沿切于 $\boldsymbol{V}_0$ 所确定的直线趋于 O; 而当 $\boldsymbol{V}_1 \neq 0$ 时, $\mathcal{Y}(t)$ 的轨线沿切于 $\boldsymbol{V}_1$ 所确定的直线趋于 O, 其典型的相图如图 2.43 所示.

从相图中可以看出除了直线解之外的其他轨线. 当 t 增加时, 该轨线试图环绕原点而趋于原点, 但因直线解的轨线挡路而未能实现. 因此, 这是方程组的一种从原点为汇到螺旋汇的临界状态. 因此, 称原点为临界汇.

如果 $\lambda > 0$, 则通解中 (除平衡解) 的两项趋于无穷. 因此, 平衡点 O 为源, 称为临界源, 其轨线的方向与上述恰好反向.

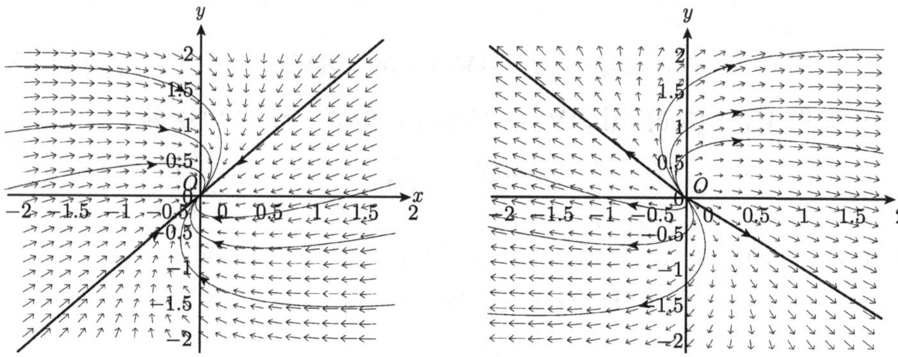

图 2.43 方程组 (2.105) 的典型相图, $\boldsymbol{\mathcal{A}}$ 具有二重特征值

例 2.17 求方程组

$$\frac{\mathrm{d}\boldsymbol{\mathcal{Y}}}{\mathrm{d}t} = \boldsymbol{\mathcal{B}}\boldsymbol{\mathcal{Y}}, \quad \boldsymbol{\mathcal{B}} = \begin{pmatrix} 0 & 1 \\ -3 & -2\sqrt{3} \end{pmatrix}$$

的通解. 画出相图.

解 $\boldsymbol{\mathcal{B}}$ 的特征方程为

$$\det(\lambda \boldsymbol{I} - \boldsymbol{\mathcal{B}}) = \lambda^2 + 2\sqrt{3}\lambda + 3 = 0,$$

可得二重根 $\lambda = -\sqrt{3}$.

设 $\boldsymbol{V} = (x, y)$ 满足 $\boldsymbol{\mathcal{B}}\boldsymbol{V} = \lambda \boldsymbol{V}$, 则有

$$\begin{cases} y = -\sqrt{3}x, \\ -3x - 2\sqrt{3}y = -\sqrt{3}y. \end{cases}$$

由此得 $y = -\sqrt{3}x$. 取 $\boldsymbol{V} = (1, -\sqrt{3})$, 此特征向量位于直线 $y = -\sqrt{3}x$ 上. 下面画出相图简图.

在 xy 平面上, 标出平衡点 O, 画出直线 $y = -\sqrt{3}x$.

利用方向场及欧拉逼近程序画其他轨线如图 2.44 所示.

当 t 增加时, 所有的轨线趋于原点, 并且除直线解之外的轨线当 t 充分大时, 与直线 $y = -\sqrt{3}x$ (特征向量所在的直线) 相切.

为求通解, 设 $\boldsymbol{V}_0 = (x_0, y_0)$ 为任意的平面向量, 则

$$\boldsymbol{V}_1 = (\boldsymbol{\mathcal{B}} + \sqrt{3}\boldsymbol{I})\boldsymbol{V}_0 = \begin{pmatrix} \sqrt{3} & 1 \\ -3 & -\sqrt{3} \end{pmatrix} \begin{pmatrix} x_0 \\ y_0 \end{pmatrix} = \begin{pmatrix} \sqrt{3}x_0 + y_0 \\ -3x_0 - \sqrt{3}y_0 \end{pmatrix}.$$

于是通解为

$$\boldsymbol{\mathcal{Y}}(t) = \mathrm{e}^{-\sqrt{3}t} \begin{pmatrix} x_0 \\ y_0 \end{pmatrix} + t\mathrm{e}^{-\sqrt{3}t} \begin{pmatrix} \sqrt{3}x_0 + y_0 \\ -3x_0 - \sqrt{3}y_0 \end{pmatrix}.$$

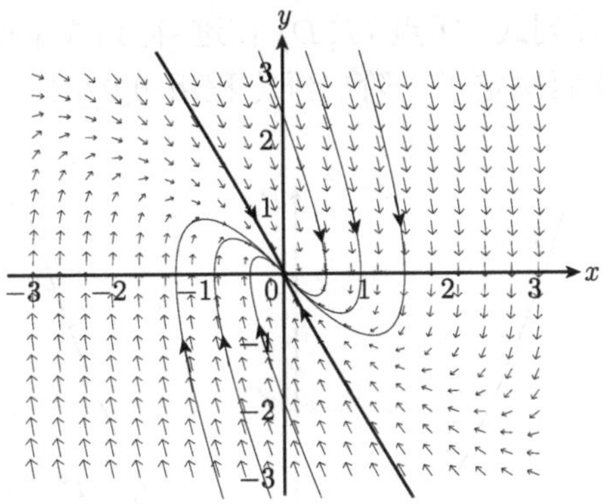

图 2.44 相图简图

2.6.4 迹–行列式平面

前面所见到的各种不同的一阶二维线性方程组, 其解的渐近行为及相平面上的相图的结构, 均由该方程组的特征值决定. 为了系统地总结这种关系, 本节引进该线性方程组的迹–行列式平面的概念. 迹与行列式的变化引起特征值的变化, 从而引起该线性方程组的相图结构的变化, 而对应方程组的迹与行列式的任一对确定的值均有方程组相图的一种确定结构与之对应. 这在迹–行列式平面上可以反映出来.

讨论一阶二维常系数线性方程组

$$\frac{\mathrm{d}\boldsymbol{\mathcal{Y}}}{\mathrm{d}t}=\boldsymbol{\mathcal{A}}\boldsymbol{\mathcal{Y}},\quad \boldsymbol{\mathcal{A}}=\begin{pmatrix} a & b\\ c & d\end{pmatrix}.$$

矩阵 $\boldsymbol{\mathcal{A}}$ 的特征多项式为

$$\det(\lambda \boldsymbol{I}-\boldsymbol{\mathcal{A}})=\lambda^2-(a+d)\lambda+(ad-bc).$$

$T=a+d$ 称为 $\boldsymbol{\mathcal{A}}$ 的迹, $D=ad-bc$ 称为 $\boldsymbol{\mathcal{A}}$ 的行列式, 于是 $\boldsymbol{\mathcal{A}}$ 的特征方程为

$$\lambda^2-T\lambda+D=0. \tag{2.109}$$

这里需注意的是 λ 的系数为 $-T$. 由此可见, $\boldsymbol{\mathcal{A}}$ 的特征值仅依赖于 T 与 D. 求解特征方程 (2.109) 得特征值

$$\lambda=\frac{T\pm\sqrt{T^2-4D}}{2}.$$

由此公式可知, 如果 $T^2-4D<0$, 则 $\boldsymbol{\mathcal{A}}$ 有一对共轭复根; 如果 $T^2-4D=0$, 则 $\boldsymbol{\mathcal{A}}$ 有重特征根; 如果 $T^2-4D>0$, 则 $\boldsymbol{\mathcal{A}}$ 有两个不等实特征根.

选横轴为 T 轴, 纵轴为 D 轴, 而 $T^2-4D=0$, 即 $D=\dfrac{1}{4}T^2$ 为 TD 平面上的一条抛物线, 称为重根抛物线. 此时 TD 平面称为迹–行列式平面. 给定矩阵 $\boldsymbol{\mathcal{A}}$, 可

计算出对应的迹 T 与行列式, D 点 (T,D) 在迹–行列式平面上的确定位置, 决定了 $\boldsymbol{\mathcal{A}}$ 的特征值的类型, 从而决定了一阶二维方程组 $\mathrm{d}\boldsymbol{\mathcal{Y}}/\mathrm{d}t=\boldsymbol{\mathcal{A}}\boldsymbol{\mathcal{Y}}$ 的平衡点附近的相图结构 (图 2.45).

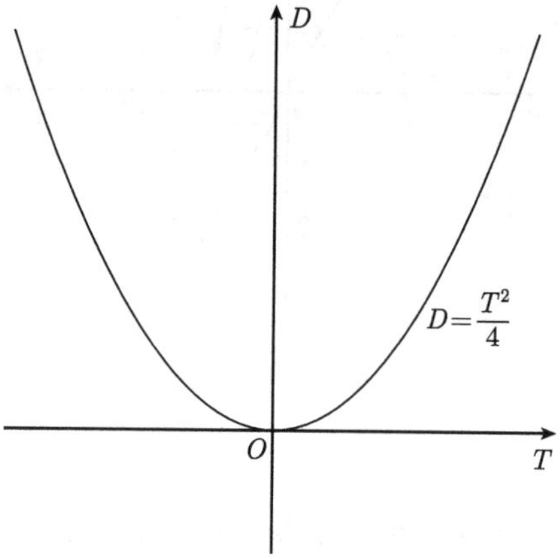

图 2.45　迹–行列式平面

下面分三种类型讨论.

(1) $T^2-4D<0$. 此时, $D>\dfrac{T^2}{4}$, 点 (T,D) 位于重根抛物线的上方. 由

$$\lambda=\frac{T}{2}\pm\frac{\sqrt{T^2-4D}}{2}$$

可知 $\lambda_1=\dfrac{T}{2}+\dfrac{\sqrt{T^2-4D}}{2}$ 与 $\lambda_2=\dfrac{T}{2}-\dfrac{\sqrt{T^2-4D}}{2}$ 为一对共轭复根, 由 2.6.2 小节中的讨论知, 如果点 (T,D) 位于 D 轴左方, 则 $T<0$, 此时平衡点 O 为螺旋汇; 如果点 (T,D) 位于 D 轴上, 则 $T=0$, 此时平衡点 O 为中心; 如果点 (T,D) 位于 D 轴右方, 则 $T>0$, 平衡点 O 为螺旋源 (图 2.46).

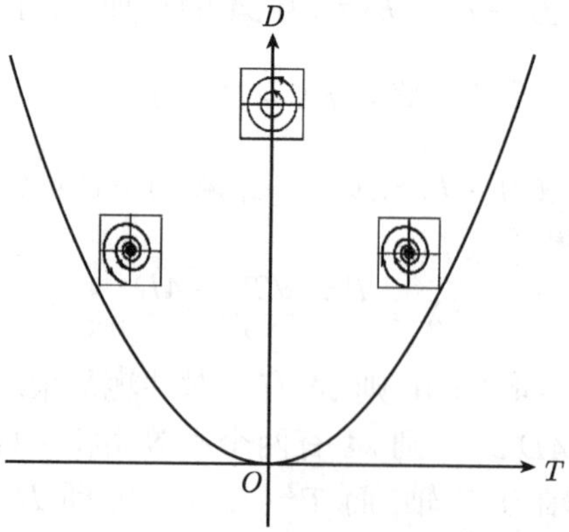

图 2.46　重根抛物线上方相图结构

(2) $T^2-4D=0$. 此时, $D=\dfrac{T^2}{4}$, 点 (T,D) 位于重根抛物线上, $\lambda_1=\lambda_2=\dfrac{T}{2}$. 如果点 (T,D) 位于抛物线的左半支上, 则 $T<0$. 由 2.6.3 小节的讨论可知, 平衡点 O 为临界汇; 如果点 (T,D) 位于重根抛物线的右半支上, 则 $T>0$, 平衡点 O 为临界源 (图 2.47).

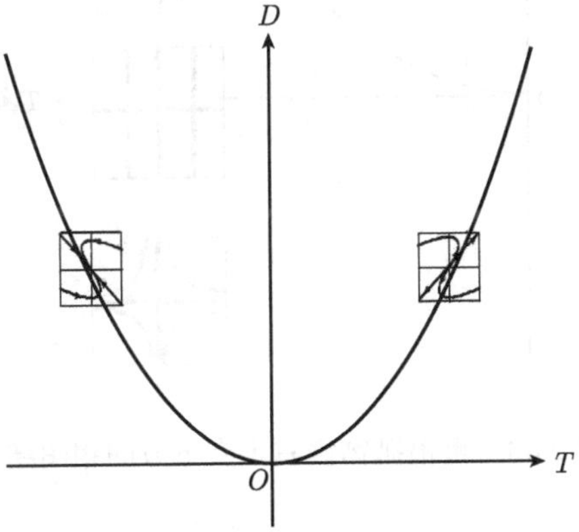

图 2.47 重根抛物线上的相图结构

(3) $T^2-4D>0$. 此时, $D<\dfrac{T^2}{4}$, 点 (T,D) 位于重根抛物线的下方. $\lambda_1=\dfrac{T}{2}+\dfrac{\sqrt{T^2-4D}}{2}$, $\lambda_2=\dfrac{T}{2}-\dfrac{\sqrt{T^2-4D}}{2}$.

(i) 如果点 $T>0$, 则 $\lambda_1>0$. 若 $D=0$, 则 $\lambda_2=0$. 此时, 点 (T,D) 位于正 T 轴, 平衡点 O 为临界鞍源点; 若 $D>0$, 则 $\lambda_1>\lambda_2>0$. 此时, 点 (T,D) 位于正 T 轴上方且在重根抛物线下方, 平衡点 O 为源; 若 $D<0$, 则 $\lambda_2<0<\lambda_1$. 此时, 点 (T,D) 位于正 T 轴下方, 平衡点 O 为鞍点 (图 2.48).

(ii) 如果点 $T<0$, 则需分三种情况讨论.

(a) $D>0$, $\lambda_2<\lambda_1<0$, 点 (T,D) 位于重根抛物线下方且在负 T 轴上方, 平衡点 O 为汇;

(b) $D=0$, $\lambda_2<\lambda_1=0$, 点 (T,D) 在负 T 轴上, 平衡点 O 为临界鞍汇点;

(c) $D<0$, $\lambda_2<0<\lambda_1$, 点 (T,D) 在负 T 轴下方, 平衡点 O 为鞍点 (图 2.49).

将上述结果进行总结, 即可得到一阶二维常系数自治方程组的相图分布 (图 2.50).

注记 (1) 在图 2.50 中, 所有各种鞍点附近的相图, 其本质是相同的, 只是两个直线解的不同而已. 注意到 D 轴上相图中轨线的方向, 可得到 14 种相图. 迹–行列式平面上相图的结构信息并非全由迹 T 及行列式 D 给出. 例如, 矩阵

$$\boldsymbol{\mathcal{A}}=\begin{pmatrix}0&2\\-2&0\end{pmatrix},\quad \boldsymbol{\mathcal{B}}=\begin{pmatrix}0&-2\\2&0\end{pmatrix}$$

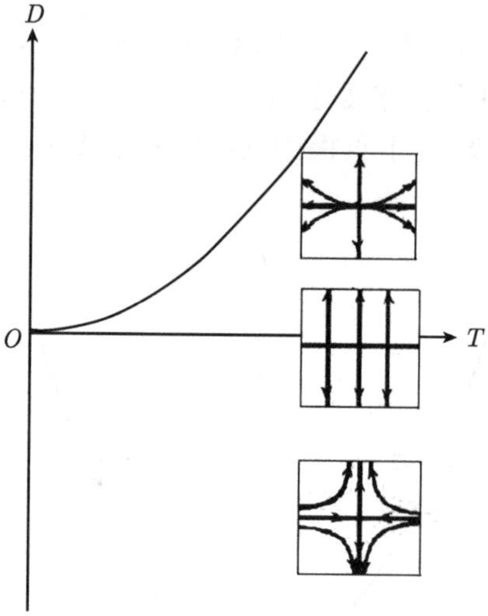

图 2.48　重根抛物线右半支下方的相图结构

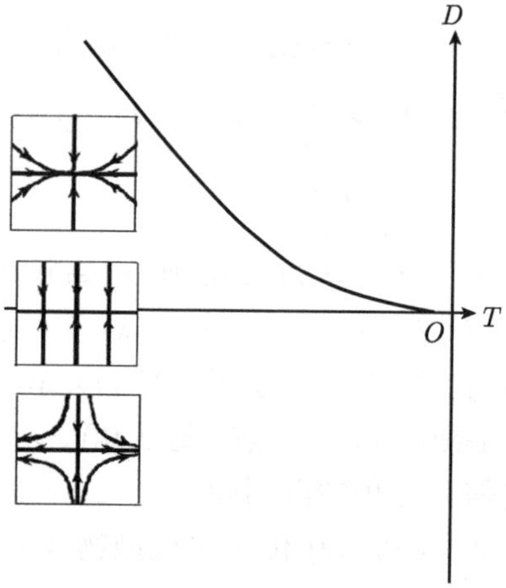

图 2.49　重根抛物线左半支下方的相图结构

的迹均为 0, 而行列式全为 4. 因此, $\mathrm{d}\mathcal{Y}/\mathrm{d}t = \mathcal{A}\mathcal{Y}$ 与 $\mathrm{d}\mathcal{Y}/\mathrm{d}t = \mathcal{B}\mathcal{Y}$ 的平衡点 O 均为中心, 但相图中轨线的方向正好相反. 因此, 有时需要进一步求出对应特征值的特征向量方向可完全确定相图的局部结构.

(2) 当研究带有参数的一阶二维自治线性方程组时, 上述的迹–行列式方法最为有用. 当参数改变时, 引起矩阵的迹与行列式的改变, 从而引起该线性方程组的相图发生改变. 一般来说, 当参数发生很小变化时, 并不很影响线性方程组解的定性行为. 例如, 螺旋汇仍变为螺旋汇, 鞍点仍变为鞍点. 尽管此时随着参数的变化, 矩阵的特征值与对应的特征向量也发生变化, 但线性方程组的相图结构未发生本质的改变. 然而, 当参数的变化使得点 (T, D) 的改变跨过关键点时, 线性方程组的相图结构发生本质改变. 例如, 在图 2.50 中, 由于参数的改变, 使得对应的点 (T, D) 由左方跨过 D 轴时, 对应的线性方程组的平衡点 O 由螺旋汇变为中心, 然后又突然变为螺旋源. 线性方程组的所有轨线由趋于平衡点 O, 又远离平衡点 O. 此时, 由参数确定的线性方程组族, 当点 (T, D) 越过 D 轴时, 发生了分歧.

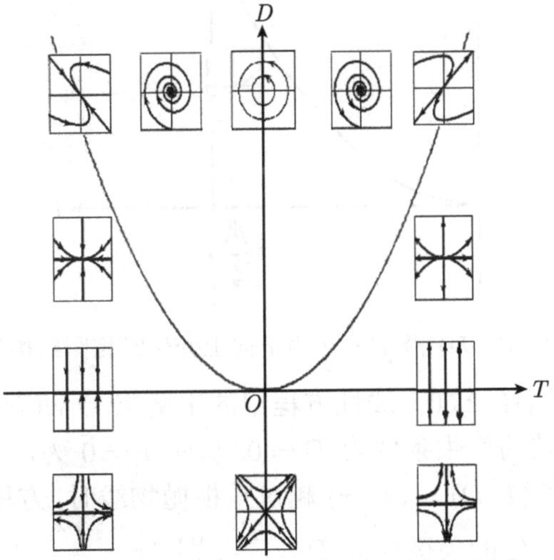

图 2.50 迹–行列式平面上的相图分布图

(3) 由图 2.50 可知, 在迹–行列式平面上有三条临界线, 分别为 T 轴、D 轴和重根抛物线 $D = \dfrac{T^2}{4}$. 如果随着参数的变化, 点 (T, D) 未跨过其中任一个临界线, 线性方程组的相图结构本质未变, 仅形式发生变化, 而一旦点 (T, D) 越过任一条临界线, 其相图结构就发生本质改变而产生分歧.

下面以一实例说明上述原理.

例 2.18 考虑单参数线性方程组

$$\frac{\mathrm{d}\boldsymbol{\mathcal{Y}}}{\mathrm{d}t} = \boldsymbol{\mathcal{A}}\boldsymbol{\mathcal{Y}}, \quad \boldsymbol{\mathcal{A}} = \begin{pmatrix} 0 & -2 \\ \tau & 2 \end{pmatrix}, \quad \boldsymbol{\mathcal{Y}} = \begin{pmatrix} x \\ y \end{pmatrix}. \tag{2.110}$$

(1) 当参数 τ 从负值增大变为较大正数时, 讨论方程组族的相图结构的本质改变, 并求出产生分歧时 τ 的数值;

(2) 研究当参数 τ 变化时, 通过相图的变化, 线性方程组族 (2.110) 的平衡点 O 是如何从源变为螺旋源的, 并作出 $\tau = \dfrac{1}{4}, \tau = \dfrac{1}{2}, \tau = 1$ 的相图.

解 (1) 由 $\boldsymbol{\mathcal{A}} = \begin{pmatrix} 0 & -2 \\ \tau & 2 \end{pmatrix}$ 得 $T = 2, D = 2\tau$. 在参数 τ 的值由负数变为较大正数的过程中, 对应的点 $(T, D) = (2, 2\tau)$ 在迹–行列式平面上, 沿直线 $T = 2$ 垂直

向上变化 (图 2.51).

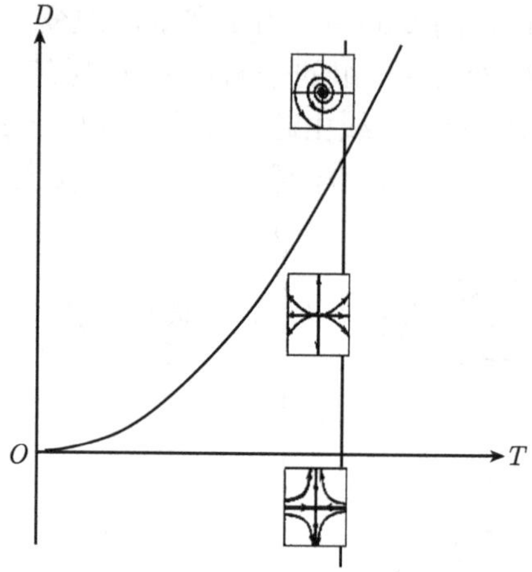

图 2.51　(T, D) 沿 $T = 2$ 由下向上变化时相图结构的变化

由相图的分布图 (图 2.50), 线性方程组的平衡点 O 随着 τ 的值由负变正, 由鞍点而变为源, 其分歧的产生条件为 $D = 0$, 从而 $\tau = 0$ 为产生此分歧现象的参数值. 当 τ 继续增加, 使 $(T, D) = (2, 2\tau)$ 越过重根抛物线时, 方程组的平衡点 O 由源变为螺旋源, 其分歧产生的关键值为 $D = \dfrac{T^2}{4}$, 即 $2\tau = \dfrac{T^2}{4}$, 于是得 $\tau = \dfrac{1}{2}$.

(2) 矩阵 $\boldsymbol{A}$ 的特征方程

$$\lambda^2 - 2\lambda + 2\tau = 0,$$

其中, τ 为参数, 于是得特征值

$$\lambda = 1 \pm \sqrt{1 - 2\tau}.$$

图 2.52　当 $\tau = \dfrac{1}{4}$ 时的相图

(i) 当 $0 < \tau < \dfrac{1}{2}$ 时, $0 < \sqrt{1 - 2\tau} < 1$. 因此, $\lambda_1 = 1 + \sqrt{1 - 2\tau} > \lambda_2 = 1 - \sqrt{1 - 2\tau} > 0$. 于是平衡点 O 为源且有两个直线解 (图 2.52).

对应 $\lambda_1 = 1 + \sqrt{1 - 2\tau}$ 的特征向量位于直线

$$y = \left(-\frac{1 + \sqrt{1 - 2\tau}}{2}\right) x$$

之上, 而对应 $\lambda_2 = 1 - \sqrt{1 - 2\tau}$ 的特征向量位于直线

$$y = \left(-\frac{1 - \sqrt{1 - 2\tau}}{2}\right) x$$

之上.

当 $\tau \nearrow \frac{1}{2}$ 时, 两条直线的斜率均趋于 $-\frac{1}{2}$. 此时, 线性方程组族趋于 $\tau=\frac{1}{2}$ 时的线性方程组.

(ii) 当 $\tau=\frac{1}{2}$ 时, $\boldsymbol{\mathcal{A}}=\begin{pmatrix} 0 & -2 \\ \frac{1}{2} & 2 \end{pmatrix}$. 于是得 $T=2$, $D=1$. 特征方程为

$$\lambda^2-2\lambda+1=0,$$

从而得重特征值 $\lambda=1$, 对应的特征向量在直线 $y=-\frac{1}{2}x$ 上, 其相图如图 2.53 所示.

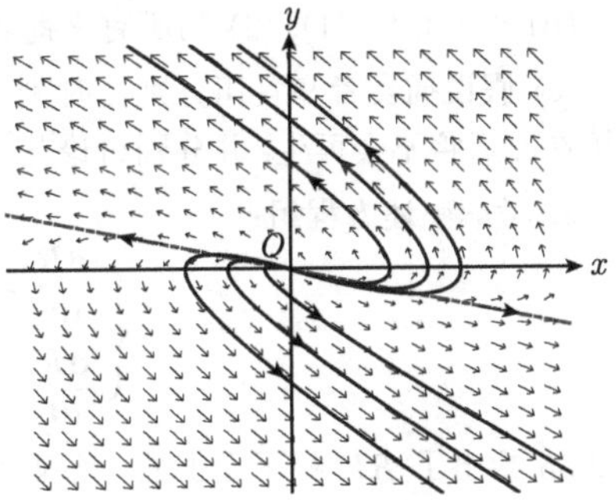

图 2.53 当 $\tau=\frac{1}{2}$ 时的相图

由上述可见, 当 $\tau \nearrow \frac{1}{2}$ 时, 两个线性无关的特征向量所在的直线解趋于同一个直线解. 当 $\tau<\frac{1}{2}$ 跨过 $\frac{1}{2}$ 且继续增大时, 临界螺旋源变为螺旋源.

(iii) 当 $\tau>\frac{1}{2}$ 时,

$$\lambda=1\pm \mathrm{i}\sqrt{2\tau-1},$$

其中, $\mathrm{i}=\sqrt{-1}$ 为虚数单位. 此时平衡点 O 为螺旋源, 并且周期为 $2\pi/\sqrt{2\tau-1}$(图 2.54).

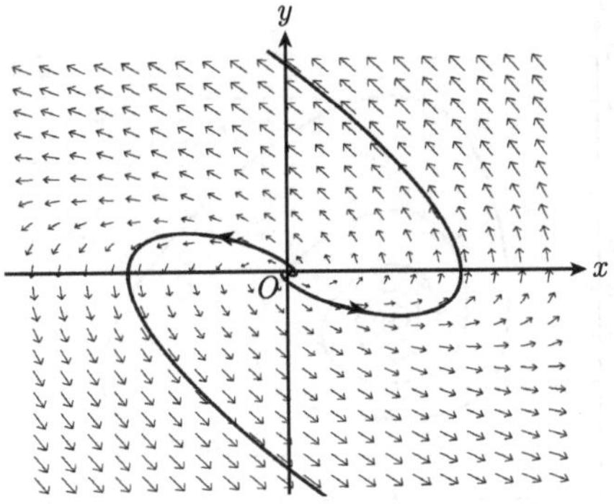

图 2.54 当 $\tau=1$ 时的相图

习 题 2

1. 考虑如下两个方程组:

(1) $\begin{cases} \dfrac{\mathrm{d}x}{\mathrm{d}t} = 8x(1-0.1x) - 25xy, \\ \dfrac{\mathrm{d}y}{\mathrm{d}t} = -5y + 0.05xy; \end{cases}$　　(2) $\begin{cases} \dfrac{\mathrm{d}x}{\mathrm{d}t} = 0.2x - 0.01xy. \\ \dfrac{\mathrm{d}y}{\mathrm{d}t} = 16y(1-0.8y) + 25xy. \end{cases}$

上述两个方程组都是捕食–食饵模型, 其中一种模型中捕食者是较大的动物, 食饵是较小的动物 (如老虎吃兔子); 另一种模型中捕食者是较小的动物, 而食饵是较大的动物 (如蚊子吃大象).

(a) 判断方程组 (1), (2) 的捕食–食饵模型类型;

(b) 求方程组 (1), (2) 的所有平衡解;

(c) 假设捕食者和食饵分别在时刻 t_1, t_2 灭绝, 试分别证明方程组 (1), (2) 中的捕食者和食饵在此后将不会再生, 并分别讨论此后的食饵或捕食者的生长状态.

2. 考虑下述方程组:

$$\begin{cases} \dfrac{\mathrm{d}R}{\mathrm{d}t} = 2R\left(1 - \dfrac{R}{3}\right) - RF, \\ \dfrac{\mathrm{d}F}{\mathrm{d}t} = -2F + 4RF. \end{cases}$$

图 2.55 给出了 RF 相平面上的一条轨线, 试判断 R, F 的最终状态.

3. 考虑满足 $y(0) = 0$, $y'(0) = 1$ 的初值问题

$$\frac{\mathrm{d}^2y}{\mathrm{d}t^2} + y = 0.$$

(1) 试证明 $y(t) = \sin t$ 是该初值问题的一个解;

(2) 将该二阶微分方程写成一阶微分方程组的形式, 在相平面上画出 (1) 的轨线, 并与例 2.3 比较.

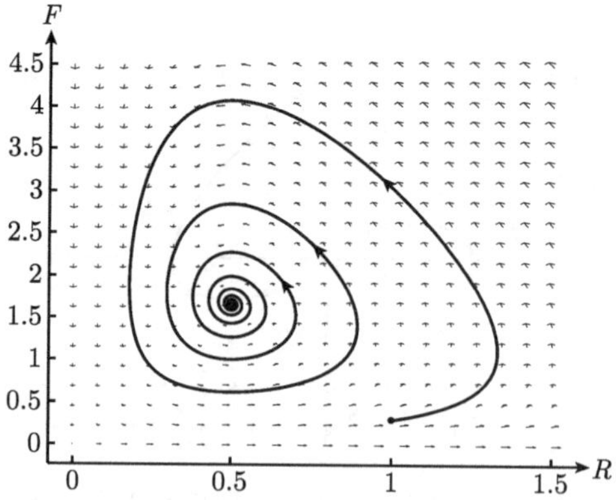

图 2.55

4. 考虑下述一阶微分方程组:

(1) $\begin{cases} \dfrac{\mathrm{d}x}{\mathrm{d}t} = 1, \\ \dfrac{\mathrm{d}y}{\mathrm{d}t} = 0; \end{cases}$　　(2) $\begin{cases} \dfrac{\mathrm{d}y}{\mathrm{d}t} = -v, \\ \dfrac{\mathrm{d}v}{\mathrm{d}t} = y; \end{cases}$　　(3) $\begin{cases} \dfrac{\mathrm{d}x}{\mathrm{d}t} = x, \\ \dfrac{\mathrm{d}y}{\mathrm{d}t} = -y; \end{cases}$

(4) $\begin{cases} \dfrac{\mathrm{d}y}{\mathrm{d}t} = v, \\ \dfrac{\mathrm{d}v}{\mathrm{d}t} = y; \end{cases}$ (5) $\begin{cases} \dfrac{\mathrm{d}x}{\mathrm{d}t} = x + 2y, \\ \dfrac{\mathrm{d}y}{\mathrm{d}t} = -y. \end{cases}$

(a) 确定上述方程组的向量场;

(b) 在相平面上的区域 $[-3,3]\times[-3,3]$ 中确定足够多的向量, 画出大致的方向;

(c) 当 $t\to+\infty$ 时, 分别描述从 $(1,-2)$ 和 $(1,1)$ 出发的解轨线的最终行为.

5. 分别给定下列 4 个一阶二维方程组及 4 个方向场 (图 2.56):

(1) $\begin{cases} \dfrac{\mathrm{d}u}{\mathrm{d}t} = 1 - v, \\ \dfrac{\mathrm{d}v}{\mathrm{d}t} = 1 + u; \end{cases}$ (2) $\begin{cases} \dfrac{\mathrm{d}u}{\mathrm{d}t} = u^2 - 1, \\ \dfrac{\mathrm{d}v}{\mathrm{d}t} = -v; \end{cases}$

(3) $\begin{cases} \dfrac{\mathrm{d}u}{\mathrm{d}t} = u - 2v \\ \dfrac{\mathrm{d}v}{\mathrm{d}t} = -v \end{cases}$ (4) $\begin{cases} \dfrac{\mathrm{d}u}{\mathrm{d}t} = u, \\ \dfrac{\mathrm{d}v}{\mathrm{d}t} = 2v. \end{cases}$

试决定与方向场对应的方程组, 并给出理由.

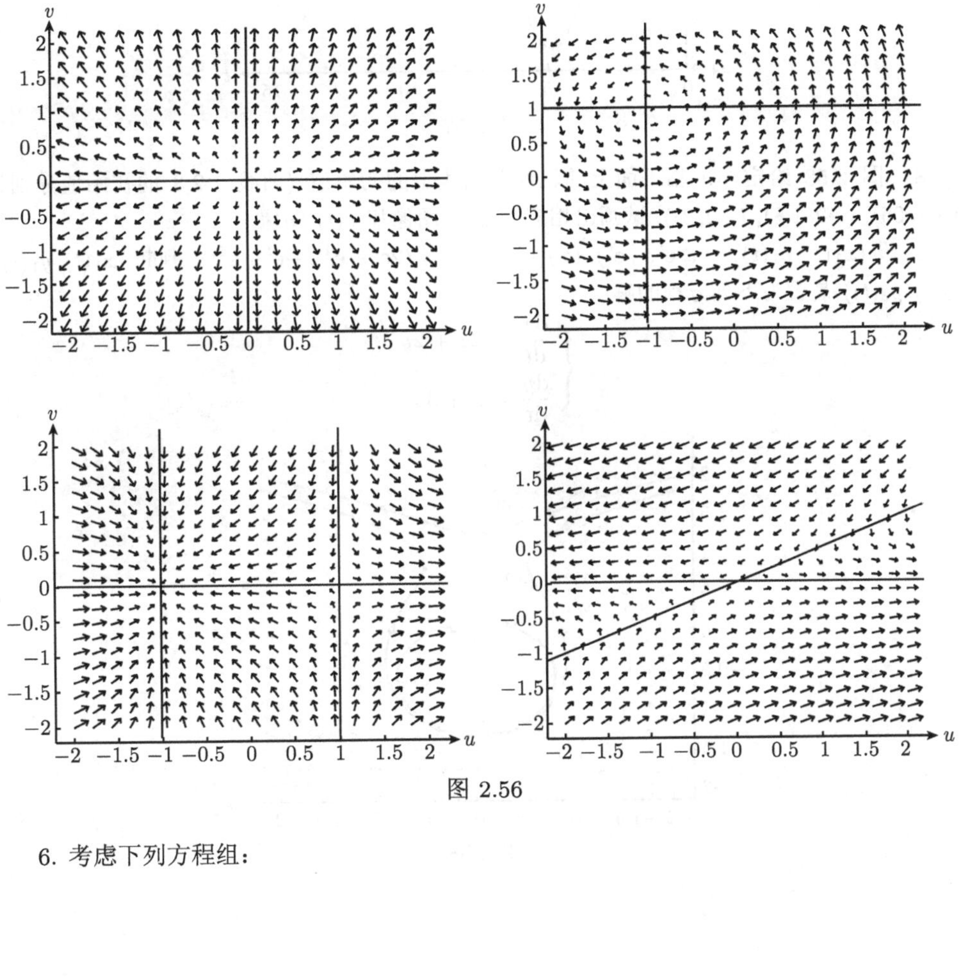

图 2.56

6. 考虑下列方程组:

(1) $\begin{cases} \dfrac{\mathrm{d}x}{\mathrm{d}t} = 4x - 7y + 2, \\ \dfrac{\mathrm{d}y}{\mathrm{d}t} = 3x + 6y - 1; \end{cases}$　　(2) $\begin{cases} \dfrac{\mathrm{d}x}{\mathrm{d}t} = y, \\ \dfrac{\mathrm{d}y}{\mathrm{d}t} = -\cos x - y. \end{cases}$

(a) 求出每个方程组所有的平衡解;

(b) 在相平面上的区域 $[-2,2] \times [-2,2]$ 中确定足够多的向量, 画出大致的方向;

(c) 当 $t \to +\infty$ 时, 分别描述典型解的最终行为.

7. 图 2.57 是 uv 相平面上的 $u(t)$ 图像和 $v(t)$ 图像, 试画出相平面上相应的轨线.

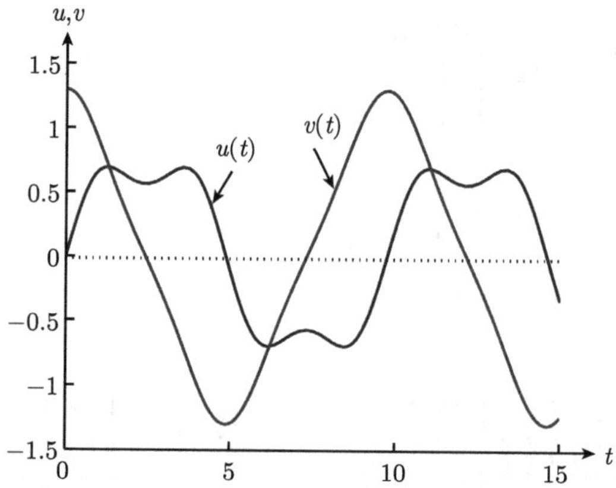

图 2.57

8. 图 2.58 给定 uv 相平面上的轨线及曲线上的初始值 (曲线 1,2,3 的初始值分别为 $(0, -0.05)$, $(-2, 1.8)$, $(-2, 2)$), 试画出相应的 $u(t)$ 图像和 $v(t)$ 图像.

9. 设 $(x_1(t), y_1(t)) = (2\mathrm{e}^t, -\mathrm{e}^t)$, $(x_2(t), y_2(t)) = (2\mathrm{e}^t - \mathrm{e}^{4t}, -\mathrm{e}^t + \mathrm{e}^{4t})$. 判断 $(x_1(t), y_1(t))$, $(x_2(t), y_2(t))$ 是否为下列方程的解:

$$\begin{cases} \dfrac{\mathrm{d}x}{\mathrm{d}t} = 2x + 2y, \\ \dfrac{\mathrm{d}y}{\mathrm{d}t} = x + 3y. \end{cases}$$

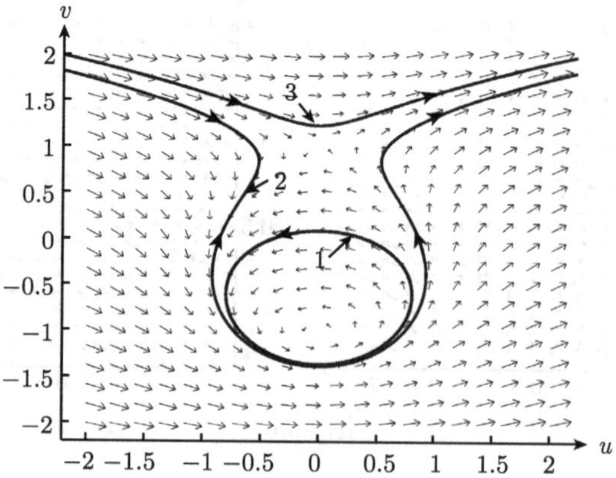

图 2.58

10. 求解下列完全解耦方程组的通解：

(1) $\begin{cases} \dfrac{\mathrm{d}x}{\mathrm{d}t} = 1, \\ \dfrac{\mathrm{d}y}{\mathrm{d}t} = -2y; \end{cases}$ (2) $\begin{cases} \dfrac{\mathrm{d}x}{\mathrm{d}t} = -2x, \\ \dfrac{\mathrm{d}y}{\mathrm{d}t} = -3y. \end{cases}$

11. 考虑下列半解耦方程组：

$$\begin{cases} \dfrac{\mathrm{d}u}{\mathrm{d}t} = 2u + v, \\ \dfrac{\mathrm{d}v}{\mathrm{d}t} = -v. \end{cases}$$

(1) 求解该方程组的通解；

(2) 分别确定满足初始条件 $(u(0), v(0)) = (1, 0)$ 和 $(u(0), v(0)) = (0, 1)$ 解的表达式；

(3) 画出 (2) 得到解的 $u(t)$ 图像和 $v(t)$ 图像.

12. 考虑下列半解耦方程组：

$$\begin{cases} \dfrac{\mathrm{d}x}{\mathrm{d}t} = 2x - 8y^2, \\ \dfrac{\mathrm{d}y}{\mathrm{d}t} = -3y. \end{cases}$$

(1) 求解该方程组的通解；

(2) 找出所有的平衡解；

(3) 确定满足初始条件 $(x(0), y(0)) = (0, 1)$ 解的表达式, 并在 xy 相平面上画出相应的解轨线.

13. 给定下列方程：

(1) $\dfrac{\mathrm{d}^2y}{\mathrm{d}t^2} + 3\dfrac{\mathrm{d}y}{\mathrm{d}t} - 10y = 0$; (2) $\dfrac{\mathrm{d}^2y}{\mathrm{d}t^2} + 4\dfrac{\mathrm{d}y}{\mathrm{d}t} + y = 0$.

(a) 将两个方程化为一阶二维方程组的形式, 并在相平面上画出方向场；

(b) 对每个方程, 用猜测–检验的方法找出两个非零解, 其中这两个解不能只相差一个常数因子；

(c) 在相平面上画出这两个非零解相应的解轨线.

14. 考虑满足初始条件 $(x(0), y(0)) = (1, 1)$ 的下列方程组：

(1) $\begin{cases} \dfrac{\mathrm{d}x}{\mathrm{d}t} = y, \\ \dfrac{\mathrm{d}y}{\mathrm{d}t} = -2x - 3y; \end{cases}$ (2) $\begin{cases} \dfrac{\mathrm{d}x}{\mathrm{d}t} = y + y^2, \\ \dfrac{\mathrm{d}y}{\mathrm{d}t} = -x + 0.2y - xy + 1.2y^2, \end{cases}$

选定时间步长 $\Delta t = 0.25$, $n = 5$.

(a) 用欧拉方法求两个方程组的近似解；

(b) 在相平面上画出近似解轨线的方向场.

15. 考虑方程组：

$$\begin{cases} \dfrac{\mathrm{d}x}{\mathrm{d}t} = -x + 3y, \\ \dfrac{\mathrm{d}y}{\mathrm{d}t} = -3x - y. \end{cases}$$

(1) 验证 $(x_1(t),y_1(t))=(\mathrm{e}^{-t}\sin 3t,\mathrm{e}^{-t}\cos 3t)$ 和 $(x_2(t),y_2(t))=(\mathrm{e}^{(-t-1)}\sin 3(t-1),\mathrm{e}^{(-t-1)}\cos 3(t-1))$ 都是方程组的解;

(2) 在 xy 相平面上画出两个解轨线;

(3) $(x_1(t),y_1(t))$ 与 $(x_2(t),y_2(t))$ 是否与解的唯一性矛盾?

16. 将下列线性方程组写成矩阵形式:

(1) $\begin{cases}\dfrac{\mathrm{d}x}{\mathrm{d}t}=2x+y,\\ \dfrac{\mathrm{d}y}{\mathrm{d}t}=x+y;\end{cases}$　(2) $\begin{cases}\dfrac{\mathrm{d}x}{\mathrm{d}t}=3y,\\ \dfrac{\mathrm{d}y}{\mathrm{d}t}=-0.5x+2\pi y;\end{cases}$

(3) $\begin{cases}\dfrac{\mathrm{d}u}{\mathrm{d}t}=3u-2v-5w,\\ \dfrac{\mathrm{d}v}{\mathrm{d}t}=-3u+6w,\\ \dfrac{\mathrm{d}w}{\mathrm{d}t}=8v+2w;\end{cases}$　(4) $\begin{cases}\dfrac{\mathrm{d}u}{\mathrm{d}t}=u+2v,\\ \dfrac{\mathrm{d}v}{\mathrm{d}t}=-u-v.\end{cases}$

17. 将下列线性方程组写成分量形式:

(1) $\begin{pmatrix}\dfrac{\mathrm{d}x}{\mathrm{d}t}\\ \dfrac{\mathrm{d}y}{\mathrm{d}t}\end{pmatrix}=\begin{pmatrix}-3 & 6\\ 4 & -1\end{pmatrix}\begin{pmatrix}x\\ y\end{pmatrix}$;　(2) $\begin{pmatrix}\dfrac{\mathrm{d}x}{\mathrm{d}t}\\ \dfrac{\mathrm{d}y}{\mathrm{d}t}\end{pmatrix}=\begin{pmatrix}0 & \alpha\\ \beta & -1\end{pmatrix}\begin{pmatrix}x\\ y\end{pmatrix}$;

(3) $\begin{pmatrix}\dfrac{\mathrm{d}x}{\mathrm{d}t}\\ \dfrac{\mathrm{d}y}{\mathrm{d}t}\end{pmatrix}=\begin{pmatrix}\pi & -1\\ 1 & -\pi\end{pmatrix}\begin{pmatrix}x\\ y\end{pmatrix}$.

18. 考虑三阶微分方程

$$\frac{\mathrm{d}^3x}{\mathrm{d}t^3}+p\frac{\mathrm{d}^2x}{\mathrm{d}t^2}+q\frac{\mathrm{d}x}{\mathrm{d}t}+rx=0,$$

其中, p,q,r 是常数, 试将其转化为矩阵形式的三维线性方程组.

19. 令

$$\boldsymbol{A}=\begin{pmatrix}a & b\\ c & d\end{pmatrix}$$

是非奇异矩阵 ($\det\boldsymbol{A}\neq 0$).

(1) 证明若 $a=0$, 那么 $b\neq 0$ 且 $c\neq 0$;

(2) 在 (1) 的条件下, 证明 $(0,0)$ 是唯一的平衡点.

20. 考虑相应于二阶微分方程

$$\frac{\mathrm{d}^2y}{\mathrm{d}t^2}+p\frac{\mathrm{d}y}{\mathrm{d}t}+qy=0$$

的线性方程组.

(1) 若 $q=0,p\neq 0$, 试找出方程组所有的平衡解;

(2) 若 $q=p=0$, 试找出方程组所有的平衡解.

21. 考虑线性方程组：

$$\frac{\mathrm{d}\boldsymbol{Y}}{\mathrm{d}t}=\begin{pmatrix}1 & -1\\ 1 & 3\end{pmatrix}\boldsymbol{Y}.$$

(1) 证明

$$\boldsymbol{Y}(t)=\begin{pmatrix}t\mathrm{e}^{2t}\\ -(t+1)\mathrm{e}^{2t}\end{pmatrix}$$

是方程组的解;

(2) 求出满足初始条件 $\boldsymbol{Y}(0)=\begin{pmatrix}0\\ 2\end{pmatrix}$ 的解.

22. 考虑线性方程组：

$$\frac{\mathrm{d}\boldsymbol{Y}}{\mathrm{d}t}=\begin{pmatrix}2 & 0\\ 1 & 1\end{pmatrix}\boldsymbol{Y}.$$

(1) 证明

$$\boldsymbol{Y}_1(t)=\begin{pmatrix}0\\ \mathrm{e}^{t}\end{pmatrix}\quad 和\quad \boldsymbol{Y}_2(t)=\begin{pmatrix}\mathrm{e}^{2t}\\ \mathrm{e}^{2t}\end{pmatrix}$$

都是方程组的解;

(2) 判断 $\boldsymbol{Y}_1(t)$, $\boldsymbol{Y}_2(t)$ 是否线性相关;

(3) 分别求出满足初始条件 $\boldsymbol{Y}(0)=\begin{pmatrix}-2\\ -1\end{pmatrix}$ 的解.

23. 考虑下列方程组：

$$\begin{cases}\dfrac{\mathrm{d}u}{\mathrm{d}t}=1,\\ \dfrac{\mathrm{d}v}{\mathrm{d}t}=u.\end{cases}$$

验证 $\boldsymbol{Y}(t)=(t,t^2/2)$ 是方程组的解, $2\boldsymbol{Y}(t)$ 却不是方程组的解 (这说明线性原理是线性方程组的基本性质, 但是这个性质对于非线性方程组却是不一定成立).

24. $\boldsymbol{Y}_1(t)=((x_1(t),y_1(t))$ 和 $\boldsymbol{Y}_2(t)=((x_2(t),y_2(t))$ 是下列线性方程组的两个解：

$$\frac{\mathrm{d}\boldsymbol{Y}}{\mathrm{d}t}=\boldsymbol{A}Y,$$

其中 $\boldsymbol{A}=\begin{pmatrix}a & b\\ c & d\end{pmatrix}$. 定义 $W(t)=x_1(t)y_2(t)-x_2(t)y_1(t)$,

(1) 计算 $\dfrac{\mathrm{d}W}{\mathrm{d}t}$;

(2) 证明 $\dfrac{\mathrm{d}W}{\mathrm{d}t}=(a+d)W(t)$ (提示: $Y_1(t)$, $Y_2(t)$ 都是方程组的解);

(3) 求解微分方程 $\dfrac{\mathrm{d}W}{\mathrm{d}t}=(a+d)W(t)$ 的通解;

(4) 若 $\boldsymbol{Y}_1(0)$ 与 $\boldsymbol{Y}_2(0)$ 线性无关, 试证明对于所有的 $t\geqslant 0$, $\boldsymbol{Y}_1(t)$ 与 $\boldsymbol{Y}_2(t)$ 也是线性无关.

25. 考虑下列线性方程组：

(1) $\dfrac{\mathrm{d}\boldsymbol{Y}}{\mathrm{d}t}=\begin{pmatrix}3 & 2\\ 0 & -2\end{pmatrix}\boldsymbol{Y}$;　　　(2) $\dfrac{\mathrm{d}\boldsymbol{Y}}{\mathrm{d}t}=\begin{pmatrix}-5 & -2\\ -1 & -4\end{pmatrix}\boldsymbol{Y}$;

(3) $\dfrac{\mathrm{d}\boldsymbol{Y}}{\mathrm{d}t}=\begin{pmatrix}-\dfrac{1}{2} & 0\\ 1 & -\dfrac{1}{2}\end{pmatrix}\boldsymbol{Y}$, (4) $\begin{pmatrix}\dfrac{\mathrm{d}x}{\mathrm{d}t}\\ \dfrac{\mathrm{d}y}{\mathrm{d}t}\end{pmatrix}=\begin{pmatrix}3 & 4\\ 1 & 0\end{pmatrix}\begin{pmatrix}x\\ y\end{pmatrix}$;

(5) $\begin{pmatrix}\dfrac{\mathrm{d}x}{\mathrm{d}t}\\ \dfrac{\mathrm{d}y}{\mathrm{d}t}\end{pmatrix}=\begin{pmatrix}2 & 1\\ 1 & 1\end{pmatrix}\begin{pmatrix}x\\ y\end{pmatrix}$; (6) $\begin{pmatrix}\dfrac{\mathrm{d}x}{\mathrm{d}t}\\ \dfrac{\mathrm{d}y}{\mathrm{d}t}\end{pmatrix}=\begin{pmatrix}-1 & -2\\ 1 & -4\end{pmatrix}\begin{pmatrix}x\\ y\end{pmatrix}$.

(a) 计算方程组系数矩阵的特征值;

(b) 对于每个特征值, 计算相应的特征向量;

(c) 对于每个特征值, 求出相应的直线解;

(d) 若方程组具有两个不同的特征值, 求出通解.

26. 给定不同的初始条件 $\boldsymbol{Y}(0)=(1,0)$, $\boldsymbol{Y}(0)=(2,1)$, $\boldsymbol{Y}(0)=(-1,-2)$, 分别求出下列方程组的解:

(1) $\dfrac{\mathrm{d}\boldsymbol{Y}}{\mathrm{d}t}=\begin{pmatrix}-2 & -2\\ 1 & -2\end{pmatrix}\boldsymbol{Y}$; (2) $\dfrac{\mathrm{d}\boldsymbol{Y}}{\mathrm{d}t}=\begin{pmatrix}3 & 0\\ 1 & -2\end{pmatrix}\boldsymbol{Y}$;

(3) $\dfrac{\mathrm{d}\boldsymbol{Y}}{\mathrm{d}t}=\begin{pmatrix}-4 & 1\\ 2 & -3\end{pmatrix}\boldsymbol{Y}$; (4) $\dfrac{\mathrm{d}\boldsymbol{Y}}{\mathrm{d}t}=\begin{pmatrix}4 & -2\\ 1 & 1\end{pmatrix}\boldsymbol{Y}$.

27. 考虑二阶微分方程

$$\frac{\mathrm{d}^2u}{\mathrm{d}t^2}+\alpha\frac{\mathrm{d}u}{\mathrm{d}t}+\beta u=0,\alpha\geqslant 0,\beta>0.$$

(1) 将其转化为一阶二维线性方程组;

(2) 计算线性方程组的特征多项式, 求出特征值;

(3) 当 α, β 取何值时, 特征值为两个不同的实数;

(4) 验证两个不同实数的特征值一定是负数.

28. 形如

$$\boldsymbol{A}=\begin{pmatrix}a & b\\ 0 & d\end{pmatrix},\quad \boldsymbol{B}=\begin{pmatrix}a & b\\ b & d\end{pmatrix}$$

的矩阵 $\boldsymbol{A},\boldsymbol{B}$ 分别称为上三角矩阵和对称矩阵 (实际应用时经常用到这样形式的矩阵).

(1) 若 $b\neq 0$, $a\neq d$, 求出 $\boldsymbol{A}$ 的特征值及相应的特征向量;

(2) 若 $b\neq 0$, 试证 $\boldsymbol{B}$ 具有两个不同的特征值.

29. 考虑习题 13 中用猜测–检验的方法求解的二阶方程.

(1) 将二阶方程转化为一阶二维线性方程组;

(2) 计算线性方程组的特征值及相应的特征向量;

(3) 对于每个特征值求出方程组的解, 并与习题 13 的结果进行比较.

30. 考虑下列线性方程组:

(1) $\begin{cases}\dfrac{\mathrm{d}x}{\mathrm{d}t}=-2x+\dfrac{1}{2}y,\\ \dfrac{\mathrm{d}y}{\mathrm{d}t}=-y;\end{cases}$ (2) $\begin{cases}\dfrac{\mathrm{d}x}{\mathrm{d}t}=2x+6y,\\ \dfrac{\mathrm{d}y}{\mathrm{d}t}=2x-2y.\end{cases}$

图 2.59 中的两图分别给出方程组 (1), (2) 的斜量场.

(a) 分别确定 (1), (2) 平衡解 (0,0) 的类型 (源、汇、中心、旋转源、旋转汇);

(b) 求出 (1), (2) 的所有直线解;

(c) 对于给定的初始条件 E, F, G, H 画出相应的 $x(t)$ 图像和 $y(t)$ 图像.

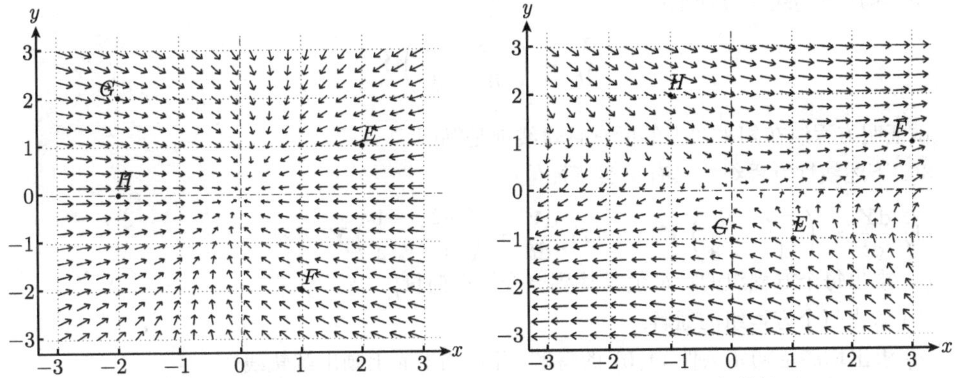

(a) 方程组(1)　　(b) 方程组(2)

图 2.59

31. 考虑线性方程组:

$$\frac{\mathrm{d}\boldsymbol{Y}}{\mathrm{d}t}=\begin{pmatrix}-2 & 1\\ 0 & 2\end{pmatrix}\boldsymbol{Y}.$$

(1) 证明平衡解 (0,0) 是鞍点;

(2) 求出特征值及相应的特征向量;

(3) 在相平面上画出满足初始条件 (1, 0.001) 和 (1, −0.001) 的解轨线.

32. 考虑函数 $x(t)=\mathrm{e}^{-\alpha t}\sin\beta t$, 其中 $\alpha,\beta>0$.

(1) 若存在 $t_1<t_2$, 使得 $x(t_1)=x(t_2)=0$, 试求出 t_2-t_1;

(2) 若 $x(t)$ 分别在 t_1, t_2 时刻达到第一个局部最大值和局部最小值, 试求出 t_2-t_1(或者 t_1-t_2).

33. 下述线性方程组均具有一对复共轭特征值:

(1) $\dfrac{\mathrm{d}\boldsymbol{Y}}{\mathrm{d}t}=\begin{pmatrix}0 & 2\\ -2 & 0\end{pmatrix}\boldsymbol{Y}$;　(2) $\dfrac{\mathrm{d}\boldsymbol{Y}}{\mathrm{d}t}=\begin{pmatrix}-3 & -5\\ 3 & 1\end{pmatrix}\boldsymbol{Y}$;　(3) $\dfrac{\mathrm{d}\boldsymbol{Y}}{\mathrm{d}t}=\begin{pmatrix}2 & -6\\ 2 & 1\end{pmatrix}\boldsymbol{Y}$.

(a) 求出每个方程组的特征值;

(b) 确定每个方程组平衡解 (0,0) 的类型 (旋转源、旋转汇、中心);

(c) 在相平面上确定每个方程解轨线的自然周期、旋转频率及旋转方向 (逆时针、顺时针);

(d) 求出每个方程组的实值通解;

(e) 求出依次满足初始条件 (1,0), (4,0), (2,1) 的特解, 并在相平面上画出解轨线.

34. 考虑下述线性方程组:

$$\begin{cases}\dfrac{\mathrm{d}y}{\mathrm{d}t}=v,\\[2mm] \dfrac{\mathrm{d}v}{\mathrm{d}t}=-qy-pv.\end{cases}$$

(1) 当 p, q 为何值时, 线性方程组的特征值是复数;

(2) 当 p,q 为何值时, 线性方程组平衡解 $(0,0)$ 分别是旋转源、旋转汇、中心;

(3) 若线性方程组的特征值是复数, 当 p,q 为何值时, 旋转于 $(0,0)$ 的解曲线方向是顺时针.

35. 考虑下列线性方程组:

$$\frac{\mathrm{d}\boldsymbol{Y}}{\mathrm{d}t}=\begin{pmatrix}-3 & -1\\ 0 & 3\end{pmatrix}\boldsymbol{Y}.$$

试证明方程组在相平面上的所有解轨线都是椭圆.

36. 下述线性方程组均具有重实特征值:

(1) $\dfrac{\mathrm{d}\boldsymbol{Y}}{\mathrm{d}t}=\begin{pmatrix}-3 & 0\\ 1 & -3\end{pmatrix}\boldsymbol{Y}$;　　(2) $\dfrac{\mathrm{d}\boldsymbol{Y}}{\mathrm{d}t}=\begin{pmatrix}-2 & -1\\ 1 & -4\end{pmatrix}\boldsymbol{Y}$.

(a) 求出每个方程组的特征值并找到一个特征向量;

(b) 求出每个方程组的通解;

(c) 求出均满足初始条件 $(1,0)$ 的特解, 并在相平面上画出解轨线;

(d) 画出 (3) 中解相应的 $x(t)$ 图像和 $y(t)$ 图像.

37. 考虑 2×2 阶矩阵

$$\boldsymbol{A}=\begin{pmatrix}0 & 1\\ -q & -p\end{pmatrix},$$

其中 $p\geqslant 0, q>0$. 当 p,q 为何值时, $\boldsymbol{A}$ 具有实重根? 具有零根?

38. 若矩阵

$$\boldsymbol{A}=\begin{pmatrix}a & b\\ c & d\end{pmatrix}$$

具有特征值 λ, 并且每个非零向量都是相应于 λ 的特征向量. 试证明 $\lambda=a=d$ 且 $b=c=0$.

39. 下述线性方程组均具有零特征值:

(1) $\dfrac{\mathrm{d}\boldsymbol{Y}}{\mathrm{d}t}=\begin{pmatrix}0 & 2\\ 0 & -1\end{pmatrix}\boldsymbol{Y}$;　　(2) $\dfrac{\mathrm{d}\boldsymbol{Y}}{\mathrm{d}t}=\begin{pmatrix}4 & 2\\ 2 & 1\end{pmatrix}\boldsymbol{Y}$.

(a) 求出每个方程组的特征值及相应的特征向量;

(b) 求出每个方程组的通解;

(c) 求出均满足初始条件 $(1,0)$ 的特解, 并在相平面上画出解轨线;

(d) 画出 (3) 中解相应的 $x(t)$ 图像和 $y(t)$ 图像.

40. 考虑线性方程组:

$$\frac{\mathrm{d}\boldsymbol{Y}}{\mathrm{d}t}=\begin{pmatrix}a & 0\\ 0 & d\end{pmatrix}\boldsymbol{Y}.$$

(1) 求出方程组的特征值及相应的特征向量;

(2) 若 $a=d<0$, 试求出方程组的通解并画出相图;

(3) 若 $a=d>0$, 试求出方程组的通解并画出相图.

41. 考虑下列以 a 为参数的单参数线性方程组:

(1) $\dfrac{\mathrm{d}\boldsymbol{Y}}{\mathrm{d}t}=\begin{pmatrix} a & -1 \\ 2 & 0 \end{pmatrix}\boldsymbol{Y}$;　　(2) $\dfrac{\mathrm{d}\boldsymbol{Y}}{\mathrm{d}t}=\begin{pmatrix} a & a^2+a \\ 1 & a \end{pmatrix}\boldsymbol{Y}$.

(a) 当参数 a 变化时, 讨论方程组族的相图结构的本质改变, 并求出产生分歧时 a 的数值;

(b) 当参数 a 变化时, 线性方程组族的平衡点 $(0,0)$ 的类型是如何变化的.

第 3 章　二阶线性常系数微分方程

许多物理、力学、化学、生态学中的数学模型均可归结为二阶线性常系数微分方程 (一般称为简谐振动方程). 这类方程可以化为一阶二维线性常系数微分方程组进行定性分析, 又可直接用猜测–检验方法求得解析解, 然后利用所获结果解读简谐振动的一般规律.

3.1　简谐振动模型

3.1.1　质点弹簧系统模型

在 2.1.1 小节中, 讨论了质点弹簧系统的数学模型. 设 $y(t)$ 是质量为 m 的质点在 t 时刻的位移, 作用在质点上的弹性力为 $-ky(t)$, 其中 $k>0$ 为弹性系数. 如果考虑质点所受的阻力, 假设阻力与速度大小成正比, 则阻力设为 $-b\dfrac{\mathrm{d}y}{\mathrm{d}t}$, 其中 $b \geqslant 0$ 为阻力系数. 根据牛顿第二定律有

$$m\frac{\mathrm{d}^2y}{\mathrm{d}t^2} = -ky - b\frac{\mathrm{d}y}{\mathrm{d}t}.$$

经整理得

$$m\frac{\mathrm{d}^2y}{\mathrm{d}t^2} + b\frac{\mathrm{d}y}{\mathrm{d}t} + ky = 0.$$

设 t 时刻作用在质点的外力为 $f(t)$, 则有

$$m\frac{\mathrm{d}^2y}{\mathrm{d}t^2} = -ky - b\frac{\mathrm{d}y}{\mathrm{d}t} + f(t).$$

经整理有

$$m\frac{\mathrm{d}^2y}{\mathrm{d}t^2} + b\frac{\mathrm{d}y}{\mathrm{d}t} + ky = f(t).$$

设 $p=\dfrac{b}{m}$, $q=\dfrac{k}{m}$, $g(t)=\dfrac{f(t)}{m}$, 则有

$$\frac{\mathrm{d}^2y}{\mathrm{d}t^2} + p\frac{\mathrm{d}y}{\mathrm{d}t} + qy = g(t). \tag{3.1}$$

3.1.2 单摆振动模型

在 2.5.1 小节中, 讨论了单摆振动模型. 设质量为 m 的质点系于一根长度为 l 的线上, 在重力 mg 的作用下, 该质点在垂直于地面的平面上沿圆周摆动. 设 $\varphi(t)$ 为 t 时刻单摆与竖直线所成的角度, 当 φ 较小时, 其运动方程 (见 (2.60)) 为

$$\frac{\mathrm{d}^2\varphi}{\mathrm{d}t^2}+\frac{g}{l}\varphi=0.$$

假设单摆所受的阻力为 $-\mu\frac{\mathrm{d}\varphi}{\mathrm{d}t}$, 其中 $\mu\geqslant 0$ 为阻力系数, 则有

$$\frac{\mathrm{d}^2\varphi}{\mathrm{d}t^2}+\frac{\mu}{m}\frac{\mathrm{d}\varphi}{\mathrm{d}t}+\frac{g}{l}\varphi=0.$$

如果沿着单摆的运动方向有一个外力 $F(t)$ 作用于它, 则有 (见 (2.63))

$$\frac{\mathrm{d}^2\varphi}{\mathrm{d}t^2}+\frac{\mu}{m}\frac{\mathrm{d}\varphi}{\mathrm{d}t}+\frac{g}{l}\varphi=\frac{1}{ml}F(t).$$

如果设 $p=\frac{\mu}{m}$, $q=\frac{g}{l}$, $g(t)=\frac{1}{ml}F(t)$, 并以 $y(t)$ 记 $\varphi(t)$, 则上述方程仍然化为 (3.1).

3.1.3 RCL 电路数学模型

在电子电路中, 将包含电阻 R(单位: Ω), 电感 L(单位: H), 电容 C(单位: F) 及电源 E 的串联电路称为 RCL 电路.

选时刻 t, 电路中的电流强度 $I(t)$ 为状态变量 (单位: A). 由电学知识可知, 在时刻 t, 电流 $I(t)$ 流经 R, L, C 的电压降 (单位: V) 分别为 RI, $L\frac{\mathrm{d}I}{\mathrm{d}t}$, $\frac{1}{C}Q$, 其中 $Q=Q(t)$ 为 t 时刻的电量 (单位: C). 因为 $I(t)=\frac{\mathrm{d}Q}{\mathrm{d}t}$, 由基尔霍夫第二定律, 在闭合回路中, 所有支路上的电压降的代数和为零.

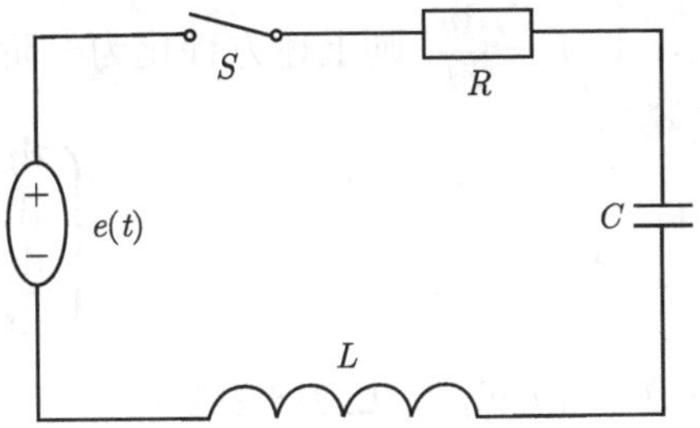

图 3.1 RCL 电路

由图 3.1 所示的 RCL 电路中, 设 R, L, C 均为常数, 当开关 S 闭合后, 有关系式

$$e(t)-RI-L\frac{\mathrm{d}I}{\mathrm{d}t}-\frac{1}{C}Q=0.$$

经整理得

$$L\frac{\mathrm{d}I}{\mathrm{d}t}+\frac{1}{C}Q+RI=e(t).$$

将上式两端关于 t 求导, 并将 $I(t)=\frac{\mathrm{d}Q}{\mathrm{d}t}$ 代入, 则有

$$L\frac{\mathrm{d}^2I}{\mathrm{d}t^2}+R\frac{\mathrm{d}I}{\mathrm{d}t}+\frac{1}{C}I=\frac{\mathrm{d}e(t)}{\mathrm{d}t}.$$

如果令 $p = \dfrac{R}{L}$, $q = \dfrac{1}{LC}$, $g(t) = \dfrac{1}{L}\dfrac{\mathrm{d}e(t)}{\mathrm{d}t}$, 并以 $y(t)$ 记 $I(t)$, 则再次得到 (3.1), 即

$$\frac{\mathrm{d}^2y}{\mathrm{d}t^2} + p\frac{\mathrm{d}y}{\mathrm{d}t} + qy = g(t).$$

这是一个二阶线性常系数非齐次非自治的微分方程. 由于方程 (3.1) 刻画了简谐振动的一般规律, 故也称为强制简谐振动方程. 下面的方程:

$$\frac{\mathrm{d}^2y}{\mathrm{d}t^2} + p\frac{\mathrm{d}y}{\mathrm{d}t} + qy = 0 \tag{3.2}$$

称为与之相应的齐次简谐振动方程, 或非强制简谐振动方程.

当 $t = 0$ 时, $y(0) = y_0$, $y'(0) = v_0$, 则

$$\begin{cases} \dfrac{\mathrm{d}^2y}{\mathrm{d}t^2} + p\dfrac{\mathrm{d}y}{\mathrm{d}t} + qy = g(t), \\ y(0) = y_0,\ y'(0) = v_0 \end{cases}$$

称为方程 (3.1) 的初值问题或 Cauchy 问题. 方程 (3.1) 与 (3.2) 分别简称为非齐次方程 (强制方程) 和与之相应的齐次方程 (非强制方程).

3.2 二阶齐次线性常系数微分方程

讨论齐次微分方程 (3.2), 即

$$\frac{\mathrm{d}^2y}{\mathrm{d}t^2} + p\frac{\mathrm{d}y}{\mathrm{d}t} + qy = 0.$$

3.2.1 线性原理

设 $v = \dfrac{\mathrm{d}y}{\mathrm{d}t}$, 则上述方程化为一阶二维微分方程组

$$\begin{cases} \dfrac{\mathrm{d}y}{\mathrm{d}t} = v, \\ \dfrac{\mathrm{d}v}{\mathrm{d}t} = -qy - pv. \end{cases}$$

令 $\boldsymbol{\mathcal{Y}} = (y, v)$, 则化为向量形式

$$\frac{\mathrm{d}\boldsymbol{\mathcal{Y}}}{\mathrm{d}t} = \begin{pmatrix} 0 & 1 \\ -q & -p \end{pmatrix}\boldsymbol{\mathcal{Y}}. \tag{3.3}$$

引理 3.1 齐次微分方程 (3.2) 的解 $y(t)$ 与齐次微分方程组 (3.3) 的解是一一对应的, 并且 $y(t)$ 为齐次方程 (3.2) 的解当且仅当 $\boldsymbol{\mathcal{Y}}(t) = (y(t), y'(t))$ 为方程组 (3.3) 的解.

证明 设 $y(t)$ 为齐次方程 (3.2) 的解. 令 $v(t)=\dfrac{\mathrm{d}y}{\mathrm{d}t}$ 且 $\boldsymbol{\mathcal{Y}}=(y,v)$, 则由上面的讨论一定有

$$\frac{\mathrm{d}\boldsymbol{\mathcal{Y}}}{\mathrm{d}t}=\begin{pmatrix}0 & 1\\ -q & -p\end{pmatrix}\boldsymbol{\mathcal{Y}},$$

即 $\boldsymbol{\mathcal{Y}}(t)=(y(t),v(t))$ 为方程组 (3.3) 的一个解.

反之, 设 $\boldsymbol{\mathcal{Y}}(t)=(y(t),v(t))$ 满足方程组 (3.3), 于是

$$\begin{cases}\dfrac{\mathrm{d}y(t)}{\mathrm{d}t}=v(t),\\ \dfrac{\mathrm{d}v(t)}{\mathrm{d}t}=-qy(t)-pv(t).\end{cases}$$

将 $v(t)$ 的表达式代入第二式, 则有

$$\frac{\mathrm{d}^2y}{\mathrm{d}t^2}+p\frac{\mathrm{d}y}{\mathrm{d}t}+qy=0.$$

因此, $y=y(t)$ 为齐次方程 (3.2) 的解. 如果方程组 (3.3) 的两个解 $\boldsymbol{\mathcal{Y}}_1(t)=(y_1(t),v_1(t))$, $\boldsymbol{\mathcal{Y}}_2(t)=(y_2(t),v_2(t))$ 满足 $\boldsymbol{\mathcal{Y}}_1(t)\equiv\boldsymbol{\mathcal{Y}}_2(t)$, 则一定有 $y_1(t)\equiv y_2(t)$. 因此, 一一对应性得证.

注记 引理 3.1 表明为求齐次方程 (3.2) 的通解, 完全可以通过前几节所用的特征值–特征向量方法求出方程组 (3.3) 的通解而得到. 但是, 由齐次方程通过猜测–检验方法直接导出特征根方法更简单, 而应用引理 3.1, 通过方程组 (3.3) 的相平面进行定性分析最方便.

下面给出线性原理.

定理 3.1(线性原理) (1) 设 $y_1(t)$ 与 $y_2(t)$ 为齐次方程 (3.2), 即

$$\frac{\mathrm{d}^2y}{\mathrm{d}t^2}+p\frac{\mathrm{d}y}{\mathrm{d}t}+qy=0$$

的解. 对任意常数 k_1, k_2, $k_1y_1(t)+k_2y_2(t)$ 仍为齐次方程 (3.2) 的解;

(2) 若上述 $y_1(t)$ 与 $y_2(t)$ 线性无关, 则 $k_1y_1(t)+k_2y_2(t)$ 为齐次方程 (3.2) 的通解.

证明 (1) 直接验证即可.

(2) 因为 $y_1(t)$ 与 $y_2(t)$ 为齐次方程 (3.2) 的解. 令 $\boldsymbol{\mathcal{Y}}_1(t)=(y_1(t),y_1'(t))$, $\boldsymbol{\mathcal{Y}}_2(t)=(y_2(t),y_2'(t))$, 则由引理 3.1, $\boldsymbol{\mathcal{Y}}_1(t)$ 与 $\boldsymbol{\mathcal{Y}}_2(t)$ 为线性方程组 (3.3), 即

$$\frac{\mathrm{d}\boldsymbol{\mathcal{Y}}}{\mathrm{d}t}=\begin{pmatrix}0 & 1\\ -q & -p\end{pmatrix}\boldsymbol{\mathcal{Y}}$$

的两个解.

下面证 $\mathcal{Y}_1(0)$ 与 $\mathcal{Y}_2(0)$ 为平面上两个线性无关的向量.

设常数 k_1, k_2 满足

$$k_1\mathcal{Y}_1(0) + k_2\mathcal{Y}_2(0) = \begin{pmatrix} 0 \\ 0 \end{pmatrix}, \tag{3.4}$$

并设

$$\mathcal{Y}(t) = k_1\mathcal{Y}_1(t) + k_2\mathcal{Y}_2(t),$$

则由定理 2.1, $\mathcal{Y}(t)$ 为线性方程组 (3.3) 的解, 并且由 (3.4) 知

$$\mathcal{Y}(0) = \begin{pmatrix} 0 \\ 0 \end{pmatrix}.$$

由线性方程组 (3.3) 的初值问题解的唯一性定理可知

$$\mathcal{Y}(t) = \begin{pmatrix} 0 \\ 0 \end{pmatrix}.$$

于是

$$k_1\mathcal{Y}_1(t) + k_2\mathcal{Y}_2(t) \equiv 0.$$

再由 $\mathcal{Y}_1(t)$ 与 $\mathcal{Y}_2(t)$ 的线性无关性知 $k_1 = k_2 = 0$. 因此, $\mathcal{Y}_1(0)$ 与 $\mathcal{Y}_2(0)$ 线性无关.

设 $y(t)$ 为齐次方程 (3.2) 的任一解, 则由引理 3.1, $\mathcal{Y}(t) = (y(t), y'(t))$ 为线性方程组 (3.3) 的解. 令

$$\mathcal{Y}(0) = \begin{pmatrix} x_0 \\ y_0 \end{pmatrix},$$

则由定理 2.1, 存在唯一实数 k_1 及唯一实数 k_2, 满足

$$\mathcal{Y}(t) = k_1\mathcal{Y}_1(t) + k_2\mathcal{Y}_2(t),$$

因此有

$$y(t) = k_1y_1(t) + k_2y_2(t).$$

由此可见, $k_1y_1(t) + k_2y_2(t)$ (k_1, k_2 为任意常数) 为齐次方程 (3.2) 的通解.

注记　两个函数 $y_1(t)$ 与 $y_2(t)$ 称为线性无关的, 如果常数 k_1, k_2 满足

$$k_1y_1(t) + k_2y_2(t) \equiv 0,$$

则必有 $k_1 = k_2 = 0$.

3.2.2　求通解的特征根法

例 3.1　求二阶齐次线性微分方程

$$\frac{\mathrm{d}^2y}{\mathrm{d}t^2} + 5\frac{\mathrm{d}y}{\mathrm{d}t} + 6y = 0 \tag{3.5}$$

的通解及满足初始条件

$$y(0) = 2, \quad y'(0) = -3$$

的特解.

分析 例 3.1 可应用引理 3.1 化为相应线性微分方程组, 然后应用特征值–特征向量的方法进行求解. 然而线性微分方程 $\mathrm{d}\boldsymbol{\mathcal{Y}}/\mathrm{d}t = \boldsymbol{\mathcal{A}}\boldsymbol{\mathcal{Y}}$ 的解一般由 $\mathrm{e}^{\lambda t}\boldsymbol{\mathcal{V}}$ 的项所组成, 其中 λ 为 $\boldsymbol{\mathcal{A}}$ 的特征值, 而 $\boldsymbol{\mathcal{V}}$ 为对应的特征向量. 由此启发, 试图寻求齐次方程 (3.5) 具有形式

$$y(t) = \mathrm{e}^{\lambda t}$$

的解, 其中 λ 为待定的参数.

解 首先猜测齐次方程 (3.5) 的解具有形式

$$y(t) = \mathrm{e}^{\lambda t},$$

其中参数 λ 待定. 将其代入式 (3.5) 得

$$\frac{\mathrm{d}^2y}{\mathrm{d}t^2} + 5\frac{\mathrm{d}y}{\mathrm{d}t} + 6y = (\lambda^2 + 5\lambda + 6)\mathrm{e}^{\lambda t} = 0.$$

由于对任意 t, $\mathrm{e}^{\lambda t} \neq 0$. 因此, 必有

$$\lambda^2 + 5\lambda + 6 = 0. \tag{3.6}$$

由此得 (3.6) 的两个根 $\lambda_1 = -2$, $\lambda_2 = -3$. 因此, $y_1(t) = \mathrm{e}^{-2t}$, $y_2(t) = \mathrm{e}^{-3t}$ 为齐次方程 (3.5) 的两个解.

设 k_1, k_2 为常数, 使得

$$k_1\mathrm{e}^{-2t} + k_2\mathrm{e}^{-3t} \equiv 0. \tag{3.7}$$

将上式两端求导得

$$-2k_1\mathrm{e}^{-2t} - 3k_2\mathrm{e}^{-3t} \equiv 0. \tag{3.8}$$

在 (3.7) 与 (3.8) 中, 令 $t = 0$ 得

$$\begin{cases} k_1 + k_2 = 0, \\ -2k_1 - 3k_2 = 0. \end{cases}$$

由此得 $k_1 = k_2 = 0$. 因此, e^{-2t} 与 e^{-3t} 线性无关. 由定理 3.1 知齐次方程 (3.5) 的通解为

$$y(t) = k_1\mathrm{e}^{-2t} + k_2\mathrm{e}^{-3t}. \tag{3.9}$$

将上式两端求导得

$$y'(t) = -2k_1\mathrm{e}^{-2t} - 3k_2\mathrm{e}^{-3t}. \tag{3.10}$$

在 (3.9) 及 (3.10) 中令 $t=0$, 再利用初始条件得

$$\begin{cases} k_1 + k_2 = 2, \\ -2k_1 - 3k_2 = -3, \end{cases}$$

于是得 $k_1 = 3$, $k_2 = -1$. 因此, 初始问题特解为

$$y(t) = 3\mathrm{e}^{-2t} - \mathrm{e}^{-3t}.$$

注记 方程 (3.6) 称为齐次微分方程 (3.5) 的特征方程, $\lambda_1 = -2$, $\lambda_2 = -3$ 为其特征根. 此方法仅需求特征根, 不需求特征向量, 因此更为简单.

上述所用的方法, 不仅限于特征方程具有不等实根的情形, 对特征方程具有一对共轭复根的情形依然有效. 然而, 此时如想得到实值解还需借用欧拉公式.

例 3.2 求二阶齐次线性微分方程

$$\frac{\mathrm{d}^2 y}{\mathrm{d}t^2} + 2\frac{\mathrm{d}y}{\mathrm{d}t} + 5y = 0 \tag{3.11}$$

的实值通解.

分析 首先猜齐次方程 (3.11) 具有形为

$$y(t) = \mathrm{e}^{\lambda t}$$

的复值解. 将其代入方程 (3.11) 得特征方程

$$\lambda^2 + 2\lambda + 5 = 0.$$

由此得特征根

$$\lambda = \frac{-2 \pm \sqrt{4-20}}{2} = -1 \pm 2\mathrm{i}.$$

因此可知

$$y(t) = \mathrm{e}^{(-1+2\mathrm{i})t}$$

为齐次方程 (3.11) 的复值解. 由欧拉公式有

$$\begin{aligned} y(t) &= \mathrm{e}^{(-1+2\mathrm{i})t} \\ &= \mathrm{e}^{-t}(\cos 2t + \mathrm{i}\sin 2t) \\ &= \mathrm{e}^{-t}\cos 2t + \mathrm{i}\mathrm{e}^{-t}\sin 2t. \end{aligned}$$

类似线性方程组的情形知由

$$\mathrm{e}^{-t}\cos 2t, \quad \mathrm{e}^{-t}\sin 2t$$

可得齐次方程 (3.11) 的两个实值解.

解 特征方程

$$\lambda^2+2\lambda+5=0.$$

具有复根

$$\lambda=-1\pm 2\mathrm{i}.$$

因此, $y_1(t)=\mathrm{e}^{-t}\cos 2t$, $y_2(t)=\mathrm{e}^{-t}\sin 2t$ 为齐次方程的两个实值解.

为证 $y_1(t)$ 与 $y_2(t)$ 线性无关, 令

$$k_1\mathrm{e}^{-t}\cos 2t+k_2\mathrm{e}^{-t}\sin 2t\equiv 0. \tag{3.12}$$

对式 (3.12) 两端求导得

$$-k_1\mathrm{e}^{-t}\cos 2t-2k_1\mathrm{e}^{-t}\sin 2t+2k_2\mathrm{e}^{-t}\cos 2t-k_2\mathrm{e}^{-t}\sin 2t\equiv 0. \tag{3.13}$$

在 (3.12) 与 (3.13) 中, 令 $t=0$ 得 $k_1=k_2=0$. 因此, $y_1(t)$ 与 $y_2(t)$ 线性无关, 由线性原理知

$$y(t)=k_1\mathrm{e}^{-t}\cos 2t+k_2\mathrm{e}^{-t}\sin 2t$$

为实值通解.

下面讨论特征方程具有重根的情形.

例 3.3 求二阶齐次线性微分方程

$$\frac{\mathrm{d}^2y}{\mathrm{d}t^2}+4\frac{\mathrm{d}y}{\mathrm{d}t}+4y=0 \tag{3.14}$$

的通解.

分析 特征方程

$$\lambda^2+4\lambda+4=0$$

有重根 $\lambda=-2$. 因此, $y_1(t)=\mathrm{e}^{-2t}$ 为齐次方程 (3.14) 的一个解.

如何得到另一个解? 受 2.6.3 小节中具有重特征值的一阶二维线性方程组的通解形式 (见定理 2.6) 的启发, 猜测

$$y_2(t)=t\mathrm{e}^{-2t}.$$

将 $y_2(t)=t\mathrm{e}^{-2t}$ 代入齐次方程 (3.14) 得

$$\begin{cases}\dfrac{\mathrm{d}y_2}{\mathrm{d}t}=\mathrm{e}^{-2t}-2t\mathrm{e}^{-2t}=(1-2t)\mathrm{e}^{-2t},\\[2mm] \dfrac{\mathrm{d}^2y_2}{\mathrm{d}t^2}=-2\mathrm{e}^{-2t}-2(1-2t)\mathrm{e}^{-2t}=(-4+4t)\mathrm{e}^{-2t}.\end{cases}$$

于是

$$\frac{\mathrm{d}^2y_2}{\mathrm{d}t^2}+4\frac{\mathrm{d}y_2}{\mathrm{d}t}+4y_2=[(-4+4t)+4(1-2t)+4t]\mathrm{e}^{-2t}=0.$$

因此, $y_2(t)=t\mathrm{e}^{-2t}$ 为 (3.14) 的解.

解 由特征方程 $\lambda^2+4\lambda+4=0$ 得二重根 $\lambda=-2$. 于是, $y_1(t)=\mathrm{e}^{-2t}$ 与 $y_2(t)=t\mathrm{e}^{-2t}$ 为齐次方程 (3.14) 的两个解. 设

$$k_1\mathrm{e}^{-2t}+k_2t\mathrm{e}^{-2t}\equiv 0.$$

令 $t=0$ 得 $k_1=0$. 再令 $t=1$ 得 $k_2=0$, 于是 e^{-2t} 与 $t\mathrm{e}^{-2t}$ 线性无关. 由定理 3.1 知

$$y(t)=k_1\mathrm{e}^{-2t}+k_2t\mathrm{e}^{-2t}$$

为齐次方程 (3.14) 的通解.

下面讨论二阶齐次线性微分方程的一般形式

$$\frac{\mathrm{d}^2y}{\mathrm{d}t^2}+p\frac{\mathrm{d}y}{\mathrm{d}t}+qy=0, \tag{3.15}$$

其中 $p\geqslant 0$, $q>0$.

猜测 $y(t)=\mathrm{e}^{\lambda t}$ 为 (3.15) 的一个解. 将其代入得

$$\frac{\mathrm{d}^2y}{\mathrm{d}t^2}+p\frac{\mathrm{d}y}{\mathrm{d}t}+qy=(\lambda^2+p\lambda+q)\mathrm{e}^{\lambda t}=0,$$

由此得特征方程

$$\lambda^2+p\lambda+q=0. \tag{3.16}$$

下面分 4 种情形讨论.

(1) $p=0$. 此时有共轭复特征根 $\lambda=\pm\sqrt{q}\mathrm{i}$. 设 $\omega=\sqrt{q}$, 于是 $y_1(t)=\cos\omega t$, $y_2(t)=\sin\omega t$ 为齐次方程 (3.15) 当 $p=0$ 时的两个解. 通解为

$$y(t)=k_1\cos\omega t+k_2\sin\omega t. \tag{3.17}$$

这是一个周期解, 其周期 $T=\dfrac{2\pi}{\omega}=\dfrac{2\pi}{\sqrt{q}}$, 而 $\nu=\dfrac{\sqrt{q}}{2\pi}$ 为其自然频率. 此时, 简谐振动为无阻尼的振动. 设 $v=\dfrac{\mathrm{d}y}{\mathrm{d}t}$, 则有

$$\boldsymbol{\mathcal{Y}}(t)=k_1\begin{pmatrix}\cos\omega t\\-\omega\sin\omega t\end{pmatrix}+k_2\begin{pmatrix}\sin\omega t\\\omega\cos\omega t\end{pmatrix}.$$

令 $t=0$ 得

$$\boldsymbol{\mathcal{Y}}(0)=\begin{pmatrix}k_1\\k_2\omega\end{pmatrix}.$$

设 $A=\sqrt{{k_1}^2+{k_2}^2}$, $\varphi=\tan^{-1}\dfrac{k_1}{k_2}$, 则有

$$\begin{cases} y(t)=A\sin(\omega t+\varphi), \\ v(t)=A\omega\cos(\omega t+\varphi), \end{cases}$$

于是

$$\frac{y^2}{A^2}+\frac{v^2}{(A\omega)^2}=1. \tag{3.18}$$

由此推测, 在 yv 相平面上, 其轨线为从点 $(k_1,k_2\omega)$ 开始, 沿顺时针方向 (其证明留作练习) 环绕原点的椭圆 (图 3.2). 因此, 平衡点 O 为中心.

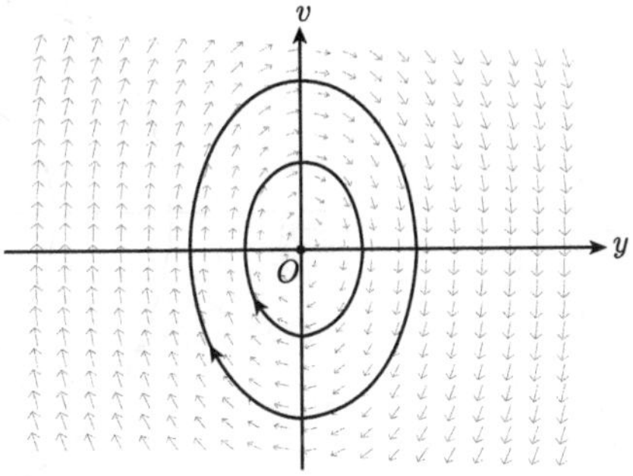

图 3.2 当 $p=0$ 时的相图

(2) $p>0$, $p^2-4q<0$. 此时特征根为共轭复数

$$\lambda=\frac{-p\pm\mathrm{i}\sqrt{4q-p^2}}{2}.$$

令 $\tau=\dfrac{p}{2}$, $\omega=\dfrac{\sqrt{4q-p^2}}{2}$, 则特征根之一为

$$\lambda_1=-\tau+\omega\mathrm{i}.$$

于是齐次方程 (3.15) 的实值通解为

$$y(t)=k_1\mathrm{e}^{-\tau t}\cos\omega t+k_2\mathrm{e}^{-\tau t}\sin\omega t.$$

再令 $A=\sqrt{{k_1}^2+{k_2}^2}$, $\varphi=\arctan\dfrac{k_1}{k_2}$, 则

$$y(t)=\mathrm{e}^{-\tau t}A\sin(\omega t+\varphi). \tag{3.19}$$

这些解的周期为 $\dfrac{2\pi}{\omega}=4\pi/\sqrt{4q-p^2}$, 但其振幅随着时间的增长在逐渐减少. 此时, 简谐振动为小阻尼的振动, 平衡点 O 为螺旋汇, 如图 3.3 所示.

(3) $p>0$, $p^2-4q>0$. 此时, 特征根为不等的负实数

$$\lambda_1=\frac{-p+\sqrt{p^2-4q}}{2},\quad \lambda_2=\frac{-p-\sqrt{p^2-4q}}{2},$$

则齐次方程 (3.15) 的通解为

$$y(t)=k_1\mathrm{e}^{\lambda_1 t}+k_2\mathrm{e}^{\lambda_2 t}.$$

当 $t\to+\infty$ 时, $y(t)\to 0$. 此时简谐振动为大阻尼的振动, 在 yv 平面上平衡点 O 为汇. 因此, 不会产生振动现象 (见本章后面的部分).

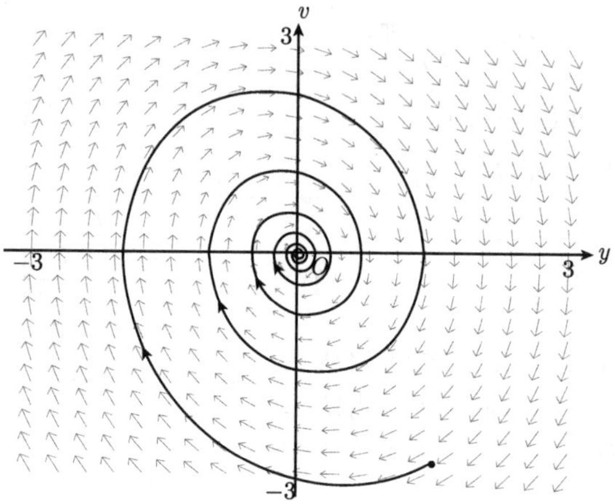

图 3.3 小阻尼振动方程 $y'' + 0.2y' + 1.01y = 0$ 的相图

(4) $p > 0,\ p^2 - 4q = 0$. 此时的特征根为重根 $\lambda = -\dfrac{p}{2} < 0$, 齐次方程 (3.15) 的通解为

$$y(t) = k_1 \mathrm{e}^{\lambda t} + k_2 t \mathrm{e}^{\lambda t}. \tag{3.20}$$

当 $t \to +\infty$ 时, $y(t) \to 0$. 此时简谐振动为临界阻尼振动, 所有的轨线趋向原点, 并与特征向量所在的直线相切. 平衡点 O 为临界汇 (见本章最后部分). 因此, 如同大阻尼振动一样, 不会产生振动.

3.2.3 定性分析的迹–行列式方法

二阶齐次线性微分方程

$$\frac{\mathrm{d}^2 y}{\mathrm{d}t^2} + p\frac{\mathrm{d}y}{\mathrm{d}t} + qy = 0$$

的等价线性方程组的向量形式为

$$\frac{\mathrm{d}\boldsymbol{\mathcal{Y}}}{\mathrm{d}t} = \begin{pmatrix} 0 & 1 \\ -q & -p \end{pmatrix} \boldsymbol{\mathcal{Y}},$$

其中 $\boldsymbol{\mathcal{Y}} = (y, v)$.

矩阵 $\boldsymbol{\mathcal{A}} = \begin{pmatrix} 0 & 1 \\ -q & -p \end{pmatrix}$ 的迹 $T = -p$, 行列式 $D = q$. 因此, 其相图在迹–行列式平面上仅占第二象限 (图 3.4).

图中,

(1) $p = 0$;

(2) $p > 0,\ p^2 - 4q < 0$;

(3) $p > 0,\ p^2 - 4q > 0$;

(4) $p > 0, p^2 - 4q = 0$.

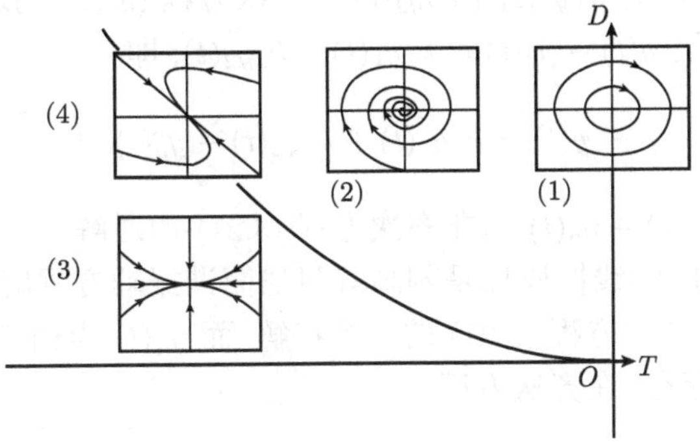

图 3.4 简谐振动方程的迹–行列式平面

由上面迹–行列式平面上的相图分布可以看出, 在各种阻尼条件下, 简谐振动方程在无强制力的条件下的相图结构.

3.3 二阶非齐次线性微分方程

讨论非齐次微分方程

$$\frac{\mathrm{d}^2y}{\mathrm{d}t^2} + p\frac{\mathrm{d}y}{\mathrm{d}t} + qy = g(t), \tag{3.21}$$

其相应的齐次微分方程为

$$\frac{\mathrm{d}^2y}{\mathrm{d}t^2} + p\frac{\mathrm{d}y}{\mathrm{d}t} + qy = 0. \tag{3.22}$$

3.3.1 拓广的线性原理

求非齐次微分方程的通解的关键是下面的拓广的线性原理.

定理 3.2(拓广的线性原理) (1) 设 $y_p(t)$ 为非齐次方程 (3.21) 的一个特解, $y_h(t)$ 为相应的齐次方程 (3.22) 的一个解, 则 $y_p(t) + y_h(t)$ 为非齐次方程 (3.21) 的解;

(2) 假设 $y_p(t)$ 与 $y_q(t)$ 为非齐次方程 (3.21) 的两个解, 则 $y_p(t) - y_q(t)$ 为齐次方程 (3.22) 的解;

(3) 如果 $k_1y_1(t) + k_2y_2(t)$ 为齐次方程 (3.22) 的通解, $y_p(t)$ 为非齐次方程 (3.21) 的一个特解, 则 $k_1y_1(t) + k_2y_2(t) + y_p(t)$ 为非齐次方程 (3.21) 的通解.

证明 (1), (2) 直接验证即可.

(3) 由 (1) 知, 对任意的常数 k_1, k_2, 由 $k_1y_1(t) + k_2y_2(t)$ 为齐次方程 (3.22) 的解, 所以 $k_1y_1(t) + k_2y_2(t) + y_p(t)$ 为非齐次方程 (3.21) 的解.

对于非齐次方程 (3.21) 的任一个解 $y(t)$, 由 (2) 可知, $y(t) - y_p(t)$ 为齐次方程 (3.22) 的一个解. 又因为 $k_1y_1(t) + k_2y_2(t)$ 为齐次方程 (3.22) 的通解, 故存在唯一的 k_1 及唯一的 k_2 满足 $y(t) - y_p(t) = k_1y_1(t) + k_2y_2(t)$, 即

$$y(t) = k_1y_1(t) + k_2y_2(t) + y_p(t).$$

因此, $k_1y_1(t) + k_2y_2(t) + y_p(t)$ 为非齐次方程 (3.21) 的通解.

注记　(1) 拓广的线性原理是刻画有阻尼简谐振动方程解的定性行为的有力工具. 设 $y_p(t)$ 为非齐次方程 (3.21) 的一个特解, 而 $y_h(t)$ 为相应齐次方程 (3.22) 的通解. 由于有阻尼存在, 在齐次方程

$$\frac{\mathrm{d}^2y}{\mathrm{d}t^2} + p\frac{\mathrm{d}y}{\mathrm{d}t} + qy = 0$$

中系数 $p > 0$, 上述齐次方程对应的线性方程组

$$\frac{\mathrm{d}\boldsymbol{\mathcal{Y}}}{\mathrm{d}t} = \begin{pmatrix} 0 & 1 \\ -q & -p \end{pmatrix}\boldsymbol{\mathcal{Y}}$$

的平衡点 O 为汇 (见 3.2 节). 因此,

$$k_1y_1(t) + k_2y_2(t) \to 0, \quad t \to +\infty.$$

因此, 当 t 很大时, 无论初始条件如何, 均有

$$k_1y_1(t) + k_2y_2(t) + y_p(t) \approx y_p(t).$$

换言之, 对任意正数 $\varepsilon > 0$, 存在 $t_0 > 0$, 当 $t > t_0$ 时, 一定有

$$|y(t) - y_p(t)| < \varepsilon,$$

其中 $y(t)$ 为非齐次方程 (3.21) 的任一个解.

此时, 称非齐次方程 (3.21) 的解是 (渐近) 稳定的.

(2) 由定理 3.2 可知, 为求非齐次方程 (3.21) 的通解, 只需遵循如下步骤:

(i) 求相应齐次方程 (3.22) 的通解;

(ii) 求非齐次方程 (3.21) 的一个特解;

(iii) 由 (i) 与 (ii) 的结果求非齐次方程的通解.

3.3.2　比较系数法 I

下面首先通过例子具体说明.

讨论 $g(t) = (b_0t^2 + b_1t + b_2)\mathrm{e}^{\lambda t}$ 的情形.

例 3.4 求非齐次微分方程

$$\frac{\mathrm{d}^2y}{\mathrm{d}t^2}+7\frac{\mathrm{d}y}{\mathrm{d}t}+12y=\mathrm{e}^{-2t} \tag{3.23}$$

的通解.

分析 由注记 (2), 关键是求一个特解 $y_p(t)$, 由于上述方程的右端为 e^{-2t}, 而若使 $y_p(t)$ 及其一阶、二阶导数的线性组合等于 e^{-2t}, 应使 e^{-2t} 为 $y_p(t)$ 的一个因子, 故猜测

$$y_p(t)=k\mathrm{e}^{-2t},$$

其中, k 为待定系数.

解 齐次方程 $y''+7y'+12y=0$ 的特征方程为 $\lambda^2+7\lambda+12=0$, 其特征值 $\lambda_1=-3$, $\lambda_2=-4$. 于是齐次方程的通解为

$$y_h(t)=k_1\mathrm{e}^{-3t}+k_2\mathrm{e}^{-4t}.$$

设 $y_p(t)=k\mathrm{e}^{-2t}$ 为非齐次方程 (3.23) 的一个特解, 代入该方程

$$\frac{\mathrm{d}^2y_p}{\mathrm{d}t^2}+7\frac{\mathrm{d}y_p}{\mathrm{d}t}+12y_p=4k\mathrm{e}^{-2t}-14k\mathrm{e}^{-2t}+12k\mathrm{e}^{-2t}=2k\mathrm{e}^{-2t}.$$

若右端等于 e^{-2t}, 则只需取 $k=\dfrac{1}{2}$. 因此, 非齐次方程 (3.23) 的通解为 $y(t)=k_1\mathrm{e}^{-3t}+k_2\mathrm{e}^{-4t}+\dfrac{1}{2}\mathrm{e}^{-2t}$.

注记 在例 3.4 中, 方程 (3.23) 的任意解 $y(t)$ 均有

$$\lim_{t\to\infty}\left|y(t)-\frac{1}{2}\mathrm{e}^{-2t}\right|=0,$$

即当 t 很大时有 $y(t)\approx\dfrac{1}{2}\mathrm{e}^{-2t}$.

例 3.5 求非齐次微分方程

$$\frac{\mathrm{d}^2y}{\mathrm{d}t^2}+7\frac{\mathrm{d}y}{\mathrm{d}t}+12y=\mathrm{e}^{-3t} \tag{3.24}$$

的通解.

分析 首先 $y_p(t)$ 中应有因子 e^{-3t}, 但如再设 $y_p(t)=k\mathrm{e}^{-3t}$, 由于 -3 为特征方程的根, 当将 $y_p(t)$ 代入上述方程时有

$$\frac{\mathrm{d}^2y_p}{\mathrm{d}t^2}+7\frac{\mathrm{d}y_p}{\mathrm{d}t}+12y_p=k[(-3)^2+7(-3)+12]\mathrm{e}^{-3t}=0,$$

而右端 $\mathrm{e}^{-3t}\neq 0$, 因此, $y_p(t)=k\mathrm{e}^{-3t}$ 一定不是特解, 即 $y_p(t)/\mathrm{e}^{-3t}$ 一定不是常数. 而比常数更复杂的函数中, 最简单的函数为一次函数, 故猜测 $y_p(t)/\mathrm{e}^{-3t}=kt$, 即

$$y_p(t)=kt\mathrm{e}^{-3t},$$

然后进行检验, 待定系数.

解 齐次方程 $y''+7y'+12y=0$ 的通解为

$$k_1\mathrm{e}^{-3t}+k_2\mathrm{e}^{-4t}.$$

设 $y_p(t)=kt\mathrm{e}^{-3t}$ 为非齐次方程 (3.24) 的一个特解, 代入该方程得

$$\frac{\mathrm{d}^2y_p}{\mathrm{d}t^2}+7\frac{\mathrm{d}y_p}{\mathrm{d}t}+12y_p=k[(9t-6)\mathrm{e}^{-3t}+7(1-3t)\mathrm{e}^{-3t}+12t\mathrm{e}^{-3t}]=k\mathrm{e}^{-3t}.$$

由于 (3.24) 的右端等于 e^{-3t}, 故取 $k=1$. 因此, 通解为 $y(t)=k_1\mathrm{e}^{-3t}+k_2\mathrm{e}^{-4t}+t\mathrm{e}^{-3t}$.

例 3.6 求非齐次微分方程

$$\frac{\mathrm{d}^2y}{\mathrm{d}t^2}+4\frac{\mathrm{d}y}{\mathrm{d}t}+4y=3\mathrm{e}^{-2t} \tag{3.25}$$

的通解.

分析 首先 -2 是特征方程 $\lambda^2+4\lambda+4=0$ 的二重根. 如果令 $y_p(t)=kt\mathrm{e}^{-2t}$, 将其代入微分方程 (3.25) 得

$$\frac{\mathrm{d}^2y_p}{\mathrm{d}t^2}+4\frac{\mathrm{d}y_p}{\mathrm{d}t}+4y_p=k[(4t-4)+4(1-2t)+4t]\mathrm{e}^{-2t}=0,$$

而 $\mathrm{e}^{-2t}\neq 0$, 故 $kt\mathrm{e}^{-2t}$ 不是 (3.25) 的解. 但 $y_p(t)$ 应该有因子 e^{-2t}, $y_p(t)/\mathrm{e}^{-2t}$ 是比 kt 更复杂的函数, 而比 kt 更复杂的函数中最简单的函数是 kt^2, 故可猜测

$$y_p(t)=kt^2\mathrm{e}^{-2t},$$

然后进行检验, 待定系数.

解 求解特征方程 $\lambda^2+4\lambda+4=(\lambda+2)^2=0$ 得二重特征根 $\lambda=-2$. 因此, 非齐次方程 (3.25) 的伴随齐次方程的通解为

$$y_h(t)=(k_1+k_2t)\mathrm{e}^{-2t}.$$

设非齐次方程 (3.25) 的一个特解为 $y_p(t)=kt^2\mathrm{e}^{-2t}$, 代入方程 (3.25) 得

$$\frac{\mathrm{d}^2y_p}{\mathrm{d}t^2}+4\frac{\mathrm{d}y_p}{\mathrm{d}t}+4y_p=k[(4t^2-8t+2)+4(2t-2t^2)+4t^2]\mathrm{e}^{-2t}=2k\mathrm{e}^{-2t}=3\mathrm{e}^{-2t}.$$

因此, $k=\dfrac{3}{2}$, 所以

$$y_p(t)=\frac{3}{2}t^2\mathrm{e}^{-2t},$$

于是非齐次方程的通解为

$$y(t)=(k_1+k_2t)\mathrm{e}^{-2t}+\frac{3}{2}t^2\mathrm{e}^{-2t}.$$

例 3.7 求非齐次微分方程

$$\frac{d^2y}{dt^2} + 2y = 3t^m \tag{3.26}$$

的通解, 其中 $m = 0, 1, 2$ 为自然数.

分析 因为右端强制项为幂函数, 左端为未知函数及其二阶导函数的线性组合, 所以应取 $y_p(t) = kt^m$ ($m = 0$ 或 1) 或 $y_p(t) = kt^2 + ht + l$, k, h, l 待定 ($m = 2$).

解 求解特征方程 $\lambda^2 + 2 = 0$ 得特征根 $\lambda = \pm i\sqrt{2}$, 其中 $i = \sqrt{-1}$. 因此, 相应齐次方程 $y'' + 2y = 0$ 的通解为

$$k_1 \cos\sqrt{2}t + k_2 \sin\sqrt{2}t.$$

设 $y_p(t) = kt^m (m = 0, 1)$ 为非齐次方程 (3.26) 的一个特解.

当 $m = 0$ 或 $m = 1$ 时, $y_p''(t) = 0$. 因此得

$$\frac{d^2y_p}{dt^2} + 2y_p = 2kt^m = 3t^m,$$

比较系数得 $k = \frac{3}{2}$. 此时,

$$y_p(t) = \frac{3}{2}t^m.$$

当 $m = 2$ 时, 设 $y_p(t) = kt^2 + ht + l$, $y_p''(t) = 2k$ 代入方程得

$$\frac{d^2y_p}{dt^2} + 2y_p = 2kt^2 + 2ht + 2(k + l) = 3t^2.$$

比较系数得

$$\begin{cases} 2k = 3, \\ 2h = 0, \\ 2(k + l) = 0. \end{cases}$$

于是得 $k = \frac{3}{2}$, $h = 0$, $l = -\frac{3}{2}$, 此时

$$y_p(t) = \frac{3}{2}t^2 - \frac{3}{2}.$$

当 $m = 0$ 或 $m = 1$ 时, 方程 (3.26) 的通解为

$$y(t) = k_1 \cos\sqrt{2}t + k_2 \sin\sqrt{2}t + \frac{3}{2}t^m, \quad m = 0, 1.$$

当 $m = 2$ 时, 方程 (3.26) 的通解为

$$y(t) = k_1 \cos\sqrt{2}t + k_2 \sin\sqrt{2}t + \frac{3}{2}t^2 - \frac{3}{2}.$$

注记　设 $y_p(t)$ 为方程 (3.26) 的一个特解, $y(t)$ 为其任一解, 则当 $t \to \infty$, 极限

$$\lim_{t\to\infty} |y(t) - y_p(t)| = \lim_{t\to\infty} |k_1 \cos\sqrt{2}t + k_2 \sin\sqrt{2}t|$$

不存在. 因此, 其解不是 (渐近) 稳定的.

例 3.8　(1) 设 $y_1(t)$ 为微分方程

$$\frac{\mathrm{d}^2y}{\mathrm{d}t^2} + p\frac{\mathrm{d}y}{\mathrm{d}t} + qy = g(t)$$

的解, 而 $y_2(t)$ 为微分方程

$$\frac{\mathrm{d}^2y}{\mathrm{d}t^2} + p\frac{\mathrm{d}y}{\mathrm{d}t} + qy = h(t)$$

的解. 求证 $y_1(t) + y_2(t)$ 为微分方程

$$\frac{\mathrm{d}^2y}{\mathrm{d}t^2} + p\frac{\mathrm{d}y}{\mathrm{d}t} + qy = g(t) + h(t)$$

的解, 其中 $p \geqslant 0, q > 0$ 为常数.

(2) 求非齐次方程

$$\frac{\mathrm{d}^2y}{\mathrm{d}t^2} + 6\frac{\mathrm{d}y}{\mathrm{d}t} + 8y = 6 + 2t + t^2 + \mathrm{e}^{-2t}$$

的通解.

解　留给读者作为练习.

将上述方法进行抽象, 讨论非齐次方程

$$\frac{\mathrm{d}^2y}{\mathrm{d}t^2} + p\frac{\mathrm{d}y}{\mathrm{d}t} + qy = f(t), \quad p \geqslant 0, q \geqslant 0$$

的特解情况, 其中 $f(t) = (b_0t^2 + b_1t + b_2)\mathrm{e}^{\lambda t}$, λ 及 $b_i(i = 0, 1, 2)$ 为实常数.

(1) 如果 $\lambda = 0$, 则

$$f(t) = b_0t^2 + b_1t + b_2.$$

如果 $q > 0$, 当 $\lambda = 0$ 时, 因为左端是 $y(t)$, $y'(t)$ 及 $y''(t)$ 的线性组合. 为使其等于右端, 应取

$$y_p(t) = B_0t^2 + B_1t + B_2,$$

其中, B_0, B_1, B_2 为待定常数.

$$\lambda^2 + p\lambda + q = q \neq 0,$$

即 λ 不是特征根, 取 $k = 0$. 因此,

$$y_p(t) = t^k(B_0t^2 + B_1t + B_2)\mathrm{e}^{\lambda t}.$$

如果 $q = 0$, $p > 0$, 则 $\lambda = 0$ 为特征方程 $\lambda^2 + p\lambda = 0$ 的单重根. 取 $k = 1$, 这时微分方程变为

$$\frac{\mathrm{d}^2y}{\mathrm{d}t^2} + p\frac{\mathrm{d}y}{\mathrm{d}t} = b_0t^2 + b_1t + b_2.$$

应取

$$y_p(t) = B_0t^3 + B_1t^2 + B_2t,$$

其中 B_0, B_1, B_2 为待定常数. 这时

$$\begin{aligned} y_p(t) &= t(B_0t^2 + B_1t + B_2) \\ &= t^k(B_0t^2 + B_1t + B_2)\mathrm{e}^{\lambda t}, \end{aligned}$$

其中 $k = 1$, $\lambda = 0$.

如果 $q = p = 0$, 则 $\lambda = 0$ 为特征方程 $\lambda^2 = 0$ 的二重根, 取 $k = 2$, 这时微分方程变为

$$\frac{\mathrm{d}^2y}{\mathrm{d}t^2} = b_0t^2 + b_1t + b_2.$$

将上述方程的两端进行比较, 应取

$$y_p(t) = B_0t^4 + B_1t^3 + B_2t^2,$$

其中 B_0, B_1, B_2 为待定常数. 此时

$$\begin{aligned} y_p(t) &= t^2(B_0t^2 + B_1t + B_2) \\ &= t^k(B_0t^2 + B_1t + B_2)\mathrm{e}^{\lambda t}, \end{aligned}$$

其中 $k = 2$, $\lambda = 0$.

(2) 如果 $\lambda \neq 0$, 作变量替换 $y(t) = x(t)\mathrm{e}^{\lambda t}$, 则 $y'(t) = x'(t)\mathrm{e}^{\lambda t} + \lambda x(t)\mathrm{e}^{\lambda t}$, $y''(t) = x''(t)\mathrm{e}^{\lambda t} + 2\lambda x'(t)\mathrm{e}^{\lambda t} + \lambda^2x(t)\mathrm{e}^{\lambda t}$. 于是

$$\frac{\mathrm{d}^2y}{\mathrm{d}t^2} + p\frac{\mathrm{d}y}{\mathrm{d}t} + qy = \left[\frac{\mathrm{d}^2x}{\mathrm{d}t^2} + (p + 2\lambda)\frac{\mathrm{d}x}{\mathrm{d}t} + (\lambda^2 + p\lambda + q)x\right]\mathrm{e}^{\lambda t}.$$

于是方程 (3.28) 等价于方程

$$\frac{\mathrm{d}^2x}{\mathrm{d}t^2} + (p + 2\lambda)\frac{\mathrm{d}x}{\mathrm{d}t} + (\lambda^2 + p\lambda + q)x = b_0t^2 + b_1t + b_2. \tag{3.27}$$

λ 为 $\lambda^2 + p\lambda + q = 0$ 的根等价于 $\tau = 0$ 为 (3.27) 的特征方程

$$\tau^2 + (p + 2\lambda)\tau + (\lambda^2 + p\lambda + q) = 0$$

的根, 并且重数相同. 利用 (1) 中所得的结论, 如果 λ 不是特征方程 $\lambda^2+p\lambda+q=0$ 的根 $(k=0)$, 方程 (3.27) 有特解 $x_p(t)=B_0t^2+B_1t+B_2$, 从而方程 (3.28) 有特解

$$y_p(t)=(B_0t^2+B_1t+B_2)\mathrm{e}^{\lambda t}=t^k(B_0t^2+B_1t+B_2)\mathrm{e}^{\lambda t},$$

其中 $k=0$.

如果 λ 是特征方程 $k(k=1$ 或 $k=2)$ 重根, 方程 (3.27) 有特解 $x_p(t)=t^k(B_0t^2+B_1t+B_2)$, 从而方程 (3.28) 有特解

$$y_p(t)=t^k(B_0t^2+B_1t+B_2)\mathrm{e}^{\lambda t}.$$

综上所述, 有下面的定理.

定理 3.3　设 $f(t)=(b_0t^2+b_1t+b_2)\mathrm{e}^{\lambda t}$, 其中 λ 及 $b_i(i=0,1,2)$ 为实常数, 则非齐次方程

$$\frac{\mathrm{d}^2y}{\mathrm{d}t^2}+p\frac{\mathrm{d}y}{\mathrm{d}t}+qy=f(t),\quad p\geqslant 0,q\geqslant 0 \tag{3.28}$$

有形如

$$y_p(t)=t^k(B_0t^2+B_1t+B_2)\mathrm{e}^{\lambda t} \tag{3.29}$$

的特解, 其中 k 为特征方程 $\lambda^2+p\lambda+q=0$ 的根 λ 的重数 (单根相当于 $k=1$, 当 λ 不是特征根时, 取 $k=0$), 而 B_0, B_1, B_2 是待定常数, 通过将 (3.29) 代入方程 (3.28) 后, 通过比较系数来确定.

例 3.9　求非齐次微分方程

$$\frac{\mathrm{d}^2y}{\mathrm{d}t^2}+2\frac{\mathrm{d}y}{\mathrm{d}t}+y=\mathrm{e}^{-t}(t-2)$$

的通解.

解　特征方程 $\lambda^2+2\lambda+1=0$ 的二重根 $\lambda=-1$, 对应的齐次方程的通解为

$$(k_1+k_2t)\mathrm{e}^{-t},$$

而且方程有形如 $y_p(t)=t^2(A+Bt)\mathrm{e}^{-t}$ 的特解. 将它代入方程得

$$(6Bt+2A)\mathrm{e}^{-t}=(t-2)\mathrm{e}^{-t},$$

从而得 $A=-1$, $B=\dfrac{1}{6}$. 于是 $y_p(t)=t^2\left(\dfrac{1}{6}t-1\right)\mathrm{e}^{-t}$, 通解为

$$y(t)=(k_1+k_2t)\mathrm{e}^{-t}+t^2\left(\frac{1}{6}t-1\right)\mathrm{e}^{-t}.$$

3.3.3 比较系数法 II

本小节讨论二阶线性微分方程

$$\frac{\mathrm{d}^2y}{\mathrm{d}t^2}+p\frac{\mathrm{d}y}{\mathrm{d}t}+qy=g(t),$$

其中, $g(t)$ 为正弦函数或余弦函数时的情形. 这种情形十分常见. 例如, 一位歌唱家在一面玻璃附近唱歌而引起玻璃的振动等都可以归结为这种情形, 即 $g(t)=A\sin\omega t$ 或 $g(t)=B\cos\omega t$, 或 $g(t)=A\sin\omega t+B\cos\omega t$. 由叠加原理只需考虑前两种情形. 下面通过实例说明比较系数法的应用.

例 3.10 求非齐次微分方程

$$\frac{\mathrm{d}^2y}{\mathrm{d}t^2}+2\frac{\mathrm{d}y}{\mathrm{d}t}+4y=3\sin 2t \tag{3.30}$$

的通解.

分析 为求 (3.30) 的一个特解, 使用比较系数法. 由于 $g(t)=3\sin 2t$, 而左端是 $y(t), y'(t)$ 及 $y''(t)$ 的线性组合. 如果猜测 $y_p(t)=k\sin 2t$, 但由于 $y'(t)=2k\cos 2t$, 所以左端出现含 $\cos 2t$ 的项, 而右端无含 $\cos 2t$ 的项, 故这样的 k 不存在. 因此, 应猜测

$$y_p(t)=a\sin 2t+b\cos 2t.$$

解 特征方程 $\lambda^2+2\lambda+4=0$ 的根为 $\lambda=-1\pm\mathrm{i}\sqrt{3}$, 故齐次方程的实值通解为

$$y_h(t)=k_1\mathrm{e}^{-t}\cos\sqrt{3}t+k_2\mathrm{e}^{-t}\sin\sqrt{3}t.$$

设 $y_p(t)=a\cos 2t+b\sin 2t$ 为方程 (3.30) 的特解, 将其代入得

$$\frac{\mathrm{d}^2y_p}{\mathrm{d}t^2}+2\frac{\mathrm{d}y_p}{\mathrm{d}t}+4y_p=4b\cos 2t-4a\sin 2t=3\sin 2t.$$

比较系数得

$$\begin{cases}4b=0,\\ -4a=3.\end{cases}$$

于是 $a=-\dfrac{3}{4}$, $b=0$, $y_p(t)=-\dfrac{3}{4}\cos 2t$, 故 (3.30) 的通解为

$$y(t)=k_1\mathrm{e}^{-t}\cos\sqrt{3}t+k_2\mathrm{e}^{-t}\sin\sqrt{3}t-\frac{3}{4}\cos 2t.$$

下面介绍一种更简单的复数法.

由欧拉公式有

$$3\mathrm{e}^{2\mathrm{i}t}=3(\cos 2t+\mathrm{i}\sin 2t).$$

3.3.2 小节介绍的比较系数法, 对于复数指数函数仍然有效.

设 $y_{\mathrm{c}}(t)=y_{\mathrm{re}}(t)+\mathrm{i}y_{\mathrm{im}}(t)$ 为非齐次方程

$$\frac{\mathrm{d}^2y}{\mathrm{d}t^2}+2\frac{\mathrm{d}y}{\mathrm{d}t}+4y=3\mathrm{e}^{2\mathrm{i}t} \tag{3.31}$$

的复值解, 直接验证可知 $y_{\mathrm{re}}(t)$ 为 $y''+2y'+4y=3\cos 2t$ 的实值解, $y_{\mathrm{im}}(t)$ 为 $y''+2y'+4y=3\sin 2t$ 的实值解.

例 3.11 用复数法解例 3.10, 并讨论解的渐近行为.

解 设 $y_{\mathrm{c}}(t)=a\mathrm{e}^{2\mathrm{i}t}$ 为 (3.31) 的一个复值特解, 其中 a 为复数. 将 $y_{\mathrm{c}}(t)=a\mathrm{e}^{2\mathrm{i}t}$ 代入 (3.31) 得

$$\begin{aligned}\frac{\mathrm{d}^2y_{\mathrm{c}}}{\mathrm{d}t^2}+2\frac{\mathrm{d}y_{\mathrm{c}}}{\mathrm{d}t}+4y_{\mathrm{c}}&=-4a\mathrm{e}^{2\mathrm{i}t}+4a\mathrm{i}\mathrm{e}^{2\mathrm{i}t}+4a\mathrm{e}^{2\mathrm{i}t}\\&=4a\mathrm{i}\mathrm{e}^{2\mathrm{i}t}\\&=3\mathrm{e}^{2\mathrm{i}t}.\end{aligned}$$

于是比较系数得 $a=\dfrac{3}{4\mathrm{i}}=-\dfrac{3}{4}\mathrm{i}$, 因此,

$$\begin{aligned}y_{\mathrm{c}}(t)&=-\frac{3}{4}\mathrm{i}\mathrm{e}^{2\mathrm{i}t}=-\frac{3}{4}\mathrm{i}(\cos 2t+\mathrm{i}\sin 2t)\\&=\frac{3}{4}\sin 2t+\mathrm{i}\left(-\frac{3}{4}\cos 2t\right),\end{aligned}$$

所以 $y''+2y'+4y=3\sin 2t$ 的实值特解为

$$y_p(t)=-\frac{3}{4}\cos 2t.$$

因此, 方程 (3.31) 的通解为

$$y(t)=k_1\mathrm{e}^{-t}\cos\sqrt{3}t+k_2\mathrm{e}^{-t}\sin\sqrt{3}t-\frac{3}{4}\cos 2t.$$

定性分析 对方程 (3.31) 的任意解 $y(t)$, 当 $t\to+\infty$ 时, 均有

$$\left|y(t)-\left(-\frac{3}{4}\cos 2t\right)\right|=|k_1\mathrm{e}^{-t}\cos 2t+k_2\mathrm{e}^{-t}\sin 2t|\leqslant \mathrm{e}^{-t}(|k_1|+|k_2|)\to 0.$$

因此, 解 $y_p(t)=-\dfrac{3}{4}\cos 2t$ 为 (渐近) 稳定的.

例 3.12 求非齐次微分方程

$$\frac{\mathrm{d}^2y}{\mathrm{d}t^2}+4\frac{\mathrm{d}y}{\mathrm{d}t}+20y=\mathrm{e}^{-2t}\sin 4t$$

的通解, 并讨论其解的渐近行为.

分析 由于

$$\mathrm{e}^{(-2+4\mathrm{i})t}=\mathrm{e}^{-2t}(\cos 4t+\mathrm{i}\sin 4t),$$

因此, $y''+4y'+20y=\mathrm{e}^{-2t}\sin 4t$ 的解是复值方程

$$y''+4y'+20y=\mathrm{e}^{(-2+4\mathrm{i})t} \tag{3.32}$$

复值解的虚数部分.

解 齐次方程 $y''+4y'+20y=0$ 的通解为

$$y_n(t)=k_1\mathrm{e}^{-2t}\cos 4t+k_2\mathrm{e}^{-2t}\sin 4t.$$

因为 $-2+4\mathrm{i}$ 为特征方程 $\lambda^2+4\lambda+20=0$ 的单重复根. 因此, 设

$$y_{\mathrm{c}}(t)=at\mathrm{e}^{(-2+4\mathrm{i})t}$$

为方程 (3.32) 的一个复值特解, 将其代入 (3.32) 得

$$\frac{\mathrm{d}^2y_{\mathrm{c}}}{\mathrm{d}t^2}+4\frac{\mathrm{d}y_{\mathrm{c}}}{\mathrm{d}t}+20y_{\mathrm{c}}=8\mathrm{i}a\mathrm{e}^{(-2+4\mathrm{i})t}=\mathrm{e}^{(-2+4\mathrm{i})t}.$$

比较系数得 $a=\dfrac{1}{8\mathrm{i}}=-\dfrac{\mathrm{i}}{8}$. 于是

$$y_{\mathrm{c}}(t)=-\frac{\mathrm{i}}{8}t\mathrm{e}^{-2t}(\cos 4t+\mathrm{i}\sin 4t)=\frac{t}{8}\mathrm{e}^{-2t}\sin 4t-\mathrm{i}\frac{t}{8}\mathrm{e}^{-2t}\cos 4t.$$

因此,

$$y_p(t)=-\frac{t}{8}\mathrm{e}^{-2t}\cos 4t.$$

于是通解为

$$y(t)=k_1\mathrm{e}^{-2t}\cos 4t+k_2\mathrm{e}^{-2t}\sin 4t-\frac{t}{8}\mathrm{e}^{-2t}\cos 4t.$$

由于

$$|y(t)-y_p(t)|\leqslant \mathrm{e}^{-2t}(|k_1|+|k_2|)\to 0,\quad t\to+\infty.$$

因此, $y_p(t)=-\dfrac{t}{8}\mathrm{e}^{-2t}\cos 4t$ 为 (渐近) 稳定的解. 当 t 很大时, 方程的任意解 $y(t)$ 均有

$$y(t)\approx-\frac{t}{8}\mathrm{e}^{-2t}\cos 4t.$$

研究问题 应用复数法及比较系数法 I, 研究下述非齐次方程:

$$\frac{\mathrm{d}^2y}{\mathrm{d}t^2}+p\frac{\mathrm{d}y}{\mathrm{d}t}+qy=t^2\mathrm{e}^{\lambda t}\cos\omega t$$

特解的比较系数法求法, 其中 $p\geqslant 0$, $q>0$.

3.4　无阻尼强制振动的节拍与共振

本节讨论在周期外力作用下的无阻尼强制振动, 其数学模型为非齐次二阶线性常系数微分方程

$$\frac{\mathrm{d}^2y}{\mathrm{d}t^2}+qy=H\cos\tau t. \tag{3.33}$$

设 $q=\omega^2$, ω 为振动系统的固有圆频率, τ 为外力圆频率, H 为外力的振幅.

首先设 $\tau\neq\omega$. 无阻尼自由振动系统

$$\frac{\mathrm{d}^2y}{\mathrm{d}t^2}+\omega^2y=0$$

的通解为

$$y_h(t)=k_1\cos\omega t+k_2\sin\omega t.$$

令 $A=\sqrt{k_1^2+k_2^2}$, φ 为初相位, 满足

$$\sin\varphi=\frac{k_1}{\sqrt{k_1^2+k_2^2}},\quad \cos\varphi=\frac{k_2}{\sqrt{k_1^2+k_2^2}}$$

或

$$\varphi=\arctan\frac{k_1}{k_2},$$

则有

$$y_h(t)=A\sin(\omega t+\varphi), \tag{3.34}$$

$v=\dfrac{\omega}{2\pi}$ 为固有频率.

设 $y_\mathrm{c}(t)=a\mathrm{e}^{\mathrm{i}\tau t}$ 为方程

$$\frac{\mathrm{d}^2y}{\mathrm{d}t^2}+\omega^2y=H\mathrm{e}^{\mathrm{i}\tau t} \tag{3.35}$$

的复值特解 ($\tau\neq\omega$). 将 $y_\mathrm{c}(t)$ 代入方程 (3.35) 得

$$\begin{aligned}\frac{\mathrm{d}^2y_\mathrm{c}}{\mathrm{d}t^2}+\omega^2y_\mathrm{c}&=a[(-\tau^2)+\omega^2]\mathrm{e}^{\mathrm{i}\tau t}\\&=a(\omega^2-\tau^2)\mathrm{e}^{\mathrm{i}\tau t}=H\mathrm{e}^{\mathrm{i}\tau t}.\end{aligned}$$

于是 $a=\dfrac{H}{\omega^2-\tau^2}$, 方程 (3.33) 的特解为 $y_\mathrm{c}(t)$ 的实数部分, 从而

$$y_p(t)=\frac{H}{\omega^2-\tau^2}\cos\tau t.$$

因此, 无阻尼强制振动方程的通解为

$$y(t)=A\sin(\omega t+\varphi)+\frac{H}{\omega^2-\tau^2}\cos\tau t. \tag{3.36}$$

由通解 (3.36) 的表达式可以看出, 此解共有两部分组成: 第一部分是无阻尼自由振动的解 $A\sin(\omega t+\varphi)$, 代表固有振动的规律; 第二部分是在外力作用下引起的强制振动, 其规律为 $\dfrac{H}{\omega^2-\tau^2}\cos\tau t$, 其振动的圆频率与外力的圆频率相同. 外力圆频率 τ 越接近固有圆频率 ω, 其振动的振幅越大.

1. 节拍

为确定起见, 设 $q=2$, $H=1$, 即

$$\frac{\mathrm{d}^2y}{\mathrm{d}t^2}+2y=\cos\tau t.$$

此时, $\omega=\sqrt{2}$.

运用计算机模拟 $\tau=0.5$ 及 $\tau=1.2$ 时, 满足初始条件 $y(0)=y'(0)=0$ 的 $y(t)$ 图像 (图 3.5, 图 3.6).

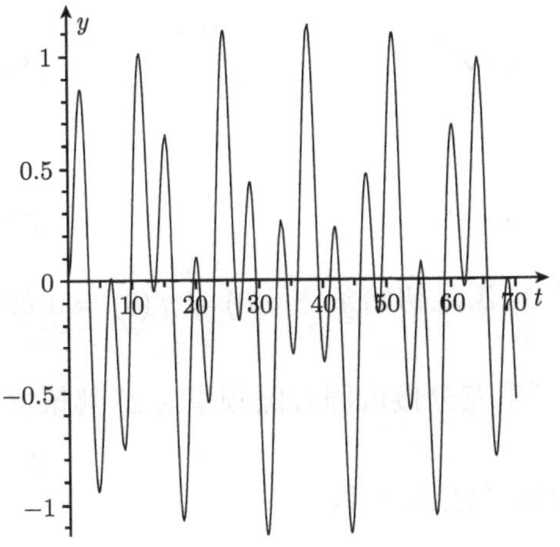

图 3.5

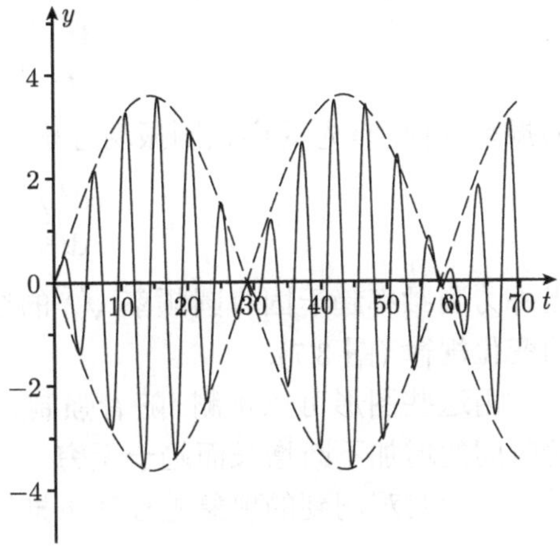

图 3.6

由图 3.6 可以看出, 如果 $\tau=1.2$, 则简谐振动的振幅非常有规律地按周期增加与减少, 这种现象称为节拍.

下面对节拍的规律进行数学推导.

首先, 方程 $\dfrac{\mathrm{d}^2y}{\mathrm{d}t^2}+2y=\cos\tau t$ 的通解为

$$y(t)=k_1\cos\sqrt{2}t+k_2\sin\sqrt{2}t+\frac{1}{2-\tau^2}\cos\tau t.$$

设 $a=\dfrac{1}{2-\tau^2}$, 再由初值条件 $y(0)=y'(0)=0$ 得 $k_1=-a$, $k_2=0$. 因此,

$$y(t)=a(\cos\tau t-\cos\sqrt{2}t).$$

由初等代数学中和差化积三角公式得

$$y(t)=-2a\left[\sin\left(\frac{\tau+\sqrt{2}}{2}\right)t\right]\left[\sin\left(\frac{\tau-\sqrt{2}}{2}\right)t\right].$$

如果 $\tau\approx\sqrt{2}$ (如 $\tau=1.2$), $\sin\left(\dfrac{\tau-\sqrt{2}}{2}\right)t$ 的周期非常大, 而频率非常小, 这就是节拍的频率图 3.6 中包络线的振动频率.

另一方面, $\sin\left(\dfrac{\tau+\sqrt{2}}{2}\right)t$ 的频率为 $\dfrac{\tau+\sqrt{2}}{4\pi}$, 是固有频率与外力频率的平均, 因而频率相对较大, 即图 3.6 中所见的快振动的频率.

2. 共振

现研究无阻尼强制振动方程

$$\frac{\mathrm{d}^2y}{\mathrm{d}t^2}+2y=\cos\sqrt{2}t \tag{3.37}$$

的振动规律. 首先观察强制振动方程

$$\frac{\mathrm{d}^2y}{\mathrm{d}t^2}+2y=\cos\tau t, \tag{3.38}$$

当外力圆频率趋于固有圆频率 $\sqrt{2}$ 的过程中, 满足初始条件 $y(0)=y'(0)=0$ 的解的变化规律 (图 3.7).

由这些图形可以预测, 随着强制力圆频率充分接近固有圆频率 $\sqrt{2}$, 其振幅随着时间的增加不断增长而趋于无穷.

下面对观测到的现象进行理论推导. 对强制振动方程

$$\frac{\mathrm{d}^2y}{\mathrm{d}t^2}+2y=\cos\sqrt{2}t,$$

其自由振动方程 $y''+2y=0$ 的通解为

$$k_1\cos\sqrt{2}t+k_2\sin\sqrt{2}t.$$

为求得强制振动方程的一个特解, 讨论复值强制方程

$$\frac{\mathrm{d}^2y}{\mathrm{d}t^2}+2y=\mathrm{e}^{\mathrm{i}\sqrt{2}t}. \tag{3.39}$$

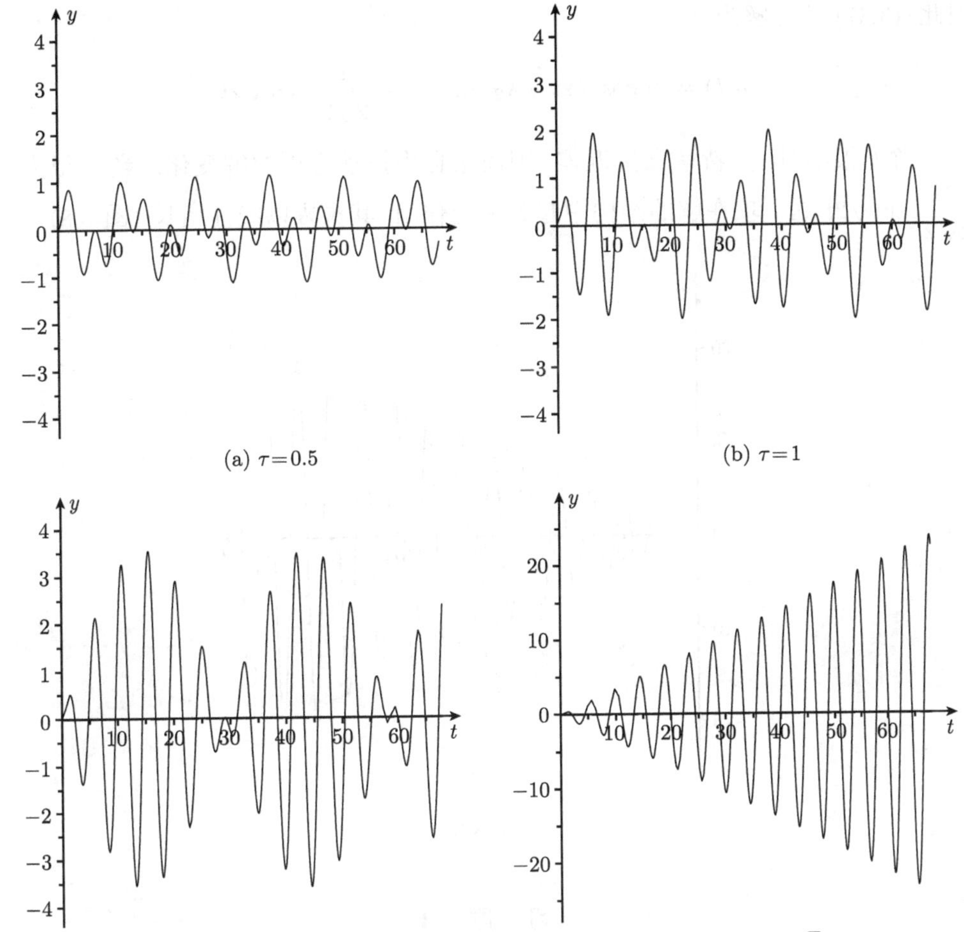

(a) $\tau=0.5$ (b) $\tau=1$

(c) $\tau=1.2$ (d) $\tau=\sqrt{2}$

图 3.7

由于 $\mathrm{i}\sqrt{2}$ 为特征方程 $\lambda^2+2=0$ 的单重复根, 故设复值特解 $y_{\mathrm{c}}(t)=at\mathrm{e}^{\mathrm{i}\sqrt{2}t}$, 将 $y_{\mathrm{c}}(t)$ 代入 (3.39) 得

$$\frac{\mathrm{d}^2y_{\mathrm{c}}}{\mathrm{d}t^2}+2y_{\mathrm{c}}=2a\mathrm{i}\sqrt{2}\mathrm{e}^{\mathrm{i}\sqrt{2}t}=\mathrm{e}^{\mathrm{i}\sqrt{2}t}.$$

比较系数得 $a=\dfrac{1}{2\sqrt{2}\mathrm{i}}=\dfrac{-\mathrm{i}}{2\sqrt{2}}$. 于是

$$y_{\mathrm{c}}(t)=\frac{-\mathrm{i}}{2\sqrt{2}}t\mathrm{e}^{\mathrm{i}\sqrt{2}t}=\frac{-\mathrm{i}}{2\sqrt{2}}t(\cos\sqrt{2}t+\mathrm{i}\sin\sqrt{2}t),$$

其实数部分得

$$y_p(t)=\frac{1}{2\sqrt{2}}t\sin\sqrt{2}t.$$

因此, (3.37) 的通解为

$$y(t) = k_1 \cos \sqrt{2}t + k_2 \sin \sqrt{2}t + \frac{1}{2\sqrt{2}} t \sin \sqrt{2}t.$$

当 t 很小时, 其特解项接近零, 因而按自由振动方程的解变化. 当 t 很大时, $\frac{1}{2\sqrt{2}} t \sin \sqrt{2}t$ 这一项在解的结构中起到决定作用, 其振幅以线性增长 (图 3.8).

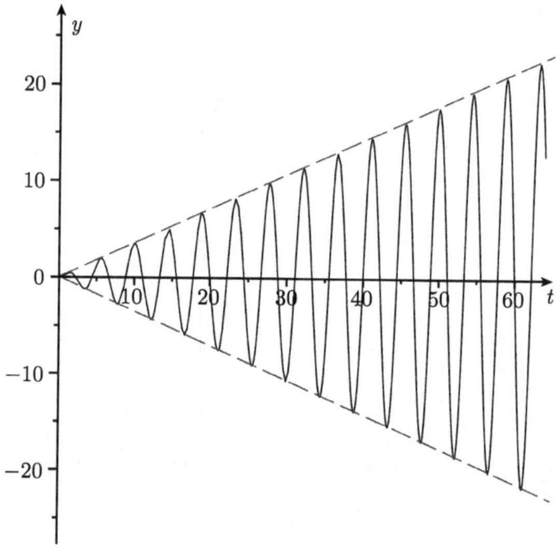

图 3.8

习　题　3

1. 考虑两个参数的线性方程组

$$\frac{\mathrm{d}\boldsymbol{Y}}{\mathrm{d}t} = \begin{pmatrix} a & b \\ b & a \end{pmatrix} \boldsymbol{Y}.$$

若 $(0,0)$ 分别是鞍点、汇、源, 试在 ab 平面上确定出相应的区域.

2. 求解下列给定二阶微分方程的通解:

(1) $\frac{\mathrm{d}^2y}{\mathrm{d}t^2} - 6\frac{\mathrm{d}y}{\mathrm{d}t} - 7y = 0$;　(2) $\frac{\mathrm{d}^2y}{\mathrm{d}t^2} + 6\frac{\mathrm{d}y}{\mathrm{d}t} + 9y = 0$;　(3) $\frac{\mathrm{d}^2y}{\mathrm{d}t^2} + 8\frac{\mathrm{d}y}{\mathrm{d}t} + 25y = 0$;

(4) $\frac{\mathrm{d}^2y}{\mathrm{d}t^2} + 7\frac{\mathrm{d}y}{\mathrm{d}t} + 12y = 0$;　(5) $\frac{\mathrm{d}^2y}{\mathrm{d}t^2} + 9y = 0$;　(6) $\frac{\mathrm{d}^2y}{\mathrm{d}t^2} - 2\frac{\mathrm{d}y}{\mathrm{d}t} + 10y = 0$.

3. 求解下列初值问题:

(1) $\begin{cases} \frac{\mathrm{d}^2y}{\mathrm{d}t^2} + 2\frac{\mathrm{d}y}{\mathrm{d}t} - 3y = 0, \\ y(0) = 6, y'(0) = -2; \end{cases}$　(2) $\begin{cases} \frac{\mathrm{d}^2y}{\mathrm{d}t^2} - 4\frac{\mathrm{d}y}{\mathrm{d}t} + 13y = 0, \\ y(0) = 1, y'(0) = -4; \end{cases}$

(3) $\begin{cases} \dfrac{\mathrm{d}^2y}{\mathrm{d}t^2} - 8\dfrac{\mathrm{d}y}{\mathrm{d}t} + 16y = 0, \\ y(0) = 3, y'(0) = 11; \end{cases}$ (4) $\begin{cases} \dfrac{\mathrm{d}^2y}{\mathrm{d}t^2} + 5\dfrac{\mathrm{d}y}{\mathrm{d}t} + 6y = 0, \\ y(0) = 1, y'(0) = -1; \end{cases}$

(5) $\begin{cases} \dfrac{\mathrm{d}^2y}{\mathrm{d}t^2} - 9\dfrac{\mathrm{d}y}{\mathrm{d}t} + 18y = 0, \\ y(0) = 1, y'(0) = 2; \end{cases}$ (6) $\begin{cases} \dfrac{\mathrm{d}^2y}{\mathrm{d}t^2} + 4\dfrac{\mathrm{d}y}{\mathrm{d}t} + 16y = 0, \\ y(0) = 1, y'(0) = 1. \end{cases}$

4. 考虑简谐振动模型

$$\frac{\mathrm{d}^2y}{\mathrm{d}t^2} + b\frac{\mathrm{d}y}{\mathrm{d}t} + 3y = 0,$$

讨论当 b 变化时, 轨线趋于 0 速度的变化.

5. 求下列二阶常系数微分方程的通解:

(1) $\dfrac{\mathrm{d}^2y}{\mathrm{d}t^2} + 5\dfrac{\mathrm{d}y}{\mathrm{d}t} + 6y = 10 + t$; (2) $\dfrac{\mathrm{d}^2y}{\mathrm{d}t^2} + 2\dfrac{\mathrm{d}y}{\mathrm{d}t} + 2y = t^3 - 3$;

(3) $\dfrac{\mathrm{d}^2y}{\mathrm{d}t^2} - 4\dfrac{\mathrm{d}y}{\mathrm{d}t} + 4y = \mathrm{e}^t + \mathrm{e}^{2t} + 1$; (4) $\dfrac{\mathrm{d}^2y}{\mathrm{d}t^2} + 6\dfrac{\mathrm{d}y}{\mathrm{d}t} + 9y = \mathrm{e}^{-3t}$.

6. 求下列二阶常系数微分方程的通解:

(1) $\dfrac{\mathrm{d}^2y}{\mathrm{d}t^2} + 2\dfrac{\mathrm{d}y}{\mathrm{d}t} + 2y = 2\cos(2t)$; (2) $\dfrac{\mathrm{d}^2y}{\mathrm{d}t^2} + 4\dfrac{\mathrm{d}y}{\mathrm{d}t} + 6y = \cos(\sqrt{5}t)$;

(3) $\dfrac{\mathrm{d}^2y}{\mathrm{d}t^2} - 2\dfrac{\mathrm{d}y}{\mathrm{d}t} + 3y = \mathrm{e}^{-t}\cos t$; (4) $\dfrac{\mathrm{d}^2y}{\mathrm{d}t^2} - 2\dfrac{\mathrm{d}y}{\mathrm{d}t} + 2y = t\mathrm{e}^t\sin t$.

7. 求下列二阶常系数微分方程的通解:

(1) $\dfrac{\mathrm{d}^2y}{\mathrm{d}t^2} + 2a\dfrac{\mathrm{d}y}{\mathrm{d}t} + a^2y = \mathrm{e}^t$; (2) $\dfrac{\mathrm{d}^2y}{\mathrm{d}t^2} - a^2y = 2t^2 + 1$;

(3) $\dfrac{\mathrm{d}^2y}{\mathrm{d}t^2} + \dfrac{\mathrm{d}y}{\mathrm{d}t} + 3y = \sin t - \cos 2t$; (4) $\dfrac{\mathrm{d}^2y}{\mathrm{d}t^2} + \dfrac{\mathrm{d}y}{\mathrm{d}t} - 2y = 8\cos 2t + 8\sin 2t$.

8. 求方程 $y'' + 9y' = 6\mathrm{e}^{3t}$, $y(0) = y'(0) = 0$ 的解.

9. 设 $\psi(t)$ 是方程 $y'' + k^2y = f(t)$ 的解, 其中 k 为常数, 函数 $f(t)$ 在 $0 \leqslant t < +\infty$ 上连续. 试证

(1) 当 $k \neq 0$ 时, 可以找到常数 c_1, c_2 使得

$$\psi(t) = c_1\cos kt + \frac{c_2}{k}\sin kt + \frac{1}{k}\int_0^t \sin k(t-s)\cdot f(s)\mathrm{d}s, \quad 0 \leqslant t < +\infty;$$

(2) 当 $k = 0$ 时, 方程的通解可以表示为

$$y(t) = c_1 + c_2t + \int_0^t (t-s)f(s)\mathrm{d}s, \quad 0 \leqslant t < +\infty,$$

其中 c_1, c_2 为任意常数.

第 4 章　一阶二维非线性方程组

本章研究一阶二维非线性自治方程组. 在第 2 章, 用解析和几何相结合的方法, 完全理解了一阶二维线性方程组, 这里比照线性方程组以及一些定性分析的办法处理非线性方程组. 然而用这些方法并不能完全处理所有非线性方程组相图的性质, 仅能处理一些重要的特殊非线性方程组.

4.1　一阶二维非线性方程组模型的进一步探索

4.1.1　捕食–食饵模型

最早的模型始于美国化学家 Lotka(1920) 和意大利数学家 Volterra(1925) 的模型

$$\begin{cases} x' = ax - bxy, \\ y' = -cy + dxy, \end{cases} \tag{4.1}$$

其中 $a, b, c, d > 0$. 这是最简单的捕食–食饵模型, $y(t)$ 是捕食者的数量, $x(t)$ 是食饵者的数量. 在一些其他背景中, 捕食–食饵模型也称为消费者–资源模型, 那么 $x(t)$ 是资源, $y(t)$ 是消费者. 更一般的捕食–食饵模型为

$$\begin{cases} x' = xf(x) - h(x, y), \\ y' = yg(y) + r(x, y), \end{cases} \tag{4.2}$$

其中 f, g 分别为 x, y 的单位增长率, $h(x, y), r(x, y)$ 为 $\mathbb{R}_+^2$ 上的非负函数, 代表食饵受害和捕食者受益的程度.f 和 g 可以取各类增长模式, 但若捕食者严重依赖于获取食饵而生存, 很多时候可取 $g(y) = -d$, 甚至 $g(y) = -d_1 - d_2 y$, 而 h 和 r 的形式往往满足

$$h(x, y) = kr(x, y), \tag{4.3}$$

即食饵受害程度与捕食者受益程度成正比. 假设 (4.3) 中 $h(x, y)$ 最常见的形式为

$$h(x, y) = \phi(x)y, \tag{4.4}$$

其中 $\phi(x)$ 就是捕食者的回应函数, 即捕食者对食饵数量作出反应, 来决定捕食的多少.

在 (4.3),(4.4) 假设下的捕食模型为

$$\begin{cases} x' = xf(x) - \phi(x)y, \\ y' = yg(y) + k\phi(x)y. \end{cases} \tag{4.5}$$

(4.5) 经常被称为 Rosenzwig-MacArthur 捕食模型, 在 20 世纪 70 年代, Rosenzwig, May 等生物学家在《科学》上的几篇论文讨论了 (4.5) 的生物意义, 许多数学家在七八十年代的工作使得 (4.5) 的数学理论严格化且更加完善. 在这些工作中, (4.5) 形为

$$\begin{cases} x' = ax\left(1 - \dfrac{x}{N}\right) - \phi(x)y, \\ y' = -dy + k\phi(x)y, \end{cases} \tag{4.6}$$

其中 $a, d, N, k > 0$, 而 $\phi(x)$ 是广义 Holling 类型 II 函数. 最后指出在 (4.5) 或 (4.6) 的方程中, 令 y 为常数, 即得到一维捕食–食饵模型. 由于捕食者一般生命周期长, 个体数量变化远慢于小型食饵的变化, 因此, 在短的时间区间上, 可以认为 $y(t)$ 是常数. 在这一意义下, 一维捕食–食饵模型是 (4.5) 的一个良好逼近.

近年来, 除了形如 (4.5) 的捕食–食饵模型, Beddington (1975) 和 DeAngelis(1975) 考虑了如下 Beddington-DeAngelis 模型:

$$\begin{cases} x' = rx\left(1 - \dfrac{x}{k}\right) - \dfrac{mxy}{a + by + cx}, \\ y' = -\mu y + \dfrac{\epsilon mxy}{a + by + cx}. \end{cases} \tag{4.7}$$

在 (4.7) 中令 $a = 0$, 则方程组变为

$$\begin{cases} x' = rx\left(1 - \dfrac{x}{k}\right) - \dfrac{mx}{b + cx/y}, \\ y' = -\mu y + \dfrac{\epsilon my}{by/x + c}. \end{cases} \tag{4.8}$$

这是一种依赖于捕食者–食饵数量比值的捕食模型 (Arditi-Ginzburg, 1989). 在捕食–食饵模型 (4.2) 中, 两个生物种群一个受害一个受益. 若两个种群都在互动关系中受害, 这样的模型称为竞争模型, 那么类似 (4.2), 可以把一般竞争模型写为

$$\begin{cases} x' = xf(x) - h(x, y), \\ y' = yg(y) - r(x, y). \end{cases} \tag{4.9}$$

两个不同种群之间的竞争是种群间竞争, 同种群内部不同个体的竞争为种群内竞争, 一维 Logistic 方程可以看成种群内竞争的一个简单形式, 即个体数量增加不利于整个种群增长. 若 (4.9) 中 f, g 为广义 Logistic 型, 则 (4.9) 既考虑了种群间竞争, 又包括了种群内竞争. 竞争模型在经济学 (两个商业竞争对手) 和军事学 (两支交战军队) 中也广为应用.

若两个种群都在互动关系中受益, 即

$$\begin{cases} x' = xf(x) + h(x, y), \\ y' = yg(y) + r(x, y). \end{cases} \tag{4.10}$$

这一类模型为互惠模型或合作模型.

意大利数学家 Volterra 在 20 世纪二三十年代对这三类方程组的特殊形式作了系统研究. 他研究的方程组可统一写成

$$\begin{cases} x' = x(a + bx + cy), \\ y' = y(d + ex + fy), \end{cases} \tag{4.11}$$

其中 $a, b, c, d, e, f \in \mathbb{R}$. 容易看出, 有参数值可将 (4.11) 划为以上所述三类方程组, (4.11) 称为 Lotka-Volterra 方程组.

另一方程组的一般形式为

$$\begin{cases} x' = xf(x, y), \\ y' = yg(x, y). \end{cases} \tag{4.12}$$

对于捕食模型, 假设 $\dfrac{\partial f}{\partial y}(x, y) < 0$ 和 $\dfrac{\partial g}{\partial x}(x, y) > 0$. 这一形式称为 Kolmogorov 捕食模型.

4.1.2 化学反应模型

下面转到化学反应类模型. Lotka 在 1920 年的论文中就以 (4.1) 描述了下面一个序列的化学反应:

$$A + X \to 2X, \quad X + Y \to 2Y, \quad Y \to P, \tag{4.13}$$

这里一个基本假设就是化学反应

$$mA + nB \to C \tag{4.14}$$

发生的可能性和 $[A]^m \cdot [B]^n$ 成正比, 其中 $[A], [B]$ 分别是化学物质 A, B 的数量或浓度, m, n 是正整数, 即 m 个 A 分子和 n 个 B 分子参加这一反应, $m + n$ 是这一反应的阶数.

在生物化学中另一常见现象是自催化反应. 催化剂是在化学反应前后数量不变的反应物, 而自催化剂是参加了由其他化学物产生其本身的化学物质. 忽略一些可以认为数量不发生变化的化学物质, 一个自催化化学反应可以写成

$$mA + nB \xrightarrow{k_1} (n + p)B, \tag{4.15}$$

其中 $m, n, p \in \mathbb{N}$. 这一反应可表示为

$$\begin{cases} [A]' = -mk_1[A]^m[B]^n, \\ [B]' = pk_1[A]^m[B]^n. \end{cases} \tag{4.16}$$

若化学反应中的反应是可逆的, 即

$$mA + nB \underset{k_2}{\overset{k_1}{\rightleftharpoons}} (n+p)B, \tag{4.17}$$

则反应的模型为

$$\begin{cases} [A]' = -mk_1[A]^m[B]^n + mk_2[B]^{n+p}, \\ [B]' = pk_1[A]^m[B]^n - pk_2[B]^{n+p}. \end{cases} \tag{4.18}$$

基于以上所列的基本原理, 一些化学反应的模型被建立. Schnakenberg (1979) 考虑自催化化学反应

$$2X + Y \to 3X, \quad A \to Y, \quad X \rightleftharpoons B, \tag{4.19}$$

并假设 A 和 B 保持常量, 则

$$\begin{cases} x' = x^2y - x + b, \\ y' = -x^2y + a, \end{cases} \tag{4.20}$$

其中 $x = [X]$, $y = [Y]$, $a = [A]$, $b = [B]$.

另两个类似模型为

(1) 化学家 Prigogine 为首的 Brussel 学派 Prigogine(1978) 用化学反应

$$A \to X, \quad 2X + Y \to 3X, \quad B + X \to Y + D, \quad X \to E \tag{4.21}$$

导出的 Brusselator 模型

$$\begin{cases} x' = a + x^2y - (b+1)x, \\ y' = bx - x^2y; \end{cases} \tag{4.22}$$

(2) 化学家 Gray 和 Scott(Gray-Scott, 1983, 1984) 考虑的化学反应

$$U + 2V \to 3V, \quad V \xrightarrow{k} P, \tag{4.23}$$

同时假设常数量 F 的 U 被加入反应, 而同数量的 U 和 V 被清除出反应器, 这样就得到

$$\begin{cases} U' = -UV^2 + F(1-U), \\ V' = UV^2 - (F+k)V. \end{cases} \tag{4.24}$$

在上面这些化学反应模型中, 反应率一直被假设与每一参加反应的反应物数量成正比, 因此, 得到的方程组中都是含有多项式非线性项. 在某些条件下反应率可能随某些反应物数量发生其他变化.

应该指出, 列出的许多模型也考虑了空间变元, 在这里先忽略这一因素, 而注重模型中的物质间的反应与作用.

4.1.3 非量纲化

数学模型中的变量和参数都具有一个量纲, 即常量或变量的数量与基本物理量之间的关系. 在国际单位制中有 7 个基本物理量: 长度 (L)、质量 (M)、时间 (T)、电流 (I)、热力学温度 (Q)、物质的量 (N) 和发光强度 (J). 在生物种群模型中, 生物个体的数目也可以看成一个基本物理量 (S), 则一般模型中的常/变量的量纲都是这些基本物理量的导出量.

一般来说, 变量具有基本物理量的量纲, 这里为表示 x 和 y 的区别, 所以区分 x 和 y 的量纲. 而参数的量纲可由变量的量纲和微分方程来决定, 基本原则如下 (设 q 的量纲为 $\dim(q)$):

(1) 若 z 和 t 的量纲为 Z 和 T, 则 $\mathrm{d}z/\mathrm{d}t$ 的量纲为 ZT^{-1};

(2) 若 $A=B$, 则 $\dim(A)=\dim(B)$;

(3) 若 $A\pm B$ 出现在方程中, 则 $\dim(A)=\dim(B)$;

(4) 若 A 和 B 出现在方程中, 则 $\dim(A\cdot B)=\dim(A)\cdot\dim(B)$.

数量的量纲可被用来简化方程的结构, 减少参数的个数, 可以通过线性变换定义新变量, 要求新变量的量纲为 1, 即**平凡量纲**. 以例 4.1 中的方程来演示这一过程——**非量纲化**.

例 4.1　对 Lotka-Volterra 竞争模型

$$\begin{cases}\dfrac{\mathrm{d}x}{\mathrm{d}t}=x(\lambda-ax-by),\\[2mm]\dfrac{\mathrm{d}y}{\mathrm{d}t}=y(\mu-cx-dy)\end{cases}\tag{4.25}$$

进行非量纲化过程.

解　设变量 t,x,y 的量纲分别为 T,S_1,S_2, 则由非量纲化基本原则有

$$\begin{aligned}\dim\left(\frac{\mathrm{d}x}{\mathrm{d}t}\right)&=\dim(x)\cdot\dim(t)^{-1}=\dim(\lambda)\cdot\dim(x)\\&=\dim(a)\cdot(\dim(x))^2=\dim(b)\cdot\dim(x)\cdot\dim(y),\end{aligned}$$

即

$$\dim(\lambda)=\dim(t)^{-1}=T^{-1},$$

$$\dim(a) = \dim(t)^{-1} \cdot \dim(x)^{-1} = T^{-1}S_1^{-1},$$
$$\dim(b) = \dim(t)^{-1} \cdot \dim(y)^{-1} = T^{-1}S_2^{-1}.$$

同理, 可得参量 μ, c, d 的量纲. 将各变量和参数的量纲列表, 如表 4.1 所示.

表 4.1

变量	量纲	参数	量纲
t	T	λ	T^{-1}
x	S_1	a	$T^{-1}S_1^{-1}$
y	S_2	b	$T^{-1}S_2^{-1}$
		μ	T^{-1}
		c	$T^{-1}S_1^{-1}$
		d	$T^{-1}S_2^{-1}$

定义 $s = \lambda t, X = ax/\lambda, Y = dy/\lambda$, 则容易验证 (s, X, Y) 均为平凡量纲, 由微分链式法则得

$$\begin{aligned}\frac{\mathrm{d}x}{\mathrm{d}t} &= \frac{\mathrm{d}x}{\mathrm{d}X}\frac{\mathrm{d}X}{\mathrm{d}s}\frac{\mathrm{d}s}{\mathrm{d}t} = \frac{\lambda}{a}\frac{\mathrm{d}X}{\mathrm{d}s}\lambda \\ &= x(\lambda - ax - by) = \frac{\lambda}{a}X\left(\lambda - \lambda X - b\frac{\lambda}{d}Y\right),\end{aligned}$$

从而得到

$$\frac{\mathrm{d}X}{\mathrm{d}s} = X\left(1 - X - \frac{b}{d}Y\right).$$

类似可得

$$\frac{\mathrm{d}Y}{\mathrm{d}s} = Y\left(\frac{\mu}{\lambda} - \frac{c}{a}X - Y\right).$$

令 $A = b/d, B = \mu/\lambda, C = c/a$, 则 (4.25) 转化为 (为方便起见, 仍使用 x, y, 而非 X, Y)

$$\begin{cases}\dfrac{\mathrm{d}x}{\mathrm{d}t} = x(1 - x - Ay), \\ \dfrac{\mathrm{d}y}{\mathrm{d}t} = y(B - Cx - y).\end{cases} \tag{4.26}$$

可以看到, 通过作非量纲化的线性变换, 原方程 (4.25) 中的 6 个参数减少到无量纲方程 (4.26) 的三个参数, 而新参数是原参数的组合. 新方程 (4.26) 有较少的参数, 所以更容易作进一步分析.

例 4.1 中的方法可以用于所有应用中的模型, 它的数学原理是量纲分析中的 Buckingham π 定理. 这里不作严格的论述, 只大致叙述一下该定理的含义. 若一个

数学模型原始方程中包含 n 个物理数量 (既可以是变量, 也可以常数参数), 而这 n 个数量都可以用 k 个独立的基本物理量表示, 那么原方程可通过线性变换转化为一组只包含 $n-k$ 个无量纲数量的新方程. Buckingham π 定理在理论上保证了这样的无量纲化的线性变换的存在性, 但是这样的非量纲化线性变换往往不是唯一的. 研究者可以通过自己的需要, 选择恰当的线性变换来得到自己所需要的方程形式.

例 4.2 对 Rosenzwig-MacArthur 捕食模型

$$\begin{cases} \dfrac{\mathrm{d}x}{dt} = Ax\left(1-\dfrac{x}{N}\right) - \dfrac{Bxy}{C+x}, \\ \dfrac{\mathrm{d}y}{\mathrm{d}t} = -Dy + \dfrac{Exy}{C+x} \end{cases} \tag{4.27}$$

进行非量纲化过程.

解 设方程中物理量的量纲如表 4.2 所示, 设非量纲化变换为

表 4.2

变量	量纲	参数	量纲
t	T	A	T^{-1}
x	S_1	N	S_1
y	S_2	B	$S_1S_2^{-1}T^{-1}$
		C	S_1
		D	T^{-1}
		E	T^{-1}

$$s = Dt, \quad X = \frac{x}{N}, \quad Y = \frac{By}{NA},$$

则 (4.27) 可转化为

$$\begin{cases} \dfrac{\mathrm{d}X}{\mathrm{d}s} = aX(1-X) - \dfrac{aXY}{b+X}, \\ \dfrac{\mathrm{d}Y}{\mathrm{d}s} = -Y + \dfrac{dXY}{b+X}, \end{cases} \tag{4.28}$$

其中 $a = A/D, b = C/N, d = E/D$. 也可以定义另一变换

$$s = At, \quad X = \frac{x}{C}, \quad Y = \frac{By}{CE},$$

则 (4.27) 被转化为

$$\begin{cases} \dfrac{\mathrm{d}X}{\mathrm{d}s} = X\left(1-\dfrac{X}{k}\right) - \dfrac{mXY}{1+X}, \\ \dfrac{\mathrm{d}Y}{\mathrm{d}s} = -\theta Y + \dfrac{mXY}{1+X}, \end{cases} \tag{4.29}$$

其中, $k = N/C, m = E/A, \theta = D/A$. (4.28) 和 (4.29) 都是无量纲方程, 但两者在消除参数的作用上各有侧重. (4.27) 中系统承载能力 N 和捕食者死亡率 D 在 (4.28)

中消去, (4.27) 中 A 和 B 在 (4.28) 成为一致的 a. 而 (4.29) 将 (4.27) 中的捕食者单位增长率 A 和回应函数中的 C 消去, 同时把两个相互作用项的系数 B 和 E 统一为 m.

数学模型的非量纲化可以简化方程, 一般是对于一个复杂方程作定性分析的第一步.

4.2 平衡解、线性化定理, 零水平线

利用第 2 章的分析, 用解析和定性的方法理解了线性方程组. 可惜的是一般的非线性方程组很少能用已有的解析或代数的方法研究, 但是可以用分析学中线性化的方法来研究非线性方程组在平衡点附近解的性态.

4.2.1 平衡解、线性化定理

设非线性平面系统的形式为

$$\begin{cases} x' = f(x,y), \\ y' = g(x,y), \end{cases} \tag{4.30}$$

一般假设向量场 $\boldsymbol{F}(x,y) = \big(f(x,y), g(x,y)\big)$ 是 $\mathbb{R}^2 \to \mathbb{R}^2$ 的连续可微函数, 则对于任何 $(x_0,y_0) \in \mathbb{R}^2$, (4.30) 有唯一满足 $\big(x(0),y(0)\big) = (x_0,y_0)$ 的解.

若存在 $(x_0,y_0) \in \mathbb{R}^2$ 满足 $f(x_0,y_0)=0$ 且 $g(x_0,y_0)=0$, 则称 (x_0,y_0) 为 (4.30) 的平衡点. 为了将平衡点移到原点, 设 $u = x - x_0$, $v = y - y_0$, 由 f 的一阶 Taylor 展开得

$$\begin{aligned} \frac{\mathrm{d}u}{\mathrm{d}t} &= \frac{\mathrm{d}(x-x_0)}{\mathrm{d}t} = \frac{\mathrm{d}x}{\mathrm{d}t} \\ &= f(x_0+u, y_0+v) \\ &= f(x_0,y_0) + \left[\frac{\partial f}{\partial x}(x_0,y_0)\right] u + \left[\frac{\partial f}{\partial y}(x_0,y_0)\right] v + \cdots \\ &= \left[\frac{\partial f}{\partial x}(x_0,y_0)\right] u + \left[\frac{\partial f}{\partial y}(x_0,y_0)\right] v + \cdots, \end{aligned}$$

其中, "$\cdots$" 表示 Taylor 余项. 类似可得

$$\frac{\mathrm{d}v}{\mathrm{d}t} = \left[\frac{\partial g}{\partial x}(x_0,y_0)\right] u + \left[\frac{\partial g}{\partial y}(x_0,y_0)\right] v + \cdots.$$

现在要去掉 $\dfrac{\mathrm{d}u}{\mathrm{d}t}$ 和 $\dfrac{\mathrm{d}v}{\mathrm{d}t}$ 表达式中的高阶项或非线性项. 因为这些表达式中可能包含指数形式、对数形式、三角函数等, 非线性项是什么不是很清楚. 在这种情况下, 有

必要更进一步地研究 f 和 g. 微分学最基本的思想就是可以通过研究函数的最佳线性逼近来研究函数. 对于两个变量的函数, 在某些特殊点的最佳线性逼近可以由切平面给出, 因此有

$$f(x_0+u,y_0+v)\approx\left[\frac{\partial f}{\partial x}(x_0,y_0)\right]u+\left[\frac{\partial f}{\partial y}(x_0,y_0)\right]v,$$
$$g(x_0+u,y_0+v)\approx\left[\frac{\partial g}{\partial x}(x_0,y_0)\right]u+\left[\frac{\partial g}{\partial y}(x_0,y_0)\right]v,$$

故 (4.30) 在 (x_0,y_0) 的线性化方程为

$$\frac{\mathrm{d}\boldsymbol{Y}}{\mathrm{d}t}=\boldsymbol{J}\cdot\boldsymbol{Y},\tag{4.31}$$

其中 $\boldsymbol{Y}=(u,v)^{\mathrm{T}}$. $\boldsymbol{J}$ 是 (4.30) 的 Jacobi 矩阵,

$$\boldsymbol{J}=\begin{pmatrix}\dfrac{\partial f}{\partial x}(x_0,y_0) & \dfrac{\partial f}{\partial y}(x_0,y_0)\\ \dfrac{\partial g}{\partial x}(x_0,y_0) & \dfrac{\partial g}{\partial y}(x_0,y_0)\end{pmatrix},$$

其中, Jacobi 矩阵的迹为

$$T=\frac{\partial f}{\partial x}(x_0,y_0)+\frac{\partial g}{\partial y}(x_0,y_0),$$

Jacobi 矩阵的行列式为

$$D=\frac{\partial f}{\partial x}(x_0,y_0)\cdot\frac{\partial g}{\partial y}(x_0,y_0)-\frac{\partial f}{\partial y}(x_0,y_0)\cdot\frac{\partial g}{\partial x}(x_0,y_0).$$

用线性化方程组来研究非线性方程组在平衡点附近解的行为. 值得注意的是, 仅需要知道向量场的分量在平衡点的偏导数就能得到线性化方程组, 并不需要计算从平衡点移到原点的变量替换.

一直以来, 非线性函数的导数仅能够得到局部的逼近. 因此, 线性化方程组的解也仅是在平衡点附近逼近非线性方程组的解. 对于大多数方程组, 研究线性化方程组的信息足够来决定非线性方程组在平衡点附近解的渐近行为.

如果 Jacobi 矩阵所有的特征值都是负实数或具有负实部的复数 ($T<0$, $D>0$), 则 $(u,v)=(0,0)$ 为线性方程组的汇且所有的解随着 $t\to+\infty$ 趋于原点 $(u,v)=(0,0)$. 对于非线性方程组, 从平衡点 $(x,y)=(x_0,y_0)$ 附近出发的解随着 $t\to+\infty$ 趋于平衡点 (x_0,y_0). 因此, 称 (x_0,y_0) 为非线性方程组的汇; 如果特征值是复数, 则称 (x_0,y_0) 为**螺旋汇**, 即平衡点 (x_0,y_0) 为稳定的.

类似地, 如果 Joacobi 矩阵所有的特征值都是正实数或具有正实部的复数 ($T>0$, $D>0$), 则从平衡点 $(x,y)=(x_0,y_0)$ 附近出发的解随着 t 的增加而远离平衡点

(x_0, y_0). 称 (x_0, y_0) 为非线性方程组的**源**; 如果特征值是复数, 则称 (x_0, y_0) 为**螺旋源**, 即平衡点 (x_0, y_0) 为不稳定的.

如果 Jacobi 矩阵有一个正的特征值和一个负的特征值 $(D < 0)$, 则称平衡点 (x_0, y_0) 为非线性方程组的**鞍点**. 对于原点为鞍点平衡点的线性方程组来说, 恰好有两条轨线随着 t 的增加而趋近平衡点, 并且恰好有两条轨线随着 t 的减少而趋近平衡点. 对于非线性方程组来说, 这些轨线不需要是直线. 所有初始位置在平衡点 (x_0, y_0) 附近的其他轨线都随 t 的增加或减少而远离平衡点, 即平衡点 (x_0, y_0) 为不稳定的.

综上所述, 总结非线性方程组平衡点的分类和稳定性如下:

定义 4.1 若 $\boldsymbol{F} = (f, g) : \mathbb{R}^2 \to \mathbb{R}^2$ 是连续可微的, (x_0, y_0) 是一个平衡点, λ_1, λ_2 是 Jacobi 矩阵 $\boldsymbol{J}(x_0, y_0)$ 的特征值.

(1) 若 $\lambda_1 > \lambda_2 > 0$, 则称平衡点 (x_0, y_0) 为源;

(2) 若 $\lambda_1 > 0 > \lambda_2$, 则称平衡点 (x_0, y_0) 为鞍点;

(3) 若 $0 > \lambda_1 > \lambda_2$, 则称平衡点 (x_0, y_0) 为汇;

(4) 若 $\lambda_{1,2} = a \pm bi (a > 0)$, 则称平衡点 (x_0, y_0) 为螺旋源;

(5) 若 $\lambda_{1,2} = a \pm bi (a < 0)$, 则称平衡点 (x_0, y_0) 为螺旋汇;

(6) 如果是其他情况, 则需要更多的信息来决定解在平衡点附近的行为.

若存在 (x_0, y_0) 的一个邻域 U, 使得对任何 $(x, y) \in U$, 以 (x, y) 为初值的 (4.30) 的解 $(x(t), y(t))$ 满足 $\lim\limits_{t \to \infty} (x(t), y(t)) = (x_0, y_0)$, 则称平衡点 (x_0, y_0) 是**稳定的**; 否则, 称 (x_0, y_0) 是**不稳定的**. 应该注意, 为方便起见, 这里用以上的稳定性定义, 在一般的文献中称以上的定义为**渐近稳定**. 用线性化方程来研究非线性方程在平衡点附近的动力行为, 那么类似于一维方程的情况, 根据以上分析有以下稳定性定理:

定理 4.1 若 $\boldsymbol{F} = (f, g) : \mathbb{R}^2 \to \mathbb{R}^2$ 是连续可微的, (x_0, y_0) 是一个平衡点, T, D 是 Jacobi 矩阵 $\boldsymbol{J}(x_0, y_0)$ 的迹和行列式.

(1) 若 $T < 0$ 且 $D > 0$, 则 (x_0, y_0) 是一个稳定平衡点;

(2) 若 $T > 0$, $D > 0$ 或 $D < 0$, 则 (x_0, y_0) 是一个不稳定平衡点;

(3) 若 T, D 满足其他条件, 稳定性无法由 $\boldsymbol{J}$ 决定.

注记 线性化方程平衡点的稳定性并不一定意味着非线性系统平衡点的稳定性. 当线性化方程组的平衡点为中心或有零特征根的情况下, 二者通常是不同的. 但在其他情况下, 非线性方程组在平衡点附近的渐近行为与线性化方程是相同的.

例 4.3 考虑方程组

$$\begin{cases} x' = x(5 - x - y), \\ y' = y(7 - 2x - y). \end{cases} \tag{4.32}$$

求平衡点并判别平衡点的稳定性.

解　方程组 (4.32) 的平衡点满足方程

$$\begin{cases} x(5-x-y)=0, \\ y(7-2x-y)=0. \end{cases}$$

可以解得共 4 个平衡点 $(0,0)$, $(5,0)$, $(0,7)$, $(2,3)$. 方程组 (4.32) 的 Jacobi 矩阵为

$$\boldsymbol{J}(x,y)=\begin{pmatrix} 5-2x-y & -x \\ -2y & 7-2x-2y \end{pmatrix},$$

则

$$\begin{aligned} T&=12-4x-3y, \\ D&=(5-2x-y)(7-2x-2y)-2xy, \end{aligned}$$

其中, T, D 是 Jacobi 矩阵 $\boldsymbol{J}(x,y)$ 的迹和行列式. 由定理 4.1 可得

(1) 在点 $(0,0)$, $T=12>0$, $D=35>0$, 故平衡点 $(0,0)$ 是不稳定的;

(2) 在点 $(2,3)$, $T=-5<0$, $D=-6<0$, 故 $(2,3)$ 是不稳定的鞍点;

(3) 在点 $(5,0)$, $T=-8<0$, $D=15>0$, 故平衡点 $(5,0)$ 是稳定的;

(3) 在点 $(0,7)$, $T=-9<0$, $D=14>0$, 故平衡点 $(0,7)$ 是稳定的.

4.2.2　零水平线

平衡点及其线性化给出了平衡点附近相图结构, 为了考虑不靠近平衡点的点的动力行为, 定义 (4.30) 的零水平线为 $N_x=\{(x,y)\in\mathbb{R}^2|\ f(x,y)=0\}$ (x **零水平线**), $N_y=\{(x,y)\in\mathbb{R}^2|\ g(x,y)=0\}$ (y **零水平线**). 一般地, N_x 和 N_y 都是 $\mathbb{R}^2$ 上的曲线 (即 $f(x,y)$ 和 $g(x,y)$ 的零水平线). 容易看出 $N_x\bigcap N_y$ 即为 (4.30) 的平衡点集合.

向量 (f,g) 在 $\mathbb{R}^2$ 上可以用带方向的线段表示, 那么向量场 (f,g) 可以用 $\mathbb{R}^2$ 上许多这样的向量表示. 零水平线的几何意义如下：N_x 恰为 $\mathbb{R}^2$ 上所有使得向量 (f,g) 为垂直方向的 (↑ 或 ↓), N_y 恰为 $\mathbb{R}^2$ 上所有使得向量 (f,g) 为水平方向的 (← 或 →), 而 $N_x\bigcup N_y$ 将 $\mathbb{R}^2$ 切割成若干连通开子集, f 和 g 在每个连通的开子集中符号是不变的. N_x 或 N_y 也由平衡点分割成一些连通的曲线段, 在 $N_x\bigcup N_y$ 的连通曲线段上, 可以用一个带箭头的线段表示向量场方向：在 N_x 上, $\dfrac{\mathrm{d}y}{\mathrm{d}t}>0$ 为 ↑(北), $\dfrac{\mathrm{d}y}{\mathrm{d}t}<0$ 为 ↓(南), 在 N_y 上, $\dfrac{\mathrm{d}x}{\mathrm{d}t}<0$ 为 ←(西), $\dfrac{\mathrm{d}x}{\mathrm{d}t}>0$ 为 →(东). 而 $\mathbb{R}^2$ 上有 $N_x\cup N_y$ 分割成的开子集内部, 也可以由一个带箭头线段表示 (f,g) 的方向：↖(西北), ↗(东北), ↙(西南) 或 ↘(东南). 例 4.3 中方程的向量表示如图 4.2 所示.

在例 4.3 中 (图 4.1)x 零水平线 N_x 为直线

$$x=0 \quad 和 \quad y=5-x.$$

y 零水平线 N_y 为直线

$$y = 0 \quad 和 \quad y = 7 - 2x.$$

在 x 零水平线 $x = 0$(即 y 轴) 上, $\dfrac{\mathrm{d}y}{\mathrm{d}t} = y(7 - y)$, 故当 $0 < y < 7$ 时, $\dfrac{\mathrm{d}y}{\mathrm{d}t} > 0$, 方向为 ↑(北); 当 $y \geqslant 7$ 或 $y \leqslant 0$ 时, $\dfrac{\mathrm{d}y}{\mathrm{d}t} < 0$, 方向为 ↓(南).

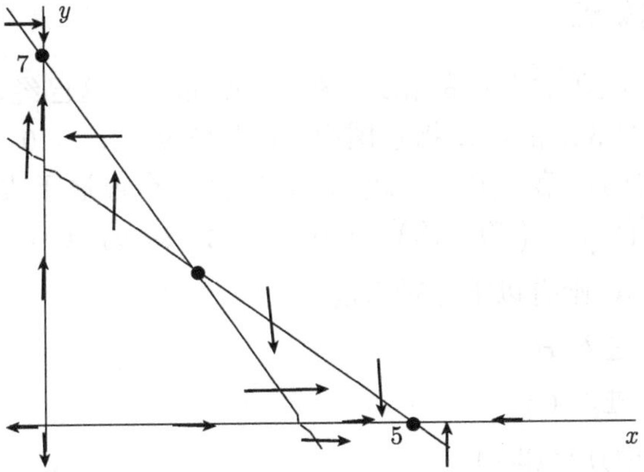

图 4.1 (4.32) 的零水平线、平衡点及向量方向指示

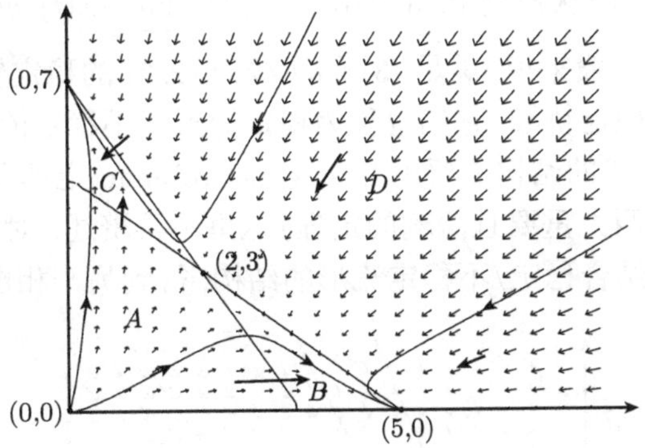

图 4.2 (4.32) 的轨线及向量场

在另一条 x 零水平线 $y = 5 - x$ 上, $\dfrac{\mathrm{d}y}{\mathrm{d}t} = (5 - x)(2 - x)$, 故当 $2 < x < 5$ 时, $\dfrac{\mathrm{d}y}{\mathrm{d}t} < 0$, 方向为 ↓(南); 当 $x \geqslant 5$ 或 $x \leqslant 2$ 时, $\dfrac{\mathrm{d}y}{\mathrm{d}t} > 0$, 方向为 ↑(北).

在 y 零水平线 $y = 0$(即 x 轴) 上, $\dfrac{\mathrm{d}x}{\mathrm{d}t} = x(5 - x)$, 故当 $0 < x < 5$ 时, $\dfrac{\mathrm{d}x}{\mathrm{d}t} > 0$, 方向为 →(东); 当 $x > 5$ 或 $x < 0$ 时, $\dfrac{\mathrm{d}x}{\mathrm{d}t} < 0$, 方向为 ←(西).

在另一条 y 零水平线 $y = 7 - 2x$ 上, $\dfrac{\mathrm{d}y}{\mathrm{d}t} = x(x - 2)$, 故当 $0 < x < 2$ 时, $\dfrac{\mathrm{d}x}{\mathrm{d}t} < 0$,

方向为 ←(西); 当 $x>2$ 或 $x<0$ 时, $\dfrac{\mathrm{d}x}{\mathrm{d}t}>0$, 方向为 →(东).

4.3 同宿、异宿轨线, 分离轨线

4.3.1 同宿、异宿轨线

向量指示图类似第 1 章中的相线. 在一些情况下, 这已经足以决定相图的精确结构. 例如, 在 (4.32) 的向量指示图中, 零水平线为 $x=0$, $y=0$, $x+y=5$ 和 $2x+y=7$. 它们将第一象限划成 A,B,C,D 4 个连通子集 (图 4.2). 若初值 $(x_0,y_0)\in C$, 则必有 $\lim\limits_{t\to\infty}\big(x(t),y(t)\big)=(0,7)$; 而 $(x_0,y_0)\in B$, $\lim\limits_{t\to\infty}\big(x(t),y(t)\big)=(5,0)$; 若 $(x_0,y_0)\in A$, 则有以下三种可能:

(1) $(x(t),y(t))$ 进入 B;

(2) $(x(t),y(t))$ 进入 C;

(3) $\lim\limits_{t\to\infty}(x(t),y(t))=(2,3)$,

而从 A 出发的轨线都满足 $\lim\limits_{t\to-\infty}(x(t),y(t))=(0,0)$. 结合定理 4.1 可以知道, 满足 (3) 的轨线只有两条. 而从鞍点 (2,3)“出发” (即 $\lim\limits_{t\to-\infty}(x(t),y(t))=(2,3)$) 的轨线也只有相对的两条. 一般来说, 满足 (3) 的轨线为 (2,3) 的稳定轨线, 而从 (2,3)“出发”的为 (2,3) 的不稳定轨线. 它们也称为稳定流形或不稳定流形. 严格来说, 鞍点附近向量场和方程轨线的结构需要用 Hartman-Grobman 定理和不变流形定理来证明, 这是动力系统的两大重要且深刻的定理, 这里不再赘述. 对从区域 D 出发的轨线可作类似的分析, 结合稳定/不稳定流形的结构, 得到另一相图的示意图 (图 4.3).

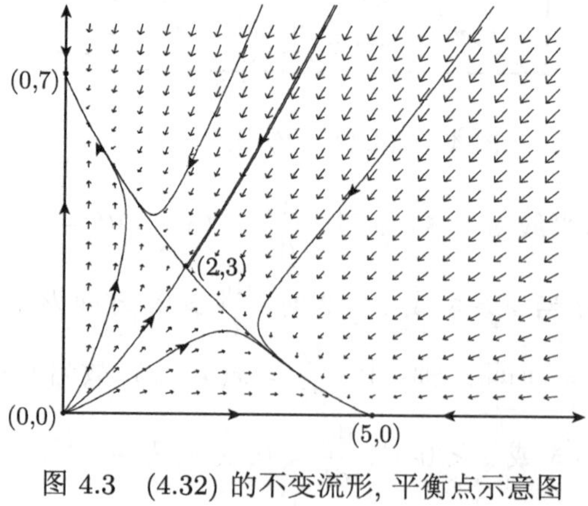

图 4.3 (4.32) 的不变流形, 平衡点示意图

在示意图 4.3 中, 连接各个平衡点的轨线尤为重要. 一般满足

$$\lim_{t\to-\infty}(x(t),y(t))=(x_1,y_1),\quad \lim_{t\to+\infty}(x(t),y(t))=(x_2,y_2)$$

的轨线, 若 $(x_1,y_1)\neq(x_2,y_2)$, 则称为连接平衡点 (x_1,y_1) 和 (x_2,y_2) 的**异宿轨线**(heteroclinic orbit); 若 $(x_1,y_1)=(x_2,y_2)$ 称为**同宿轨线**(homoclinic orbit). 同宿/异宿轨线统称为连接轨线. 在 (4.32) 中, 除 (5,0) 和 (0,7) 之间外, 其他每对平衡点上都有一条异宿轨线相连接.

4.3.2 分离轨线

这些异宿轨线还可称为分离轨线, 因为若 (x_0,y_0) 在 $\Gamma_1((0,0)\to(2,3))$ 与 $\Gamma_2(\infty\to(2,3))$(即 (2,3) 的稳定流形) 上方, 一定有 $\lim\limits_{t\to\infty}(x(t),y(t))=(0,7)$, 而在 $\Gamma_1\bigcup\Gamma_2$ 下方, 则 $\lim\limits_{t\to\infty}(x(t),y(t))=(5,0)$. 对任何稳定平衡点 (x_1,y_1), 定义

$$B((x_1,y_1))=\{(x_0,y_0)\in\mathbb{R}_+^2\,|\lim_{t\to\infty}(x(t),y(t))=(x_1,y_1)\}$$

为 (x_1,y_1) 的**吸引盆地**(basin of attraction), 则 $\Gamma_1\bigcup\Gamma_2$ 恰好是 (5,0) 和 (0,7) 吸引盆地的分离曲线, 这是为什么称之为分离轨线的原因. (4.32) 是一个具有双稳性的系统, $\Gamma_3((2,3)\to(5,0))$ 与 $\Gamma_4((2,3)\to(0,7))$ 也可称为分离轨线, 因为若 (x_0,y_0) 在 $\Gamma_3\bigcup\Gamma_4$ 上方, $\lim\limits_{t\to-\infty}(x(t),y(t))=\infty$; 若 (x_0,y_0) 在 $\Gamma_3\bigcup\Gamma_4$ 下方, $\lim\limits_{t\to-\infty}(x(t),y(t))=(0,0)$. 一般鞍点的稳定/不稳定流形统称为分离轨线. 这样对例 2.1 中的方程 (4.32) 已经作了详尽的定性分析. 这些分析对一般二维方程组 (4.31) 都可以进行, 与第 2 章一样, 仍称之为相图分析. 一般它包括如下几方面:

(1) 零水平线及向量场方向分析;

(2) 平衡点、线性化方程、平衡点类型;

(3) 鞍点分离轨线, 同宿、异宿轨线分析;

(4) 周期轨线分析.

(4.30) 的周期轨线是指存在 $T>0$, 使得 $(x(t),y(t))$ 满足 $x(t+T)=x(t),y(t+T)=y(t)(\forall t\in\mathbb{R})$. 在 (4.32) 的分析中仅进行了 (1)~(3), 但是可以用向量场方向分析排除在 $\mathbb{R}_+^2$ 的周期轨线的存在性.

4.4 周期轨线, Poincaré-Bendixon 定理

前面已经介绍过平衡解分歧, 经过分歧点平衡点的个数和平衡点的类型可能会发生改变. 下面介绍 Hopf 分歧, 经过 Hopf 分歧点平衡解的稳定性会发生变化, 小振幅周期轨道从平衡解的位置分歧出来, 其他解的渐近行为也可能从收敛到平衡解

转化到振荡行为. 建立周期轨线存在性的另一方法是 Poincaré-Bendixson 理论, 把这一理论一些有用的部分集中在以下的定理中:

定理 4.2　考虑平面系统 (4.30). 假设 (f,g) 连续可微.

(1) 若 $\Sigma_0=\{(x(t),y(t))\in\mathbb{R}^2|\ t\in\mathbb{R}\}$ 是 (4.30) 的一个周期轨线, 则 Σ_0 的内部包含一个平衡点;

(2) 若 $O\subset\mathbb{R}^2$ 是一个开子集, O 中不包含任何平衡点, 在 O 的边界 ∂O 上的每个点, 向量场 (f,g) 指向 O 内部, 则 O 中必含一个周期轨线;

(3) 若 $\Sigma_1=\{(x(t),y(t))\in\mathbb{R}^2|\ t\geqslant 0\}$ 是 (4.30) 的一个有界轨线, 则当 $t\to+\infty$ 时, Σ_1 必然收敛到以下其中之一: ① 一个平衡点; ② 一个周期轨线; ③ 一个由异宿、同宿轨线连接成的集合;

(4) (Dulac 准则) 若 $O\subset\mathbb{R}^2$ 是一个单连通开子集, $B:\ O\to\mathbb{R}$ 是一个连续可微函数, 使得 $\dfrac{\partial(Bf)}{\partial x}+\dfrac{\partial(Bg)}{\partial y}$ 不变号且不恒为零, 则没有任何周期轨线完全在 O 内部.

例 4.4　求方程组

$$\begin{cases}x'=y,\\ y'=-ax-by+\alpha x^2+\beta y^2\end{cases}\tag{4.33}$$

的平衡解, 并利用 Dulac 准则判断方程组在全平面上无周期解.

解　设

$$\begin{aligned}&f(x,y)=y,\\&g(x,y)=-ax-by+\alpha x^2+\beta y^2,\end{aligned}$$

平衡解满足方程

$$\begin{cases}y=0,\\ -ax-by+\alpha x^2+\beta y^2=0,\end{cases}$$

解得此方程组有两个平衡解 $(0,0)$, $\left(\dfrac{a}{\alpha},0\right)$. 利用 Dulac 准则, 考虑

$$B(x,y)=\mathrm{e}^{mx+ny},$$

其中, m,n 待定. 经计算

$$\begin{aligned}&\frac{\partial(B(x,y)\cdot f(x,y))}{\partial x}+\frac{\partial(B(x,y)\cdot g(x,y))}{\partial y}\\&=\mathrm{e}^{mx+ny}[my+n(-ax-by+\alpha x^2+\beta y^2)+(-b+2\beta y)],\end{aligned}$$

取 $n=0$, $m=-2\beta$, 即 $B(x,y)=\mathrm{e}^{-2\beta x}$, 则有

$$\frac{\partial(Bf)}{\partial x}+\frac{\partial(Bg)}{\partial y}=-b\mathrm{e}^{-2\beta x}$$

在全平面上不变号 $(b\neq 0)$, 由 Dulac 准则知, 此方程组在全平面上无周期轨线.

4.5 平衡解分歧, Hopf 分歧

4.5.1 平衡解分歧

首先考虑平衡解分歧.

例 4.5 考虑方程组

$$\begin{cases} x' = x(5-x-y), \\ y' = y(a-2x-y), \end{cases} \tag{4.34}$$

其中, a 为参数. 求零水平线、平衡点、分析分歧现象.

解 由 x 零水平线

$$x=0, \quad 5-x-y=0,$$

y 零水平线

$$y=0, \quad a-2x-y=0$$

得到 4 个可能的平衡点 $(0,0)$, $(0,a)$, $(5,0)$, $(a-5,10-a)$. 只考虑 $x \geqslant 0, y \geqslant 0$ 的情况, 故当 $5<a<10$ 时, 第 4 个平衡解存在, 称之为共存解; 当 $a=5$ 时, 第四个平衡解与 $(0,a)$ 重合; 当 $a=10$ 时, 第四个平衡解与 $(5,0)$ 重合. 方程组 (4.34) 的 Jacobi 矩阵为

$$\boldsymbol{J}(x,y)=\begin{pmatrix} 5-2x-y & -x \\ -2y & a-2x-2y \end{pmatrix}.$$

(1) 在平衡点 $(0,a)$ 处,

$$\boldsymbol{J}(0,a)=\begin{pmatrix} 5-a & 0 \\ -2a & -a \end{pmatrix}.$$

Jacobi 矩阵的迹 $T=5-2a$, 行列式 $D=a(a-5)$, 由定理 4.1 知, 当 $a>5$ 时, 平衡点 $(0,a)$ 为稳定的; 当 $a<5$ 时, 平衡点 $(0,a)$ 为不稳定的.

(2) 在平衡点 $(5,0)$ 处,

$$\boldsymbol{J}(5,0)=\begin{pmatrix} -5 & -5 \\ 0 & a-10 \end{pmatrix}.$$

Jacobi 矩阵的迹 $T=a-15$, 行列式 $D=5(10-a)$, 由定理 4.1 知, 当 $a<10$ 时, 平衡点 $(5,0)$ 为稳定的; 当 $a>10$ 时, 平衡点 $(5,0)$ 为不稳定的.

(3) 在平衡点 $(a-5,10-a)$ 处,

$$\boldsymbol{J}(a-5,10-a)=\begin{pmatrix} 5-a & 5-a \\ -20+2a & a-10 \end{pmatrix}.$$

Jacobi 矩阵的迹 $T=-5$, 行列式 $D=(5-a)(10-a)$, 由 $5<a<10$ 及定理 4.1 知, 平衡点 $(a-5, 10-a)$ 为不稳定的, 此时分歧图如 4.4 所示.

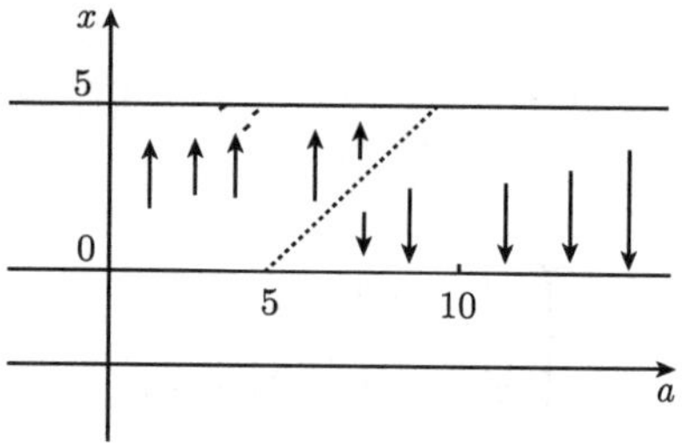

图 4.4　(4.34) 以 a 为参数的分歧图解

4.5.2　Hopf 分歧

另一可能的分歧点发生在 Jacobi 矩阵的迹 $T=0$ 的点, 若 $T=0$, 而 $D>0$, 则 $\boldsymbol{J}$ 具有一对纯虚特征值. 此时有以下定理:

定理 4.3 (Hopf 分歧定理)　对于含参数 $\lambda\in\mathbb{R}$ 的平面系统

$$\begin{cases} x'=f(\lambda,x,y), \\ y'=g(\lambda,x,y), \end{cases} \tag{4.35}$$

假设 f, g 为连续可微函数, 若 (4.35) 有一族平衡解 $\{(\lambda,x(\lambda),y(\lambda))||\lambda-\lambda_0|<\varepsilon\}$, 使得 $x(\lambda),y(\lambda)$ 连续可微, $x(0)=x_0$, $y(0)=y_0$, 并且 Jacobi 矩阵 $\boldsymbol{J}(\lambda)=\boldsymbol{D}_{(x,y)}(f,g)$ 的特征值为 $\mu(\lambda)\pm \mathrm{i}\omega(\lambda)$, 满足

(1) $\mu(\lambda_0)=0$, $\omega(\lambda_0)>0$;

(2) $\mu'(\lambda_0)\neq 0$,

则 (4.35) 在 (λ_0,x_0,y_0) 附近有一组周期解 $\{(\lambda(s),x(s,t),y(s,t))|\ 0<s<\delta\}$, 其周期为 $T(s)$ 且 $\lim\limits_{s\to 0+}\lambda(s)=\lambda_0$, $\lim\limits_{s\to 0+}T(s)=\dfrac{2\pi}{\omega(\lambda_0)}$, $\lim\limits_{s\to 0+}(\max\limits_{t\in\mathbb{R}}(|x(s,t)-x_0|+|y(s,t)-y_0|))=0$(图 4.5).

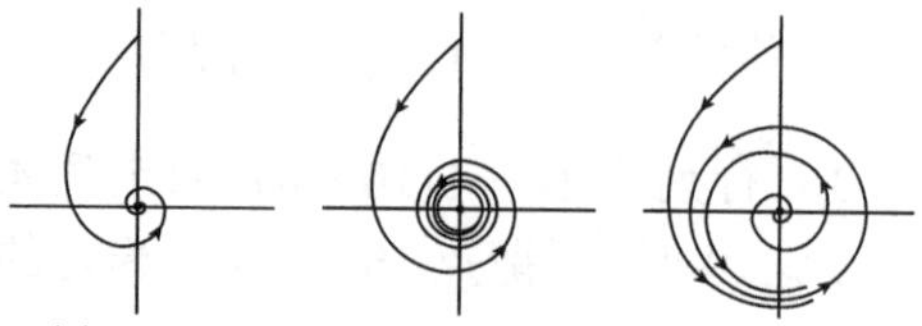

(a) $\lambda<\lambda_0$　(b) $\lambda=\lambda_0$　(c) $\lambda>\lambda_0$

图 4.5

例 4.6 求 Brusselator 模型

$$\begin{cases} \dfrac{\mathrm{d}x}{\mathrm{d}t} = a + x^2y - (b+1)x, \\ \dfrac{\mathrm{d}y}{\mathrm{d}t} = bx - x^2y, \end{cases} \quad a > 0, b > 0 \tag{4.36}$$

的 Hopf 分歧点.

解 由

$$\begin{cases} a - (b+1)x + x^2y = 0, \\ bx - x^2y = 0 \end{cases}$$

解得 $(a, b/a)$ 是方程 (4.36) 唯一的常数平衡解.

方程 (4.36) 在平衡解 $(a, b/a)$ 处的 Jacobi 矩阵为

$$\boldsymbol{J} = \begin{pmatrix} b-1 & a^2 \\ -b & -a^2 \end{pmatrix},$$

则 Jacobi 矩阵 $\boldsymbol{J}$ 的迹为 $T = b - (1 + a^2)$, 行列式为 $D = a^2 > 0$. 下面固定 a, 以 b 为参数:

(1) 当 $T < 0$, 即 $b < a^2 + 1$ 时, 平衡解 $(a, b/a)$ 是稳定的;

(2) 当 $T > 0$, 即 $b > a^2 + 1$ 时, 平衡解 $(a, b/a)$ 是不稳定的;

(3) 当 $T = 0$, 即 $b = a^2 + 1$ 时, $\mu'(b) = \dfrac{1}{2}T'(b) = \dfrac{1}{2} \neq 0$, 由定理 4.3 知 (4.36) 在 $(a, b/a)$ 处发生了 Hopf 分歧, 产生周期解.

4.6 生态学模型分析

4.6.1 Lotka-Volterra 竞争模型

例 4.7 考虑非量纲化的 Lotka-Volterra 竞争模型 (4.26)

$$\begin{cases} \dfrac{\mathrm{d}x}{\mathrm{d}t} = x(1 - x - Ay), \\ \dfrac{\mathrm{d}y}{\mathrm{d}t} = y(B - Cx - y). \end{cases}$$

由 x 零水平线

$$x = 0, \quad 1 - x - Ay = 0$$

和 y 零水平线

$$y = 0, \quad B - Cx - y = 0$$

可以得到 4 个可能的平衡解 $(0,0), (1,0), (0,B), \left(\dfrac{1-AB}{1-AC}, \dfrac{B-C}{1-AC}\right)$. 因为 x 和

y 是两个种群数量, 所以只考虑 $x \geqslant 0$, $y \geqslant 0$ 的情况, 那么第 4 个平衡解满足 $x \geqslant 0, y \geqslant 0$ 的可能性依赖于参数 A, B, C. 这里固定 A 和 C, 以 B 为分歧参数, 那么有以下两种情况分别讨论:

(1) 当 $1 - AC < 0$, 即 $C > A^{-1}$ 时, 从 (4.26) 中可以看到 A 和 C 分别是两个方程中竞争作用项 xy 的系数, 因此, $AC > 1$ 代表竞争强度较大, 称之为强竞争.

于是可以用图 4.6(a) 来说明共存解 $\left(\dfrac{1-AB}{1-AC}, \dfrac{B-C}{1-AC}\right)$ 的分歧, 因为 $1-AC < 0$, 则共存解只在 $A^{-1} < B < C$ 中存在, 而当 $B = A^{-1}$ 时, 共存解与 $(0, B)$ 重合; 当 $B = C$ 时, 共存解与 $(1, 0)$ 重合.

方程组 (4.26) 的 Jacobi 矩阵为

$$\boldsymbol{J}(x,y) = \begin{pmatrix} 1-2x-Ay & -Ax \\ -Cy & B-Cx-2y \end{pmatrix}.$$

(i) 在平衡解 $(0, B)$ 处,

$$\boldsymbol{J}(0,B) = \begin{pmatrix} 1-AB & 0 \\ -CB & -B \end{pmatrix}.$$

Jacobi 矩阵的迹 $T = 1 - AB - B$, 行列式 $D = B(AB-1)$, 由定理 4.1 知, 在 $B < A^{-1}$ 时为不稳定, 在 $B > A^{-1}$ 时为稳定.

(ii) 在平衡解 $(1, 0)$ 处,

$$\boldsymbol{J}(1,0) = \begin{pmatrix} -1 & -A \\ 0 & B-C \end{pmatrix}.$$

Jacobi 矩阵的迹 $T = B - C - 1$, 行列式 $D = C - B$, 由定理 4.1 知, 平衡点 $(1, 0)$ 在 $B < C$ 时稳定, 在 $B > C$ 时不稳定.

(iii) 在共存解 $\left(\dfrac{1-AB}{1-AC}, \dfrac{B-C}{1-AC}\right)$ 处,

$$\boldsymbol{J}\left(\frac{1-AB}{1-AC}, \frac{B-C}{1-AC}\right) = \begin{pmatrix} \dfrac{1-AB}{AC-1} & A\dfrac{1-AB}{AC-1} \\ C\dfrac{B-C}{AC-1} & \dfrac{B-C}{AC-1} \end{pmatrix}.$$

Jacobi 矩阵的迹 $T = \dfrac{1-AB+B-C}{AC-1}$, 行列式 $D = \dfrac{(1-AB)(B-C)}{1-AC}$, 由 $A^{-1} < B < C$ 及定理 4.1 知, 共存解 $\left(\dfrac{1-AB}{1-AC}, \dfrac{B-C}{1-AC}\right)$ 为不稳定的.

这样就得到了分歧图 4.6(a), 实际上这正是例 4.3 中讨论的双稳定性结构.

(2) 当 $1 - AC > 0$, 即 $C < A^{-1}$ 时, 这是**弱竞争**的情况.$B = C$ 和 $B = A^{-1}$ 仍为共存解出现的分歧点, 但是共存解存在区间为 $A^{-1} > B > C$, 而且共存解是稳定

的. 当 $A^{-1} > B > C$ 时, 两个边界平衡解 $(1,0)$ 和 $(0,B)$ 都是不稳定的. 此时的分歧图如图 4.6(b) 所示.

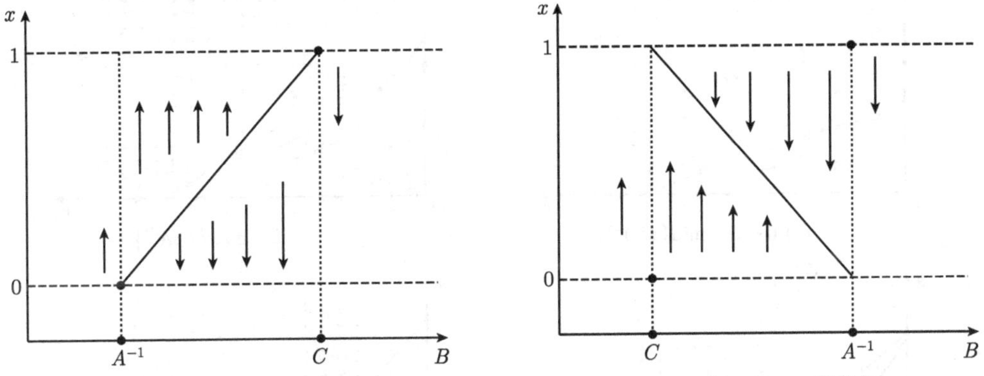

(a) $AC>1$, 强竞争 (b) $AC<1$, 弱竞争

图 4.6 竞争模型 (4.25) 以 B 为参数的分歧图解

这样就基本完全分析了 Lotka-Volterra 竞争模型(4.26) 的动力行为和分歧结构 (除了 $AC=1$ 的退化情况, 留给读者自己考虑). 回忆参数 $B=\dfrac{\mu}{\lambda}$, 即物种 y 与物种 x 的单位增长率的比值, 则分析说明当 $B<\min\{A^{-1},C\}$, 即 y 的单位增长率与 x 相比较小时, y 最终必然灭绝, 而 x 会生存 (所有解收敛到 $(1,0)$); 当 $B>\max\{A^{-1},C\}$ 时, 则反之, y 会生存 x 会灭绝. 当 B 处于中间值时, 方程组拥有一个共存平衡解, 但是弱竞争与强竞争的情况有所不同: 强竞争时共存解不稳定, 系统为双稳结构; 而弱竞争时共存解是稳定的, 共存解是唯一稳定的平衡解.

指出例 4.7 中的平衡点分歧发生在 $(1,0)$ 或 $(0,B)$, 从稳定变为不稳定的点. 更精确地说, 是在平衡点的 Jacobi 矩阵 $\boldsymbol{J}$ 的行列式 $D=0$ 的点. 此时 $\boldsymbol{J}$ 具有一个零特征值, 这一分歧的条件也适用于一般情况或高维问题, 在这两点发生的分歧称为跨越分歧.

4.6.2 Klausmeier 生态模型

下面讨论一个生态学中模型的平衡解和周期解分歧.

例 4.8 (Klausmeier, 1999) 讨论了在干旱土地上植物生长的模型

$$\begin{cases} w' = a - w - wn^2, \\ n' = wn^2 - mn, \end{cases} \tag{4.37}$$

其中 $w(t)$ 是水的数量, $n(t)$ 是植物数量, a 是降水量, m 是植物死亡率, $-w$ 是水蒸发量, $-wn^2$ 是水被植物吸取的量, wn^2 是植物生长率, 即 $a>0$, $m>0$.

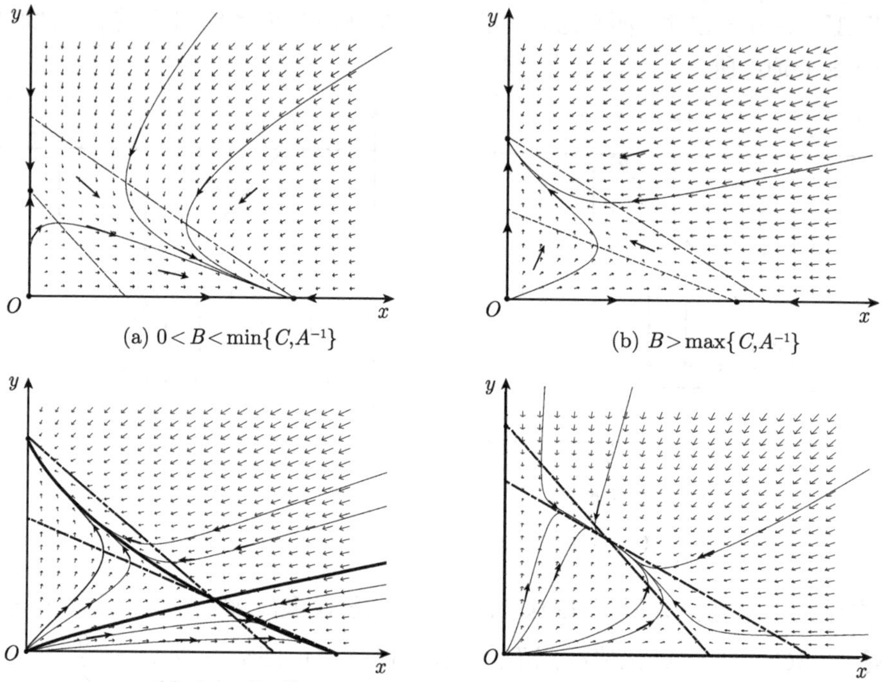

(a) $0<B<\min\{C,A^{-1}\}$ (b) $B>\max\{C,A^{-1}\}$

(c) $A^{-1}<B<C$ (d) $C<B<A^{-1}$

图 4.7 竞争模型 (4.25) 的相图

方程组 (4.37) 的平衡解有 $(a,0)$, (w_+,n_+), (w_-,n_-), 其中 $(w_\pm,n_\pm)$ 为

$$w_\pm=\frac{2m}{M\pm\sqrt{M^2-4}},\quad n_\pm=\frac{M\pm\sqrt{M^2-4}}{2},$$

其中 $M=a/m$. 显然, $(w_\pm,n_\pm)$ 只在 $M\geqslant 2$ 时存在, 在 $M=2$ 时, 一个鞍结点分歧发生. Jacobi 矩阵为

$$\boldsymbol{J}(w,n)=\begin{pmatrix}-1-n^2 & -2wn\\ n^2 & 2wn-m\end{pmatrix},$$

在平衡解处 $(a,0)$ 处,

$$\boldsymbol{J}(a,0)=\begin{pmatrix}-1 & 0\\ 0 & -m\end{pmatrix},$$

所以平衡解 $(a,0)$ 总是稳定的, 其相应的特征值为 -1, $-m$.

在 $(w_\pm,n_\pm)$ 处有

$$\boldsymbol{J}(w_\pm,n_\pm)=\begin{pmatrix}-Mn_\pm & -2m\\ Mn_\pm-1 & m\end{pmatrix},$$

那么在 (w_-, n_-) 处, 若 $M > 2$, 则

$$\det(\boldsymbol{J}) = mMn - 2m = m\left(\frac{2M}{M+\sqrt{M^2-4}} - 2\right) < 0,$$

因此, (w_-, n_-) 在 $M > 2$ 时必为鞍点. 另一方面, 在 (w_+, n_+) 处,

$$\det(\boldsymbol{J}) = m\left(M\frac{M+\sqrt{M^2-4}}{2} - 2\right) > m\left(\frac{M^2}{2} - 2\right) > 0,$$

若 $M > 2$, 在 (w_+, n_+) 处的

$$\operatorname{tr}(\boldsymbol{J}) = -Mn_+ + m = -\frac{M(M+\sqrt{M^2-4})}{2} + m.$$

令

$$h(M) = M\frac{M+\sqrt{M^2-4}}{2},$$

则容易验证 h 在 $M > 2$ 时连续可微. 对于 $M > 2$,

$$h'(M) = \frac{M+\sqrt{M^2-4}}{2}\left(1 + \frac{M}{\sqrt{M^2-4}}\right) > 0,$$

即 $h(M) > h(2) = 2$, 那么当 $m < 2$ 时, $\operatorname{tr}(\boldsymbol{J}) < 0$ 对 (w_+, n_+) 始终成立, 平衡解 (w_+, n_+) 稳定.

当 $m > 2$ 时, 存在唯一的 $M_n > 2$, 使得 $\operatorname{tr}(\boldsymbol{J}) = 0$, 而 (w_+, n_+) 在 $M > M_n$ 稳定, 但在 $2 < M < M_n$ 时不稳定. 当 $M = M_n$ 时, $\det(\boldsymbol{J}) > 0$, $\operatorname{tr}(\boldsymbol{J}) = 0$, 所以特征方程有一对纯虚根. 事实上, 在 $M = M_n$ 附近有一对复特征根 $\alpha(M) \pm \mathrm{i}\beta(M)$, 使得

$$\alpha(M) = \frac{\operatorname{tr}(\boldsymbol{J})}{2}, \quad [\alpha(M)]^2 + [\beta(M)]^2 = \det(\boldsymbol{J}),$$

则

$$\alpha'(M_n) = \frac{1}{2}\big(\operatorname{tr}(\boldsymbol{J})\big)' = -\frac{1}{2}h'(M_n) < 0,$$

因此, Hopf 分歧定理所有条件都满足, 在 M_n 点有一族周期解从 $\big(M, w_+(M), n_+(M)\big)$ 分歧出来 (图 4.8).

4.6.3 Rosenzwing-MacArthur 捕食–食饵模型

现在把所有的理论应用到例 4.2 中的捕食 – 食饵模型.

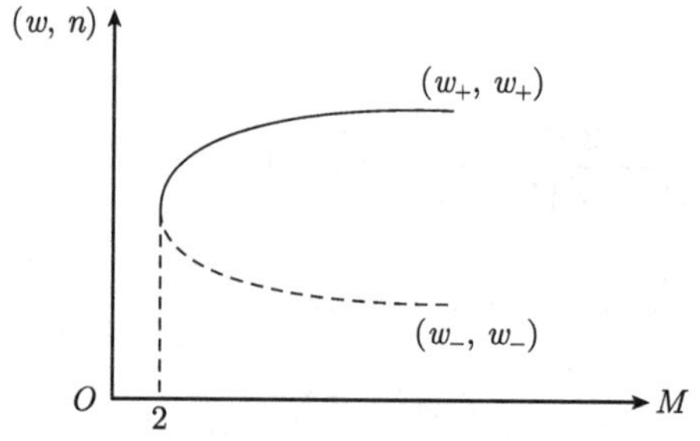

(a) $0<m<2$

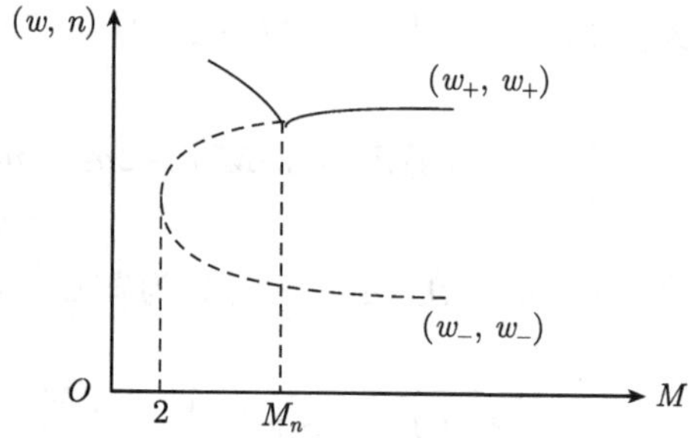

(b) $m>2$

图 4.8　Klausmeier 模型 (4.37) 的分歧图解

例 4.9　回忆以下的 Rosenzwing-MacArthur 捕食–食饵模型:

$$\begin{cases} \dfrac{\mathrm{d}x}{\mathrm{d}t} = x\left(1-\dfrac{x}{K}\right) - \dfrac{mxy}{1+x}, \\ \dfrac{\mathrm{d}y}{\mathrm{d}t} = -\theta y + \dfrac{mxy}{1+x}. \end{cases} \tag{4.38}$$

只考虑 $x \geqslant 0,\ y \geqslant 0$. 平衡解有 $(0,0)$,$(K,0)$ 及共存解 (λ, V_λ), 满足方程

$$\begin{cases} 1-\dfrac{x}{K}-\dfrac{my}{1+x} = 0, \\ -\theta + \dfrac{mx}{1+x} = 0, \end{cases} \tag{4.39}$$

即

$$\lambda = \frac{\theta}{m-\theta}, \quad V_\lambda = \frac{(K-\lambda)(1+\lambda)}{Km},$$

那么共存解 (λ, V_λ) 在第一象限的条件是 $0 \leqslant \lambda \leqslant K$.

Jocobi 矩阵

$$\boldsymbol{J}(x,y) = \begin{pmatrix} 1-\dfrac{2x}{K}-\dfrac{my}{(1+x)^2} & -\dfrac{mx}{1+x} \\ \dfrac{my}{(1+x)^2} & -\theta+\dfrac{mx}{1+x} \end{pmatrix},$$

在平衡点 $(0,0)$ 处,

$$\boldsymbol{J}(0,0) = \begin{pmatrix} 1 & 0 \\ 0 & -\theta \end{pmatrix},$$

故 $(0,0)$ 是不稳定的.

在平衡点 $(K,0)$ 处,

$$\boldsymbol{J}(K,0) = \begin{pmatrix} -1 & -\dfrac{mK}{1+K} \\ 0 & -\theta+\dfrac{mK}{1+K} \end{pmatrix}.$$

当 $\lambda \geqslant K$ 时, 由 λ 的定义知 $\theta > \dfrac{mK}{1+K}$, 即 $(K,0)$ 是稳定的. 当 $0<\lambda<K$ 时, 由 λ 的定义知 $\theta < \dfrac{mK}{1+K}$, 即 $(K,0)$ 是不稳定的鞍点.

对于 $0<\lambda<K$, 容易算出

$$\boldsymbol{J}(\lambda, V_\lambda) = \begin{pmatrix} \dfrac{\lambda(K-1-2\lambda)}{K(1+\lambda)} & -\theta \\ \dfrac{K-\lambda}{K(1+\lambda)} & 0 \end{pmatrix},$$

那么, 若 $0<\lambda<K$, 行列式 $\det(\boldsymbol{J}) = \dfrac{\theta(K-\lambda)}{K(1+\lambda)} > 0$, 而迹 $\operatorname{tr}(\boldsymbol{J}) = \dfrac{\lambda(K-1-2\lambda)}{K(1+\lambda)}$, 所以 (λ, V_λ) 在 $0<\lambda<\dfrac{k-1}{2}$ 时是不稳定的, 在 $\dfrac{K-1}{2}<\lambda<K$ 时是稳定的.

用 Dulac 准则证明在 $\dfrac{K-1}{2}<\lambda<K$ 时在第一象限没有周期轨.

事实上, 令 $h(x,y) = \left(\dfrac{x}{1+x}\right)^{\alpha} y^{\delta}$, 其中 $\alpha,\ \delta \in \mathbb{R}$ 可以根据 Dulac 准则需要选取, 这里略去细节. 对于恰当的 $\alpha,\ \delta \in \mathbb{R}$, 可证明

$$\frac{\partial(fh)}{\partial x} + \frac{\partial(gh)}{\partial y} \leqslant 0, \quad (x,y) \in \mathbb{R}_+^2,$$

从而由定理 4.2 中的 Dulac 准则得到 (4.38) 在 $\dfrac{K-1}{2}<\lambda<K$ 时没有周期轨. 因为此时 (λ, V_λ) 是稳定的, 所以 (4.38) 不存在异宿轨线环, 那么根据定理 4.2(3), 对于任意 $(x_0, y_0) \in \mathbb{R}_+^2$, $x_0 \neq 0$, $y \neq 0$, 必有 $\lim\limits_{t\to\infty} \big(x(t), y(t)\big) = (\lambda, V_\lambda)$, 即 (λ, V_λ) 是全局渐近稳定的 (图 4.9).

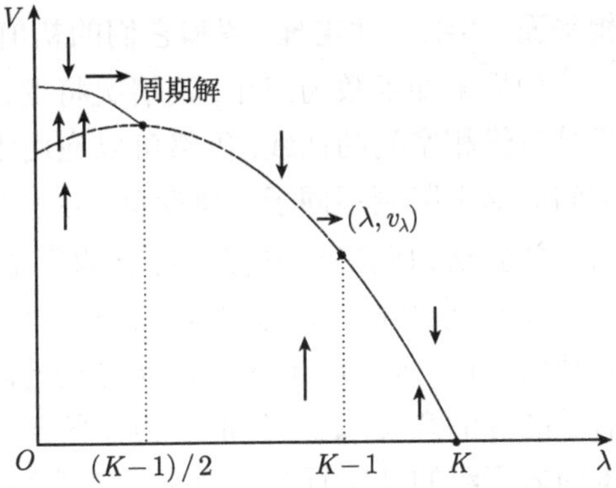

图 4.9 (4.38) 的分岐图解

注记 轨线极限不可能是 $(0,0)$, 因为 $(0,0)$ 是不稳定结点, $(K,0)$ 是鞍点且唯一稳定轨线在 x 轴上.

当 $0<\lambda<\dfrac{K-1}{2}$ 时, (λ, V_λ) 是不稳定的, 则根据定理 4.2, (4.38) 在第一象限必有一个周期轨线. 也可以用 Hopf 分歧定理得出周期轨线存在性. 周期轨线的唯一性和稳定性是一个困难的问题 (图 4.10).

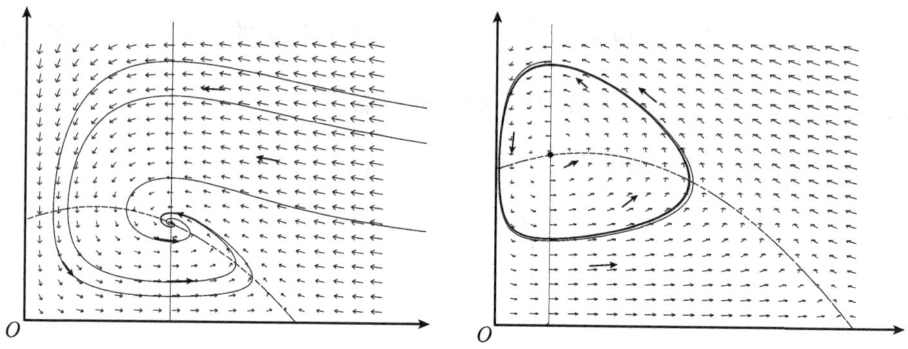

(a) $(K-1)/2<\lambda<K$　　(b) $0<\lambda<(K-1)/2$

图 4.10　(4.38) 的相图

附录　Lorenz 方程组

已经看到一阶二维自治微分方程组解的行为比单个方程的解更加有趣, 更加复杂. 对于一个未知函数的自治微分方程, 解依赖于相线, 解的渐近行为完全由平衡点的位置和性质决定. 对于两个未知函数的方程组的解, 它依赖于二维相平面. 一个平面比一条线有更多的"房间", 因此, 解在相平面上能做"更多有趣的事情". 这包括形成更多形式的环 (周期解)、逐步逼近和远离平衡点.

然而, 对于相平面上的图形的类型仍然有几种限制. 唯一性定理说明相图中的轨线不能交叉. 因此, 如果存在一个周期解在相平面上形成一个环, 则初值在这个环中的轨线一定所有时间都位于这个环内. 进一步, 如果两个或三个轨线能够分离相平面, 由唯一性定理, 解和它们的初值点一定位于同一个区域.

如果未知函数为三个, 则情况将变得更加复杂. 三个因变量的自治方程组的轨线是三维相空间的曲线. 仍然可以应用唯一性定理, 因此, 轨线也不能相交, 但三维空间的这个限制不同于二维空间. 这些曲线可以扭结和以非常复杂的方式连接.

首先认识到三维方程组可能的复杂性的是 Poincaré. 在 1890 年, 由于研究牛顿三体问题, Poincaré 意识到三个变量的方程组的行为如此复杂, 以至于都不能试图画出它们. 现在应用计算机能轻松地画出复杂曲线的数值逼近. 现在的问题是弄清楚图像的意义, 这是目前动力系统研究的活跃领域, 现在距离完全弄清楚三个变量的方程组的精确行为还有很远的距离.

本节研究一个被称为 Lorenz 方程组的一阶三维方程组. 这个方程组是 1963 年由 Lorenz 努力模拟天气情况得来的. 它之所以重要是因为向量场是由非常简单的方程形成的, 然而轨线是非常复杂的.

1. Lorenz 方程组

类似地球上的天气情况这样的物理系统的行为明显是非常复杂的. 为了预测天气, 许多数学模型得以发展. 从气象站和卫星读取的数据被用作初值条件, 解的数值模拟常常用来得到预测.

天气预报长时间 (超过 5d) 预测成功的是非常有限. 这可能是因为模型在天气发展的某些方面的描述不够准确, 也可能是方程是准确的, 但是方程的某些性质使得预测困难. 因此, 理论上研究模型与数值上同样重要.

天气情况如此复杂, 因此, 从理论上首先研究简单化的模型是非常必要的. 经过简化后, 气象学家 Ed Lorenz 得到了如下方程组:

$$\begin{cases} \dfrac{\mathrm{d}x}{\mathrm{d}t} = \sigma(y-x), \\ \dfrac{\mathrm{d}y}{\mathrm{d}t} = \rho x - y - xz, \\ \dfrac{\mathrm{d}z}{\mathrm{d}t} = -\beta z + xy, \end{cases}$$

其中, x, y, z 是因变量, σ, ρ, β 是参数. 这个方程组比实际用的天气模型简单得多, 以至于不能告诉我们关于明天天气情况的任何信息. 然而, 通过研究这个方程组, Lorenz 帮助科学家及工程学家开始了一个被称为浑沌理论的科学革命.

2. 向量场

Lorenz 选择研究带有参数 $\sigma=10$, $\beta=\dfrac{8}{3}$, $\rho=28$, 即

$$\begin{cases} \dfrac{\mathrm{d}x}{\mathrm{d}t} = 10(y-x), \\ \dfrac{\mathrm{d}y}{\mathrm{d}t} = 28x - y - xz, \\ \dfrac{\mathrm{d}z}{\mathrm{d}t} = -\dfrac{8}{3}z + xy. \end{cases}$$

方程组右边定义了一个三维空间的向量场

$$\boldsymbol{F}(x,y,z) = \left(10(y-x), 28x-y-xz, -\frac{8}{3}z+xy\right),$$

其在每一点 (x,y,z) 表示三个分量的向量. 和二维方程组一样, 平衡点是向量场消失的点 (x,y,z), 即满足 $\boldsymbol{F}(x,y,z)=0$. 通过直接计算得平衡点为 $(0,0,0)$, $(6\sqrt{2},6\sqrt{2},27)$, $(-6\sqrt{2},-6\sqrt{2},27)$.

解的初值条件由三个坐标 x, y, z 的值组成, 结果将它作为系统相空间的一个点. 除了平衡点及初值在 z 轴上的解, 很难找到解的公式. 因此, 转向数值方法. 三

维方程组的欧拉方法与二维的一样, 逼近解由短时间步长的向量场构造. Lorenz 通过数值逼近解开始研究这个方程组, 我们也跟随他的足迹研究.

3. 数值逼近解

下面开始观察初值为 $(0,1,0)$ 的数值逼近解. 很清楚地看到一些有趣的事情发生了, 解看起来没有任何特别的形式. 例如, 在 x 轴以不可预测的方式从正值跳到负值.

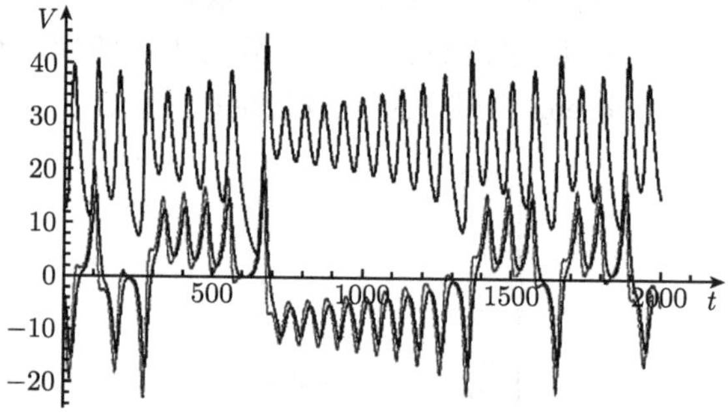

图 4.11　Lorenz 方程组从邻近初值出发的两条轨线 $x(t)$ 的图像

尽管看起来这种自由的形式有些让人紧张, 但是如果比较初值 $(0,1,0)$ 的解和初值 $(0,1.001,0)$ 的解的行为, 则会发现更为有趣的事. 第二个解开始时离第一个解非常近, 并且伴有 x,y,z 不可预测的振动. 然而最终可以看到它们以非常不同的方式振动. 初值条件的非常微小的变化能引起解的行为非常大的变化.

事实上, 这种奇怪行为几乎发生在每一条轨线. 函数 $x(t)$, $y(t)$, $z(t)$ 以不可预测和唯一的方式振动, 但是三维空间的轨线生成的解图形对每个解来说几乎是相同的.

轨线看起来像是在 z 轴上方围绕着平衡点以螺旋式上升的环. 当半径变得太大的, 解接近 $(0,0,0)$ 并且再重新注入两个平衡解中的一个.

4. 混沌

Lorenz 方程组的定性分析是很难进行的, 然而从思想上说, 它对于许多不同的科学分支有重要的影响. Lorenz 方程组有两个重要的性质. 首先是初值小的变化引起相应解的巨大变化. 如果像 Lorenz 方程组一样简单的方程组有这条性质, 则完全有理由相信它也是一个很复杂的系统. 任何初值小的误差都能导致解的预测的巨大误差, 这可能也是类似天气这样的物理系统如此难以预测的原因.

Lorenz 方程组的第二个性质是尽管个别解是非常不同的, 但在三维相空间轨线的图像 (图 4.12) 看起来是相当得类似, 许多解看起来充满三维空间的相同区域. 因此, Lorenz 方程组的解依然有许多可以研究的复杂结构.

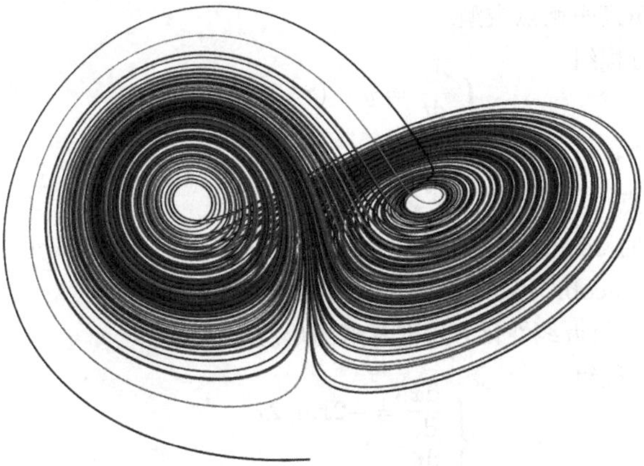

图 4.12 Lorenz 方程组的轨线

习 题 4

1. 考虑如下互惠模型:

$$\begin{cases} \dfrac{\mathrm{d}x}{\mathrm{d}t} = ax(1-bx+cy), \\ \dfrac{\mathrm{d}y}{\mathrm{d}t} = dy(1-ey+fx), \end{cases}$$

导出一等价无量纲方程组.

2. 考虑如下三个方程组:

(1) $\begin{cases} \dfrac{\mathrm{d}x}{\mathrm{d}t} = -3x+y, \\ \dfrac{\mathrm{d}y}{\mathrm{d}t} = -y+x^2; \end{cases}$ (2) $\begin{cases} \dfrac{\mathrm{d}x}{\mathrm{d}t} = 3x+y, \\ \dfrac{\mathrm{d}y}{\mathrm{d}t} = y+x^2; \end{cases}$ (3) $\begin{cases} \dfrac{\mathrm{d}x}{\mathrm{d}t} = 3x+y, \\ \dfrac{\mathrm{d}y}{\mathrm{d}t} = -y-x^2. \end{cases}$

三个方程组都有平衡点 $(0,0)$, 哪两个方程组的相图在 $(0,0)$ 附近有相同的局部“图形”, 并证明所得结论.

3. 考虑捕食 – 食饵模型 $(x \geqslant 0, y \geqslant 0)$

$$\begin{cases} \dfrac{\mathrm{d}x}{\mathrm{d}t} = x(3-x)(x-1)-xy, \\ \dfrac{\mathrm{d}y}{\mathrm{d}t} = -2y+xy. \end{cases}$$

(1) x, y 哪个是捕食者, 哪个是食饵?

(2) 求所有平衡点.

4. 考虑如下非线性方程组:

(1) $\begin{cases} \dfrac{\mathrm{d}x}{\mathrm{d}t} = x+y-x^3, \\ \dfrac{\mathrm{d}y}{\mathrm{d}t} = -0.5x; \end{cases}$ (2) $\begin{cases} \dfrac{\mathrm{d}x}{\mathrm{d}t} = -x-y+4, \\ \dfrac{\mathrm{d}y}{\mathrm{d}t} = 3-xy. \end{cases}$

(a) 求零水平线, 画出零水平线上的向量场;

(b) 求平衡点, 辨别平衡点类型.

5. 考虑非线性方程组

$$\begin{cases} \dfrac{\mathrm{d}x}{\mathrm{d}t} = y - (x^2 + y^2)x, \\ \dfrac{\mathrm{d}y}{\mathrm{d}t} = -x + (x^2 + y^2)y. \end{cases}$$

(1) 求所有平衡点;

(2) 求在平衡点的 Jacobi 矩阵;

(3) 求在平衡点 Jacobi 矩阵的特征值及对应的特征向量;

(4) 辨别在平衡点附近线性化方程非零解的形态.

6. 考虑非线性方程组

$$\begin{cases} \dfrac{\mathrm{d}x}{\mathrm{d}t} = -2x + 2x^2, \\ \dfrac{\mathrm{d}y}{\mathrm{d}t} = -3x + y + 3x^2. \end{cases}$$

(1) 求所有平衡点;

(2) 求在平衡点处的 Jacobi 矩阵;

(3) 求在平衡点处的 Jacobi 矩阵特征值及对应的特征向量;

(4) 辨别平衡点的类型并分析稳定性;

(5) 画出线性化方程在平衡点附近的相图;

(6) 画出非线性方程组的相图.

7. 考虑下列方程组：

(1) $\begin{cases} \dfrac{\mathrm{d}x}{\mathrm{d}t} = -3x + y, \\ \dfrac{\mathrm{d}y}{\mathrm{d}t} = -y + x^2; \end{cases}$　　(2) $\begin{cases} \dfrac{\mathrm{d}x}{\mathrm{d}t} = 3\sin x + y, \\ \dfrac{\mathrm{d}y}{\mathrm{d}t} = 4x + \cos y - 1; \end{cases}$

(3) $\begin{cases} \dfrac{\mathrm{d}x}{\mathrm{d}t} = -x, \\ \dfrac{\mathrm{d}y}{\mathrm{d}t} = -x^3 + y; \end{cases}$　　(4) $\begin{cases} \dfrac{\mathrm{d}x}{\mathrm{d}t} = x(x - y), \\ \dfrac{\mathrm{d}y}{\mathrm{d}t} = y(2y - x^2 - y^2). \end{cases}$

(a) 求所有平衡点;

(b) 计算在平衡点处的 Jacobi 矩阵;

(c) 辨别平衡点的类型.

8. 考虑下列方程组 ($x, y \geqslant 0$)：

(1) $\begin{cases} \dfrac{\mathrm{d}x}{\mathrm{d}t} = 2x\left(1 - \dfrac{x}{2}\right) - xy, \\ \dfrac{\mathrm{d}y}{\mathrm{d}t} = 3y\left(1 - \dfrac{y}{3}\right) - 2xy; \end{cases}$　　(2) $\begin{cases} \dfrac{\mathrm{d}x}{\mathrm{d}t} = x(2 - x - y), \\ \dfrac{\mathrm{d}y}{\mathrm{d}t} = y(y - x^2); \end{cases}$　　(3) $\begin{cases} \dfrac{\mathrm{d}x}{\mathrm{d}t} = x(x^2 - y), \\ \dfrac{\mathrm{d}y}{\mathrm{d}t} = y(x - y). \end{cases}$

(a) 求零水平线, 并画出其上的向量场方向;

(b) 求所有平衡点;

(c) 计算在平衡点附近线性化方程, 并指出平衡点类型;

(d) 画出线性化方程在平衡点附近的相图;

(e) 判别同宿轨线、异宿轨线、分离轨线.

9. 考虑两个部队间的战争模型

$$\begin{cases} \dfrac{\mathrm{d}x}{\mathrm{d}t} = 4x - x^3 - xy, \\ \dfrac{\mathrm{d}y}{\mathrm{d}t} = 6y - y^2 - 3xy. \end{cases}$$

(1) 求零水平线, 并画出其上的向量场方向;

(2) 求所有平衡点并指出平衡点类型;

(3) 当初值为 $(0.9, 3.3)$ 时, 最终哪个部队将获胜?

(4) 当初值为 $(1.1, 2.7)$ 时, 最终哪个部队将获胜?

10. 考虑含参量 a 的两个部队间的战争模型

$$\begin{cases} \dfrac{\mathrm{d}x}{\mathrm{d}t} = ax - x^3 - xy, \\ \dfrac{\mathrm{d}y}{\mathrm{d}t} = 6y - y^2 - 3xy. \end{cases}$$

求 a 在什么范围内时, 方程组有两个正的共存解? 哪个是稳定的?

11. 将二阶方程

$$\frac{\mathrm{d}^2x}{\mathrm{d}t^2} + 2\frac{\mathrm{d}x}{\mathrm{d}t} - 3x + x^3 = 0$$

转化为一阶方程组, 求平衡点并判断类型.

12. 考虑质点运动方程

$$\begin{cases} \dfrac{\mathrm{d}x}{\mathrm{d}t} = -y + x(x^2 + y^2 - 1), \\ \dfrac{\mathrm{d}y}{\mathrm{d}t} = x + y(x^2 + y^2 - 1). \end{cases} \tag{4.40}$$

(1) 应用极坐标

$$\begin{cases} x = r\cos\theta, \\ y = r\sin\theta \end{cases}$$

转化方程组;

(2) 求解极坐标方程组;

(3) 求证当 $0 < x^2 + y^2 < 1$ 时, 函数 $V = \dfrac{1}{2}(x^2 + y^2)$ 关于方程组 (4.40) 满足 $\dfrac{\mathrm{d}V}{\mathrm{d}t} < 0$.

13. 如果一个非线性方程组依赖于参数, 则随着参数的变化, 平衡点可能也随之变化. 换言之, 随着参数的变化可能产生分歧. 考虑单参数方程组

$$\begin{cases} \dfrac{\mathrm{d}x}{\mathrm{d}t} = x^2 - a, \\ \dfrac{\mathrm{d}y}{\mathrm{d}t} = -y(x^2 + 1), \end{cases}$$

其中 a 参数.

(1) 证明当 $a < 0$ 时, 方程组没有平衡点;

(2) 证明当 $a > 0$ 时, 方程组有两个平衡点;

(3) 证明当 $a = 0$ 时, 方程组只有一个平衡点;

(4) 当 $a = 0$ 时, 求方程组平衡点附近的线性化方程并计算特征值.

14. 考虑依赖参数 a 的下列方程组:

(1) $\begin{cases} \dfrac{\mathrm{d}x}{\mathrm{d}t} = y - x^2, \\ \dfrac{\mathrm{d}y}{\mathrm{d}t} = y - a; \end{cases}$　(2) $\begin{cases} \dfrac{\mathrm{d}x}{\mathrm{d}t} = y - x^2, \\ \dfrac{\mathrm{d}y}{\mathrm{d}t} = a; \end{cases}$　(3) $\begin{cases} \dfrac{\mathrm{d}x}{\mathrm{d}t} = y - ax^3, \\ \dfrac{\mathrm{d}y}{\mathrm{d}t} = y - x. \end{cases}$

(a) 找出所有平衡点;

(b) 求分歧值 a;

(c) 分别画出大于分歧值、等于分歧值、小于分歧值时, 平衡点附近的相图.

15. 考虑依赖参数 a 的方程组 $(x \geqslant 0, y \geqslant 0)$

$$\begin{cases} \dfrac{\mathrm{d}x}{\mathrm{d}t} = x(10 - x - y), \\ \dfrac{\mathrm{d}y}{\mathrm{d}t} = y(12 - 3x - ay). \end{cases}$$

求分歧点 a_0, 使得当 $0 < a < a_0$ 时, 方程组有 4 个平衡点; 当 $a > a_0$ 时, 方程组有三个平衡点.

16. 考虑含参数 a 的种群模型 $(a > 0)$

$$\begin{cases} \dfrac{\mathrm{d}x}{\mathrm{d}t} = x(1 - x) - y, \\ \dfrac{\mathrm{d}y}{\mathrm{d}t} = y(1 - y) - ax. \end{cases}$$

求当 a 为何值时共存解存在?

17. 假设两个种群 X, Y 被引进某个山谷. 一般来说, 两个种群会发生竞争, 但是它们之间互相作用的精确特性不知道. 假设种群 X, Y 的数量分别为 x, y, 模型为

$$\begin{cases} \dfrac{\mathrm{d}x}{\mathrm{d}t} = f(x, y), \\ \dfrac{\mathrm{d}y}{\mathrm{d}t} = g(x, y). \end{cases}$$

(1) 假设 $f(0,0) = 0$, $g(0,0) = 0$, 则 $(0,0)$ 一定是平衡点. 那么由此能判断出关于 X, Y 迁移至山谷的什么性质?

(2) 假设每个种群开始的数量很少, 但自己的繁殖能力很强, 能说明什么?

(3) 假设 X, Y 为某种资源竞争, 其中一个种群的出现会减少另一个种群的增长, 能说明什么?

(4) 在 (1)~(3) 的假设下, 辨别平衡点 $(0,0)$ 可能的类型;

(5) 对于 (4) 中可能的情况, 画出 $(0,0)$ 附近的相图.

18. 讨论互惠模型

$$\begin{cases} \dfrac{\mathrm{d}x}{\mathrm{d}t} = x(1 - x) + Axy, \\ \dfrac{\mathrm{d}y}{\mathrm{d}t} = y(B - y) + Cxy \end{cases}$$

的渐近行为和分歧现象, 画出平衡解的分歧图.

19. 考虑含参数方程组

$$\begin{cases} \dfrac{\mathrm{d}x}{\mathrm{d}t} = y, \\ \dfrac{\mathrm{d}y}{\mathrm{d}t} = -x + ay - x^2 y. \end{cases}$$

求平衡点, 当 a 为何值时产生 Hopf 分支.

20. 考虑 Schnakenberg 化学反应方程组

$$\begin{cases} u' = a - u + u^2 v, \\ v' = b - u^2 v, \end{cases}$$

其中, $a > 0$, $b > 0$.

(1) 求出平衡解, 研究其稳定性;

(2) 画出 (a, b) 参数平面上平衡解稳定和不稳定的分界曲线;

(3) 求出 Hopf 分歧点.

21. 考虑化学反应方程组

$$\begin{cases} \dfrac{\mathrm{d}u}{\mathrm{d}t} = \alpha u(1 - v^2) + v(1 - u), \\ \dfrac{\mathrm{d}v}{\mathrm{d}t} = v(\beta + \alpha uv) + u(-\alpha + v). \end{cases}$$

(1) 求出平衡解, 研究其稳定性;

(2) 画出 (α, β) 参数平面上平衡解稳定和不稳定的分界曲线;

(3) 求出 Hopf 分歧点.

22. 考虑含参数 k 的非线性方程组

$$\begin{cases} \dfrac{\mathrm{d}u}{\mathrm{d}t} = -0.5u + \dfrac{uv}{0.3 + kv}, \\ \dfrac{\mathrm{d}v}{\mathrm{d}t} = v - v^2 - \dfrac{uv}{0.3 + kv}. \end{cases}$$

(1) 求出平衡解;

(2) 判别平衡点类型.

第 5 章　一阶 $\boldsymbol{n}$ 维线性微分方程组

在数学的实际应用中, 随时间演变的数学模型往往表示为微分方程 (组). 在这些微分方程 (组) 中, 许多本身为线性的 (见第 2 章), 或可以对它们采用线性化的方法化为线性微分方程 (组)(见第 4 章). 在第 2 章中, 讨论了一阶二维常系数线性方程组, 而对一阶 n 维线性微分方程组 (不必常系数) 的讨论是本章的主要内容.

5.1　一阶 n 维线性方程组的一般理论

讨论一阶 n 维线性方程组

$$\begin{cases} \dfrac{\mathrm{d}y_1}{\mathrm{d}t} = a_{11}(t)y_1 + a_{12}(t)y_2 + \cdots + a_{1n}(t)y_n + g_1(t), \\ \dfrac{\mathrm{d}y_2}{\mathrm{d}t} = a_{21}(t)y_1 + a_{22}(t)y_2 + \cdots + a_{2n}(t)y_n + g_2(t), \\ \qquad\qquad\qquad\cdots\cdots \\ \dfrac{\mathrm{d}y_n}{\mathrm{d}t} = a_{n1}(t)y_1 + a_{n2}(t)y_2 + \cdots + a_{nn}(t)y_n + g_n(t), \end{cases} \tag{5.1}$$

其中, 系数函数 $a_{ij}(t)$ 及 $g_i(t)$ $(i,j = 1,2,\cdots,n)$ 在区间 $a < t < b$ 上都是连续的. 引进矩阵函数

$$\boldsymbol{\mathcal{A}}(t) = \begin{pmatrix} a_{11}(t) & a_{12}(t) & \cdots & a_{1n}(t) \\ a_{21}(t) & a_{22}(t) & \cdots & a_{2n}(t) \\ \vdots & \vdots & & \vdots \\ a_{n1}(t) & a_{n2}(t) & \cdots & a_{nn}(t) \end{pmatrix}$$

和向量函数

$$\boldsymbol{\mathcal{Y}} = \begin{pmatrix} y_1 \\ y_2 \\ \vdots \\ y_n \end{pmatrix}, \quad \boldsymbol{\mathcal{G}}(t) = \begin{pmatrix} g_1(t) \\ g_2(t) \\ \vdots \\ g_n(t) \end{pmatrix},$$

就可将方程组 (5.1) 写成如下的向量形式:

$$\frac{\mathrm{d}\boldsymbol{\mathcal{Y}}}{\mathrm{d}t} = \boldsymbol{\mathcal{A}}(t)\boldsymbol{\mathcal{Y}} + \boldsymbol{\mathcal{G}}(t).$$

记号 $\boldsymbol{\mathcal{Y}} = (y_1, y_2, \cdots, y_n)$ 与 $\boldsymbol{\mathcal{G}}(t) = (g_1(t), g_2(t), \cdots, g_n(t))$ 与上同义. 如果 $\boldsymbol{\mathcal{G}}(t) \equiv 0$, 则 (5.1) 称为齐次的线性微分方程组; 否则, 称为非齐次的线性微分方程组.

矩阵 (向量) 函数的连续性等价于每个分量函数的连续性, 矩阵 (向量) 函数的导数 (积分) 等价于其分量函数的导数 (积分) 构成的矩阵 (向量).

下面的存在唯一性定理是本章的理论基础.

定理 5.1　如果 $\mathcal{A}(t)$ 及 $\mathcal{G}(t)$ 在区间 (a,b) 上连续可微, 对任意的 $\mathcal{Y}_0\in\mathbb{R}^n$, $t_0\in(a,b)$, 初值问题

$$\begin{cases}\dfrac{\mathrm{d}\mathcal{Y}}{\mathrm{d}t}=\mathcal{A}(t)\mathcal{Y}+\mathcal{G}(t),\\ \mathcal{Y}(t_0)=\mathcal{Y}_0\end{cases}$$

存在唯一的解 $\mathcal{Y}=\mathcal{Y}(t)\ (t\in(a,b))$.

定理 5.1 的证明可应用第 1 章附录中的压缩映象原理, 与一阶微分方程解的存在唯一性定理类似给出. 以下均假设 $\mathcal{A}(t)$, $\mathcal{G}(t)$ 是连续可微的.

5.1.1　一阶 n 维齐次线性微分方程组

首先给出方程组解集的代数结构的刻画.

定理 5.2　齐次方程组 $\mathrm{d}\mathcal{Y}/\mathrm{d}t=\mathcal{A}(t)\mathcal{Y}$ 的解集按通常的加法与数乘构成一个 n 维的线性空间.

证明　设 S 为齐次方程组 $\dfrac{\mathrm{d}\mathcal{Y}}{\mathrm{d}t}=\mathcal{A}(t)\mathcal{Y}$ 的解集. 对任意 $\mathcal{Y}_1,\mathcal{Y}_2\in S$, 及任意 (实) 常数 k_1, k_2, 直接验证可知 $k_1\mathcal{Y}_1+k_2\mathcal{Y}_2\in S$. 因此, S 为一个线性空间.

令 $\mathcal{V}_i=(0,\cdots,0,1,0,\cdots,0)\ (i=1,2,\cdots,n)$ 为 $\mathbb{R}^n$ 中的 n 个向量, 则由定理 5.1, 初值问题

$$\begin{cases}\dfrac{\mathrm{d}\mathcal{Y}(t)}{\mathrm{d}t}=\mathcal{A}(t)\mathcal{Y}, & t\in(a,b),\\ \mathcal{Y}(t_0)=\mathcal{V}_i, & t_0\in(a,b)\end{cases}$$

存在唯一的解 $\mathcal{Y}=\mathcal{Y}_i(t)(t\in(a,b),i=1,2,\cdots,n)$, 即 $\{\mathcal{Y}_i\}_{i=1}^n\subset S$. 下面证 $\{\mathcal{Y}_i\}_{i=1}^n$ 线性无关. 事实上, 如果 $\sum\limits_{i=1}^n k_i\mathcal{Y}_i(t)\equiv0$, 则对 $t=t_0$ 有 $\sum\limits_{i=1}^n k_i\mathcal{Y}_i(t_0)=\sum\limits_{i=1}^n k_i\mathcal{V}_i=0$. 因为 $\{\mathcal{V}_i\}_{i=1}^n$ 为 $\mathbb{R}^n$ 中 n 个线性无关的向量, 所以 $k_1=k_2=\cdots=k_n=0$. 因此, $\{\mathcal{Y}_i\}_{i=1}^n$ 线性无关.

对任意的 $\mathcal{Y}\in S$. 记 $\overline{\mathcal{V}}=\mathcal{Y}(t_0)\in\mathbb{R}^n$, 从而存在唯一的一组常数 $\{k_i\}_{i=1}^n$, 满足

$$\overline{\mathcal{V}}=\sum_{i=1}^n k_i\mathcal{V}_i.$$

由于 $\mathcal{Y}\in S$ 及 S 的线性, $\sum\limits_{i=1}^n k_i\mathcal{Y}_i\in S$ 且 $\mathcal{Y}(t_0)=\overline{\mathcal{V}}=\sum\limits_{i=1}^n k_i\mathcal{V}_i=\sum\limits_{i=1}^n k_i\mathcal{Y}_i(t_0)$, 由解的唯一性知

$$\mathcal{Y}(t)=\sum_{i=1}^n k_i\mathcal{Y}_i(t),\quad t\in(a,b).$$

因此, $\{\mathcal{Y}_i\} \subset S$ 构成 S 的基, 于是 S 的维数为 n.

定理 5.3 齐次线性微分方程组 $\dfrac{\mathrm{d}\mathcal{Y}}{\mathrm{d}t} = \mathcal{A}(t)\mathcal{Y}$ 在区间 (a,b) 上存在 n 个线性无关的解

$$\mathcal{Y}_1(t), \mathcal{Y}_2(t), \cdots, \mathcal{Y}_n(t),$$

而且该方程组的通解为

$$\mathcal{Y}(t) = k_1\mathcal{Y}_1(t) + k_2\mathcal{Y}_2(t) + \cdots + k_n\mathcal{Y}_n(t), \quad a < t < b,$$

其中 $k_1, k_2, \cdots, k_n$ 为任意常数.

证明 由定理 5.2, $\dfrac{\mathrm{d}\mathcal{Y}}{\mathrm{d}t} = \mathcal{A}(t)\mathcal{Y}$ 的解集为 n 维线性空间, 因而存在基, 记为

$$\mathcal{Y}_1, \mathcal{Y}_2, \cdots, \mathcal{Y}_n,$$

于是 $\{\mathcal{Y}_i\}_{i=1}^n \subset S$ 且线性无关.

对任意常数 $k_1, k_2, \cdots, k_n$, 由 S 的线性知

$$k_1\mathcal{Y}_1(t) + k_2\mathcal{Y}_2(t) + \cdots + k_n\mathcal{Y}_n(t)$$

为该齐次方程组的解, 并且对该齐次方程组的任一解 $\mathcal{Y} = \mathcal{Y}(t)$ 知 $\mathcal{Y} \in S$, 而 $\{\mathcal{Y}_i\} \subset S$ 为基, 故存在唯一的一组 $k_1, k_2, \cdots, k_n$, 满足

$$\mathcal{Y}(t) = k_1\mathcal{Y}_1(t) + k_2\mathcal{Y}_2(t) + \cdots + k_n\mathcal{Y}_n(t).$$

如果已知 n 个向量函数

$$\mathcal{Y}_1(t), \mathcal{Y}_2(t), \cdots, \mathcal{Y}_n(t) \tag{5.2}$$

为齐次线性方程组 $\mathrm{d}\mathcal{Y}/\mathrm{d}t = \mathcal{A}(t)\mathcal{Y}$ 的 n 个解, 为求该方程组的通解, 需要判断它们是否线性无关. 为给出一个有用的判别法则, 下面引入朗斯基 (Wronsky) 行列式的概念.

将 (5.2) 中各向量函数写成如下分量形式:

$$\mathcal{Y}_1(t) = \begin{pmatrix} y_{11}(t) \\ y_{21}(t) \\ \vdots \\ y_{n1}(t) \end{pmatrix}, \cdots, \mathcal{Y}_n(t) = \begin{pmatrix} y_{1n}(t) \\ y_{2n}(t) \\ \vdots \\ y_{nn}(t) \end{pmatrix},$$

则称下面的行列式:

$$W(t) = \begin{vmatrix} y_{11}(t) & y_{12}(t) & \cdots & y_{1n}(t) \\ y_{21}(t) & y_{22}(t) & \cdots & y_{2n}(t) \\ \vdots & \vdots & & \vdots \\ y_{n1}(t) & y_{n2}(t) & \cdots & y_{nn}(t) \end{vmatrix}$$

为解组 (5.2) 的朗斯基行列式.

定理 5.4 齐次线性微分方程组 $\dfrac{\mathrm{d}\boldsymbol{\mathcal{Y}}}{\mathrm{d}t}=\boldsymbol{\mathcal{A}}(t)\boldsymbol{\mathcal{Y}}$ 的解组 (5.2) 是线性无关的充分必要条件为

$$W(t)\neq 0,\quad a<t<b. \tag{5.3}$$

证明 必要性. 用反证法, 设 $\dfrac{\mathrm{d}\boldsymbol{\mathcal{Y}}}{\mathrm{d}t}=\boldsymbol{\mathcal{A}}(t)\boldsymbol{\mathcal{Y}}$ 的解组 (5.2) 线性无关. 如果存在 $t_0\in(a,b)$ 满足 $W(t_0)=0$, 讨论下面的齐次线性代数方程组:

$$c_1\boldsymbol{\mathcal{Y}}_1(t_0)+c_2\boldsymbol{\mathcal{Y}}_2(t_0)+\cdots+c_n\boldsymbol{\mathcal{Y}}_n(t_0)=0. \tag{5.4}$$

由于此线性方程组的系数行列式 (以 $c_1,c_2,\cdots,c_n$ 为未知数) 为 $W(t_0)$. 因为 $W(t_0)=0$, 所以齐次代数方程组 (5.4) 有一组不全为零的解 $\bar{c}_1,\bar{c}_2,\cdots,\bar{c}_n$, 设

$$\boldsymbol{\mathcal{Y}}(t)=\bar{c}_1\boldsymbol{\mathcal{Y}}_1(t)+\bar{c}_2\boldsymbol{\mathcal{Y}}_2(t)+\cdots+\bar{c}_n\boldsymbol{\mathcal{Y}}_n(t),\quad a<t<b,$$

由定理 5.2, 向量函数 $\boldsymbol{\mathcal{Y}}(t)$ 为齐次微分方程组 $\dfrac{\mathrm{d}\boldsymbol{\mathcal{Y}}}{\mathrm{d}t}=\boldsymbol{\mathcal{A}}\boldsymbol{\mathcal{Y}}$ 的解, 由式 (5.4) 可知, 此解满足初始条件

$$\boldsymbol{\mathcal{Y}}(t_0)=0, \tag{5.5}$$

而 $\overline{\boldsymbol{\mathcal{Y}}}(t)\equiv 0(a<t<b)$ 也是齐次微分方程组 $\dfrac{\mathrm{d}\boldsymbol{\mathcal{Y}}}{\mathrm{d}t}=\boldsymbol{\mathcal{A}}(t)\boldsymbol{\mathcal{Y}}$ 满足这一初始条件的解. 由解的唯一性 (定理 5.1) 知 $\boldsymbol{\mathcal{Y}}(t)=0(a<t<b)$, 也即

$$\bar{c}_1\boldsymbol{\mathcal{Y}}_1(t)+\bar{c}_2\boldsymbol{\mathcal{Y}}_2(t)+\cdots+\bar{c}_n\boldsymbol{\mathcal{Y}}_n(t)=0,\quad a<t<b.$$

由于 $\bar{c}_1,\bar{c}_2,\cdots,\bar{c}_n$ 不全为零, 这与 $\boldsymbol{\mathcal{Y}}_1(t),\boldsymbol{\mathcal{Y}}_2(t),\cdots,\boldsymbol{\mathcal{Y}}_n(t)$ 线性无关的假设矛盾. 因此, $W(t)\neq 0(a<t<b)$, 必要性得证.

充分性. 再次应用反证法. 如果 $W(t)\neq 0(a<t<b)$, 假设 $\dfrac{\mathrm{d}\boldsymbol{\mathcal{Y}}}{\mathrm{d}t}=\boldsymbol{\mathcal{A}}(t)\boldsymbol{\mathcal{Y}}$ 的解组 $\boldsymbol{\mathcal{Y}}_1(t),\boldsymbol{\mathcal{Y}}_2(t),\cdots,\boldsymbol{\mathcal{Y}}_n(t)$ 线性相关, 于是存在不全为零的常数 $c_1,c_2,\cdots,c_n$, 满足

$$c_1\boldsymbol{\mathcal{Y}}_1(t)+c_2\boldsymbol{\mathcal{Y}}_2(t)+\cdots+c_n\boldsymbol{\mathcal{Y}}_n(t)=0,\quad a<t<b, \tag{5.6}$$

也即对 $a<t<b$ 有

$$\begin{cases} y_{11}(t)c_1+y_{12}(t)c_2+\cdots+y_{1n}(t)c_n=0,\\ y_{21}(t)c_1+y_{22}(t)c_2+\cdots+y_{2n}(t)c_n=0,\\ \qquad\qquad\cdots\cdots\\ y_{n1}(t)c_1+y_{n2}(t)c_2+\cdots+y_{nn}(t)c_n=0. \end{cases} \tag{5.7}$$

齐次线性代数方程组 (5.7) 有非零解 $c_1,c_2,\cdots,c_n$. 由线性代数的知识可知其系数行列式必为零, 而这个行列式恰好就是 $W(t)(a<t<b)$, 即 $W(t)\equiv 0$. 这与条件矛盾. 因此, 充分性得证.

例 5.1 证明向量函数

$$\boldsymbol{\mathcal{Y}}_1(t)=\begin{pmatrix}\mathrm{e}^t\cos t\\ \mathrm{e}^t\sin t\end{pmatrix},\quad \boldsymbol{\mathcal{Y}}_2(t)=\begin{pmatrix}-\sin t\\ \cos t\end{pmatrix}$$

为齐次非自治线性微分方程组

$$\frac{\mathrm{d}\boldsymbol{\mathcal{Y}}}{\mathrm{d}t}=\begin{pmatrix}\cos^2 t & \dfrac{1}{2}\sin 2t-1\\ \dfrac{1}{2}\sin 2t+1 & \sin^2 t\end{pmatrix}\boldsymbol{\mathcal{Y}} \tag{5.8}$$

的两个线性无关的解, 其中 $\boldsymbol{\mathcal{Y}}=(x,y)$.

证明

$$\frac{\mathrm{d}\boldsymbol{\mathcal{Y}}_1}{\mathrm{d}t}=\begin{pmatrix}\dfrac{\mathrm{d}}{\mathrm{d}t}(\mathrm{e}^t\cos t)\\ \dfrac{\mathrm{d}}{\mathrm{d}t}(\mathrm{e}^t\sin t)\end{pmatrix}=\begin{pmatrix}\mathrm{e}^t(\cos t-\sin t)\\ \mathrm{e}^t(\sin t+\cos t)\end{pmatrix},$$

而且

$$\begin{pmatrix}\cos^2 t & \dfrac{1}{2}\sin 2t-1\\ \dfrac{1}{2}\sin 2t+1 & \sin^2 t\end{pmatrix}\begin{pmatrix}\mathrm{e}^t\cos t\\ \mathrm{e}^t\sin t\end{pmatrix}=\begin{pmatrix}\mathrm{e}^t\cos^3 t+\dfrac{1}{2}\mathrm{e}^t\sin t\sin 2t-\mathrm{e}^t\sin t\\ \dfrac{1}{2}\mathrm{e}^t\cos t\sin 2t+\mathrm{e}^t\cos t+\mathrm{e}^t\sin^3 t\end{pmatrix},$$

但是由三角恒等式可知

$$\begin{aligned}&\mathrm{e}^t\cos^3 t+\frac{1}{2}\mathrm{e}^t\sin t\sin 2t-\mathrm{e}^t\sin t=\mathrm{e}^t(\cos t-\sin t),\\ &\frac{1}{2}\mathrm{e}^t\cos t\sin 2t+\mathrm{e}^t\cos t+\mathrm{e}^t\sin^3 t=\mathrm{e}^t(\sin t+\cos t).\end{aligned}$$

因此,

$$\frac{\mathrm{d}\boldsymbol{\mathcal{Y}}_1}{\mathrm{d}t}=\begin{pmatrix}\cos^2 t & \dfrac{1}{2}\sin 2t-1\\ \dfrac{1}{2}\sin 2t+1 & \sin^2 t\end{pmatrix}\boldsymbol{\mathcal{Y}}_1,$$

即 $\boldsymbol{\mathcal{Y}}_1=\boldsymbol{\mathcal{Y}}_1(t)$ 为线性微分方程组 (5.8) 的解. 同理, $\boldsymbol{\mathcal{Y}}_2=\boldsymbol{\mathcal{Y}}_2(t)$ 也为方程组 (5.8) 的解. 因为朗斯基行列式为

$$W(t)=\begin{vmatrix}\mathrm{e}^t\cos t & -\sin t\\ \mathrm{e}^t\sin t & \cos t\end{vmatrix}=\mathrm{e}^t\neq 0,\quad -\infty<t<+\infty,$$

所以这两个解线性无关.

定义 5.1 齐次线性微分方程组

$$\frac{\mathrm{d}\boldsymbol{\mathcal{Y}}}{\mathrm{d}t}=\boldsymbol{\mathcal{A}}(t)\boldsymbol{\mathcal{Y}} \tag{5.9}$$

的 n 个线性无关的解

$$\boldsymbol{\mathcal{Y}}_1(t),\boldsymbol{\mathcal{Y}}_2(t),\cdots,\boldsymbol{\mathcal{Y}}_n(t)$$

称为一个基本解组, 而以此为列向量构成的矩阵

$$\boldsymbol{\Phi}(t)=\begin{pmatrix} y_{11}(t) & y_{12}(t) & \cdots & y_{1n}(t) \\ y_{21}(t) & y_{22}(t) & \cdots & y_{2n}(t) \\ \vdots & \vdots & & \vdots \\ y_{n1}(t) & y_{n2}(t) & \cdots & y_{nn}(t) \end{pmatrix}$$

称为一个基解矩阵, 其中 $\boldsymbol{\mathcal{Y}}_i=(y_{1i},y_{2i},\cdots,y_{ni})$ $(i=1,2,\cdots,n)$.

注记 如果已知齐次线性方程组 (5.9) 的一个基解矩阵, 则由定理 5.3 可知该方程组则的通解为

$$\boldsymbol{\mathcal{Y}}(t)=\boldsymbol{\Phi}(t)\boldsymbol{\mathcal{K}},$$

其中 $\boldsymbol{\mathcal{K}}=(k_1,k_2,\cdots,k_n)$ 为任意的 n 维常数向量.

5.1.2 一阶 n 维非齐次线性微分方程组

本段讨论非齐次线性微分方程组

$$\frac{\mathrm{d}\boldsymbol{\mathcal{Y}}(t)}{\mathrm{d}t}=\boldsymbol{\mathcal{A}}(t)\boldsymbol{\mathcal{Y}}+\boldsymbol{\mathcal{G}}(t),\quad a<t<b$$

的解集的结构问题, 其相应的齐次线性微分方程组为

$$\frac{\mathrm{d}\boldsymbol{\mathcal{Y}}(t)}{\mathrm{d}t}=\boldsymbol{\mathcal{A}}(t)\boldsymbol{\mathcal{Y}},\quad a<t<b.$$

定理 5.5 若 $\boldsymbol{\Phi}(t)$ 为齐次线性微分方程组 (5.9) 的一个基解矩阵, $\boldsymbol{\mathcal{Y}}_p(t)$ 为非齐次线性微分方程组的一个特解, 则非齐次方程组 (5.1) 的通解为

$$\boldsymbol{\mathcal{Y}}(t)=\boldsymbol{\Phi}(t)\boldsymbol{\mathcal{K}}+\boldsymbol{\mathcal{Y}}_p(t),\quad a<t<b,$$

其中, $\boldsymbol{\mathcal{K}}=(k_1,k_2,\cdots,k_n)$ 为任意一个 n 维常向量.

证明 首先对任一 n 维常向量 $\boldsymbol{\mathcal{K}}=(k_1,k_2,\cdots,k_n)$, 由定理 5.3, $\boldsymbol{\mathcal{Y}}_h(t)=\boldsymbol{\Phi}(t)\boldsymbol{\mathcal{K}}$ 为齐次方程组 (5.9) 的一个解, 而 $\boldsymbol{\mathcal{Y}}_p(t)$ 为非齐次方程组 (5.1) 的一个特解, 直接验证可知 $\boldsymbol{\mathcal{Y}}(t)=\boldsymbol{\mathcal{Y}}_p(t)+\boldsymbol{\mathcal{Y}}_h(t)$ 也为非齐次方程组的解.

反之, 对非齐次方程组 (5.1) 的任一解 $\boldsymbol{\mathcal{Y}}(t)$. 令 $\boldsymbol{\mathcal{Y}}_h(t)=\boldsymbol{\mathcal{Y}}(t)-\boldsymbol{\mathcal{Y}}_p(t)$, 直接验证, $\boldsymbol{\mathcal{Y}}_{\mathrm{h}}(t)$ 为齐次方程组 (5.9) 的一个解. 由定理 5.3, 存在唯一的一组常数 $k_1,k_2,\cdots,k_n$, 使

$$\boldsymbol{\mathcal{Y}}_h(t)=\boldsymbol{\Phi}(t)\boldsymbol{\mathcal{K}},$$

其中 $\boldsymbol{\mathcal{K}}=(k_1,k_2,\cdots,k_n)$. 因此,

$$\boldsymbol{\mathcal{Y}}(t)=\boldsymbol{\Phi}(t)\boldsymbol{\mathcal{K}}+\boldsymbol{\mathcal{Y}}_p(t),\quad a<t<b,$$

所以 (5.1) 的通解为

$$\boldsymbol{\mathcal{Y}}(t)=\boldsymbol{\Phi}(t)\boldsymbol{\mathcal{K}}+\boldsymbol{\mathcal{Y}}_p(t).$$

注记 求非齐次方程组 (5.1) 的通解, 可分如下三个步骤:

(1) 求齐次方程组 (5.9) 的基解矩阵 $\boldsymbol{\Phi}(t)$;

(2) 求非齐次方程组 (5.1) 的一个特解 $\boldsymbol{\mathcal{Y}}_p(t)$;

(3) 由 (1) 与 (2) 的结果得 $\boldsymbol{\mathcal{Y}}(t)=\boldsymbol{\Phi}(t)\boldsymbol{\mathcal{K}}+\boldsymbol{\mathcal{Y}}_p(t)$ 为 (5.1) 的通解.

下面介绍常数变易法, 由此方法可以从齐次方程组 (5.9) 的基解矩阵求出非齐次方程组 (5.1) 的一个特解.

引理 5.1 设 $\boldsymbol{\Phi}(t)$ 为齐次方程组 (5.9) 的基解矩阵, $t_0\in(a,b)$, 则

$$\boldsymbol{\mathcal{Y}}_p(t)=\boldsymbol{\Phi}(t)\int_{t_0}^{t}\boldsymbol{\Phi}^{-1}(\tau)\boldsymbol{\mathcal{G}}(\tau)\mathrm{d}\tau,\quad a<t<b \tag{5.10}$$

为非齐次方程组 (5.1) 满足 $\boldsymbol{\mathcal{Y}}_p(t_0)=0$ 的一个特解.

证明 假设方程组 (5.1) 具有如下形式的特解:

$$\boldsymbol{\mathcal{Y}}_p(t)=\boldsymbol{\Phi}(t)\boldsymbol{\mathcal{C}}(t),\quad \boldsymbol{\mathcal{Y}}_p(t_0)=0, \tag{5.11}$$

其中, $\boldsymbol{\mathcal{C}}(t)=(c_1(t),c_2(t),\cdots,c_n(t))$ 为待定的向量函数.

将 (5.11) 代入方程组 (5.1) 得到

$$\boldsymbol{\Phi}'(t)\boldsymbol{\mathcal{C}}(t)+\boldsymbol{\Phi}(t)\boldsymbol{\mathcal{C}}'(t)=\boldsymbol{\mathcal{A}}(t)\boldsymbol{\Phi}(t)\boldsymbol{\mathcal{C}}(t)+\boldsymbol{\mathcal{G}}(t). \tag{5.12}$$

因为 $\boldsymbol{\Phi}(t)$ 为齐次方程组 (5.9) 的基解矩阵, 从而有

$$\boldsymbol{\Phi}'(t)=\boldsymbol{\mathcal{A}}(t)\boldsymbol{\Phi}(t).$$

将此式代入 (5.12) 得到

$$\boldsymbol{\Phi}(t)\boldsymbol{\mathcal{C}}'(t)=\boldsymbol{\mathcal{G}}(t),\quad a<t<b. \tag{5.13}$$

因为 $\boldsymbol{\Phi}(t)$ 的各列向量线性无关, 所以对应的朗斯基行列式 $\det\boldsymbol{\Phi}(t)\neq0$. 由此可知 $\boldsymbol{\Phi}(t)$ 是非奇异矩阵, 因而 $\boldsymbol{\Phi}^{-1}(t)$ 存在.

由 (5.13) 得

$$\boldsymbol{\mathcal{C}}'(t)=\boldsymbol{\Phi}^{-1}(t)\boldsymbol{\mathcal{G}}(t).$$

由 $\boldsymbol{\mathcal{C}}(t_0)=0$, 将上式两端从 t_0 到 t 进行积分得到

$$\boldsymbol{\mathcal{C}}(t)=\int_{t_0}^{t}\boldsymbol{\Phi}^{-1}(\tau)\boldsymbol{\mathcal{G}}(\tau)\mathrm{d}\tau.$$

代回 (5.11) 得

$$\mathcal{Y}_p(t) = \boldsymbol{\Phi}(t) \int_{t_0}^{t} \boldsymbol{\Phi}^{-1}(\tau)\mathcal{G}(\tau)\mathrm{d}\tau.$$

由 $\mathcal{C}(t_0) = 0$ 得 $\mathcal{Y}_p(t_0) = 0$.

由引理 5.1 及定理 5.3, 有如下结果:

定理 5.6 若 $\boldsymbol{\Phi}(t)$ 为齐次线性微分方程组 (5.9) 的基解矩阵, 则非齐次线性微分方程组 (5.1) 的通解为

$$\mathcal{Y}(t) = \boldsymbol{\Phi}(t) \left(\mathcal{K} + \int_{t_0}^{t} \boldsymbol{\Phi}^{-1}(\tau)\mathcal{G}(\tau)\mathrm{d}\tau \right), \tag{5.14}$$

其中, $\mathcal{K} = (k_1, k_2, \cdots, k_n)$ 为 n 维的任意常向量.

例 5.2 求解初值问题

$$\begin{cases} \dfrac{\mathrm{d}\mathcal{Y}(t)}{\mathrm{d}t} = \begin{pmatrix} \cos^2 t & \dfrac{1}{2}\sin 2t - 1 \\ \dfrac{1}{2}\sin 2t + 1 & \sin^2 t \end{pmatrix} \mathcal{Y} + \begin{pmatrix} \cos t \\ \sin t \end{pmatrix}, \\ \mathcal{Y}(0) = \begin{pmatrix} 0 \\ 1 \end{pmatrix}, \end{cases}$$

其中, $\mathcal{Y} = (x, y)$.

解 由例 5.1, 相应的齐次线性微分方程组有一个基解矩阵

$$\boldsymbol{\Phi}(t) = \begin{pmatrix} \mathrm{e}^t \cos t & -\sin t \\ \mathrm{e}^t \sin t & \cos t \end{pmatrix}.$$

利用线性代数知识, 易求出

$$\boldsymbol{\Phi}^{-1}(t) = \begin{pmatrix} \mathrm{e}^{-t}\cos t & \mathrm{e}^{-t}\sin t \\ -\sin t & \cos t \end{pmatrix}, \quad \boldsymbol{\Phi}^{-1}(0) = \begin{pmatrix} 1 & 0 \\ 0 & 1 \end{pmatrix},$$

则通解为

$$\mathcal{Y}(t) = \boldsymbol{\Phi}(t) \left(\begin{pmatrix} k_1 \\ k_2 \end{pmatrix} + \int_0^t \boldsymbol{\Phi}^{-1}(\tau) \begin{pmatrix} \cos\tau \\ \sin\tau \end{pmatrix} \mathrm{d}\tau \right).$$

由 $\mathcal{Y}(0) = \begin{pmatrix} 0 \\ 1 \end{pmatrix}$ 得 $\begin{pmatrix} k_1 \\ k_2 \end{pmatrix} = \boldsymbol{\Phi}^{-1}(0) \begin{pmatrix} 0 \\ 1 \end{pmatrix} = \begin{pmatrix} 0 \\ 1 \end{pmatrix}$, 从而初值问题的解为

$$\begin{aligned}
\begin{pmatrix} x(t) \\ y(t) \end{pmatrix} &= \boldsymbol{\Phi}(t) \left[\begin{pmatrix} 0 \\ 1 \end{pmatrix} + \int_0^t \begin{pmatrix} \mathrm{e}^{-\tau}\cos\tau & \mathrm{e}^{-\tau}\sin\tau \\ -\sin\tau & \cos\tau \end{pmatrix} \begin{pmatrix} \cos\tau \\ \sin\tau \end{pmatrix} \mathrm{d}\tau \right] \\
&= \begin{pmatrix} \mathrm{e}^t \cos t & -\sin t \\ \mathrm{e}^t \sin t & \cos t \end{pmatrix} \left[\begin{pmatrix} 0 \\ 1 \end{pmatrix} + \begin{pmatrix} \int_0^t \mathrm{e}^{-\tau}\mathrm{d}\tau \\ 0 \end{pmatrix} \right] \\
&= \begin{pmatrix} \mathrm{e}^t \cos t & -\sin t \\ \mathrm{e}^t \sin t & \cos t \end{pmatrix} \begin{pmatrix} 1 - \mathrm{e}^{-t} \\ 1 \end{pmatrix} \\
&= \begin{pmatrix} (\mathrm{e}^t - 1)\cos t - \sin t \\ (\mathrm{e}^t - 1)\sin t + \cos t \end{pmatrix}.
\end{aligned}$$

由定理 5.6 可知, 如果可以求出齐次方程组 (5.9) 的基解矩阵, 则非齐次方程组 (5.1) 的通解可立刻求出. 然而一般来说, 无法求出 $\boldsymbol{\Phi}(t)$ 的有限形式, 非齐次方程组的通解在理论上是存在的. 因此, 定理 5.6 并未完全解决非齐次线性微分方程组 (5.1) 的求解问题, 但可用其进行定性分析, 而且对一些特例可求出其具体形式, 因此, 它仍是很重要的.

5.2　一阶 n 维常系数线性方程组

本节讨论一阶 n 维齐次常系数线性微分方程组

$$\frac{\mathrm{d}\boldsymbol{\mathcal{Y}}}{\mathrm{d}t}=\boldsymbol{\mathcal{A}}\boldsymbol{\mathcal{Y}},\quad \boldsymbol{\mathcal{A}}=(a_{ij})_{n\times n} \tag{5.15}$$

的基解矩阵的具体结构, 通过线性代数的方法, 求出方程组 (5.15) 的一个基解矩阵. 当 $n=1$ 时, 矩阵 $\boldsymbol{\mathcal{A}}$ 即为一个实数 a, 此时方程组 (5.15) 化为简单的一阶线性微分方程

$$\frac{\mathrm{d}y}{\mathrm{d}t}=ay. \tag{5.16}$$

微分方程 (5.16) 的通解为 $y(t)=c\mathrm{e}^{at}$, 其中 c 为任意常数. 此时, e^{at} 就是微分方程 (5.16) 的一个 (一维) 基解矩阵. 由此可猜想：常系数线性微分方程组 (5.15) 有一个基解矩阵 $\mathrm{e}^{t\boldsymbol{\mathcal{A}}}$. 下面进行探索.

5.2.1　矩阵指数函数的定义及其性质

设 $\mathscr{M}$ 为一切 n 阶 (实常数) 矩阵组成的集合. 在线性代数中, 按矩阵的加法及数与矩阵的乘法, $\mathscr{M}$ 构成一个 n^2 维的线性空间.

对任意的 $\boldsymbol{\mathcal{A}}\in\mathscr{M}$, 设 $\boldsymbol{\mathcal{A}}=(a_{ij})_{n\times n}$, 定义 $\boldsymbol{\mathcal{A}}$ 的模为

$$\|\boldsymbol{\mathcal{A}}\|=\sum_{i,j=1}^{n}|a_{ij}|,$$

则直接验证可知

(1) $\|\boldsymbol{\mathcal{A}}\|\geqslant 0$, 而且 $\|\boldsymbol{\mathcal{A}}\|=0$ 当且仅当 $\boldsymbol{\mathcal{A}}$ 为零矩阵;

(2) $\|k\boldsymbol{\mathcal{A}}\|=|k|\cdot\|\boldsymbol{\mathcal{A}}\|$ 对任意 $\boldsymbol{\mathcal{A}}\in\mathscr{M}$ 及实常数 k 成立;

(3) 对任意的 $\boldsymbol{\mathcal{A}},\boldsymbol{\mathcal{B}}\in\mathscr{M}$ 有不等式

$$\|\boldsymbol{\mathcal{A}}+\boldsymbol{\mathcal{B}}\|\leqslant\|\boldsymbol{\mathcal{A}}\|+\|\boldsymbol{\mathcal{B}}\|.$$

现在, 仿照实数中的绝对值 $|\cdot|$, 在 $\mathscr{M}$ 中有了模 $\|\cdot\|$, 就可以仿照实数域中的数学分析, 定义矩阵序列的收敛、柯西矩阵序列和矩阵无穷级数及其 (绝对) 收敛性

的概念, 而且易证在 $\mathscr{M}$ 中任何柯西序列都收敛于 $\mathscr{M}$ 中的矩阵 (矩阵类似于实数, 矩阵的模类似于实数的绝对值). 在 $\mathscr{M}$ 中有矩阵的乘法, 即对任意的 $\mathcal{A},\mathcal{B}\in\mathscr{M}$ 有 $\mathcal{AB}\in\mathscr{M}$ 且

(4) $\|\mathcal{AB}\|\leqslant\|\mathcal{A}\|\|\mathcal{B}\|$.

由性质 (4), 对自然数 $k\geqslant 1$ 有

$$\|\mathcal{A}^k\|\leqslant\|\mathcal{A}\|^k.$$

约定 $\mathcal{A}^0=\mathcal{I}$, 其中 $\mathcal{I}$ 为 n 阶单位阵.

引理 5.2 设 $\mathcal{A}\in\mathscr{M}$, 矩阵的幂级数

$$\mathcal{I}+\mathcal{A}+\frac{1}{2!}\mathcal{A}^2+\cdots+\frac{1}{k!}\mathcal{A}^k+\cdots$$

是收敛的, 并且绝对收敛.

证明 设 $\mathcal{B}_n=\sum\limits_{k=0}^{n}\frac{1}{k!}\mathcal{A}^k$, 则 $\{\mathcal{B}_n\}\subset\mathscr{M}$. 对一切 $n>m\geqslant 1$ 有

$$\|\mathcal{B}_n-\mathcal{B}_m\|=\left\|\sum_{k=m+1}^{n}\frac{1}{k!}\mathcal{A}^k\right\|\leqslant\sum_{k=m+1}^{n}\frac{\|\mathcal{A}\|^k}{k!}\to 0,$$

因而 $\{\mathcal{B}_n\}$ 为 $\mathscr{M}$ 中柯西列, 故存在 $\mathcal{B}\in\mathscr{M}$ 有

$$\lim_{n\to\infty}\mathcal{B}_n=\mathcal{B},$$

记 $\mathcal{B}=\sum\limits_{k=0}^{\infty}\frac{\mathcal{A}^k}{k!}$.

因 $\left\|\frac{1}{k!}\mathcal{A}^k\right\|\leqslant\frac{\|\mathcal{A}\|^k}{k!}$, 而数项级数 $\sum\limits_{k=1}^{\infty}\frac{\|\mathcal{A}\|^k}{k!}$ 收敛, 因而 $\sum\limits_{k=1}^{\infty}\left\|\frac{\mathcal{A}^k}{k!}\right\|$ 收敛, 故 $\sum\limits_{k=0}^{\infty}\frac{1}{k!}\mathcal{A}^k$ 绝对收敛.

定义 5.2 设 $\mathcal{A}\in\mathscr{M}$, 定义

$$\mathrm{e}^{\mathcal{A}}=\sum_{k=0}^{\infty}\frac{1}{k!}\mathcal{A}^k,\tag{5.17}$$

称为矩阵 $\mathcal{A}$ 的指数函数.

引理 5.3 矩阵的指数函数有下面的性质:

(1) 若 $\mathcal{A},\mathcal{B}\in\mathscr{M}$ 且 $\mathcal{AB}=\mathcal{BA}$, 则

$$\mathrm{e}^{\mathcal{A}}\mathrm{e}^{\mathcal{B}}=\mathrm{e}^{\mathcal{A}+\mathcal{B}};\tag{5.18}$$

(2) 若 $\mathcal{A}\in\mathscr{M}$, 则 $e^{\mathcal{A}}$ 可逆且

$$(e^{\mathcal{A}})^{-1}=e^{-\mathcal{A}}; \tag{5.19}$$

(3) 若 $\mathcal{D}\in\mathscr{M}$ 且非奇异, 则

$$e^{\mathcal{D}\mathcal{A}\mathcal{D}^{-1}}=\mathcal{D}e^{\mathcal{A}}\mathcal{D}^{-1}. \tag{5.20}$$

证明 (1) 通过计算有

$$e^{(\mathcal{A}+\mathcal{B})}=\sum_{k=0}^{\infty}\frac{(\mathcal{A}+\mathcal{B})^k}{k!}=\sum_{k=0}^{\infty}\left[\sum_{l=0}^{k}\frac{\mathcal{A}^l\mathcal{B}^{k-l}}{l!(k-l)!}\right].$$

另一方面, 由绝对收敛 (矩阵) 级数的乘法原理得

$$e^{\mathcal{A}}e^{\mathcal{B}}=\sum_{i=0}^{\infty}\frac{\mathcal{A}^i}{i!}\left(\sum_{j=0}^{\infty}\frac{\mathcal{B}^j}{j!}\right)=\sum_{k=0}^{\infty}\left[\sum_{l=0}^{k}\frac{\mathcal{A}^l\mathcal{B}^{k-l}}{l!(k-l)!}\right].$$

于是

$$e^{\mathcal{A}+\mathcal{B}}=e^{\mathcal{A}}e^{\mathcal{B}}.$$

(2) 由于 $\mathcal{A}$ 与 $-\mathcal{A}$ 可交换, 故在 (5.18) 中, 令 $\mathcal{B}=-\mathcal{A}$ 得 $(e^{\mathcal{A}})^{-1}=e^{-\mathcal{A}}$.

(3) 计算可得

$$\begin{aligned}e^{\mathcal{D}\mathcal{A}\mathcal{D}^{-1}}&=\sum_{k=0}^{\infty}\frac{(\mathcal{D}\mathcal{A}\mathcal{D}^{-1})^k}{k!}=\mathcal{I}+\sum_{k=1}^{\infty}\frac{\mathcal{D}\mathcal{A}^k\mathcal{D}^{-1}}{k!}\\&=\mathcal{D}\sum_{k=0}^{\infty}\frac{\mathcal{A}^k}{k!}\mathcal{D}^{-1}=\mathcal{D}e^{\mathcal{A}}\mathcal{D}^{-1}.\end{aligned}$$

5.2.2 一阶 n 维常系数线性微分方程组的基解矩阵

利用矩阵的指数函数, 可以给出以下结论:

定理 5.7 矩阵指数函数 $\boldsymbol{\Phi}(t)=e^{t\mathcal{A}}$ 是常系数齐次线性微分方程组 $\mathcal{Y}'(t)=\mathcal{A}\mathcal{Y}(t)$ 的基解矩阵, 而且 $\boldsymbol{\Phi}(0)=\mathcal{I}$.

证明 在 (a,b) 上, 矩阵指数函数

$$\boldsymbol{\Phi}(t)=e^{t\mathcal{A}}=\mathcal{I}+t\mathcal{A}+\frac{t^2}{2!}\mathcal{A}^2+\cdots+\frac{t^k}{k!}\mathcal{A}^k+\cdots$$

可以逐项微分 $\left(类似数学分析中\ \mathrm{e}^{ta}=\sum_{k=0}^{\infty}\frac{t^k}{k!}a^k\right)$ 得

$$\begin{aligned}\frac{\mathrm{d}\boldsymbol{\Phi}(t)}{\mathrm{d}t}&=\frac{\mathrm{d}}{\mathrm{d}t}\mathrm{e}^{t\boldsymbol{\mathcal{A}}}=\boldsymbol{\mathcal{A}}+t\boldsymbol{\mathcal{A}}^2+\frac{t^2}{2!}\boldsymbol{\mathcal{A}}^3+\cdots+\frac{t^{k-1}}{(k-1)!}\boldsymbol{\mathcal{A}}^k+\cdots\\&=\boldsymbol{\mathcal{A}}\left(\boldsymbol{\mathcal{I}}+t\boldsymbol{\mathcal{A}}+\frac{t^2}{2!}\boldsymbol{\mathcal{A}}^2+\cdots+\frac{t^k}{k!}\boldsymbol{\mathcal{A}}^k+\cdots\right)\\&=\boldsymbol{\mathcal{A}}\mathrm{e}^{t\boldsymbol{\mathcal{A}}}=\boldsymbol{\mathcal{A}}\boldsymbol{\Phi}(t).\end{aligned}$$

因此, $\boldsymbol{\Phi}(t)$ 的每个列向量均为解且 $\boldsymbol{\Phi}(0)=\boldsymbol{\mathcal{I}}$, 所以 $\det[\boldsymbol{\Phi}(0)]=1$. 因此, 各列向量线性无关, 故 $\boldsymbol{\Phi}(t)$ 为基解矩阵.

例 5.3 如果 $\boldsymbol{\mathcal{A}}$ 是一个 n 阶对角矩阵

$$\boldsymbol{\mathcal{A}}=\begin{pmatrix}a_1&&&\\&a_2&&\\&&\ddots&\\&&&a_n\end{pmatrix},$$

试找出 $\boldsymbol{\mathcal{Y}}'(t)=\boldsymbol{\mathcal{A}}\boldsymbol{\mathcal{Y}}(t)$ 的基解矩阵.

解 由矩阵指数函数的定义,

$$\begin{aligned}\mathrm{e}^{t\boldsymbol{\mathcal{A}}}=&\boldsymbol{\mathcal{I}}+\begin{pmatrix}a_1&&&\\&a_2&&\\&&\ddots&\\&&&a_n\end{pmatrix}\frac{t^1}{1!}+\begin{pmatrix}{a_1}^2&&&\\&{a_2}^2&&\\&&\ddots&\\&&&{a_n}^2\end{pmatrix}\frac{t^2}{2!}+\cdots\\&+\begin{pmatrix}{a_1}^k&&&\\&{a_2}^k&&\\&&\ddots&\\&&&{a_n}^k\end{pmatrix}\frac{t^k}{k!}+\cdots\\&=\begin{pmatrix}\mathrm{e}^{a_1t}&&&\\&\mathrm{e}^{a_2t}&&\\&&\ddots&\\&&&\mathrm{e}^{a_nt}\end{pmatrix}.\end{aligned}$$

例 5.4 求齐次线性方程组

$$\frac{\mathrm{d}\boldsymbol{\mathcal{Y}}}{\mathrm{d}t}=\begin{pmatrix}3&1\\0&3\end{pmatrix}\boldsymbol{\mathcal{Y}}$$

的基解矩阵.

解 由于 $\boldsymbol{\mathcal{A}}=\begin{pmatrix}3&1\\0&3\end{pmatrix}=\begin{pmatrix}3&0\\0&3\end{pmatrix}+\begin{pmatrix}0&1\\0&0\end{pmatrix}$, 而后面两个矩阵乘法可交换, 并且 $\boldsymbol{\mathcal{B}}=\begin{pmatrix}3&0\\0&3\end{pmatrix}=3\begin{pmatrix}1&0\\0&1\end{pmatrix}$ 为对角阵, 而 $\boldsymbol{\mathcal{C}}=\begin{pmatrix}0&1\\0&0\end{pmatrix}$ 为幂零矩阵.

$$\mathrm{e}^{t\boldsymbol{\mathcal{A}}}=\mathrm{e}^{t(\boldsymbol{\mathcal{B}}+\boldsymbol{\mathcal{C}})}=\mathrm{e}^{t\boldsymbol{\mathcal{B}}}\mathrm{e}^{t\boldsymbol{\mathcal{C}}}. \tag{5.21}$$

由例 5.3 可知

$$\mathrm{e}^{t\boldsymbol{\mathcal{B}}}=\mathrm{e}^{3t}\begin{pmatrix}1&0\\0&1\end{pmatrix}.\tag{5.22}$$

又因 $\boldsymbol{\mathcal{C}}^2=\begin{pmatrix}0&1\\0&0\end{pmatrix}^2=\begin{pmatrix}0&0\\0&0\end{pmatrix}$, 从而

$$\mathrm{e}^{t\boldsymbol{\mathcal{C}}}=\boldsymbol{\mathcal{I}}+t\begin{pmatrix}0&1\\0&0\end{pmatrix}=\begin{pmatrix}1&t\\0&1\end{pmatrix}.\tag{5.23}$$

于是由 (5.18),(5.22) 及 (5.23) 得到

$$\mathrm{e}^{t\boldsymbol{\mathcal{A}}}=\mathrm{e}^{3t}\begin{pmatrix}1&t\\0&1\end{pmatrix}.$$

因此, 基解矩阵为

$$\boldsymbol{\Phi}(t)=\mathrm{e}^{t\boldsymbol{\mathcal{A}}}=\begin{pmatrix}\mathrm{e}^{3t}&t\mathrm{e}^{3t}\\0&\mathrm{e}^{3t}\end{pmatrix}.$$

下面讨论齐次方程组 $\boldsymbol{\mathcal{Y}}'(t)=\boldsymbol{\mathcal{A}}\boldsymbol{\mathcal{Y}}(t)$ 的基解矩阵的计算问题.

1. $\boldsymbol{\mathcal{A}}$ 有 n 个不同的特征值

例 5.5　设 n 阶矩阵 $\boldsymbol{\mathcal{A}}$ 有 n 个互不相同的特征值 $\lambda_1,\lambda_2,\cdots,\lambda_n$, 则矩阵

$$\boldsymbol{\Phi}(t)=(\mathrm{e}^{\lambda_1 t}\boldsymbol{V}_1,\mathrm{e}^{\lambda_2 t}\boldsymbol{V}_2,\cdots,\mathrm{e}^{\lambda_n t}\boldsymbol{V}_n)$$

是齐次方程组 (5.15) 的基解矩阵, 其中 $\boldsymbol{V}_i$ 为矩阵 $\boldsymbol{\mathcal{A}}$ 的相应于特征值 λ_i 的特征向量.

证明　对 $i(1\leqslant i\leqslant n)$, 令 $\boldsymbol{\mathcal{Y}}_i(t)=\mathrm{e}^{\lambda_i t}\boldsymbol{V}_i$, 则 $\dfrac{\mathrm{d}\boldsymbol{V}_i}{\mathrm{d}t}=\lambda_i\mathrm{e}^{\lambda_i t}\boldsymbol{V}_i$, 而 $\boldsymbol{\mathcal{A}}\boldsymbol{\mathcal{Y}}_i(t)=\mathrm{e}^{\lambda_i t}\boldsymbol{\mathcal{A}}\boldsymbol{V}_i=\mathrm{e}^{\lambda_i t}\lambda_i\boldsymbol{V}_i$. 因此,

$$\frac{\mathrm{d}\boldsymbol{\mathcal{Y}}_i}{\mathrm{d}t}=\boldsymbol{\mathcal{A}}\boldsymbol{\mathcal{Y}}_i,\quad 1\leqslant i\leqslant n,$$

故 $\boldsymbol{\mathcal{Y}}_1(t),\boldsymbol{\mathcal{Y}}_2(t),\cdots,\boldsymbol{\mathcal{Y}}_n(t)$ 为齐次方程组 (5.15) 的解组.

因为 $\lambda_i\neq\lambda_j(i\neq j)$, 故由线性代数知识 $\boldsymbol{V}_1,\boldsymbol{V}_2,\cdots,\boldsymbol{V}_n$ 线性无关, 从而

$$\det[\boldsymbol{\Phi}(0)]=\det[\boldsymbol{V}_1,\boldsymbol{V}_2,\cdots,\boldsymbol{V}_n]\neq 0.$$

由定理 5.4 可知 $\boldsymbol{\Phi}(t)$ 为基解矩阵.

注记　因为 $\mathrm{e}^{t\boldsymbol{\mathcal{A}}}$ 为 $\boldsymbol{\mathcal{Y}}'(t)=\boldsymbol{\mathcal{A}}\boldsymbol{\mathcal{Y}}(t)$ 的基解矩阵, 故一定存在非奇异 $n\times n$ 矩阵 $\boldsymbol{\mathcal{C}}$, 满足

$$\mathrm{e}^{t\boldsymbol{\mathcal{A}}}=\boldsymbol{\Phi}(t)\boldsymbol{\mathcal{C}},$$

而且 $\boldsymbol{\mathcal{C}}=\boldsymbol{\Phi}^{-1}(0)$, 即

$$\mathrm{e}^{t\boldsymbol{\mathcal{A}}}=\boldsymbol{\Phi}(t)\boldsymbol{\Phi}^{-1}(0).$$

例 5.6 求微分方程组

$$\frac{\mathrm{d}\boldsymbol{\mathcal{Y}}}{\mathrm{d}t}=\begin{pmatrix}0&1&0\\0&0&1\\-6&-11&-6\end{pmatrix}\boldsymbol{\mathcal{Y}}$$

的基解矩阵, 其中 $\boldsymbol{\mathcal{Y}}=(x,y,z)$.

解 特征方程

$$\det(\boldsymbol{\mathcal{A}}-\lambda\boldsymbol{\mathcal{I}})=-(\lambda+1)(\lambda+2)(\lambda+3)=0.$$

因此, $\boldsymbol{\mathcal{A}}$ 有特征值 $\lambda_1=-1$, $\lambda_2=-2$ 和 $\lambda_3=-3$. 通过简单计算, 求出对应的特征向量为

$$\boldsymbol{V}_1=\begin{pmatrix}1\\-1\\1\end{pmatrix},\quad \boldsymbol{V}_2=\begin{pmatrix}1\\-2\\4\end{pmatrix},\quad \boldsymbol{V}_3=\begin{pmatrix}1\\-3\\9\end{pmatrix},$$

于是

$$\boldsymbol{\Phi}(t)=\begin{pmatrix}\mathrm{e}^{-t}&\mathrm{e}^{-2t}&\mathrm{e}^{-3t}\\-\mathrm{e}^{-t}&-2\mathrm{e}^{-2t}&-3\mathrm{e}^{-3t}\\\mathrm{e}^{-t}&4\mathrm{e}^{-2t}&9\mathrm{e}^{-3t}\end{pmatrix}.$$

2. $\boldsymbol{\mathcal{A}}$ 有重复的特征值

如果 $n\times n$ 矩阵 $\boldsymbol{\mathcal{A}}$ 的互不相同的特征值为 $\lambda_1,\lambda_2,\cdots,\lambda_s$, 而相对的重数分别为 $n_1,n_2,\cdots,n_s$(这时一定有 $n=n_1+n_2+\cdots+n_s$).

引理 5.4 设 λ_i 为矩阵 $\boldsymbol{\mathcal{A}}$ 的 n_i 重特征值, 则齐次线性方程组

$$\frac{\mathrm{d}\boldsymbol{\mathcal{Y}}}{\mathrm{d}t}=\boldsymbol{\mathcal{A}}\boldsymbol{\mathcal{Y}} \tag{5.24}$$

有形如

$$\boldsymbol{\mathcal{Y}}(t)=\mathrm{e}^{\lambda_i t}\left(\boldsymbol{V}_0+\frac{t}{1!}\boldsymbol{V}_1+\frac{t^2}{2!}\boldsymbol{V}_2+\cdots+\frac{t^{n_i-1}}{(n_i-1)!}\boldsymbol{V}_{n_i-1}\right) \tag{5.25}$$

的非零特解的充要条件是: $\boldsymbol{V}_0$ 是下述代数方程组:

$$(\boldsymbol{\mathcal{A}}-\lambda_i\boldsymbol{\mathcal{I}})^{n_i}\boldsymbol{V}=0 \tag{5.26}$$

的一个非零解, 而式 (5.25) 中的 $\boldsymbol{V}_0,\boldsymbol{V}_1,\cdots,\boldsymbol{V}_{n_i-1}$ 由如下递推关系确定:

$$\begin{cases}\boldsymbol{V}_1=(\boldsymbol{A}-\lambda_i\boldsymbol{\mathcal{I}})\boldsymbol{V}_0,\\\boldsymbol{V}_2=(\boldsymbol{A}-\lambda_i\boldsymbol{\mathcal{I}})\boldsymbol{V}_1,\\\qquad\cdots\cdots\\\boldsymbol{V}_{n_i-1}=(\boldsymbol{A}-\lambda_i\boldsymbol{\mathcal{I}})\boldsymbol{V}_{n_i-2}.\end{cases} \tag{5.27}$$

证明　设方程组 (5.24) 有形如 (5.25) 的非零解, 把 (5.25) 代入 (5.24) 得

$$\begin{aligned}&\lambda_i \mathrm{e}^{\lambda_i t}\left(\boldsymbol{V}_0+\frac{t}{1!}\boldsymbol{V}_1+\frac{t^2}{2!}\boldsymbol{V}_2+\cdots+\frac{t^{n_i-1}}{(n_i-1)!}\boldsymbol{V}_{n_i-1}\right)\\&+\mathrm{e}^{\lambda_i t}\left(\boldsymbol{V}_1+\frac{t}{1!}\boldsymbol{V}_2+\cdots+\frac{t^{n_i-2}}{(n_i-2)!}\boldsymbol{V}_{n_i-1}\right)\\=&\boldsymbol{\mathcal{A}}\mathrm{e}^{\lambda_i t}\left(\boldsymbol{V}_0+\frac{t}{1!}\boldsymbol{V}_1+\frac{t^2}{2!}\boldsymbol{V}_2+\cdots+\frac{t^{n_i-1}}{(n_i-1)!}\boldsymbol{V}_{n_i-1}\right).\end{aligned}$$

等式两端消去 $\mathrm{e}^{\lambda_i t}$, 整理得

$$\begin{aligned}&(\boldsymbol{\mathcal{A}}-\lambda_i\boldsymbol{\mathcal{I}})\left(\boldsymbol{V}_0+\frac{t}{1!}\boldsymbol{V}_1+\frac{t^2}{2!}\boldsymbol{V}_2+\cdots+\frac{t^{n_i-1}}{(n_i-1)!}\boldsymbol{V}_{n_i-1}\right)\\=&\boldsymbol{V}_1+\frac{t}{1!}\boldsymbol{V}_2+\cdots+\frac{t^{n_i-2}}{(n_i-2)!}\boldsymbol{V}_{n_i-1}.\end{aligned}$$

比较同次幂系数可得

$$\begin{cases}\boldsymbol{V}_1=(\boldsymbol{\mathcal{A}}-\lambda_i\boldsymbol{\mathcal{I}})\boldsymbol{V}_0,\\ \boldsymbol{V}_2=(\boldsymbol{\mathcal{A}}-\lambda_i\boldsymbol{\mathcal{I}})\boldsymbol{V}_1,\\ \qquad\cdots\cdots\\ \boldsymbol{V}_{n_i-1}=(\boldsymbol{\mathcal{A}}-\lambda_i\boldsymbol{\mathcal{I}})\boldsymbol{V}_{n_i-2},\\ (\boldsymbol{\mathcal{A}}-\lambda_i\boldsymbol{\mathcal{I}})\boldsymbol{V}_{n_i-1}=0,\end{cases}$$

即

$$\begin{cases}\boldsymbol{V}_1=(\boldsymbol{\mathcal{A}}-\lambda_i\boldsymbol{\mathcal{I}})\boldsymbol{V}_0,\\ \boldsymbol{V}_2=(\boldsymbol{\mathcal{A}}-\lambda_i\boldsymbol{\mathcal{I}})^2\boldsymbol{V}_0,\\ \qquad\cdots\cdots\\ \boldsymbol{V}_{n_i-1}=(\boldsymbol{\mathcal{A}}-\lambda_i\boldsymbol{\mathcal{I}})^{n_i-1}\boldsymbol{V}_0,\\ (\boldsymbol{\mathcal{A}}-\lambda_i\boldsymbol{\mathcal{I}})^{n_i}\boldsymbol{V}_0=0.\end{cases}$$

因此, $\boldsymbol{V}_0$ 是 (5.26) 的非零解 (否则, (5.25) 是 (5.24) 的零解), 而 $\boldsymbol{V}_1,\cdots,\boldsymbol{V}_{n_i-1}$ 满足 (5.27). 由于 $\boldsymbol{V}_0,\boldsymbol{V}_1,\cdots,\boldsymbol{V}_{n_i-1}$ 中只有前 m 个是非零向量, 后面均是零向量, 其中 m 可能是 $1,2,\cdots$, 但最多是 n_i.

以上推理均可逆推回去, 从而定理得证.

注记　设 n 阶矩阵 $\boldsymbol{\mathcal{A}}$ 有 s 个互不相同的特征值 $\lambda_1,\lambda_2,\cdots,\lambda_s$, 它们的重数分别是 $n_1,n_2,\cdots,n_s(n_1+n_2+\cdots+n_s=n)$. 记 n 维常数列向量所组成的线性空间为 $\mathcal{V}$, 则

(1) $\mathcal{V}$ 的子集合

$$\mathcal{V}_i=\{\boldsymbol{V}\in\mathcal{V}\ |\ (\boldsymbol{\mathcal{A}}-\lambda_i\boldsymbol{\mathcal{I}})^{n_i}\boldsymbol{V}=0\}$$

是矩阵 $\boldsymbol{\mathcal{A}}$ 的 n_i 维不变子空间;

(2) $\mathcal{V}$ 有直和分解

$$\mathcal{V}=\mathcal{V}_1\bigoplus\mathcal{V}_2\bigoplus\cdots\bigoplus\mathcal{V}_s.$$

定理 5.8 如果 n 阶实值矩阵 $\boldsymbol{\mathcal{A}}$ 在复数域中有互不相同的特征值 $\lambda_1,\lambda_2,\cdots,\lambda_s$, 它们的重数分别是 $n_1,n_2,\cdots,n_s(n_1+n_2+\cdots+n_s=n)$, 则一阶 n 维常系数线性方程组 (5.24), 即

$$\frac{\mathrm{d}\boldsymbol{\mathcal{Y}}}{\mathrm{d}t}=\boldsymbol{\mathcal{A}}\boldsymbol{\mathcal{Y}}$$

的基解矩阵 $\boldsymbol{\Phi}(t)$ 为

$$\boldsymbol{\Phi}(t)=(\mathrm{e}^{\lambda_1 t}\boldsymbol{P}_1^{(1)}(t),\cdots,\mathrm{e}^{\lambda_1 t}\boldsymbol{P}_{n_1}^{(1)}(t),\cdots,\mathrm{e}^{\lambda_s t}\boldsymbol{P}_{n_s}^{(s)}(t)),\tag{5.28}$$

其中

$$\boldsymbol{P}_j^{(i)}(t)=\boldsymbol{\mathcal{V}}_{j0}^{(i)}+\frac{t}{1!}\boldsymbol{V}_{j1}^{(i)}+\frac{t^2}{2!}\boldsymbol{V}_{j2}^{(i)}+\cdots+\frac{t^{n_i-1}}{(n_i-1)!}\boldsymbol{V}_{jn_i-1}^{(i)}\tag{5.29}$$

是与 λ_i 相应的第 j 个向量多项式, $i=1,2,\cdots,s$, $j=1,2,\cdots,n_i$, 而 $\boldsymbol{V}_{10}^{(i)},\cdots,\boldsymbol{V}_{n_i0}^{(i)}$ 是齐次线性代数方程组 (5.26) 的 n_i 个线性无关的解且 $\boldsymbol{V}_{jk}^{(i)}(i=1,2,\cdots,s,j=1,2,\cdots,n_i,k=1,2,\cdots,n_i-1)$ 是把 $\boldsymbol{V}_{j0}^{(i)}$ 代替 (5.27) 中 $\boldsymbol{V}_0$ 的而依次得出 $\boldsymbol{V}_k$.

证明 由引理 5.4 可知, 在 (5.28) 中矩阵的每一列都是 (5.24) 的解. 因此, 只需证明 $\boldsymbol{\Phi}(t)$ 的各列线性无关即可. 从 (5.28) 和 (5.29) 可知

$$\boldsymbol{\Phi}(0)=(\boldsymbol{V}_{10}^{(1)},\cdots,\boldsymbol{V}_{n_10}^{(1)},\cdots;\boldsymbol{V}_{10}^{(s)},\cdots,\boldsymbol{V}_{n_s0}^{(s)}),$$

由注记 (1) 可知, 适当选取 $\{\boldsymbol{V}_{j0}^{(i)}\}$, 使得相应同一个 λ_i 的 $\boldsymbol{V}_{10}^{(i)},\cdots,\boldsymbol{V}_{n_i0}^{(i)}$ 是线性无关的. 再由注记 (2) 知, 矩阵 $\boldsymbol{\Phi}(0)$ 的各列构成了 n 维线性空间 $\boldsymbol{\mathcal{V}}$ 的一组基, 从而 $\det[\boldsymbol{\Phi}(0)]\neq 0$. 因此, $\boldsymbol{\Phi}(t)$ 是微分方程组 (5.24) 的一个基解矩阵.

例 5.7 求齐次方程组

$$\frac{\mathrm{d}\boldsymbol{\mathcal{Y}}}{\mathrm{d}t}=\begin{pmatrix}1&2&1\\1&-1&1\\2&0&1\end{pmatrix}\boldsymbol{\mathcal{Y}}$$

的通解, 其中 $\boldsymbol{\mathcal{Y}}=(x,y,z)$.

解 相应的特征多项式为

$$\det(\boldsymbol{\mathcal{A}}-\lambda\boldsymbol{\mathcal{I}})=\begin{vmatrix}1-\lambda&2&1\\1&-1-\lambda&1\\2&0&1-\lambda\end{vmatrix}=-(\lambda-3)(\lambda+1)^2,$$

所以 $\boldsymbol{\mathcal{A}}$ 有单重特征根 $\lambda_1=3$ 和二重特征根 $\lambda_2=-1$.

对于 $\lambda_1 = 3$, 可以计算

$$\boldsymbol{\mathcal{A}} - \lambda_1 \boldsymbol{\mathcal{I}} = \begin{pmatrix} -2 & 2 & 1 \\ 1 & -4 & 1 \\ 2 & 0 & -2 \end{pmatrix},$$

因此, λ_1 相应的特征向量可取为

$$\boldsymbol{\eta}_1 = \begin{pmatrix} 2 \\ 1 \\ 2 \end{pmatrix}.$$

对于二重特征根 $\lambda_2 = -1$, 可以算出

$$(\boldsymbol{\mathcal{A}} - \lambda_2 \boldsymbol{\mathcal{I}})^2 = \begin{pmatrix} 2 & 2 & 1 \\ 1 & 0 & 1 \\ 2 & 0 & 2 \end{pmatrix}^2 = \begin{pmatrix} 8 & 4 & 6 \\ 4 & 2 & 3 \\ 8 & 4 & 6 \end{pmatrix},$$

因此, 方程组 $(\boldsymbol{\mathcal{A}} - \lambda_2 \boldsymbol{\mathcal{I}})^2 \boldsymbol{V} = 0$ 的两个线性无关的解为

$$\boldsymbol{V}_{10} = \begin{pmatrix} -1 \\ 2 \\ 0 \end{pmatrix}, \quad \boldsymbol{V}_{20} = \begin{pmatrix} -1 \\ -1 \\ 2 \end{pmatrix}.$$

代入 (5.27), 并注意 $n_i = 2$ 可得

$$\boldsymbol{V}_{11} = \begin{pmatrix} 2 & 2 & 1 \\ 1 & 0 & 1 \\ 2 & 0 & 2 \end{pmatrix} \begin{pmatrix} -1 \\ 2 \\ 0 \end{pmatrix} = \begin{pmatrix} 2 \\ -1 \\ -2 \end{pmatrix}$$

和

$$\boldsymbol{V}_{21} = \begin{pmatrix} 2 & 2 & 1 \\ 1 & 0 & 1 \\ 2 & 0 & 2 \end{pmatrix} \begin{pmatrix} -1 \\ -1 \\ 2 \end{pmatrix} = \begin{pmatrix} -2 \\ 1 \\ 2 \end{pmatrix}.$$

把以上结果代入 (5.28) 得到基解矩阵

$$\boldsymbol{\Phi}(t) = \begin{pmatrix} 2\mathrm{e}^{3t} & (-1+2t)\mathrm{e}^{-t} & (-1-2t)\mathrm{e}^{-t} \\ \mathrm{e}^{3t} & (2-t)\mathrm{e}^{-t} & (-1+t)\mathrm{e}^{-t} \\ 2\mathrm{e}^{3t} & -2t\mathrm{e}^{-t} & (2+2t)\mathrm{e}^{-t} \end{pmatrix}.$$

因此, 所求通解为

$$\boldsymbol{\mathcal{Y}} = \boldsymbol{\Phi}(t)\boldsymbol{\mathcal{C}},$$

其中, $\boldsymbol{\mathcal{C}}$ 为任意常数列向量. 这个通解也可以写成

$$\boldsymbol{\mathcal{Y}} = C_1\begin{pmatrix}2\\1\\2\end{pmatrix}\mathrm{e}^{3t} + C_2\begin{pmatrix}-1+2t\\2-t\\-2t\end{pmatrix}\mathrm{e}^{-t} + C_3\begin{pmatrix}-1-2t\\-1+t\\2+2t\end{pmatrix}\mathrm{e}^{-t},$$

其中, C_1, C_2, C_3 是任意常数.

5.3 高阶线性微分方程

本节讨论含有一个未知函数 $y(t)$ 的 n 阶线性微分方程式

$$y^{(n)} + a_1(t)y^{(n-1)} + \cdots + a_{n-1}(t)y' + a_n(t)y = f(t), \tag{5.30}$$

其中, $a_1(t), \cdots, a_n(t)$ 和 $f(t)$ 均为 $a < t < b$ 上的连续函数. 若 $f(t) \not\equiv 0$, 则 (5.30) 称为非齐次线性微分方程; 若 $f(t) \equiv 0$, 则称为齐次线性的微分方程, 即

$$y^{(n)} + a_1(t)y^{(n-1)} + \cdots + a_{n-1}(t)y' + a_n(t)y = 0.$$

如果设

$$y_1 = y,\ y_2 = y',\ \cdots, y_n = y^{(n-1)},$$

则 n 阶线性微分方程 (5.30) 等价于 n 维线性微分方程组

$$\frac{\mathrm{d}\boldsymbol{\mathcal{Y}}}{\mathrm{d}t} = \boldsymbol{\mathcal{A}}(t)\boldsymbol{\mathcal{Y}} + \boldsymbol{\mathcal{F}}(t), \tag{5.31}$$

其中

$$\boldsymbol{\mathcal{Y}} = \begin{pmatrix}y_1\\y_2\\\vdots\\y_{n-1}\\y_n\end{pmatrix},\quad \boldsymbol{\mathcal{F}}(t) = \begin{pmatrix}0\\0\\\vdots\\0\\f(t)\end{pmatrix},$$

$$\boldsymbol{\mathcal{A}}(t) = \begin{pmatrix}0 & 1 & 0 & \cdots & 0\\ 0 & 0 & 1 & \cdots & 0\\ \vdots & \vdots & \vdots & & \vdots\\ -a_n(t) & -a_{n-1}(t) & -a_{n-2} & \cdots & -a_1(t)\end{pmatrix}.$$

齐次方程可转化为

$$\frac{\mathrm{d}\boldsymbol{\mathcal{Y}}}{\mathrm{d}t} = \boldsymbol{\mathcal{A}}(t)\boldsymbol{\mathcal{Y}}, \tag{5.32}$$

这样 5.1 节和 5.2 节的结果都可以应用到方程组 (5.31) 和 (5.32). 当然, 还可以类似第 3 章二阶线性方程的研究方法推广到高阶线性微分方程. 下面利用一种新的方法 ——Laplace 变换方法来求解高阶常系数微分方程.

5.3.1 Laplace 变换的定义

本节利用一种解析的方法 (称为 Laplace 变换) 来求微分方程的解的表达式. Laplace 变换对于线性常系数微分方程特别有效, 并且不同于前面所学习的方法. Laplace 变换法主要是借助 Laplace 变换将常系数线性微分方程 (组) 转化为代数方程 (组), 通过一些代数运算, 一般地, 再利用 Laplace 变换表, 即可求微分方程 (组) 的解. 方法通常很有效简洁, 为工程技术工作者普遍采用.

Laplace 变换是积分变换的一种. 一般来说, 积分变换需研究这样一个问题: 如何判断一个给定的函数 $y(t)$ 接近于一个特定的标准函数.

例如, 如果 $y(t)$ 表示一个无线电波, 可能想比较它和函数 $\sin\omega t\left(\text{一个频率为 }\dfrac{\omega}{2\pi}\text{ 的正弦波}\right)$. 通过调整参数 ω 可以检测 $y(t)$ 有多么接近不同频率的正弦波. 理想的话, 对于每一个 ω, 希望有一个数表示 $y(t)$ 有多么接近 $\sin\omega t$. 完成这种比较的一种方法就是计算积分 (对于很大的 N)

$$\int_{-N}^{N} y(t)\sin\omega t\mathrm{d}t.$$

如果 $y(t)$ 是以频率 $\dfrac{\omega}{2\pi}$ 振动的, 并且当 $\sin\omega t$ 为正时也为正的, 则这个积分非常大. 如果 $y(t)$ 有一些其他的频率, 则 $y(t)$ 的符号与 $\sin\omega t$ 的符号在某些时刻 t 是不同的, 因此, 在有些区间会消失或很小.

应用这种思想于微分方程, 很自然地要比较最常出现的指数函数. 事实上, 计算

$$\int_{-\infty}^{\infty} y(t)\mathrm{e}^{-zt}\mathrm{d}t,$$

其中, $z = s + \mathrm{i}\omega$ 为复参数. 对于给定的 z, 这个积分值越大, $y(t)$ 越接近 e^{zt}. 特别地, 如果 $y(t) = \mathrm{e}^{zt}$, 则被积函数是 1, 积分为无穷.

实际上, 更容易将 z 写成实部和虚部, 分别计算以下两个变换:

$$\int_{-\infty}^{\infty} y(t)\mathrm{e}^{-st}\mathrm{d}t \quad \text{和} \quad \int_{-\infty}^{\infty} y(t)\mathrm{e}^{-\mathrm{i}\omega t}\mathrm{d}t,$$

其中, $\displaystyle\int_{-\infty}^{\infty} y(t)\mathrm{e}^{-\mathrm{i}\omega t}\mathrm{d}t$ 称为 Fourier 变换, 尽管它有很多应用, 但本书不讨论. 下面讨论 $\displaystyle\int_{0}^{\infty} y(t)\mathrm{e}^{-st}\mathrm{d}t$.

定义 5.3 如果函数 $y(t)(t \geqslant 0)$ 使积分

$$\int_{0}^{\infty} \mathrm{e}^{-st}y(t)\mathrm{d}t = \lim_{T\to\infty}\int_{0}^{T} \mathrm{e}^{-st}y(t)\mathrm{d}t$$

对于给定的复数 s 存在, 则称

$$Y(s)=\int_0^{\infty}\mathrm{e}^{-st}y(t)\mathrm{d}t$$

为函数 $y(t)$ 的 Laplace 变换, 记为 $Y(s)=\mathscr{L}[y(t)]$.

关于 Laplace 变换的存在性, 有如下定理:

定理 5.9 若 $y(t)$ 在 $[0,\infty)$ 上分段连续且不超过指数型增长, 即存在 $M,\alpha>0$, 使得 $|y(t)|\leqslant M\mathrm{e}^{\alpha t}$, 则 $y(t)$ 的 Laplace 变换对满足 $\mathrm{Re}s>\alpha$ 的所有 s 都成立, 其中 $\mathrm{Re}s$ 表示 s 的实部.

例 5.8

$$\mathscr{L}[c]=\frac{c}{s},\quad \mathrm{Re}s>0,\quad c\text{为常数}.$$

解 由定义 5.3 得

$$\begin{aligned}\mathscr{L}[c]&=\int_0^{\infty}c\mathrm{e}^{-st}\mathrm{d}t=\lim_{T\to\infty}\int_0^{T}c\mathrm{e}^{-st}\mathrm{d}t\\&=\lim_{T\to\infty}c\left[\frac{1}{s}-\frac{\mathrm{e}^{-sT}}{s}\right]=\frac{c}{s}.\end{aligned}$$

例 5.9

$$\mathscr{L}[\mathrm{e}^{at}]=\frac{1}{s-a},\quad \mathrm{Re}s>a,\quad a\text{为常数}.$$

解 由定义 5.3 得

$$\begin{aligned}\mathscr{L}[\mathrm{e}^{at}]&=\int_0^{\infty}\mathrm{e}^{at}\mathrm{e}^{-st}\mathrm{d}t=\lim_{T\to\infty}\int_0^{T}\mathrm{e}^{(a-s)t}\mathrm{d}t\\&=\lim_{T\to\infty}\left.\frac{\mathrm{e}^{(a-s)t}}{a-s}\right|_{t=0}^{t=T}=\frac{1}{s-a}.\end{aligned}$$

例 5.10

$$\mathscr{L}[t]=\frac{1}{s^2},\quad \mathrm{Re}s>0,\quad a\text{为常数}.$$

解 由定义 5.3 得

$$\begin{aligned}\mathscr{L}[t]&=\int_0^{\infty}t\mathrm{e}^{-st}\mathrm{d}t=\lim_{T\to\infty}\int_0^{T}t\mathrm{e}^{-st}\mathrm{d}t\\&=\lim_{T\to\infty}\left[t\frac{\mathrm{e}^{-st}}{-s}\right]\Bigg|_{t=0}^{t=T}+\lim_{T\to\infty}\frac{1}{s}\int_0^{T}\mathrm{e}^{-st}\mathrm{d}t\\&=\frac{1}{s}\mathscr{L}[1]=\frac{1}{s^2}.\end{aligned}$$

例 5.11

$$\mathscr{L}[\sin t]=\frac{1}{s^2+1},\quad \mathrm{Re}s>0,\quad a\text{为常数}.$$

解　根据定义 5.3 得

$$\mathscr{L}[\sin t]=\int_0^{\infty}\mathrm{e}^{-st}\sin t\mathrm{d}t=\lim_{T\to\infty}\int_0^T\mathrm{e}^{-st}\sin t\mathrm{d}t.$$

因为

$$\sin t=\frac{1}{2\mathrm{i}}(\mathrm{e}^{\mathrm{i}t}-\mathrm{e}^{-\mathrm{i}t}),$$

$$\begin{aligned}\mathscr{L}[\sin t]&=\lim_{T\to\infty}\frac{1}{2\mathrm{i}}\int_0^T\mathrm{e}^{-st}(\mathrm{e}^{\mathrm{i}t}-\mathrm{e}^{-\mathrm{i}t})\mathrm{d}t\\&=\frac{1}{2\mathrm{i}}\lim_{T\to\infty}\left(\int_0^T\mathrm{e}^{-(s-\mathrm{i})t}\mathrm{d}t-\int_0^T\mathrm{e}^{-(s+\mathrm{i})t}\mathrm{d}t\right)\\&=\frac{1}{2\mathrm{i}}\left(\frac{1}{s-\mathrm{i}}-\frac{1}{s+\mathrm{i}}\right)=\frac{1}{s^2+1}.\end{aligned}$$

定义 5.4　如果 $\mathscr{L}[y(t)]=Y(s)$, 则称 $y(t)$ 为 $Y(s)$ 的 Laplace 逆变换, 有时也称 $y(t)$ 为 $Y(s)$ 的原函数. 记为

$$\mathscr{L}^{-1}[Y(s)]=y(t).$$

通过 $Y(s)$ 可由如下积分求出 $y(t)$:

$$y(t)=\mathscr{L}^{-1}[Y(s)]=\frac{1}{2\pi\mathrm{i}}\int_{c-\mathrm{i}\infty}^{c+\mathrm{i}\infty}Y(s)\mathrm{e}^{st}\mathrm{d}s,\quad t>0,$$

其中, $Y(s)$ 定义在半平面 $\mathrm{Re}s>c$ 上.

注记　这是一个复积分, 实际计算非常复杂. 在某些情况下, 可以利用 Laplace 变换的性质来求逆变换. 但大多数情况下, 都需借助 Laplace 积分变换表.

5.3.2 Laplace 变换性质

性质 5.1 (线性性质)

$$\mathscr{L}[\alpha f(t)+\beta g(t)]=\alpha\mathscr{L}[f(t)]+\beta\mathscr{L}[g(t)].$$

事实上,

$$\begin{aligned}\mathscr{L}[\alpha f(t)+\beta g(t)]&=\int_0^{\infty}(\alpha f(t)+\beta g(t))\mathrm{e}^{-st}\mathrm{d}t\\&=\alpha\int_0^{\infty}f(t)\mathrm{e}^{-st}\mathrm{d}t+\beta\int_0^{\infty}g(t)\mathrm{e}^{-st}\mathrm{d}t\\&=\alpha\mathscr{L}[f(t)]+\beta\mathscr{L}[g(t)].\end{aligned}$$

性质 5.2 (微分性质)

$$\mathscr{L}[y'(t)] = s\mathscr{L}[y(t)] - y(0), \tag{5.33}$$

$$\mathscr{L}[y^{(n)}(t)] = s^n\mathscr{L}[y(t)] - s^{n-1}y(0) - s^{n-2}y'(0) - \cdots - y^{(n-1)}(0). \tag{5.34}$$

事实上,

$$\begin{aligned}\mathscr{L}[y'(t)] &= \int_0^\infty \mathrm{e}^{-st}y'(t)\mathrm{d}t = \lim_{T\to\infty}\int_0^T \mathrm{e}^{-st}y'(t)\mathrm{d}t \\ &= \lim_{T\to\infty}\left[\mathrm{e}^{-st}y(t)\Big|_{t=0}^{t=T} + \int_0^T s\mathrm{e}^{-st}y(t)\mathrm{d}t\right] \\ &= -y(0) + s\int_0^\infty \mathrm{e}^{-st}y(t)\mathrm{d}t \\ &= s\mathscr{L}[y(t)] - y(0).\end{aligned}$$

应用 (5.33) 两次得

$$\begin{aligned}\mathscr{L}[y''(t)] &= s\mathscr{L}[y'(t)] - y'(0) \\ &= s\{s\mathscr{L}[y(t)] - sy(0)\} - y'(0) \\ &= s^2\mathscr{L}[y(t)] - sy(0) - y'(0).\end{aligned}$$

如此类推可得 (5.34).

特别地, 如果 $y(0) = y'(0) = \cdots = y^{(n-1)}(0) = 0$, 则有

$$\mathscr{L}[y^{(n)}(t)] = s^n\mathscr{L}[y(t)].$$

由此看出, 对原函数的关于 t 微分运算通过 Laplace 变换转化为关于 s 的幂函数与象函数的乘法运算, 显然, 关于象函数的代数运算比对原函数的微分运算来得简单, 这正是之所以借助 Laplace 变换来求解线性常系数微分方程 (组) 初值问题的原因所在.

性质 5.3 (乘多项式性)

$$\mathscr{L}[t^n y(t)] = (-1)^n\frac{\mathrm{d}^n}{\mathrm{d}s^n}\mathscr{L}[y(t)],$$

$$\mathscr{L}^{-1}[Y^{(n)}(s)] = (-1)^n t^n y(t), \quad n = 1, 2, \cdots.$$

关于性质 5.3 的详细证明可参见有关专著. 利用性质 5.3 容易推导出常系数微分方程 (组) 的应用中常遇到的一些函数的 Laplace 变换.

例如, 由性质 5.3 得

$$\begin{aligned}\mathscr{L}[t^n] &= (-1)^n \frac{\mathrm{d}^n}{\mathrm{d}s^n}\mathscr{L}[1] \\ &= (-1)^n \frac{\mathrm{d}^n}{\mathrm{d}s^n}\left(\frac{1}{s}\right) \\ &= \frac{n!}{s^{n+1}}.\end{aligned}$$

5.3.3 Laplace 变换的应用

考虑微分方程的初值问题

$$\begin{cases}\dfrac{\mathrm{d}^n x}{\mathrm{d}t^n} + a_1\dfrac{\mathrm{d}^{n-1}x}{\mathrm{d}t^{n-1}} + \cdots + a_n x = f(t), \\ x(0) = x_0,\ x'(0) = x_0', \cdots, x^{(n-1)}(0) = x_0^{(n-1)},\end{cases} \tag{5.35}$$

其中, $a_1, a_2, \cdots, a_n$ 是常数, $f(t)$ 连续且满足原函数条件. 记

$$F(s) = \mathscr{L}[f(t)] = \int_0^{\infty} \mathrm{e}^{-st} f(t)\mathrm{d}t,$$
$$X(s) = \mathscr{L}[x(t)] = \int_0^{\infty} \mathrm{e}^{-st} x(t)\mathrm{d}t,$$

则由 Laplace 变换的微分性质 (性质 5.2) 有

$$\begin{aligned}&\mathscr{L}[x'(t)] = sX(s) - x_0, \\ &\qquad\qquad\cdots\cdots \\ &\mathscr{L}[x^{(n-1)}(t)] = s^{n-1}X(s) - s^{n-2}x_0 - s^{n-3}x_0' - \cdots - x_0^{(n-2)}, \\ &\mathscr{L}[x^{(n)}(t)] = s^n X(s) - s^{n-1}x_0 - s^{n-2}x_0' - \cdots - x_0^{(n-1)}.\end{aligned}$$

于是对方程 (5.35) 两边作 Laplace 变换, 并利用线性性质 (性质 5.1) 得

$$\begin{aligned}&s^n X(s) - s^{n-1}x_0 - s^{n-2}x_0' - \cdots - x_0^{(n-1)} \\ &+ a_1[s^{n-1}X(s) - s^{n-2}x_0 - s^{n-3}x_0' - \cdots - x_0^{(n-2)}] \\ &\qquad\qquad\cdots\cdots \\ &+ a_{n-1}[sX(s) - x_0] \\ &+ a_n X(s) \\ =\ & F(s).\end{aligned}$$

整理得

$$
\begin{aligned}
&(s^n+a_1s^{n-1}+\cdots+a_{n-1}s+a_n)X(s)\\
=&F(s)+(s^{n-1}+a_1s^{n-2}+\cdots+a_{n-1})x_0\\
&+(s^{n-2}+a_1s^{n-3}+\cdots+a_{n-2})x_0'+\cdots+x_0^{(n-1)},
\end{aligned}
$$

则有

$$X(s)=\frac{F(s)+N(s)}{M(s)},$$

其中

$$
\begin{aligned}
M(s)&=s^n+a_1s^{n-1}+\cdots+a_{n-1}s+a_n,\\
N(s)&=(s^{n-1}+a_1s^{n-2}+\cdots+a_{n-1})x_0\\
&\quad+(s^{n-2}+a_1s^{n-3}+\cdots+a_{n-2})x_0'+\cdots+x_0^{(n-1)},
\end{aligned}
$$

$X(s)$ 即为初值问题 (5.35) 的解 $x(t)$ 的象函数. 通过查 Laplace 变换表 (见附录) 或由反变换公式计算可得. 下面举例说明这种方法.

下面记 $X(s)=\mathscr{L}[x(t)]$.

例 5.12 求初值问题

$$\begin{cases}\dfrac{\mathrm{d}x}{\mathrm{d}t}-x=\mathrm{e}^{3t},\\ x(0)=0.\end{cases}$$

解 对方程两边作 Laplace 变换, 由例 5.9,

$$sX(s)-x(0)-X(s)=\frac{1}{s-3}.$$

注意到 $x(0)=0$, 则

$$X(s)=\frac{1}{(s-1)(s-3)}=\frac{1}{2}\left(\frac{1}{s-3}-\frac{1}{s-1}\right),$$

由例 5.9 知 $\mathscr{L}^{-1}\left[\dfrac{1}{s-a}\right]=\mathrm{e}^{at}$, 因此, 利用线性性质求得原函数

$$x(t)=\frac{1}{2}(\mathrm{e}^{3t}-\mathrm{e}^{t})$$

即为所求的解.

例 5.13 求初值问题

$$\begin{cases}\dfrac{\mathrm{d}^2x}{\mathrm{d}t^2}+4x=\sin 2t,\\ x'(0)=x(0)=0.\end{cases}$$

解　对方程两边求 Laplace 变换, 注意到 $x'(0)=x(0)=0$, 于是

$$s^2X(s)-x(0)-x'(0)s+4X(s)=\frac{2}{s^2+4},$$

$$X(s)=\frac{2}{(s^2+4)^2}=\frac{1}{8}\left[\frac{2}{s^2+4}-2\frac{s^2-4}{(s^2+4)^2}\right].$$

由 Laplace 变换表可得

$$x(t)=\frac{1}{8}(\sin 2t-2t\cos 2t)$$

即为所求的解.

例 5.14　求初值问题

$$\begin{cases} x'''+3x''+3x'+x=1, \\ x''(0)=x'(0)=x(0)=0. \end{cases}$$

解　对方程两边求 Laplace 变换,

$$(s^3+3s^2+3s+1)X(s)=\frac{1}{s}.$$

注意到 $x'(0)=x(0)=0$, 则

$$\begin{aligned} X(s)&=\frac{1}{s(s+1)^3} \\ &=\frac{1}{s}-\frac{1}{s+1}-\frac{1}{(s+1)^2}-\frac{1}{(s+1)^3}. \end{aligned}$$

由 Laplace 变换表可得

$$x(t)=1-\mathrm{e}^{-t}-t\mathrm{e}^{-t}-\frac{1}{2}t^2\mathrm{e}^{-t}=1-\frac{1}{2}(t^2+2t+2)\mathrm{e}^{-t}$$

即为所求的解.

附　录

表 5.1　Laplace 变换表

序号	原函数 $y(t)$	象函数 $Y(s)=\int_0^{\infty}\mathrm{e}^{-st}y(t)\mathrm{d}t$	$Y(s)$ 的定义域
1	1	$\frac{1}{s}$	$\mathrm{Re}s>0$
2	t	$\frac{1}{s^2}$	$\mathrm{Re}s>0$
3	t^n	$\frac{n!}{s^{n+1}}$	$\mathrm{Re}s>0$

续表

序号	原函数 $y(t)$	象函数 $Y(s)=\int_0^{\infty} \mathrm{e}^{-st}y(t)\mathrm{d}t$	$Y(s)$ 的定义域
4	e^{zt}	$\dfrac{1}{s-z}$	$\mathrm{Re}s>\mathrm{Re}z$
5	$t\mathrm{e}^{zt}$	$\dfrac{1}{(s-z)^2}$	$\mathrm{Re}s>\mathrm{Re}z$
6	$t^n\mathrm{e}^{zt}$	$\dfrac{n!}{(s-z)^{n+1}}$	$\mathrm{Re}s>\mathrm{Re}z$
7	$\sin\omega t$	$\dfrac{\omega}{s^2+\omega^2}$	$\mathrm{Re}s>0$
8	$\cos\omega t$	$\dfrac{s}{s^2+\omega^2}$	$\mathrm{Re}s>0$
9	$\mathrm{sh}\omega t$	$\dfrac{\omega}{s^2-\omega^2}$	$\mathrm{Re}s>\|\omega\|$
10	$\mathrm{ch}\omega t$	$\dfrac{s}{s^2-\omega^2}$	$\mathrm{Re}s<\|\omega\|$
11	$t\sin\omega t$	$\dfrac{2s\omega}{(s^2+\omega^2)^2}$	$\mathrm{Re}s>0$
12	$t\cos\omega t$	$\dfrac{s^2-\omega^2}{(s^2+\omega^2)^2}$	$\mathrm{Re}s>0$
13	$\mathrm{e}^{\lambda t}\sin\omega t$	$\dfrac{\omega}{(s-\lambda)^2+\omega^2}$	$\mathrm{Re}s>\lambda$
14	$\mathrm{e}^{\lambda t}\cos\omega t$	$\dfrac{s-\lambda}{(s-\lambda)^2+\omega^2}$	$\mathrm{Re}s>\lambda$
15	$t\mathrm{e}^{\lambda t}\sin\omega t$	$\dfrac{2\omega(s-\lambda)}{[(s-\lambda)^2+\omega^2]^2}$	$\mathrm{Re}s>\lambda$
16	$t\mathrm{e}^{\lambda t}\cos\omega t$	$\dfrac{(s-\lambda)^2-\omega^2}{[(s-\lambda)^2+\omega^2]^2}$	$\mathrm{Re}s>\lambda$

习 题 5

1. 求出齐次线性方程组

$$\frac{\mathrm{d}\boldsymbol{\mathcal{Y}}}{\mathrm{d}t}=\boldsymbol{\mathcal{A}}(t)\boldsymbol{\mathcal{Y}}$$

的通解, 其中 $\boldsymbol{\mathcal{A}}(t)$ 分别为

(1) $\boldsymbol{\mathcal{A}}(t)=\begin{pmatrix}\frac{1}{t} & 0\\ 0 & \frac{1}{t}\end{pmatrix},\quad t\neq 0;$ (2) $\boldsymbol{\mathcal{A}}(t)=\begin{pmatrix}1 & 1\\ 0 & 1\end{pmatrix};$

(3) $\boldsymbol{\mathcal{A}}(t)=\begin{pmatrix}0 & 1\\ -1 & 0\end{pmatrix};$ (4) $\boldsymbol{\mathcal{A}}(t)=\begin{pmatrix}0 & 0 & 1\\ 0 & 1 & 0\\ 1 & 0 & 0\end{pmatrix}.$

2. 求解下列非齐次线性方程组的初值问题:

(1) $\begin{cases}\dfrac{\mathrm{d}x}{\mathrm{d}t}=1-\dfrac{2}{t}x,\quad \dfrac{\mathrm{d}y}{\mathrm{d}t}=x+y-1+\dfrac{2}{t}x,\quad t>0,\\ x(1)=\dfrac{1}{3},\quad y(1)=-\dfrac{1}{3};\end{cases}$

(2) $\begin{cases} \dfrac{\mathrm{d}x}{\mathrm{d}t} = \dfrac{2t}{1+t^2}x, \quad \dfrac{\mathrm{d}y}{\mathrm{d}t} = -\dfrac{1}{t}y + x + t, \quad t > 0, \\ x(1) = 0, \quad y(1) = -\dfrac{4}{3}. \end{cases}$

3. 试证基解矩阵完全决定齐次线性微分方程组, 即如果方程组

$$\frac{\mathrm{d}\boldsymbol{\mathcal{Y}}}{\mathrm{d}t} = \boldsymbol{\mathcal{A}}(t)\boldsymbol{\mathcal{Y}} \quad 与 \quad \frac{\mathrm{d}\boldsymbol{\mathcal{Y}}}{\mathrm{d}t} = \boldsymbol{\mathcal{B}}(t)\boldsymbol{\mathcal{Y}}$$

有一个相同的基解矩阵, 则 $\boldsymbol{\mathcal{A}}(t) \equiv \boldsymbol{\mathcal{B}}(t)$.

4. 设 $\boldsymbol{\phi}(x)$ 是齐次微分方程组 (5.24) 的基解矩阵, 并且维向量函数 $\boldsymbol{f}(x,y)$ 在区域 $E(a < x < b, |y| < \infty)$ 上连续, 则求解初值问题

$$\begin{cases} \dfrac{\mathrm{d}y}{\mathrm{d}x} = \boldsymbol{\mathcal{A}}(x)\boldsymbol{y} + \boldsymbol{f}(x,y), \\ \boldsymbol{y}(x_0) = \boldsymbol{y}_0 \end{cases}$$

等价于求解 (向量形式的) 积分方程

$$\boldsymbol{y}(x) = \boldsymbol{\phi}(x)\boldsymbol{\phi}^{-1}(x_0)\boldsymbol{y}_0 + \int_{x_0}^{x} \boldsymbol{\phi}(x)\boldsymbol{\phi}^{-1}(s)\boldsymbol{f}(s,\boldsymbol{y}(s))\mathrm{d}s,$$

其中 $x_0 \in (a,b)$.

5. 设当 $a < x < b$ 时, 非齐次线性微分方程组中的 $\boldsymbol{f}(x)$ 不恒为零. 证明非齐次线性微分方程组有且至多有 $n+1$ 个线性无关解.

6. 求出常系数齐次线性微分方程组 $\dfrac{\mathrm{d}\boldsymbol{\mathcal{Y}}}{\mathrm{d}t} = \boldsymbol{\mathcal{A}}\boldsymbol{\mathcal{Y}}$ 的通解, 其中的矩阵 $\boldsymbol{\mathcal{A}}$ 分别为

(1) $\begin{pmatrix} 3 & 4 \\ 5 & 2 \end{pmatrix}$;　　(2) $\begin{pmatrix} 0 & a \\ -a & 0 \end{pmatrix}$;

(3) $\begin{pmatrix} -1 & 1 & 0 \\ 0 & -1 & 0 \\ 1 & 0 & -4 \end{pmatrix}$;　　(4) $\begin{pmatrix} -5 & -10 & -20 \\ 5 & 5 & 10 \\ 2 & 4 & 9 \end{pmatrix}$;

(5) $\begin{pmatrix} 5 & -28 & -18 \\ -1 & 5 & 3 \\ 3 & -16 & -10 \end{pmatrix}$;　　(6) $\begin{pmatrix} 3 & 1 & 0 \\ -4 & -1 & 0 \\ 4 & -8 & -2 \end{pmatrix}$;

(7) $\begin{pmatrix} 3 & -1 & 1 \\ 2 & 0 & 1 \\ 1 & -1 & 2 \end{pmatrix}$.

7. 求下列方程的通解:

(1) $\dfrac{\mathrm{d}^4x}{\mathrm{d}t^4} - x = 0$;　　(2) $\dfrac{\mathrm{d}^3x}{\mathrm{d}t^3} + x = 0$;

(3) $\dfrac{\mathrm{d}^3x}{\mathrm{d}t^3} - 3\dfrac{\mathrm{d}^2x}{\mathrm{d}t^2} + 3\dfrac{\mathrm{d}x}{\mathrm{d}t} - x = 0$;　　(4) $\dfrac{\mathrm{d}^4x}{\mathrm{d}t^4} + 2\dfrac{\mathrm{d}^2x}{\mathrm{d}t^2} + x = 0$.

8. 设 $y(t)$ 满足方程

$$y''+5y'+6y=\begin{cases}-1, & t<2,\\ 1, & t\geqslant 2,\end{cases}\qquad y(0)=y'(0)=0.$$

求 $y(t)$ 的 Laplace 变换.

9. 利用 Laplace 变换表求

$$\mathscr{L}^{-1}\left[\frac{\mathrm{e}^{-10s}}{s^2-3s+2}\right].$$

10. 考虑函数

$$g(t)=\begin{cases}4t, & t\leqslant 1,\\ 4, & t>1.\end{cases}$$

(1) 求 $g(t)$ 的 Laplace 变换;

(2) 求初值问题

$$y''+4y=g(t),\quad y(0)=1, y'(0)=0.$$

11. 求初值问题

$$\begin{cases}\dfrac{\mathrm{d}x}{\mathrm{d}t}-x=\mathrm{e}^t,\\ x(0)=0.\end{cases}$$

12. 求初值问题

$$\begin{cases}\dfrac{\mathrm{d}^2x}{\mathrm{d}t^2}+a^2x=b\sin at,\\ x'(0)=x_0',\ x(0)=x_0,\end{cases}$$

其中 a,b 为非零常数.

13. 求方程组的初值问题

$$\begin{cases}y''+9y=6\mathrm{e}^{3t},\\ y(0)=y'(0)=0.\end{cases}$$

14. 求方程组的初值问题

(1) $\begin{cases}y^{(4)}+2y''+y=\sin t,\\ y(0)=1,\ y'(0)=-2,\ y''(0)=3,\ y'''(0)=0;\end{cases}$

(2) $\begin{cases}y^{(4)}+y=2\mathrm{e}^t,\\ y(0)=y'(0)=y''(0)=y'''(0)=1.\end{cases}$

参 考 文 献

[1] 阿诺尔德 V I. 常微分方程. 沈家骐, 周宝熙, 卢亭鹤译. 北京：科学出版社, 2001

[2] Alligood K, Sauer T, Yorke J. Chaos, An Introduction to Dynamical Systems. New York: Springer-Verlag, 1996

[3] 丁同仁, 李承治. 常微分方程教程. 第二版. 北京：高等教育出版社, 2008

[4] Chicone C. Ordinary Differential Equations with Applications. 2nd ed. New York: Springer-Verlag, 2006

[5] Edwards C H, Penney D. 微分方程及边值问题 —— 计算与建模. 张友等译. 北京: 清华大学出版社, 2007

[6] 东北师范大学数学系微分方程教研室. 常微分方程. 北京: 人民教育出版社, 1982

[7] Hsu S B. Ordinary Differential Equations with Applications. Series on Applied Mathematics, 16. World Scientific Publishing Co, 2006

[8] Murray J D. Mathematics Biology. Vol. 1: An introduction. New York: Springer-Verlag, 2002

[9] Perko L. Differential Equations and Dynamical systems. 3rd ed. New York: Springer-Verlag, 2006

[10] Keshet L E, Hill M. Mathematical Models in Biology. Boston: SIAM, 2005

[11] Shigesada N, Kawasaki K. Biological Invasions: Theory and Practice(Oxfork Series in Ecology and Evolution). Oxford: Oxford University Press, 1997

[12] Blanchard P, Devaney R L, Hall G R. Differential Equations. USA: Thomson Brooks/Cole, Belmont, 2006

[13] Robert B Banks. Growth and Diffusion Phenomena: Mathematical Frameworks and Applications. Springer, 1993

[14] 王高雄, 周之铭, 朱思铭等. 常微分方程. 第三版. 北京：高等教育出版社, 2006

[15] 张锦炎, 冯贝叶. 常微分方程几何理论与分支问题. 第二版. 北京：北京大学出版社, 2002

[16] 钟益林, 彭乐群, 刘炳文. 常微分方程及其Maple,Matlab求解. 北京: 清华大学出版社, 2007

[17] 张芷芬, 丁同仁, 黄文灶等. 微分方程定性理论. 北京：科学出版社, 1985

《大学数学科学丛书》已出版书目

1. 代数导引　万哲先　著　2004 年 8 月
2. 代数几何初步　李克正　著　2004 年 5 月
3. 线性模型引论　王松桂等　编著　2004 年 5 月
4. 抽象代数　张勤海　著　2004 年 8 月
5. 变分迭代法　曹志浩　编著　2005 年 2 月
6. 现代偏微分方程导论　陈恕行　著　2005 年 3 月
7. 抽象空间引论　胡适耕　张显文　编著　2005 年 7 月
8. 近代分析基础　陈志华　编著　2005 年 7 月
9. 抽象代数——理论、问题与方法　张广祥　著　2005 年 8 月
10. 混合有限元法基础及其应用　罗振东　著　2006 年 3 月
11. 孤子引论　陈登远　编著　2006 年 4 月
12. 矩阵不等式　王松桂等　编著　2006 年 5 月
13. 算子半群与发展方程　王明新　编著　2006 年 8 月
14. Maple 教程　何青　王丽芬　编著　2006 年 8 月
15. 有限群表示论　孟道骥　朱萍　著　2006 年 8 月
16. 遗传学中的统计方法　李照海　覃　红　张　洪　编著　2006 年 9 月
17. 广义最小二乘问题的理论和计算　魏木生　著　2006 年 9 月
18. 多元统计分析　张润楚　2006 年 9 月
19. 几何与代数导引　胡国权　编著　2006 年 10 月
20. 特殊矩阵分析及应用　黄廷祝等　编著　2007 年 6 月
21. 泛函分析新讲　定光桂　著　2007 年 8 月
22. 随机微分方程　胡适耕　黄乘明　吴付科　著　2008 年 5 月
23. 有限维半单李代数简明教程　苏育才　卢才辉　崔一敏　著　2008 年 5 月
24. 积分方程　李星　编著　2008 年 8 月
25. 代数学　游宏　刘文德　编著　2009 年 6 月
26. **常微分方程简明教程　王玉文　史峻平　侍述军　刘　萍　编著　2010 年 9 月**